"101 计划"核心教材

数学领域

数学"101计划"之概率论

概率论和随机过程
上册

林正炎　苏中根　张立新　编著

中国教育出版传媒集团

高等教育出版社·北京

内容提要

全书分上、下两册，上册介绍概率论的基本概念和基本理论，着重讲解随机事件与概率、随机变量与分布函数、数字特征与特征函数、经典概率极限理论及其应用等。本书选材恰当，内容丰富，循序渐进，深入浅出，便于读者阅读。每章含有补充与注记，可作为拓展材料阅读。每章例题、习题和思考题都经过精心挑选，难易适中，可帮助读者理解书中基本概念、基本方法和基本理论。章末附有部分习题的参考答案，读者可扫描二维码阅读。

本书可作为高等学校理工类专业概率论课程教材或参考书，也可供其他科研人员参考。

总　序

自数学出现以来, 世界上不同国家、地区的人们在生产实践中、在思考探索中以不同的节奏推动着数学的不断突破和飞跃, 并使之成为一门系统的学科。尤其是进入 21 世纪之后, 数学发展的速度、规模、抽象程度及其应用的广泛和深入都远远超过了以往任何时期。数学的发展不仅是在理论知识方面的增加和扩大, 更是思维能力的转变和升级, 数学深刻地改变了人类认识和改造世界的方式。对于新时代的数学研究和教育工作者而言, 有责任将这些知识和能力的发展与革新及时体现到课程和教材改革等工作当中。

数学 "101 计划" 核心教材是我国高等教育领域数学教材的大型编写工程。作为教育部基础学科系列 "101 计划" 的一部分, 数学 "101 计划" 旨在通过深化课程、教材改革, 探索培养具有国际视野的数学拔尖创新人才, 教材的编写是其中一项重要工作。教材是学生理解和掌握数学的主要载体, 教材质量的高低对数学教育的变革与发展意义重大。优秀的数学教材可以为青年学生打下坚实的数学基础, 培养他们的逻辑思维能力和解决问题的能力, 激发他们进一步探索数学的兴趣和热情。为此, 数学 "101 计划" 工作组统筹协调来自国内 16 所一流高校的师资力量, 全面梳理知识点, 强化协同创新, 陆续编写完成符合数学学科 "教与学" 特点, 体现学术前沿, 具备中国特色的高质量核心教材。此次核心教材的编写者均为具有丰富教学成果和教材编写经验的数学家, 他们当中很多人不仅有国际视野, 还在各自的研究领域作出杰出的工作成果。在教材的内容方面, 几乎是包括了分析学、代数学、几何学、微分方程、概率论、现代分析、数论基础、代数几何基础、拓扑学、微分几何、应用数学基础、统计学基础等现代数学的全部分支方向。考虑到不同层次的学生需要, 编写组对个别教材设置了不同难度的版本。同时, 还及时结合现代科技的最新动向, 特别组织编写《人工智能的数学基础》等相关教材。

数学 "101 计划" 核心教材得以顺利完成离不开所有参与教材编写和审订的专家、学者及编辑人员的辛勤付出, 在此深表感谢。希望读者们能通过数学 "101 计划" 核心教材更好地构建扎实的数学知识基础, 锻炼数学思维能力, 深化对数学的理解, 进一步生发出自主学习探究的能力。期盼广大青年学生受益于这套核心教材, 有更多的拔尖创新人才脱颖而出!

田 刚

数学 "101 计划" 工作组组长

中国科学院院士

北京大学讲席教授

前　言

概率论主要研究和揭示随机现象的内在规律,历经数百年发展,理论成果丰富,应用范围广泛,具有特色鲜明的研究思想和方法。概率论已成为现代数学核心内容之一,并正处于蓬勃发展的黄金时期。概率论是数理统计、数据科学等学科的理论基础,被广泛地应用于自然科学、社会科学、经济发展、商业管理、医疗卫生等领域。目前,普通高等学校大多数专业都开设概率论及相关课程。

本书基于作者在浙江大学长期教学实践的基础上编著而成,分上、下两册。

上册为概率论基础,主要介绍概率论的基本概念、基本思想、基本方法和基本理论,由以下四章组成:

第一章介绍随机现象与事件,阐述概率论公理化体系,引入条件概率,并介绍计算复杂事件概率的方法,介绍事件独立性和伯努利试验。

第二章介绍随机变量的基本概念,描述分布函数的基本性质,给出经典离散型和连续型随机变量,介绍随机向量与联合分布函数,以及随机向量的运算。

第三章介绍随机变量数学期望、方差等重要数字特征,给出数学期望、方差的运算性质,切比雪夫不等式,介绍随机向量的协方差与相关系数,引入特征函数,给出特征函数分析性质、运算性质和唯一性。

第四章介绍经典概率极限理论,包括伯努利大数定律、辛钦大数定律、柯尔莫哥洛夫大数定律、棣莫弗－拉普拉斯中心极限定理,林德伯格－费勒中心极限定理等,引入依分布收敛、依概率收敛、几乎处处收敛的概念,介绍它们的基本性质和判别法则。

下册主要介绍随机过程,研究和揭示一族随机现象变化和发展的内在机制与规律,由以下八章组成:

第一章回顾概率论的基本知识,包括柯尔莫哥洛夫概率空间公理化定义,随机变量及其分布函数,随机变量数字特征和基本概率极限定理。为了今后各章的需要,本章特别强调条件概率,条件分布和条件期望的概念和运算,给出全概率公式和全期望公式。

第二章介绍随机过程基本概念。随机过程是一族随机变量, 用于描述随时间而变化的随机现象, 其概率分布由任意有限维分布来刻画。本书所讨论的随机过程形式多样, 特色鲜明, 既有离散时间过程, 也有连续时间过程; 既有可数状态过程, 也有不可数状态过程; 既有增量独立过程, 也有条件独立过程。

第三章介绍泊松过程。该过程用于描述随机服务系统, 统计寻求服务的顾客数, 其增量独立并服从泊松分布。泊松过程是连续时间、取非负整数值的马尔可夫过程。除齐次泊松过程外, 本章还介绍非齐次泊松过程和复合泊松过程, 这些常常出现在实际应用问题中。

第四章介绍马尔可夫链。该过程状态空间最多含有可数多个状态, 随着时间推移, 在不同状态之间进行转移。马尔可夫链具有条件独立性, 在给定当前状态下, 将来处于何种状态与过去所经历的过程无关。马尔可夫链的分布由初始分布和转移概率矩阵所决定, 从长远来看, 转移概率矩阵起着更为关键的作用。马尔可夫链可以用于预测和决策问题。

第五章介绍高尔顿–沃森分支过程。它是一种特殊马尔可夫链, 用于描述物种繁衍、细胞裂变等增长现象。生成函数是研究高尔顿–沃森分支过程的一个有效工具。

第六章介绍鞅。与其他过程比较, 鞅的直观背景并不明显, 但是它的应用非常广泛, 灵活多变, 技巧性强。基本收敛定理和停时定理是鞅论中最具特色的基本内容。

第七章介绍布朗运动。该过程是连续时间参数、取实数值的正态过程, 其增量独立且平稳, 从而是连续鞅和马尔可夫过程。布朗运动可以用于描述粒子运动, 其轨迹处处连续但极不规则。除一些基本性质外, 本章还简要介绍伊藤积分及其在金融数学中的应用, 推导出布莱克–斯科尔斯关于欧式买入期权的定价公式。

第八章介绍平稳随机过程遍历性。平稳随机过程具有时间平移不变性, 各个时刻的数学期望和方差都是常数。从而在相当宽的条件下, 可以用时间平均来代替统计平均, 为随机过程的统计推断奠定了基础。

除正文外, 每章含有补充与注记, 可作为拓展材料阅读; 精心挑选的习题和思考题, 可供读者练习, 以期提高对正文内容的理解; 章末附有部分习题的参考答案, 读者可扫描二维码阅读。书中还配置了一些数字资源, 主要是模拟计算和课外阅读材料, 有助于提高教学趣味性和启发性。

本书绝大多数内容只涉及概率论与随机过程的基本知识, 读者仅需要具备一定的线性代数, 微积分和解析几何知识; 少量内容可能需要实变函数和测度论, 读者初学时可以跳过。

  作者感谢广大读者的厚爱，感谢高等教育出版社编辑胡颖在本书出版过程中给予的支持和帮助。限于作者水平和认识，书中肯定存在不妥之处，恳请读者批评指正。

作 者

2024 年 6 月

目　录

第一章

事件与概率

1.1　随机现象与统计规律性

1.1.1　随机现象

在自然界和人类社会中存在着两类现象.

第一类, 在一定条件下某种现象必定发生或必定不会发生, 这类现象称为确定性现象. 例如, 自由落体在经过 t s 后, 落下的距离 s 必定是 $\frac{1}{2}gt^2$; 在标准大气压下, 水到 60℃ 沸腾. 第一种是必然会发生的, 称为**必然事件**, 记作 Ω; 第二种是必然不会发生的, 称为**不可能事件**, 记作 $\varnothing$.

另一类, 在一定条件下某种现象可能发生也可能不发生, 这类现象称为随机现象. 例如, 杭州明年正月初一下雪; 播种 1 000 颗种子, 有 850 颗发芽; 发射一枚炮弹, 弹着点与目标之间的距离为 150 m.

对随机现象, 在基本相同的条件下, 重复进行试验或观察, 可能出现各种不同的结果; 试验共有哪些结果事前是知道的, 但每次试验出现哪一种结果是无法预见的, 这种试验称为**随机试验** (random experiment). 每次试验不能预测其结果, 这反映出随机试验结果的出现具有偶然性; 但如果进行大量重复试验, 所出现结果又具有某种规律性 —— 统计规律性. 例如, 每次发射炮弹, 弹着点与目标之间的距离可能各不相同, 但如果射手技术较好, 多次发射中距离近的必定是多数. 概率论就是研究大量随机现象统计规律性的一门学科. 由于随机现象的广泛性, 决定了这门学科的重要性. 即使在一定条件下某类现象可以视为确定性的, 但在更为深入的考察时, 又应看作是随机的了. 例如, 对上面提到的自由落体运动, 当我们考虑空气阻力、空气流动等因素时, 物体下落的距离就不一定恰好是 $\frac{1}{2}gt^2$.

由随机试验的某些可能结果组成的一个集合称为**随机事件** (random event), 简称**事件**. 一次试验中, 某事件 A 可能发生, 也可能不发生, 发生的可能性有大有小. 这一可能性大小的数量指标就是我们所要研究的事件的概率.

1.1.2　概率的统计定义

在相同条件下重复做 N 次试验, 各次试验互不影响. 考察事件 A 出现的次数 (频数) n, 称

$$F_N(A) = \frac{n}{N}$$

为 A 在 N 次试验中出现的**频率** (frequency). 频率一般与试验次数 N 有关; 并且在 N 固定时, 做若干组 N 次试验, 各组频率一般也不相同; 但当 N 很大时, 频率呈现某种稳定性, 即 $F_N(A)$ 在某常数附近摆动, 且当 N 无限增大时, 一般说来, 频率会 "趋向" 这个

常数. 这种规律称为随机现象的统计规律. 很自然地, **频率所稳定到的那个常数可以表示事件 A 在一次试验中发生的可能性的大小**, 称作**概率** (probability), 记为 $P(A)$. 概率的这种定义称为**统计定义**.

例 1.1　掷一枚硬币, 可能出现正面, 也可能出现反面. 记 $A=\{出现正面\}$, 当硬币均匀时, 在大量试验中出现正面的频率应接近 50%. 历史上有不少数学家做过试验, 结果如表 1.1.

表 1.1　试验结果表

试验者	掷硬币次数	出现正面次数	频率
比　丰	4 040	2 048	0.506 9
皮尔逊	12 000	6 019	0.501 6
皮尔逊	24 000	12 012	0.500 5

自然地, 我们认为对均匀硬币来说, $P(A) = \dfrac{1}{2}$.

例 1.2　英文字母使用频率的研究, 对于信息的编码、密码的破译等是十分有用的. 大量统计结果表明, 字母 E 的使用频率最高, 约为 0.105; 其次为字母 T、O; 字母 J、Q 与 Z 的使用频率最低, 仅为 0.001. 据此可以认为, 在英语中, 字母 E 出现的概率最高, 约为 0.105.

日常生活与生产实践中, 诸如一批种子的 "发芽率", 某人射击的 "命中率", 某产品的 "次品率", 等等, 都是用频率来近似概率的例子.

频率趋于概率

这里我们并没有给出 "频率稳定性" 的确切含义. 在第四章里, 通过对概率论中著名的 "大数定律" 的讨论, 我们将会对上述含义有较深入的理解.

虽然我们并不能由概率的统计定义确切地定出一个事件的概率, 但是它提供了一种估计概率的方法. 频率与概率的关系就像物体长度的测量值与该长度之间的关系. 物体的长度是客观存在的, 是该物体的固有属性, 测量值是它的某种程度的近似值. 同样地, 随机事件发生的可能性大小 —— 概率, 是随机事件的客观属性, 多次随机试验所得的频率则是它的某种程度的近似值.

必须注意, 应用概率的统计定义时, 各次试验是在基本相同的条件下独立进行的, 而且次数要足够多.

从频率的定义立即可以看出, 频率具有下述三个性质:

(1) 非负性: $F_N(A) \geqslant 0$;

(2) 规范性: 对必然事件 Ω, $F_N(\Omega) = \dfrac{N}{N} = 1$;

(3) 可加性: 若 A 与 B 是两个不会同时发生的事件, 以 $A+B$ 表示事件 A 或 B 至少出现其一, 则 $F_N(A+B) = F_N(A) + F_N(B)$.

性质 (3) 可以推广到任意有限个事件.

由频率的上述性质和概率的统计定义, 可以知道概率也有非负性、规范性和可加性.

1.2　古典概型

1.2.1　样本空间和样本点

投掷一颗骰子, 虽无法预卜其结果如何, 但总不外乎是 "出现 1 点" "出现 2 点" $\cdots$ "出现 6 点" 这 6 个基本的可能结果之一. 不妨把这些试验结果的全体记为 $\{1, 2, \cdots, 6\}$.

随机试验的每一基本结果称为**样本点** (sample point), 通常记作 ω. 样本点的全体称为**样本空间** (sample space), 通常记作 Ω. 上述例子中, 如果记 $\omega_i = \{$出现 i 点$\}$, 那么 $\Omega = \{\omega_1, \omega_2, \cdots, \omega_6\}$.

样本点和样本空间是概率论中的两个基本概念. 随着对所讨论问题的兴趣不同, 同一随机试验可以有不同的样本空间. 讨论问题前必须先确定样本空间.

例 1.3　口袋中装有 10 个球: 3 个红球, 3 个白球和 4 个黑球. 任取 1 球, 样本空间可以取为 $\Omega_1 = \{$取得一个红球, 取得一个白球, 取得一个黑球$\}$. 但若把球编号, 红球编为 1—3 号, 白球和黑球分别为 4—6 和 7—10 号, 则每取一球, 必定是且只能是这些球号中的一个, 故也可取样本空间为 $\Omega_2 = \{\omega_1, \omega_2, \cdots, \omega_{10}\}$, 其中 $\omega_i = \{$取得第 i 号球$\}$, $i = 1, 2, \cdots, 10$.

例 1.4　在例 1.3 中, 如果每次共取两个球, 则每个样本点可以用所取得的两个球号 (i, j) 来表示, 样本空间可以是 $\{(1, 2), (1, 3), \cdots, (1, 10), (2, 3), \cdots, (2, 10), \cdots, (9, 10)\}$, 共有 $\binom{10}{2} = 45$ 个样本点. 这是二维的样本空间.

例 1.3 和例 1.4 都是有限样本空间.

例 1.5　考察单位时间内落在地球上某一区域的宇宙射线数, 这可能是 0, 也可能是 1, 是 2, $\cdots$, 很难确定一个上界. 于是可以取样本空间为 $\Omega = \{0, 1, 2, \cdots\}$, 它包含无限多个样本点, 但可按一定的顺序排列起来 (称为无限可列个).

例 1.6　考察发射一枚炮弹时, 落地点与目标之间的距离. 这可能是 0 到某常数 α 之间的任一实数, 可取样本空间为 $\Omega = [0, \alpha]$, 它是一维连续区间.

在实际问题中, 如何取一个合适的样本空间是值得研究的问题. 样本空间取得好, 解题就方便得多. 在一般问题中, 往往认为样本空间已经给定, 并在此基础上展开讨论.

1.2.2　古典概型

1. 定义及计算

古典概型是最简单的随机试验模型, 也是很多概率计算的基础, 而且有不少的实际应用.

古典概型有两个特征:

(1) 样本空间是有限的, $\Omega = \{\omega_1, \omega_2, \cdots, \omega_n\}$, 其中 $\omega_i (i = 1, 2, \cdots, n)$ 是基本事件;

(2) 各基本事件的出现是等可能的, 即它们发生的概率相同.

很多实际问题符合或近似符合这两个条件, 可以作为古典概型来看待. 在 "等可能性" 概念的基础上, 很自然地引进如下的**古典概率** (classical probability) 定义.

定义 1.1 设一试验有 n 个等可能的基本事件, 而事件 A 恰好包含其中的 m 个基本事件, 则事件 A 的概率 $P(A)$ 定义为

$$P(A) = \frac{m}{n} = \frac{A \text{ 包含的样本点数}}{\text{样本空间中样本点总数}}. \tag{1.1}$$

根据这个定义, 对例 1.3 来说, 如果从袋中取出一球是随机的, 那么 "取得一个红球" 这一事件发生的概率就是 $\frac{3}{10}$.

在判断所讨论的问题是否属于古典概型时, 条件 (1) 是容易检验的, 条件 (2) 有时就难一些. 实际问题中, 抛掷均匀硬币, 对外形相同的产品质量抽查都属于这一类. 当判断确认属于古典概型时, 就可用公式 (1.1) 来计算概率. 这时常常要用到排列、组合数的计算. 我们将有关的基本公式列于本章末尾的补充与注记里.

从古典概率的定义可以看出, 概率具有下述三个性质:

(1) 非负性: $P(A) \geqslant 0$;

(2) 规范性: $P(\Omega) = 1$;

(3) 可加性: 若事件 A 和 B 不同时发生, 则 $P(A + B) = P(A) + P(B)$.

特别地, 如果 A 和 B 两事件不可能同时发生, 并且 A 与 B 至少发生一个, 则 $P(A) = 1 - P(B)$.

2. 古典概率直接计算的例子

例 1.7 投掷两枚均匀的硬币, 求出现两个正面的概率.

解 取样本空间为 {正正, 正反, 反正, 反反}. 这里四个基本事件是等可能发生的, 故属古典概型. $P(\text{正正}) = \frac{1}{4}$.

例 1.8 已知有 n 个球, N 个格子 $(n \leqslant N)$, 球与格子都是可以区分的. 每个球落在各格子内的概率相同 (设格子足够大, 可以容纳任意多个球). 将这 n 个球随机地放入 N 个格子, 求:

(1) 指定的 n 格各有一球的概率;

(2) 有 n 格各有一球的概率.

解 把球编号为 $1—n$, n 个球的每一种放法是一个样本点, 这属于古典概型. 由于一个格子可落入任意多个球, 样本点总数应该是 N 个中取 n 个的重复排列数 N^n.

(1) 记 $A = \{$指定的 n 格各有一球$\}$, 它包含的样本点数是指定的 n 格中 n 个球的全排列数 $n!$, 故

$$P(A) = \frac{n!}{N^n}.$$

(2) 记 $B = \{$有 n 格各有一球$\}$, 它所包含的样本点数是 N 格中任取 n 格的全排列数 A_N^n, 故

$$P(B) = \frac{\mathrm{A}_N^n}{N^n} = \frac{N(N-1)\cdots(N-n+1)}{N^n}$$
$$= \left(1 - \frac{1}{N}\right)\left(1 - \frac{2}{N}\right)\cdots\left(1 - \frac{n-1}{N}\right).$$

注意到 $\log(1-x) = -x + O(x^2)$, $x \to 0$ (无特别说明, 本书 $\log$ 表示以 e 为底的自然对数). 我们有

$$\log\left(1 - \frac{1}{N}\right)\left(1 - \frac{2}{N}\right)\cdots\left(1 - \frac{n-1}{N}\right)$$
$$= \sum_{k=1}^{n-1}\log\left(1 - \frac{k}{N}\right) = -\sum_{k=1}^{n-1}\frac{k}{N} + O\left(\sum_{k=1}^{n-1}\frac{k^2}{N^2}\right)$$
$$= -\frac{n(n-1)}{2N} + O\left(\frac{n^3}{N^2}\right).$$

故当 N 比 n 大得多时, 我们可以采用近似计算公式:

$$P(B) \approx \exp\left\{-\frac{n(n-1)}{2N}\right\}.$$

例 1.9　例 1.8 的一个特例就是有名的生日问题, 即求 n 个人中至少有两个人同生日的概率.

解　如果认为每个人的生日等可能地出现在 365 天中的任意一天, 用事件 $\overline{A}$ 表示 n 个人的生日各不相同, 事件 A 表示 n 个人中至少有两个人同生日, 则根据例 1.8(2) 知: 所求的概率为

$$p_n = P(A) = 1 - P(\overline{A}) = 1 - \frac{\mathrm{A}_{365}^n}{365^n} = 1 - \frac{365!}{(365-n)!365^n}.$$

可以计算得 $p_{22} = 0.4757\cdots$, $p_{23} = 0.5073\cdots$. 即当 $n \geqslant 23$ 时, 至少有两个人同生日的可能性超过 50%.

在实际中, 要计算这样的概率也不是容易的事, 因为要计算阶乘数 $n!$. 随着 n 的增大, $n!$ 增长得非常快, 例如 $10! = 3\,628\,000$, $15! = 1\,307\,674\,368\,700$, 而 $100!$ 含有 158 位数字. 如果采用近似公式:

$$p_n = 1 - \frac{\mathrm{A}_{365}^n}{365^n} \approx 1 - \exp\left\{-\frac{n(n-1)}{2 \times 365}\right\} \stackrel{\text{def}}{=\!=} \tilde{p}_n,$$

那么可以大大减少计算量. 通过表 1.2 可以看出近似计算产生的误差不大.

表 1.2 数 据 表

n	20	30	40	50	60	70	80	22	23
p_n	0.411	0.706	0.891	0.970	0.994	0.999 2	0.999 9	0.475 7	0.507 3
$\tilde{p}_n$	0.406	0.696	0.882	0.965	0.992	0.998 7	0.999 8	0.468 9	0.500 0

例 1.10 口袋中有 a 只白球, b 只黑球. 随机地摸球, 摸后不放回. 求第 k 次摸球时得到白球的概率.

解法 1 对球进行编号, 按摸的次序把球排成一列, 直到 $a+b$ 个球都摸完. 每一列作为一个样本点, 样本点总数就是 $a+b$ 个球的全排列数 $(a+b)!$. 所考察的事件相当于在第 k 位放白球, 共有 a 种放法, 每种放法又对应其他 $a+b-1$ 个球的 $(a+b-1)!$ 种放法, 故该事件包含的样本点数为 $a(a+b-1)!$, 所求概率为

$$P = \frac{a(a+b-1)!}{(a+b)!} = \frac{a}{a+b}.$$

解法 2 各球不编号, 即所有白球都看成相同的, 所有黑球也看成相同的. $a+b$ 个球仍按摸球的次序排列, 但 a 个位置放白球, 不论白球间如何交换, 只算一种放法, 即只作为一个样本点. 这也是古典概型, 样本点总数应为 $\binom{a+b}{a}$. 所考察的事件为在第 k 位放白球, 其他各位放 $a-1$ 个白球, 共 $\binom{a+b-1}{a-1}$ 种放法, 故

$$P = \frac{\binom{a+b-1}{a-1}}{\binom{a+b}{a}} = \frac{a}{a+b}.$$

本题两种解法的区别在于样本空间不同. 第一种解法把所有球都看成是不同的, 考虑样本点的总数与所述事件包含的样本点数时都必须考虑球的次序, 所以都用排列; 第二种解法中同色球不加区别, 故只需考虑哪几个位置放白球, 分子分母都用组合. 但这两类解法都是古典概型, 都可用 (1.1) 式计算概率, 只是计算前要取定样本空间, 分子分母在同一样本空间为计算.

本题的结果与 k 无关, 即不论第几次, 摸得白球的概率都一样, 都是白球所占的比例数. 这相当于抽签, 不论先抽后抽, 中签的机会都一样.

例 1.11 已知有 a 件次品, b 件正品, 外形相同. 从中任取 n $(n \leqslant a+b)$ 件, 求 A_k ={恰好有 k 件次品} 的概率.

解 类似例 1.10, 可以把 a 件次品看成不同的, 也可看成相同的, 后者解法较为简单. 此时把 $a+b$ 件产品取 n 件的任一个组合作为一个样本点, 总数为 $\binom{a+b}{n}$; 事件 A_k 包含的样本点数为 $\binom{a}{k}\binom{b}{n-k}$, 故

$$P = \frac{\binom{a}{k}\binom{b}{n-k}}{\binom{a+b}{n}}. \tag{1.2}$$

本例是产品抽样检查时常用的概率模型.

例 1.12　某人在口袋里放着两盒牙签, 每盒 n 根. 使用时随机取一盒, 并在其中随机取一根, 直到某次他发现取出的一盒已经用完为止. 问: 此时另一盒中恰好有 m 根牙签的概率是多少?

解法 1　我们来考察前 $2n+1-m$ 次抽用的情况. 每次抽取时有两种方法 (抽出甲盒或乙盒), 故总的不同抽法有 2^{2n+1-m} 种. 所述事件包含的抽法种数可计算如下: 先看 "最后一次 (即第 $2n+1-m$ 次) 是抽出甲盒" 的情况. 这时在前 $2n-m$ 次抽用中, 必须有 n 次抽到甲盒, 这种抽法有 $\binom{2n-m}{n}$ 种; 类似地, "最后一次是抽出乙盒" 的抽法也有这么多种. 所以, 所述事件包含的抽法种数为 $2\binom{2n-m}{n}$, 从而事件的概率为

$$\frac{2\binom{2n-m}{n}}{2^{2n+1-m}} = \frac{\binom{2n-m}{n}}{2^{2n-m}}.$$

解法 2　因每盒中只有 n 根, 最晚到第 $2n+1$ 次抽取时必发现抽出的盒子已空. 故不管结果如何, 总把试验做到抽完第 $2n+1$ 次为止, 不同的抽法有 2^{2n+1} 种.

下面计算所述事件包含的抽法总数. 仍先考虑 "先发现甲盒为空" 的情况. 实际上是在抽第 $n+r$ 次时 ($r = 0, 1, \cdots, n-m$) 抽出甲盒, 这时甲盒已被抽 n 次; 前 $n+r-1$ 次抽取时, 乙盒被抽出 r 次 (不同的抽法有 $\binom{n+r-1}{r}$ 种); 紧接着的第 $n-m-r$ 次全抽出乙盒; 第 $2n-m+1$ 次抽时抽得甲盒, 发现它已空, 但仍把它放回口袋, 后面 m 次仍从两盒中随机取一盒 (有 2^m 种取法). 因此对固定的 r, 抽法有 $\binom{n+r-1}{n}2^m$ 种, "先发现甲盒为空" 的抽法共有 $\sum_{r=0}^{n-m}\binom{n+r-1}{r}2^m$ 种. 对于乙盒也同样讨论, 因此所述事件的概率为

$$\frac{2}{2^{n+1}}\sum_{r=0}^{n-m}\binom{n+r-1}{r}2^m = \frac{1}{2^{2n-m}}\sum_{r=0}^{n-m}\binom{n+r-1}{r}2^{2n-m}.$$

不难证明两种不同解法的结果相同, 从而得出等式

$$\sum_{r=0}^{n-m}\binom{n+r-1}{r} = \binom{2n-m}{m} \quad \text{或} \quad \sum_{r=0}^{s}\binom{n+r-1}{r} = \binom{n+s}{n}.$$

贝特朗悖论

两种解法对照, 后一解法虽然具体, 但繁复; 前一解法注意到, 要使所设事件发生, 抽取必然是 $2n+1-m$ 次, 从而推导出简洁的结果.

3. 古典概型的推广

在古典概型中, 样本空间 $\Omega = \{\omega_1, \omega_2, \cdots, \omega_n\}$ 是有限的, 且每个样本点出现是等可能的. 一般地, 如果样本空间 $\Omega = \{\omega_1, \omega_2, \cdots\}$ 含有可列个元素, 样本点 ω_i 出现的可能性为 $p(\omega_i)$, 其中 $p(\omega_i) \geqslant 0$, $\sum_{i=1}^{\infty} p(\omega_i) = 1$, 那么这时事件 A 的概率定义为

$$P(A) = \sum_{i:\omega_i \in A} p(\omega_i).$$

对这样的概率模型, 容易验证有如下性质:

(1) 非负性: $P(A) \geqslant 0$;

(2) 规范性: $P(\Omega) = 1$;

(3) (可列) 可加性: 若事件 $A_i (i = 1, 2, \cdots)$ 中任何两个都不会同时发生 (即 $A_i \cap A_j = \varnothing, i \neq j$), 用 $\sum_{i=1}^{\infty} A_i$ 表示它们中至少有一个发生 (即 $\bigcup_{i=1}^{\infty} A_i$), 则

$$P\left(\sum_{i=1}^{\infty} A_i\right) = \sum_{i=1}^{\infty} P(A_i).$$

1.2.3 几何概率

古典概型要求样本点总数是有限的. 若是有无限个样本点, 特别是连续无限的情况, 虽是等可能的, 也不能利用古典概型. 但是类似的算法可以推广到这种情形.

若样本空间是一个包含无限个点的区域 Ω(一维、二维、三维或 n 维), 样本点是区域中的一个点, 此时用点数度量样本点的多少就毫无意义. "等可能性" 可以理解成 "对任意两个区域, 当它们的测度 (长度、面积、体积、$\cdots$) 相等时, 样本点落在这两区域上的概率相等, 而与形状和位置都无关".

在这种理解下, 若记事件 $A_g = \{$任取一个样本点, 它落在区域 $g \subset \Omega\}$, 则 A_g 的概率定义为

$$P(A_g) = \frac{g \text{ 的测度}}{\Omega \text{ 的测度}}. \tag{1.3}$$

这样定义的概率称为**几何概率** (geometric probability). 容易验证几何概率也具有非负性、规范性和可列可加性.

例 1.13 某路公共汽车每 5 min 一班准时到达某车站, 求任一人在该车站等车时间少于 3 min 的概率 (假定车到后每人都能上).

解 可以认为乘客在任一时刻到站是等可能的. 设上一班车离站时刻为 a, 则某人到站的一切可能时刻为 $\Omega = (a, a + 5)$, 记 $A_g = \{$等车时间少于 3 min$\}$, 则他到站的时刻只能为 $g = (a + 2, a + 5)$ 中的任一时刻, 故

$$P(A_g) = \frac{g \text{ 的长度}}{\Omega \text{ 的长度}} = \frac{3}{5}.$$

例 1.14 (会面问题)   两人相约 7 点到 8 点在某地会面, 先到者等候另一人 20 min, 过时离去. 求两人会面的概率.

解   因为两人谁也没有讲好确切的到达时间, 故样本点由两个数 (甲、乙两人各自到达的时刻) 组成. 以 7 点钟作为计算时间的起点, 设甲、乙各在第 x min 和第 y min 到达, 则样本空间为

$$\Omega = \{(x,y) : 0 \leqslant x \leqslant 60,\ 0 \leqslant y \leqslant 60\},$$

画成图则为一正方形. 会面的充要条件是 $|x - y| \leqslant 20$, 即事件 $A=\{$可以会面$\}$ 所对应的区域 g 是图 1.1 中的阴影部分.

$$P(A) = \frac{g \text{ 的面积}}{\Omega \text{ 的面积}} = \frac{60^2 - (60-20)^2}{60^2} = \frac{5}{9}.$$

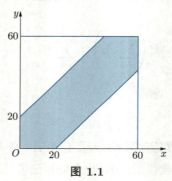

图 1.1

例 1.15 (比丰 (Buffon) 投针问题)   平面上画很多平行线, 间距为 a. 向此平面投掷长为 $l(l < a)$ 的针, 求此针与任一平行线相交的概率.

解   以针的任一位置为样本点, 它可以由两个数决定, 针的中点与最接近的平行线之间的距离 x, 针与平行线的交角 φ (见图 1.2).

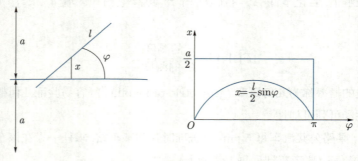

图 1.2

样本空间

$$\Omega = \left\{ (\varphi, x) : 0 \leqslant \varphi \leqslant \pi,\ 0 \leqslant x \leqslant \frac{a}{2} \right\}$$

为一矩形. 针与平行线相交的区域是 $g = \left\{ (\varphi, x) \mid x \leqslant l \sin \dfrac{\varphi}{2} \right\}$ (见图 1.2). 所求概率是

$$P = \frac{g\ \text{的面积}}{\Omega\ \text{的面积}} = \frac{\displaystyle\int_0^\pi (l/2) \sin \varphi \mathrm{d}\varphi}{\pi(a/2)} = \frac{2l}{a\pi}.$$

注 1.1 因为概率 P 可以用多次重复试验的频率来近似, 由此可以得到 π 的近似值. 方法是重复投针 N 次 (或一次投针 N 枚), 统计与平行线相交的次数 n, 则 $P \approx \dfrac{n}{N}$. 又因 a 与 l 都可精确测量, 故从 $\dfrac{2l}{a\pi} \approx \dfrac{n}{N}$, 可解得 $\pi \approx \dfrac{2lN}{an}$. 历史上有不少人做过这个试验, 做得最好的一位投掷了 $3\,408$ 次, 算得 $\pi \approx 3.141\,592\,9$, 其精确度已经达到小数点后第六位.

设计一个随机试验, 通过大量重复试验得到某种结果, 确定我们感兴趣的某个量, 由此而发展的蒙特卡罗 (Monte Carlo) 方法为这种计算提供了一种途径. 随着电子计算机的发展, 大量随机试验十分容易实现, 使得这种方法变得非常有效.

1.3　概率的公理化定义

概率的统计定义, 古典概型的概率以及几何概率都反映了部分客观实际. 后两个克服了第一个描述性定义的缺点, 便于计算, 但仍有不足之处. 例如古典概型与几何概率都建立在 "等可能性" 的基础上, 但是一般的随机试验不一定完全具备这种性质. 而且对 "等可能性" 的不同理解甚至可能导致不同的答案. 本节中我们先把统计概率、古典概率、几何概率等的性质抽象化, 把其中最基本的因素作为规定 (公理), 其他性质则可由它们导出.

1.3.1　事件

随机试验中, 除了那些基本结果——样本点以外, 还可列出其他的一些结果. 如在 1.2 节的例 1.3 中, 还可能出现下面各种结果:

$$A = \{\text{取得红球或白球}\};$$
$$B = \{\text{取得球的号数小于5}\};$$
$$C = \{\text{没有取得红球}\},$$

等等, 这些都是事件.

如果把样本空间看成是讨论问题的全集, 样本点是全集中的元素, 那么事件可以定义为样本空间中的某种子集, 或者说是样本点的某种集合. 在上面讨论的例子中, 若取 Ω_2 (参见例 1.3) 作为样本空间, 那么可定义以下三个事件:

$$A = \{\omega_1, \omega_2, \omega_3, \omega_4, \omega_5, \omega_6\};$$

$$B = \{\omega_1, \omega_2, \omega_3, \omega_4\};$$

$$C = \{\omega_4, \omega_5, \omega_6, \omega_7, \omega_8, \omega_9, \omega_{10}\}.$$

事件一般用大写英文字母 $A, B, C, \cdots$ 表示.

如果一次试验中某样本点 ω 出现, 而 $\omega \in A$, 那么称事件 A 发生. 样本空间 Ω 自然也可看作一个事件. 因为在每次试验中必然出现 Ω 中的一个样本点, 也即 Ω 必然发生, 所以 Ω 就是必然事件. 类似地, 把空集 $\varnothing$ 作为一个事件, 它在每次试验中必定不发生, 所以 $\varnothing$ 就是不可能事件.

把事件看作样本点的集合, 这种观点使我们能用集合论的方法来研究事件, 特别是可用集合之间的关系和运算来研究事件之间的关系和运算. 下面就来叙述它们.

事件 A **包含** B (B 包含于 A), 记作 $A \supset B$ (或 $B \subset A$). 例如, 若以 A 记 "产值超过 2 亿", 以 B 记 "产值超过 3 亿", 则 $A \supset B$. 其含义为, 事件 B 发生导致事件 A 发生, 或者说, 若 $\omega \in B$, 则 $\omega \in A$.

事件 A 与 B **相等**, 记作 $A = B$, 表示 $A \supset B$ 并且 $B \supset A$.

事件 A 与 B 的**并事件**, 记作 $A \cup B$, 表示 A 与 B 至少有一个发生. 例如, 以 A 记 "产值超过 1 亿", 而以 B 记 "产值在 0.5 亿和 1.5 亿之间", 则 $A \cup B$ = "产值超过 0.5 亿".

事件 A 与 B 的**交事件**, 记作 $A \cap B$ (也记作 AB), 表示事件 A 发生并且事件 B 也发生, 即 A 与 B 两事件都发生. 对上面的例子, $A \cap B$ = "产值在 1 亿和 1.5 亿之间".

事件 A 与 B 的**差事件**, 记作 $A \setminus B$, 表示 A 发生而 B 不发生. 对上面的例子, $A \setminus B$ = "产值超过 1.5 亿". 如果 $B \subset A$, 那么 $A \setminus B$ 可以写作 $A - B$.

如果 A 与 B 两事件不可能同时发生, 即 $A \cap B = \varnothing$, 就称 A 与 B **互不相容**. 在这种情形下, 有时以 $A + B$ 代 $A \cup B$.

如果事件 A 与 B 不可能同时发生, 并且 A 与 B 至少发生一个, 即 $A \cap B = \varnothing$ 且 $A \cup B = \Omega$, 那么称 B 是 A 的**逆事件** (或**对立事件**, **余事件**); 记作 $B = \overline{A}$ (或 A^c); 此时 A 也是 B 的**逆事件**.

事件的关系与运算满足集合论中有关集合运算的一切性质, 例如

(1) 交换律: $A \cup B = B \cup A, AB = BA$;

(2) 结合律: $(A \cup B) \cup C = A \cup (B \cup C), (AB)C = A(BC)$;

(3) 分配律: $(A \cup B) \cap C = AC \cup BC, (A \cap B) \cup C = (A \cup C) \cap (B \cup C)$;

(4) 德摩根 (De Morgan) 律: $\overline{A \cup B} = \overline{A} \cap \overline{B}, \overline{A \cap B} = \overline{A} \cup \overline{B}$.

对于几个事件, 甚至对于无限可列个事件, 德摩根律也成立.

此外, $A \setminus B = A\overline{B}$.

我们要学会把集合间的关系和集合的运算法则与事件间的关系和事件的运算法则互相转换.

例 1.16　若 A, B, C 是三个事件, 则

(1) $\{A$ 与 B 都发生而 C 不发生$\}$ 为 $AB\overline{C}$ 或 $AB \setminus C$ 或 $AB - ABC$;

(2) $\{A、B、C$ 三事件都发生$\}$ 为 ABC;

(3) $\{$三事件恰好发生一个$\}$ 为 $A\overline{B}\,\overline{C} + \overline{A}B\overline{C} + \overline{A}\,\overline{B}C$;

(4) $\{$三事件恰好发生两个$\}$ 为 $AB\overline{C} + \overline{A}BC + A\overline{B}C$;

(5) $\{$三事件至少发生一个$\}$ 为 $A \cup B \cup C$ 或 $A\overline{B}\,\overline{C} + \overline{A}B\overline{C} + \overline{A}\,\overline{B}C + AB\overline{C} + \overline{A}BC + A\overline{B}C + ABC$.

例 1.17　一系统由元件 A 与 B 并联所得的线路再与元件 C 串联而成 (见图 1.3).

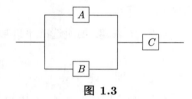

图 1.3

若以 A, B, C 表示相应元件能正常工作的事件, 那么事件 $W = \{$系统能正常工作$\}$ $= \{$元件 A 与 B 至少一个能正常工作并且 C 能正常工作$\} = (A \cup B)C$ 或者 $AC \cup BC$.

1.3.2　概率空间

概率空间包含三个要素.

第一个要素为样本空间 Ω, 是样本点 ω 的全体, 根据问题需要事先取定.

第二个要素为事件域 $\mathscr{F}$, 是 Ω 中某些满足下列条件的子集的全体所组成的集类:

(1) $\Omega \in \mathscr{F}$;

(2) 若 $A \in \mathscr{F}$, 则 $\overline{A} \in \mathscr{F}$;

(3) 若 $A_1, A_2, \cdots, A_n, \cdots \in \mathscr{F}$, 则 $\bigcup\limits_{n=1}^{\infty} A_n \in \mathscr{F}$.

满足这三个条件的 $\mathscr{F}$ 称为 Ω 上的 σ-代数或 σ-域. $\mathscr{F}$ 中的元素 (Ω 的子集) 称为事件.

由这三个条件, 可以推得事件域有下列性质:

(4) $\varnothing \in \mathscr{F}$ (因 $\varnothing = \overline{\Omega}$);

(5) 若 $A_1, A_2, \cdots, A_n, \cdots \in \mathscr{F}$, 则 $\bigcap\limits_{n=1}^{\infty} A_n \in \mathscr{F}$ $\left(\text{因 } \bigcap\limits_{n=1}^{\infty} A_n = \overline{\overline{\bigcap\limits_{n=1}^{\infty} A_n}} = \overline{\bigcup\limits_{n=1}^{\infty} \overline{A_n}}\right)$;

(6) 若 $A_1, A_2, \cdots, A_n \in \mathscr{F}$, 则 $\bigcup\limits_{k=1}^{n} A_k \in \mathscr{F}$, $\bigcap\limits_{k=1}^{n} A_k \in \mathscr{F}$.

于是必然事件、不可能事件、事件的逆、有限并、有限交、可列并及可列交等都是事件, 从而这些运算在事件域内都有意义.

事件域也可以根据问题选择, 因为对同一样本空间 Ω, 可以有很多的 σ-代数. 例如最简单的是 $\mathscr{F}_1 = \{\varnothing, \Omega\}$, 复杂的如 $\mathscr{F}_2 = \{\Omega$ 的一切子集$\}$, 所以要适当选择.

特别地, 若 Ω 为有限个或可列个样本点组成, 则常取 Ω 的一切子集所成的集类作为 $\mathscr{F}$, 像在古典概型中所做的那样. 不难验证, $\mathscr{F}$ 是 σ-代数.

若 $\Omega = \mathbb{R}$ (一维实数全体), 此时常取一切左开右闭有界区间和它们的 (有限或可列) 并、(有限或可列) 交、逆所成的集的全体为 $\mathscr{F}$ (通常记为 $\mathscr{B}$), 称为一维**博雷尔** (Borel) σ-代数, 其中的集称为一维博雷尔集, 它是比全体区间大得多的一个集类.

若 $\Omega = \mathbb{R}^n$ (n 维实数全体), 则常取一切左开右闭有界 n 维矩形和它们的 (有限或可列) 并、(有限或可列) 交、逆所成的集的全体为 $\mathscr{F}$ (通常记为 $\mathscr{B}^n$), 它包含了我们感兴趣的所有情况, 称为 n 维博雷尔 σ-代数.

如果我们对 Ω 的某个子集类 $\mathscr{C}$ 感兴趣, 则所选的事件域 $\mathscr{F}$ 可以是包含 $\mathscr{C}$ 的最小 σ-代数, 这种 σ-代数是存在的, 因为

(1) 至少有一个包含 $\mathscr{C}$ 的 σ-代数, 即上述 $\mathscr{F}_2$;

(2) 若有很多包含 $\mathscr{C}$ 的 σ-代数, 则它们的交也是 σ-代数, 且就是最小的.

特别地, 如果我们只对 Ω 的一个子集 A 感兴趣, 那么包含 A 的最小 σ-代数就是

$$\mathscr{F} = \{\varnothing, A, \overline{A}, \Omega\}.$$

概率空间的第三个要素是概率 P. 对概率的定义应包含前面的统计定义、古典概率、几何概率等特殊情况, 因此可以这样定义概率:

概率是定义在 $\mathscr{F}$ 上的实值集函数: $A(\in \mathscr{F}) \xrightarrow{P} P(A)$, 并且满足下列条件 (公理):

(1) 非负性: 对任一 $A \in \mathscr{F}$, $P(A) \geqslant 0$;

(2) 规范性: $P(\Omega) = 1$;

(3) 可列可加性: 若 $A_1, A_2, \cdots, A_n, \cdots$ 是两两互不相容的事件, 则

$$P\left(\sum_{n=1}^{\infty} A_n\right) = \sum_{n=1}^{\infty} P(A_n).$$

用测度论的语言描述, 概率是定义在 σ-代数上的规范化的测度.

三元体 $(\Omega, \mathscr{F}, P)$ 构成一个**概率空间** (probability space). 下面再举个具体例子来说明实际问题中概率空间是怎样构造的.

例 1.18 某工厂生产一批产品. 任取一个产品, 若我们只关心它是不是正品, 则可取 $A = \{$产品是正品$\}$, $\Omega = \{A, \overline{A}\}$, 事件域 $\mathscr{F} = \{\varnothing, A, \overline{A}, \Omega\}$. 再赋予 $\mathscr{F}$ 中各事件以概率: $P(\varnothing) = 0$, $P(A) = p (0 \leqslant p \leqslant 1)$, $P(\overline{A}) = 1 - p$, $P(\Omega) = 1$. 这样定义的 P 满足概率的三个条件. $(\Omega, \mathscr{F}, P)$ 就是概率空间. 这里的 $P(A)$ 事实上就是这批产品的正品率.

例 1.19 令 $\Omega = \{\omega_1, \omega_2, \cdots\}$. 设 $p_i = P(\omega_i) > 0, \sum\limits_{i=1}^{\infty} p_i = 1$, 并令 $\mathscr{F} = \{\Omega$ 的子集$\}$. 定义

$$P(A) = \sum_{i:\omega_i \in A} p_i,$$

则 $(\Omega, \mathscr{F}, P)$ 是一个概率空间. 特别地, 如果 Ω 是有限集, p_i 全相等, 那么 $(\Omega, \mathscr{F}, P)$ 就是古典概率空间.

例 1.20 令 $\Omega = [0,1]$, $\mathscr{F} = \mathscr{B}_{[0,1]}$ 为 $[0,1]$ 上的博雷尔 σ-代数, m 为勒贝格测度 (Lebesgue measure), 则 $(\Omega, \mathscr{F}, m)$ 是概率空间. 这就是 $[0,1]$ 上的几何概率模型.

注 1.2 设 $\mathscr{B}^n$ 是 n 维实数空间 $\mathbb{R}^n$ 上的博雷尔 σ-代数, 则存在唯一的函数 $m : \mathscr{B}^n \to \mathbb{R}_+$ 满足

(1) 对任何一列两两不相交的集合 $A_1, A_2, \cdots \in \mathscr{B}^n$, 有

$$m\left(\sum_{j=1}^{\infty} A_j\right) = \sum_{j=1}^{\infty} m(A_j);$$

(2) 对任何实数 $a_1 < b_1, a_2 < b_2, \cdots, a_n < b_n$, 有

$$m((a_1, b_1] \times (a_2, b_2] \times \cdots \times (a_n, b_n]) = (b_1 - a_1)(b_2 - a_2) \cdots (b_n - a_n).$$

称 m 为 $\mathbb{R}^n$ 上的勒贝格测度.

概率的公理化定义只是规定了概率这个概念所必须满足的基本性质, 它没有也不可能解决在特定场合下如何定出概率的问题. 这一定义的意义在于它为一种普遍而严格的概率理论奠定了基础.

通常, 对于一个具体问题, 构造其概率模型时, 样本空间和事件域的确定并不困难; 但确定每个基本事件的概率大小往往需要足够的与问题相关的背景知识. 概率论学科的主要任务是研究如何从简单事件的概率去计算复杂的、更有兴趣的事件的概率, 因而总假定概率模型是给定的.

从上述定义我们可直接推出下列概率的运算公式:

(1) $P(\varnothing) = 0$

(2) 若 $A_i A_j = \varnothing \ (i, j = 1, 2, \cdots, n, i \neq j)$, 则

$$P\left(\sum_{i=1}^{n} A_i\right) = \sum_{i=1}^{n} P(A_i);$$

(3) $P(\overline{A}) = 1 - P(A)$;

(4) 若 $B \subset A$, 则 $P(A - B) = P(A) - P(B)$;

(5) $P(A \cup B) = P(A) + P(B) - P(AB)$.

第 (1) 条的证明: 因为

$$P(\Omega) = P(\Omega + \varnothing + \varnothing + \cdots) = P(\Omega) + P(\varnothing) + P(\varnothing) + \cdots,$$

两边消去 $P(\Omega)$, 就有 $P(\varnothing) = 0$.

第 (2) 条称为有限可加性, 它可从可列可加性与第 (1) 条推得 (对 $i > n$, 令 $A_i = \varnothing$). 结合 (2) 和 $P(\Omega) = 1$, 容易推得第 (3) 条.

为证明第 (4) 条, 只需注意 $A = B + (A - B)$, 并且 $B \cap (A - B) = \varnothing$, 再应用第 (2) 条即可.

注意第 (4) 条必须有条件 $B \subset A$. 若取消这个条件, 则因 $A \setminus B = A - AB$, 就有

(6) $P(A \setminus B) = P(A) - P(AB)$.

第 (5) 条可这样证明: $A \cup B = A + (B - AB)$, 而 $A \cap (B - AB) = \varnothing$, 又 $AB \subset B$, 故

$$P(A \cup B) = P(A) + P(B - AB) = P(A) + P(B) - P(AB).$$

如果 $AB = \varnothing$, 那么第 (5) 条就变成第 (2) 条的情况.

利用数学归纳法, 第 (5) 条可以推广到任意个事件的和.

(7) 多还少补定理:

$$P(A_1 \cup A_2 \cup \cdots \cup A_n)$$
$$= \sum_{i=1}^{n} P(A_i) - \sum_{1 \leqslant i < j \leqslant n} P(A_i A_j) + \cdots + (-1)^{n-1} P(A_1 A_2 \cdots A_n). \tag{1.4}$$

(8) 次可加性:

$$P(A_1 \cup A_2 \cup \cdots \cup A_n) \leqslant \sum_{i=1}^{n} P(A_i). \tag{1.5}$$

当 $n = 2$ 时, (1.5) 式直接从第 (5) 条得到. 对一般的 n, 可采用数学归纳法加以证明. 实际上, (1.5) 式对 $n \to \infty$ 也成立, 即

$$P\left(\bigcup_{i=1}^{\infty} A_i\right) \leqslant \sum_{i=1}^{\infty} P(A_i). \tag{1.6}$$

在实际问题中, 可以先把一个复杂事件运用事件的并、交、差与逆等运算分解为较简单的事件, 再利用概率运算公式进行计算.

例 1.21 口袋中有 $n(n \geqslant 3)$ 个球, 编号为 $1, 2, \cdots, n$. 任取三球, 求 1, 2 号球至少出现一个的概率.

解法 1 记 $A_i = \{$出现第 i 号球 $\}$, $i = 1, 2$, 则所求概率为

$$P(A_1 \cup A_2) = P(A_1) + P(A_2) - P(A_1 A_2) = \frac{\dbinom{n-1}{2}}{\dbinom{n}{3}} + \frac{\dbinom{n-1}{2}}{\dbinom{n}{3}} - \frac{\dbinom{n-2}{1}}{\dbinom{n}{3}}.$$

解法 2 $A_1 \cup A_2$ 的逆事件为 $\overline{A_1 \cup A_2} = \overline{A_1} \cap \overline{A_2}$, 故

$$P(A_1 \cup A_2) = 1 - P(\overline{A_1} \cap \overline{A_2}) = 1 - \frac{\binom{n-2}{3}}{\binom{n}{3}}.$$

读者自己可以验证以上两个结果是相同的.

例 1.22 某班有 n 个士兵, 每人各有一支枪, 这些枪外形完全一样. 在一次夜间紧急集合中, 每人随机取一支枪, 求至少有一人拿到自己的枪的概率.

解 记 $A_i = \{$第 i 个人拿到第 i 支枪$\}$, $i = 1, 2, \cdots, n$, 则所求为 $p_n = P(A_1 \cup A_2 \cup \cdots \cup A_n)$. 又

$$P(A_i) = \frac{1}{n}, \qquad P(A_i A_j) = \frac{1}{n(n-1)}, \quad 1 \leqslant i < j \leqslant n;$$

$$\cdots$$

$$P(A_1 A_2 \cdots A_n) = \frac{1}{n!}.$$

故

$$p_n = n \cdot \frac{1}{n} - \binom{n}{2} \cdot \frac{1}{n(n-1)} + \binom{n}{3} \cdot \frac{1}{n(n-1)(n-2)} - \cdots + (-1)^{n-1} \frac{1}{n!}$$

$$= 1 - \frac{1}{2!} + \frac{1}{3!} - \cdots + (-1)^{n-1} \frac{1}{n!}.$$

可以看出

$$\lim_{n \to \infty} p_n = 1 - \frac{1}{e}.$$

表 1.3 给出了 p_n 的一些取值, 可以看出当 $n \geqslant 7$ 时, p_n 很接近 p_∞.

表 1.3 数 据 表

n	5	6	7	9	∞
p_n	0.633 33	0.631 944	0.632 143	0.632 121	0.632 121

此例中的这类问题称为匹配问题.

例 1.23 (涂色问题) 平面上的 n 个点和连接各点之间的连线叫作一个完全图, 记作 G. 点称作图的顶点, 顶点之间的连线叫作边, 共有 $\binom{n}{2}$ 条. 给定一个整数 k, G 中任意 k 个顶点连同相应的边构成一个有 k 个顶点的完全子图, G 中共有 $\binom{n}{k}$ 个这样的子图, 记作 G_i, $i = 1, 2, \cdots, \binom{n}{k}$. 现将图 G 的每条边涂成红色或蓝色. 问: 是否有一种涂色方法, 使得没有一个子图 G_i 的 $\binom{k}{2}$ 条边是同一颜色的?

解 这是一个确定性的问题, 但可以用概率方法 (probabilistic method) 来解. 当 n 不太大时 (相对于 k), 答案是肯定的.

我们对 G 的边进行随机涂色, 每条边为红色和蓝色的概率均为 $\frac{1}{2}$. 记事件

$$E_i = \{\text{子图 } G_i \text{ 各边的颜色相同}\},$$

那么 $\bigcup\limits_i E_i$ 表示至少存在一个子图使得它的各边颜色相同.

$$P(E_i) = P(G_i \text{ 的各边均为红色}) + P(G_i \text{ 的各边均为蓝色})$$

$$= \frac{2}{2^{\binom{k}{2}}} = \left(\frac{1}{2}\right)^{\frac{k(k-1)}{2}-1}.$$

从而

$$P\left(\bigcup_i E_i\right) \leqslant \sum_i P(E_i) = \binom{n}{k}\left(\frac{1}{2}\right)^{\frac{k(k-1)}{2}-1}.$$

所以, 当

$$\binom{n}{k} < 2^{\frac{k(k-1)}{2}-1}$$

时, $P\left(\bigcup\limits_i E_i\right) < 1$. 这说明 $\bigcap\limits_i \overline{E_i} \neq \varnothing$. 从而, 在上述条件下, 至少有一种涂色方法, 使得不存在一个有 k 个顶点、所有边同一颜色的完全子图 G_i.

1.3.3 概率测度的连续性

给定一概率空间 $(\Omega, \mathscr{F}, P)$, 假设 $A_1, A_2, \cdots$ 是一列单调增加的事件序列, 即

$$A_1 \subset A_2 \subset \cdots \subset A_n \subset \cdots.$$

记 $A = \bigcup\limits_{n=1}^{\infty} A_n$, 称 A 为 A_n 的极限. 从公理化定义可以看出, A 仍然是一个事件. 下面定理给出该事件的概率大小.

定理 1.1 如果 $A_1, A_2, \cdots$ 是一列单调增加的事件序列, 具有极限 A, 那么

$$P(A) = \lim_{n \to \infty} P(A_n).$$

证明 对 $k = 2, 3, \cdots$, 令 $B_k = A_k - A_{k-1}$, 那么 $A = A_1 \cup B_2 \cup B_3 \cup \cdots$ 是一列不相交事件的并. 根据可列可加性,

$$P(A) = P(A_1) + P(B_2) + P(B_3) + \cdots = P(A_1) + \lim_{n \to \infty} \sum_{k=2}^{n} P(B_k).$$

另外, $P(B_k) = P(A_k) - P(A_{k-1})$. 因此,

$$P(A) = P(A_1) + \lim_{n \to \infty} \sum_{k=2}^{n} [P(A_k) - P(A_{k-1})] = \lim_{n \to \infty} P(A_n). \qquad \square$$

由上述定理, (1.6) 式可以通过在 (1.5) 式两边令 $n \to \infty$ 取极限得到.

如果对一列单调增加的事件 $A_1, A_2, \cdots$, 记 $\lim\limits_{n \to \infty} A_n = \bigcup\limits_{n=1}^{\infty} A_n$, 上述定理说明

$$P\left(\lim_{n \to \infty} A_n\right) = \lim_{n \to \infty} P(A_n).$$

所以我们说概率具有连续性.

如果 $A_1, A_2, \cdots$ 是一列单调减少的事件序列, 记 $\lim\limits_{n \to \infty} A_n = \bigcap\limits_{n=1}^{\infty} A_n$, 那么同样有

$$P\left(\lim_{n \to \infty} A_n\right) = \lim_{n \to \infty} P(A_n).$$

为了区分, 前者称为概率的下连续性, 后者称为上连续性. 一般地, 对一列事件 $A_1, A_2, \cdots$, 记

$$\liminf_{n \to \infty} A_n = \bigcup_{n=1}^{\infty} \bigcap_{m=n}^{\infty} A_m \quad \text{和} \quad \limsup_{n \to \infty} A_n = \bigcap_{n=1}^{\infty} \bigcup_{m=n}^{\infty} A_m.$$

容易验证 $\liminf\limits_{n \to \infty} A_n \subset \limsup\limits_{n \to \infty} A_n$. 如果 $\liminf\limits_{n \to \infty} A_n = \limsup\limits_{n \to \infty} A_n$, 那么称 A_n 的极限存在, 并记作 $\lim\limits_{n \to \infty} A_n$. 若极限 $\lim\limits_{n \to \infty} A_n$ 存在, 则同样有 $P\left(\lim\limits_{n \to \infty} A_n\right) = \lim\limits_{n \to \infty} P(A_n)$. 这些性质请读者自行证明.

性质 (2) 和上述的分析说明概率的可列可加性可以导出有限可加性和连续性. 反过来, 如果一个非负函数 $Q : \mathscr{F} \to [0,1]$ 具有有限可加性, 并且

$$A_n \searrow \varnothing \Rightarrow Q(A_n) \searrow 0. \tag{1.7}$$

那么 Q 具有可列可加性. 这说明可列可加性等价于有限可加性与上连续性.

事实上, 设 $A_1, A_2, \cdots \in \mathscr{F}$ 互不相容, 记 $B_n = \sum\limits_{j=n+1}^{\infty} A_j$, 则 $A_1, A_2, \cdots, A_n, B_n$ 互不相容, 由有限可加性得

$$Q\left(\sum_{n=1}^{\infty} A_n\right) = Q(A_1 + A_2 + \cdots + A_n + B_n) = \sum_{j=1}^{n} Q(A_j) + Q(B_n).$$

另一方面, $B_n \searrow \bigcap\limits_{j=1}^{\infty} B_j = \varnothing$. 由 (1.7) 式得 $Q(B_n) \searrow 0$. 因此

$$Q\left(\sum_{n=1}^{\infty} A_n\right) = \lim_{n \to \infty} \sum_{j=1}^{n} Q(A_j) + \lim_{n \to \infty} Q(B_n) = \sum_{j=1}^{\infty} Q(A_j).$$

可列可加性得证.

例 1.24　独立投掷一枚均匀硬币无穷多次, 一次正面都没出现的可能性显然是 0. 下面我们可以用上述连续性定理给出严格的解释: 令 A_n 表示前 n 次投掷中至少出现正面一次, 那么 $A_n \subset A_{n+1}$. 记 $A = \bigcup\limits_{n=1}^{\infty} A_n$, 其表示正面最终会出现. 这样,

$$P(A) = \lim_{n \to \infty} P(A_n) = \lim_{n \to \infty} \left[1 - \left(\frac{1}{2} \right)^n \right] = 1.$$

1.4　条件概率与事件的独立性

1.4.1　条件概率

任一个随机试验都是在某些基本条件下进行的, 在这些基本条件下某个事件 A 的发生具有某种概率. 但如果除了这些基本条件还有附加条件, 所得概率就可能不同. 这些附加条件可以看成是另外某个事件 B 发生.

条件概率这一概念是概率论中的基本工具之一. 给定一个概率空间 $(\Omega, \mathscr{F}, P)$ 并希望知道某一事件 A 发生的可能性大小. 尽管我们不可能完全知道试验结果, 但往往会掌握一些与事件 A 相关的信息, 这对我们的判断有一定的影响. 例如, 投掷一均匀骰子, 并且已知出现的是偶数点, 那么对试验结果的判断与没有这一已知条件的情形有所不同. 一般地, 在已知另一事件 B 发生的前提下, 事件 A 发生的可能性大小就不再是 $P(A)$.

已知事件 B 发生的条件下事件 A 发生的概率称为事件 A 关于事件 B 的**条件概率** (conditional probability), 记作 $P(A|B)$.

在某种情况下, 条件的附加意味着对样本空间进行压缩, 相应的概率可在压缩的样本空间内直接计算.

例 1.25　已知某盒中球的放置信息如表 1.4. 任取一球, 记 $A=\{$取得蓝球$\}$, $B=\{$取得玻璃球$\}$, 显然这是古典概型. Ω 包含的样本点总数为 16, A 包含的样本点总数为 11, 故 $P(A) = \dfrac{11}{16}$. 如果已知取得的是玻璃球, 要计算取得蓝球的概率. 这就是 B 发生的条件下 A 发生的概率, 记作 $P(A|B)$. 在 B 发生的条件下可能取得的样本点总数应为 "玻璃球的总数", 也即把样本空间压缩到玻璃球全体. 而在 B 发生的条件下 A 包含的样本

表 1.4　信　息　表

	玻璃	木质	总计
红	2	3	5
蓝	4	7	11
总计	6	10	16

点数为蓝玻璃球数, 故

$$P(A|B) = \frac{4}{6} = \frac{2}{3}.$$

一般说来, 在古典概型下, 都可以这样做. 但若回到原来的样本空间, 则当 $P(B) \neq 0$ 时, 有

$$
\begin{aligned}
P(A|B) &= \frac{\text{在 } B \text{ 发生的条件下 } A \text{ 包含的样本点数}}{\text{在 } B \text{ 发生的条件下样本点总数}} \\
&= \frac{AB \text{ 包含的样本点数}}{B \text{ 包含的样本点数}} \\
&= \frac{\dfrac{AB \text{ 包含的样本点数}}{\text{总数}}}{\dfrac{B \text{ 包含的样本点数}}{\text{总数}}} \\
&= \frac{P(AB)}{P(B)}.
\end{aligned}
$$

这个式子对几何概率也成立. 由此得出如下的一般定义:

定义 1.2　对任意事件 A 和 B, 若 $P(B) \neq 0$, 则 "在事件 B 发生的条件下 A 发生的概率" 记作 $P(A|B)$, 定义为条件概率, 有

$$P(A|B) = \frac{P(AB)}{P(B)}. \tag{1.8}$$

反过来可以用条件概率表示 A, B 的乘积概率, 即有**乘法公式**

$$P(AB) = P(A|B)P(B), \qquad P(B) \neq 0, \tag{1.9}$$

同样有

$$P(AB) = P(B|A)P(A), \qquad P(A) \neq 0. \tag{1.10}$$

从上面定义可见, 条件概率有着与一般概率相同的性质, 即非负性、规范性和可列可加性. 由此它也可进行一般概率同样的运算, 只要每次都加上 "在某事件发生的条件下" 即可.

两个事件的乘法公式还可推广到 n 个事件, 即

$$P(A_1 A_2 \cdots A_n) = P(A_1) \cdot P(A_2|A_1) \cdot P(A_3|A_1 A_2) \cdot \cdots \cdot P(A_n|A_1 A_2 \cdots A_{n-1}). \tag{1.11}$$

具体解题时, 条件概率可以依照定义计算, 也可以如例 1.25 那样直接按照条件概率的意义在压缩的样本空间中计算; 同样地, 乘积事件的概率可依照公式 (1.9) 或 (1.10) 计算, 也可按照乘积的意义直接计算, 均视问题的具体性质而定.

例 1.26　已知 n 张彩票中有一张中奖票.

(1) 已知前面 $k-1$ 个人没摸到中奖票, 求第 k 个人摸到中奖票的概率;

(2) 求第 k 个人摸到中奖票的概率.

解 问题 (1) 是求在条件 "前面 $k-1$ 个人没摸到中奖票" 下的条件概率. 问题 (2) 是求无条件概率.

记 $A_i=\{$第 i 个人摸到中奖票$\}$, 则 (1) 的条件是 $\overline{A}_1\overline{A}_2\cdots\overline{A}_{k-1}$. 在压缩样本空间中由古典概型直接可得

(1)
$$P(A_k|\overline{A}_1\overline{A}_2\cdots\overline{A}_{k-1})=\frac{1}{n-k+1};$$

(2) 所求为 $P(A_k)$. 但对本题, $A_k=\overline{A}_1\overline{A}_2\cdots\overline{A}_{k-1}A_k$, 由 (1.11) 式及古典概率计算公式有

$$
\begin{aligned}
P(A_k)&=P(\overline{A}_1\overline{A}_2\cdots\overline{A}_{k-1}A_k)\\
&=P(\overline{A}_1)P(\overline{A}_2|\overline{A}_1)P(\overline{A}_3|\overline{A}_1\overline{A}_2)\cdots P(A_k|\overline{A}_1\overline{A}_2\cdots\overline{A}_{k-1})\\
&=\frac{n-1}{n}\cdot\frac{n-2}{n-1}\cdot\frac{n-3}{n-2}\cdots\cdot\frac{n-k+1}{n-k+2}\cdot\frac{1}{n-k+1}\\
&=\frac{1}{n}.
\end{aligned}
$$

这说明每人摸到中奖票的概率与摸的先后次序无关.

例 1.27 在 1.3 节例 1.22 中, 我们求得了 n 个士兵中至少有一个人拿对了他自己的枪的概率. 现求恰好有 k 个士兵拿对了自己的枪的概率 $(0\leqslant k\leqslant n)$.

解 记 n 个士兵中恰好有 k 个士兵拿对了自己的枪的概率为 $P_k^{(n)}$, 则由 1.3 节例 1.22 知

$$P_0^{(n)}=\frac{1}{2!}-\frac{1}{3!}+\frac{1}{4!}-\cdots+\frac{(-1)^n}{n!}.$$

记事件 A_i 表示第 i 个士兵拿对了自己的枪. 为了计算恰好有 k 个士兵拿对了自己的枪的概率, 我们考察任何一组 k 个士兵, 如第 $i_1,i_2,\cdots,i_k$ 个士兵. 只有他们拿对了自己的枪的概率为

$$
\begin{aligned}
&P(A_{i_1},\cdots A_{i_k}\overline{A}_{i_{k+1}}\cdots\overline{A}_{i_n})\\
&=P(A_{i_1})P(A_{i_2}|A_{i_1})\cdots P(A_{i_k}|A_{i_1}\cdots A_{i_{k-1}})P(\overline{A}_{i_{k+1}}\cdots\overline{A}_{i_n}|A_{i_1}\cdots A_{i_k})\\
&=\frac{1}{n}\frac{1}{n-1}\cdots\frac{1}{n-(k-1)}q_{n-k}=\frac{(n-k)!}{n!}q_{n-k},
\end{aligned}
$$

其中 q_{n-k} 是在已知这 k 个士兵拿对了自己的枪的条件下其他 $n-k$ 个士兵都没有拿对自己的枪的概率, 因此

$$q_{n-k}=P_0^{(n-k)}=\frac{1}{2!}-\frac{1}{3!}+\frac{1}{4!}-\cdots+\frac{(-1)^{n-k}}{(n-k)!}.$$

由于从 n 个士兵中选 k 个士兵共有 $\dbinom{n}{k}$ 种选法, 所以所求的概率为

$$P_k^{(n)} = \sum_{i_1 < \cdots < i_k} P(A_{i_1} \cdots A_{i_k} \overline{A}_{i_{k+1}} \cdots \overline{A}_{i_n})$$

$$= \binom{n}{k} \cdot \frac{(n-k)!}{n!} q_{n-k}$$

$$= \frac{1}{k!}\left[\frac{1}{2!} - \frac{1}{3!} + \frac{1}{4!} - \cdots + \frac{(-1)^{n-k}}{(n-k)!}\right].$$

容易看出当 $n \to \infty$ 时, $P_k^{(n)}$ 的极限为 $\dfrac{e^{-1}}{k!}$. 后者恰好是下一章将要介绍的参数为 1 的泊松随机变量取 k 值的概率.

例 1.28　甲、乙两市位于长江下游, 根据一百多年的记录知道, 一年中雨天的比例, 甲市为 20%, 乙市为 18%, 两市同时下雨的天数占 12%. 求:

(1) 乙市下雨时甲市也下雨的概率;

(2) 甲、乙两市至少有一市下雨的概率.

解　分别用 A, B 记事件 {甲市下雨} 和 {乙市下雨}. 按题意有, $P(A) = 20\%$, $P(B) = 18\%$, $P(AB) = 12\%$.

(1) 所求为

$$P(A|B) = \frac{P(AB)}{P(B)} = \frac{12}{18} = \frac{2}{3};$$

(2) 所求为

$$P(A \cup B) = P(A) + P(B) - P(AB)$$
$$= 20\% + 18\% - 12\% = 26\%.$$

1.4.2　全概率公式, 贝叶斯 (Bayes) 公式

对于较为复杂的事件, 需要综合运用上面提到的一些基本公式. 先介绍一个基本概念.

定义 1.3　若事件列 $\{A_1, A_2, \cdots, A_n, \cdots\}$ 满足下列两个条件:

(1) $A_i(i = 1, 2, \cdots)$ 两两互不相容, 且 $P(A_i) > 0$;

(2) $\displaystyle\sum_{i=1}^{\infty} A_i = \Omega$,

则称 $\{A_1, A_2, \cdots, A_n, \cdots\}$ 是 Ω 的一个**完备事件组**, 也称是 Ω 的一个**分割**.

最简单的完备事件组是 $\{A, \overline{A}\}$.

定理 1.2 (全概率 (total probability) 公式)　设 $\{A_1, A_2, \cdots, A_n, \cdots\}$ 是一个完备事件组, 则对任意事件 B 有

$$P(B) = \sum_{i=1}^{\infty} P(A_i)P(B|A_i). \tag{1.12}$$

证明　注意到 $A_iB \subset A_i$, 故 $(A_iB) \cap (A_jB) = \varnothing (i \neq j, i, j = 1, 2, \cdots)$. 因此由可列可加性得

$$P(B) = P(B\Omega) = P\left(B\sum_{i=1}^{\infty} A_i\right) = P\left(\sum_{i=1}^{\infty} A_iB\right)$$

$$= \sum_{i=1}^{\infty} P(A_iB) = \sum_{i=1}^{\infty} P(A_i)P(B|A_i). \qquad \square$$

公式 (1.12) 意味着 "全部" 概率 $P(B)$ 被分解成了一些部分之和. 如果在较复杂的情况下不易直接计算 $P(B)$, 但 B 总是随 A_i 一起发生, 而 $P(A_i)$ 和 $P(B|A_i)$ 又易于计算, 我们就可应用全概率公式去计算 $P(B)$.

例 1.29　已知有 5 个乒乓球, 其中 3 个是新的, 2 个是旧的. 每次取一个, 无放回地取两次, 求第二次取时得新球的概率.

解　记 $A=\{$第一次取时得新球$\}$, $B=\{$第二次取时得新球$\}$. 因为第二次得新球的概率与第一次是否得新球有关, 即事件 B 可以与完备事件组 $\{A, \overline{A}\}$ 联系起来. 又 $P(A) = \frac{3}{5}$, $P(\overline{A}) = \frac{2}{5}$, $P(B|A) = \frac{2}{4}$, $P(B|\overline{A}) = \frac{3}{4}$. 故由公式 (1.12) 有

$$P(B) = P(A) \cdot P(B|A) + P(\overline{A}) \cdot P(B|\overline{A}) = \frac{3}{5}.$$

例 1.30　播种用的一等小麦种子中混合 2% 的二等种子, 1.5% 的三等种子以及 1% 的四等种子. 用一、二、三、四等种子长出的穗含 50 颗以上麦粒的概率分别是 $0.5, 0.15, 0.1, 0.05$. 任选一颗种子, 求它所结的穗含 50 颗以上麦粒的概率.

解　记 $B=\{$所选种子结穗含 50 颗以上麦粒$\}$, $A_i=\{$所选种子是 i 等$\}$ $(i = 1, 2, 3, 4)$, 则 $\{A_1, A_2, A_3, A_4\}$ 构成一完备事件组, 且 $P(A_1) = 95.5\%$, $P(A_2) = 2\%$, $P(A_3) = 1.5\%$, $P(A_4) = 1\%$, $P(B|A_1) = 0.5$, $P(B|A_2) = 0.15$, $P(B|A_3) = 0.1$, $P(B|A_4) = 0.05$, 故

$$P(B) = \sum_{i=1}^{4} P(A_i) \cdot P(B|A_i) = 0.482\,5.$$

例 1.31　求上例中 "任选一颗种子, 发现其所结穗确实含有 50 颗以上麦粒, 它是一等种子" 的概率.

解　这相当于求 $P(A_1|B)$. 按条件概率定义, 并利用公式 (1.10) 和 (1.12), 可得

$$P(A_1|B) = \frac{P(A_1B)}{P(B)} = \frac{P(A_1) \cdot P(B|A_1)}{\sum_{i=1}^{4} P(A_i) \cdot P(B|A_i)}$$

$$= \frac{0.955 \times 0.5}{0.482\,5} \approx 0.989\,6.$$

同理可求出它是二等、三等、四等种子的概率.

从这个例子引出一个与全概率公式密切相关的公式 —— **贝叶斯公式**. 设 $\{A_1, A_2, \cdots,$

$A_n, \cdots\}$ 是一个完备事件组, 则

$$P(A_i|B) = \frac{P(A_i) \cdot P(B|A_i)}{\displaystyle\sum_{k=1}^{\infty} P(A_k) \cdot P(B|A_k)}, \quad i = 1, 2, \cdots. \tag{1.13}$$

$P(A_i)$ 是在没有进一步的信息 (不知 B 是否发生) 的情况下人们对 A_i 发生可能性大小的认识, 称为**先验** (priori) **概率**; 现在有了新的信息 (知道 B 发生), 人们对 A_i 发生的可能性大小有了新的估计, 得到条件概率 $P(A_i|B)$, 称为**后验** (posteriori) **概率**.

　　如果把 B 看成 "结果", 把 $A_i(i = 1, 2, \cdots)$ 看成导致这一结果的可能的 "原因", 那么全概率公式可以看成 "由原因推结果". 而贝叶斯公式正好相反, 可以看成 "由结果推原因", 即现在一个结果 B 发生了, 那么导致这一结果的各种不同原因的可能性大小就可由贝叶斯公式求得.

　　例 1.32 (血清甲胎蛋白法诊断肝癌)　用 C 表示被检验者确实患有肝癌的事件, A 表示判断被检验者患肝癌的事件, 已知

$$P(A|C) = 0.95, \quad P(\overline{A}|\overline{C}) = 0.90, \quad P(C) = 0.000\,4.$$

现若有人被此法诊断患有肝癌, 求此人真正患肝癌的概率.

　　解　所求为

$$P(C|A) = \frac{P(C) \cdot P(A|C)}{P(C) \cdot P(A|C) + P(\overline{C}) \cdot P(A|\overline{C})}. \tag{1.14}$$

容易看出

$$P(\overline{C}) = 1 - P(C) = 0.999\,6, \qquad P(A|\overline{C}) = 1 - P(\overline{A}|\overline{C}) = 0.10.$$

将这些数值与已知值代入 (1.14) 式, 得 $P(C|A) = 0.003\,8$.

　　$P(A|C)$ 表示的确患肝癌的人被确诊有肝癌. $P(A|C) = 0.95$ 及 $P(\overline{A}|\overline{C}) = 0.90$ 两式表明此检验法还是相当可靠的. 但若有一人被诊断患肝癌, 而实际上他真患肝癌的概率 $P(C|A)$ 并不大. 如果在分析问题时不运用概率论的思想, 是很难理解这一结论的. 事实上, 人群中真正患肝癌的人很少 $(P(C) = 0.000\,4)$. 由于检验方法并不完全准确, 在大批健康人中会有一定数量的人被误诊为肝癌患者. 这两部分被检验为患肝癌的总人数中在全体人数中也只占小部分.

　　例 1.33　设某医院对某疾病 A 进行如下处理. 如果患者患 A 病的可能性达到 85%, 则建议立即做手术; 否则, 建议做进一步的检查. 现有某患者, 经过常规检查判断其得 A 病的可能性为 60%. 为进一步确诊, 又做了专项检查 B, 结果呈阳性. 但同时得知他患有可以导致检查 B 呈阳性的其他疾病, 这些疾病导致检查 B 呈阳性的可能性为 25%. 试问该患者是否应立即做手术?

　　解　用事件 A 表示该患者患有 A 病, 事件 B 表示检查 B 呈阳性, 已知 $P(A) = 0.6$.

如果患 A 病, 那么 B 呈阳性, 即 $P(B|A) = 1$. 由题意, $P(B|\overline{A}) = 0.25$. 从而由贝叶斯公式得

贝叶斯公式
及其思想

$$P(A|B) = \frac{P(AB)}{P(B)} = \frac{P(A)P(B|A)}{P(B|A)P(A) + P(B|\overline{A})P(\overline{A})}$$

$$= \frac{1 \times 0.6}{1 \times 0.6 + 0.25 \times 0.4} = 0.857 > 85\%.$$

因此该患者应立即做手术.

例 1.34 某工厂有四条流水线生产同一种产品, 其中每条流水线产量分别占总产量的 12%, 25%, 25% 和 38%. 根据经验, 每条流水线的不合格率分别为 0.06, 0.05, 0.04, 0.03. 某客户购买该产品后, 发现是不合格品, 向厂家提出索赔 10 000 元. 按规定, 工厂要求四条流水线共同承担责任. 问每条流水线应该各赔付多少?

解 假设 B 表示 "任取一件产品为不合格品", A_i 表示 "任取一产品是第 i 条流水线生产的" $(i = 1, 2, 3, 4)$. 由题意得

$$P(B) = \sum_{i=1}^{4} P(B|A_i)P(A_i)$$

$$= 0.12 \times 0.06 + 0.25 \times 0.05 + 0.25 \times 0.04 + 0.38 \times 0.03$$

$$= 0.041\,1.$$

上式表明该工厂产品不合格率为 4.11%. 现在客户发现所购买产品为不合格品, 即 B 发生了, 究竟该产品是由哪条流水线生产的呢? 我们需要计算条件概率 $P(A_i|B)$, 并按其大小比例赔付客户. 由贝叶斯公式得

$$P(A_1|B) = \frac{P(B|A_1)P(A_1)}{P(B)} = \frac{0.12 \times 0.06}{0.0411} \approx 0.175.$$

类似地,

$$P(A_2|B) \approx 0.304, \qquad P(A_3|B) \approx 0.243, \qquad P(A_4|B) \approx 0.278.$$

这样, 每条生产线应分别赔付 1 750 元, 3 040 元, 2 430 元和 2 780 元.

上述例子可看作是贝叶斯公式在有关决策领域中的一个应用. 这类方法称为**贝叶斯决策**, 在模式识别等学科中有重要的应用, 并有很好的发展前景.

1.4.3　事件独立性

1. 两个事件的独立性

事件 B 发生与否可能对事件 A 发生的概率有影响, 但有时成立

$$P(A|B) = P(A). \tag{1.15}$$

这时, $P(AB) = P(B) \cdot P(A|B) = P(A) \cdot P(B)$. 反过来, 若

$$P(AB) = P(A) \cdot P(B), \tag{1.16}$$

则

$$P(A|B) = \frac{P(AB)}{P(B)} = \frac{P(A) \cdot P(B)}{P(B)} = P(A).$$

如果出现这种情况, 那么称 A 与 B **统计独立** (statistical independence), 或 A 与 B **独立**. 当 A 与 B 不独立时, 也称 A 与 B **统计相依** (statistical dependence). 当 $P(B) > 0$ 时, (1.15) 式与 (1.16) 式是等价的. 一般情况下, 独立用 (1.16) 式来定义, 因为在形式上它关于 A 与 B 对称, 且便于推广到 n 个事件. (1.16) 式也取消了 $P(B) > 0$ 的条件. 事实上, 若 $B = \varnothing$, 则 $P(B) = 0$, 同时就有 $P(AB) = 0$, 此时不论 A 是什么事件, 都有 (1.16) 式, 亦即任何事件都与 $\varnothing$ 独立. 同理任何事件也与必然事件 Ω 独立.

例 1.35 口袋中有 a 只黑球 b 只白球, 连摸两次, 每次一球. 记 $A = \{$第一次摸时得黑球$\}$, $B = \{$第二次摸时得黑球$\}$. 问 A 与 B 是否独立? 就两种情况进行讨论: (1) 有放回; (2) 无放回.

解 因为 $F(A) > 0$, 我们可以用 $P(B|A)$ 是否等于 $P(B)$ 来检验独立性. 对于情况 (1), 利用古典概型, 有 $P(B|A) = P(B|\overline{A}) = \dfrac{a}{a+b}$, 再利用全概率公式, 得

$$P(B) = P(A) \cdot P(B|A) + P(\overline{A}) \cdot P(B|\overline{A})$$
$$= \frac{a}{a+b} \cdot \frac{a}{a+b} + \frac{b}{a+b} \cdot \frac{a}{a+b} = \frac{a}{a+b}.$$

故 $P(B|A) = P(B)$, A 与 B 相互独立.

对于情况 (2), 此时 $P(B|A) = \dfrac{a-1}{a+b-1}$, $P(B|\overline{A}) = \dfrac{a}{a+b-1}$. 再利用全概率公式, 有

$$P(B) = \frac{a}{a+b} \cdot \frac{a-1}{a+b-1} + \frac{b}{a+b} \cdot \frac{a}{a+b-1}$$
$$= \frac{a}{a+b} \neq P(B|A),$$

故 A 与 B 不独立.

例 1.36 求证: 若 A 与 B 互不相容, 且 $P(A)P(B) \neq 0$, 则 A 与 B 一定不独立.

证明 由于 A 与 B 不相容, 故 $P(AB) = 0 \neq P(A)P(B)$, 即 A 与 B 不独立. □
注意, 当 A 与 B 相容时, A 与 B 可能独立, 也可能不独立.

例 1.37 已知 A 与 B 独立, 求证 A 与 $\overline{B}$, $\overline{A}$ 与 B, $\overline{A}$ 与 $\overline{B}$ 也独立.

证明 设 A 与 B 相互独立, $P(AB) = P(A)P(B)$, 从而

$$P(A\overline{B}) = P(A - AB) = P(A) - P(AB)$$
$$= P(A) - P(A)P(B) = P(A)(1 - P(B))$$

$$= P(A)P(\overline{B}).$$

所以 A 与 $\overline{B}$ 也独立. 利用这个结果, 则 $\overline{B}$ 与 A 的逆事件 $\overline{A}$ 也独立; 同理 $\overline{A}$ 与 B 独立.

$\square$

很多实际问题中, 利用 (1.15) 或 (1.16) 式来判断 A 与 B 的独立性是比较困难的, 这时往往根据独立性的含义直观判断. 例如, 一个电路系统中两个不同元件出现故障可以认为是相互独立的; 但是某一地区的气温和降雨量就不能认为是独立的.

下面给出两个 σ-代数之间独立的定义.

定义 1.4 概率空间 $(\Omega, \mathscr{F}, P)$ 的两个子 σ-代数 $\mathscr{A}_1$ 和 $\mathscr{A}_2$ 被称为关于 P 是独立的, 如果对任意事件 $A_1 \in \mathscr{A}_1, A_2 \in \mathscr{A}_2$, 都有

$$P(A_1 A_2) = P(A_1)P(A_2).$$

例如, 令

$$\mathscr{A}_1 = \{A_1, \overline{A}_1, \varnothing, \Omega\}, \quad \mathscr{A}_2 = \{A_2, \overline{A}_2, \varnothing, \Omega\},$$

那么 $\mathscr{A}_1$ 和 $\mathscr{A}_2$ 独立当且仅当 A_1 和 A_2 独立.

2. 多个事件的独立性

对 n 个事件, 除考虑两两的独立性以外, 还得考虑其整体的相互独立性. 以三个事件 A, B, C 为例.

定义 1.5 若

$$\begin{cases} P(AB) = P(A) \cdot P(B), \\ P(AC) = P(A) \cdot P(C), \\ P(BC) = P(B) \cdot P(C) \end{cases} \tag{1.17}$$

且

$$P(ABC) = P(A) \cdot P(B) \cdot P(C), \tag{1.18}$$

则称 A, B, C 相互独立.

(1.17) 式表示 A, B, C 两两独立, 所以三事件独立包含了两两独立. 但 A, B, C 的两两独立并不能代替三个事件相互独立, 因为还有 (1.18) 式. 那么 (1.17) 式是否包含 (1.18) 式呢? 回答是否定的.

例 1.38 一个均匀的正四面体, 其第一面为红色, 第二面为白色, 第三面为黑色, 第四面红白黑三色都有. 分别用 A, B, C 记投一次四面体时底面出现红、白、黑的事件. 由于在四面体中有两面出现红色, 故 $P(A) = \dfrac{1}{2}$, 同理, $P(B) = P(C) = \dfrac{1}{2}$; 同时出现两色或同时出现三色只有第四面, 故

$$P(AB) = P(AC) = P(BC) = P(ABC) = \dfrac{1}{4}.$$

因此

$$P(AB) = P(A) \cdot P(B), \quad P(AC) = P(A) \cdot P(C), \quad P(BC) = P(B) \cdot P(C),$$

(1.17) 式成立, A, B, C 两两独立. 但

$$P(ABC) = \frac{1}{4} \neq P(A) \cdot P(B) \cdot P(C) = \frac{1}{8},$$

即 (1.18) 式不成立.

反过来, 也有例子说明从 (1.18) 式不能推出 (1.17) 式. 因此 A, B, C 的相互独立性必须 (1.17) 式与 (1.18) 式同时成立.

类似地, n 个事件相互独立的定义如下:

定义 1.6 若对一切可能的组合 $1 \leqslant i < j < k < \cdots \leqslant n$, 有

$$\begin{cases} P(A_i A_j) = P(A_i)P(A_j), \\ P(A_i A_j A_k) = P(A_i)P(A_j)P(A_k), \\ \cdots\cdots\cdots\cdots \\ P(A_i A_j \cdots A_n) = P(A_i)P(A_j)\cdots P(A_n) \end{cases} \tag{1.19}$$

就称 A_1, A_2, $\cdots$, A_n 相互独立.

(1.19) 式中共有 $\binom{n}{2} + \binom{n}{3} \cdots + \binom{n}{n} = 2^n - n - 1$ 个等式. (1.19) 式表明, 若 n 个事件相互独立, 则它们中任意 $k(2 \leqslant k \leqslant n)$ 个事件也相互独立.

例 1.39 设 A_1, A_2, $\cdots$, A_n 相互独立, $P(A_i) = p_i, i = 1, 2, \cdots, n$. 求:

(1) 所有事件全不发生的概率;

(2) 这些事件中至少发生一个的概率;

(3) 恰好发生其中一个事件的概率.

解 先把所求各事件表示成 A_1, A_2, $\cdots$, A_n 的并、交、差等形式, 再利用概率的运算公式.

(1) {所有事件全不发生}$=\overline{A_1}\, \overline{A_2} \cdots \overline{A_n}$. 类似于例 1.37, 可证 $\overline{A_1}$, $\overline{A_2}$, $\cdots$, $\overline{A_n}$ 也是相互独立的, 故所求为

$$P(\overline{A_1}\overline{A_2}\cdots\overline{A_n}) = P(\overline{A_1})P(\overline{A_2})\cdots P(\overline{A_n})$$

$$= \prod_{i=1}^{n}(1 - p_i).$$

(2) {n 个事件中至少发生一个}$= A_1 \cup A_2 \cup \cdots \cup A_n$, 它是 (1) 中事件的逆事件. 故

$$P(A_1 \cup A_2 \cup \cdots \cup A_n) = 1 - P(\overline{A_1}\overline{A_2}\cdots\overline{A_n}) = 1 - \prod_{i=1}^{n}(1 - p_i).$$

当然, 这里也可以用 n 个事件并的概率公式 (1.3节的 (1.4) 式), 但不如上面的算法容易.

(3) {恰好其中一个事件发生}$=\overline{A}_1\overline{A}_2\cdots\overline{A}_{n-1}A_n+\overline{A}_1\overline{A}_2\cdots A_{n-1}\overline{A}_n+\cdots+A_1\overline{A}_2\cdots$ $\overline{A}_n$. 上面式子中, 每一项作为一个事件, 各项互不相容, 并且每一项中各个事件又是相互独立的. 故所求为

$$P\left(\sum_{k=1}^{n}\overline{A}_1\overline{A}_2\cdots\overline{A}_{k-1}A_k\overline{A}_{k+1}\cdots\overline{A}_n\right)$$

$$=\sum_{k=1}^{n}P(\overline{A}_1\overline{A}_2\cdots\overline{A}_{k-1}A_k\overline{A}_{k+1}\cdots\overline{A}_n)$$

$$=\sum_{k=1}^{n}P(\overline{A}_1)P(\overline{A}_2)\cdots P(\overline{A}_{k-1})P(A_k)P(\overline{A}_{k+1})\cdots P(\overline{A}_n)$$

$$=\sum_{k=1}^{n}p_k\prod_{i=1,i\neq k}^{n}(1-p_i).$$

例 1.40 一个系统能正常工作的概率称为该系统的可靠性. 现有两系统都由同类电子元件 A、B、C、D 所组成, 见图 1.4. 每个元件的可靠性都是 p, 试分别求两个系统的可靠性.

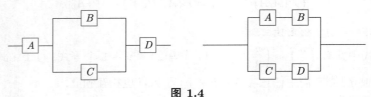

图 1.4

解 分别以 R_1 与 R_2 记两个系统的可靠性, 以 A, B, C, D 记相应元件正常工作的事件, 可以认为 A, B, C, D 相互独立. 所以有

$$R_1=P(A(B\cup C)D)=P(ABD\cup ACD)$$

$$=P(ABD)+P(ACD)-P(ABCD)$$

$$=P(A)P(B)P(D)+P(A)P(C)P(D)-P(A)P(B)P(C)P(D)$$

$$=p^3(2-p),$$

$$R_2=P(AB\cup CD)=P(AB)+P(CD)-P(ABCD)$$

$$=p^2(2-p^2).$$

显然 $R_2>R_1$.

可靠性理论在系统科学中有广泛的应用, 系统的可靠性研究具有重要的意义.

例 1.41 (分支过程) 设某种生物群中每个个体进行独立繁衍, 每个个体产生 k 个下一代个体的概率为 p_k, $k=0,1,2\cdots$, 记 $m=\sum_{k=1}^{\infty}kp_k$. 设该生物群开始时 (即第 0 代) 只有一个个体. 证明: 如果 $m\leqslant 1$, $p_1<1$, 那么该生物群灭绝 (即到某一代时个体数为 0)

的概率为 1.

证明　记 A 为该生物群灭绝这一事件, B_k 表示第一代有 k 个个体 (即第 0 代产生的 k 个个体), 由全概率公式知所求概率为

$$q = P(A) = \sum_{k=0}^{\infty} P(A|B_k)P(B_k) = \sum_{k=0}^{\infty} P(A|B_k)p_k.$$

在事件 B_k 的条件下, 生物群有 k 个个体, 而以其中任意一个个体及其后代构成的生物子群灭绝的概率仍然为 q. 由于个体的繁衍是相互独立的, 故 $P(A|B_k) = q^k$. 所以

$$q = \sum_{k=0}^{\infty} q^k p_k,$$

即 q 是方程 $g(s) = s$ 的解, 其中 $g(s) = \sum_{k=0}^{\infty} s^k p_k \ (0 \leqslant s \leqslant 1)$. 显然, $g(1) = 1$. 而当 $0 \leqslant s < 1$ 时, 函数 $g(s)$ 的导数为

$$g'(s) = \sum_{k=1}^{\infty} s^{k-1} k p_k = p_1 + \sum_{k=2}^{\infty} s^{k-1} k p_k.$$

如果 $p_0 + p_1 < 1$, 那么必有一个 $p_k > 0$, $k \geqslant 2$, 这时

$$g'(s) = p_1 + \sum_{k=2}^{\infty} s^{k-1} k p_k < p_1 + \sum_{k=2}^{\infty} k p_k = m \leqslant 1;$$

如果 $p_0 + p_1 = 1$, 这时

$$g'(s) = p_1 < 1.$$

所以总是有 $(g(s) - s)' < 0$, $0 \leqslant s < 1$. 从而 $g(s) - s$ 在 $[0,1]$ 上严格单调递减, 故 $q = 1$ 是方程 $g(s) = s$ 的唯一解. 结论得证. $\qquad\square$

3. 试验的独立性

与事件的独立性密切相关的是随机试验的独立性. 一般来说, 若有 n 个试验 E_1, E_2, $\cdots$, E_n, 则每个试验的每个结果都是一个事件. 如果 E_1 的任一事件与 E_2 的任一事件与 $\cdots$ 与 E_n 的任一事件相互独立, 就说 E_1, E_2, $\cdots$, E_n 相互独立.

记 E_i 的样本空间为 Ω_i. 为描述这 n 次试验, 要构造复合试验 $E = (E_1, E_2, \cdots, E_n)$, 对应的样本空间 $\Omega = \Omega_1 \times \Omega_2 \times \cdots \times \Omega_n$ 是 n 个样本空间的直积. 而 E 中的样本点 $\omega = (\omega^{(1)}, \omega^{(2)}, \cdots, \omega^{(n)})$, 其中 $\omega^{(i)} \in \Omega_i$.

应该把 E_i 的任一事件 $A^{(i)}$ 放到复合的样本空间中, 成为复合事件 $\Omega_1 \times \Omega_2 \times \cdots \times A^{(i)} \times \cdots \times \Omega_n$. 不妨仍记作 $A^{(i)}$. 这样, 试验 E_1, E_2, $\cdots$, E_n 相互独立可表示为: 对一切 $A^{(1)}$, $A^{(2)}$, $\cdots$, $A^{(n)}$ 均有

$$P(A^{(1)}A^{(2)} \cdots A^{(n)}) = P(A^{(1)})P(A^{(2)}) \cdots P(A^{(n)}). \tag{1.20}$$

n 次有放回摸球是 n 个试验相互独立的例子, 并且这里 $\Omega_i(i = 1, 2, \cdots, n$ 相同), 而且各次试验中同样事件的概率相同. 这种试验称为 n 次重复独立试验, 在概率的统计定义中曾提到过. n 次不放回摸球则是 n 个试验不独立的例子.

下面研究一种重要的重复独立试验模型.

4. 伯努利概型

如果一次随机试验 E 只有 A 与 $\overline{A}$ 两种相反的结果 (掷一枚硬币, 只出现 "正面" 或 "反面"; 考察一条线路, 只有 "通" 与 "不通"; 传递一个信号, 只有 "正确" 与 "错误"; 播下一颗种子, 了解它 "发芽" 与否; 观察一台机器 "开动" 与否 $\cdots$), 那么这种随机试验称为**伯努利 (Bernoulli) 试验**. 有时试验的结果虽有多种, 但如果只考虑某事件 A 发生与否, 也可作为伯努利试验. 例如抽检一个产品, 虽有各种质量指标, 但如果只考虑合格与否, 就是伯努利试验. 我们可以用 A 代表 "成功" 而 $\overline{A}$ 代表 "失败", 用这种抽象的说法来描述伯努利试验. 它的样本空间 $\Omega = (\omega_1, \omega_2)$, 其中 $\omega_1 = A$, $\omega_2 = \overline{A}$, 事件域 $\mathscr{F} = \{\varnothing, A, \overline{A}, \Omega\}$. 给定 $P(A) = p, (0 < p < 1)$, 则 $P(\overline{A}) = 1 - p$, 这给出了一次伯努利试验的所有事件的概率.

经常讨论的是 n 次重复独立的伯努利试验, 这种概率模型称为**伯努利概型**. 如上所述, 它的样本点是 $\omega = \{\omega^{(1)}, \omega^{(2)}, \cdots, \omega^{(n)}\}$, 其中 $\omega^{(i)}$ 是 A 或 $\overline{A}$, 样本点总数为 2^n. 各样本点出现的概率不一定相同, 故虽是有限样本空间, 却不是古典概型.

伯努利概型中, 每个样本点即是一个基本事件. 由它们又可组成很多复合事件. 利用事件的运算公式和概率的运算公式, 可以计算这些事件的概率.

例 1.42 某人射击 5 次, 每次命中的概率是 0.8, 求事件 {前两次命中, 后三次不命中} 的概率.

解 5 次射击可看成 5 次重复独立的伯努利试验. 记 $A = \{$一次射击时命中$\}$, 则 $P(A) = 0.8, P(\overline{A}) = 0.2$. 所考虑事件 $= A^{(1)}A^{(2)}\overline{A^{(3)}}\,\overline{A^{(4)}}\,\overline{A^{(5)}}$, 其中 $A^{(i)}$ 表示第 i 次射击时命中, 概率为 $P(A)$. 由独立事件乘积的概率计算, 所求事件概率为 $[P(A)]^2[P(\overline{A})]^3 = 0.005\,12$.

例 1.43 求 n 重伯努利概型中 $B_k = \{$事件 A 恰好发生 k 次$\}$ 的概率.

解 与上题不同的是这里只指定 A 发生的次数, 而没有限定在哪几次 A 发生. 可以是最先 k 次, 也可以是中间某 k 次, 也可能是最后 k 次. 在不致引起误会的前提下, 每种基本事件可记为 k 个 A 与 $n-k$ 个 $\overline{A}$ 的交, 而 B_k 则为这些基本事件的和, 即

$$B_k = \underbrace{AA\cdots A}_{k}\underbrace{\overline{A}\,\overline{A}\cdots\overline{A}}_{n-k} + A\overline{A}\underbrace{A\cdots A}_{k-1}\underbrace{A\,\overline{A}\cdots\overline{A}}_{n-k-1} + \cdots + \underbrace{\overline{A}\,\overline{A}\cdots\overline{A}}_{n-k}\underbrace{AA\cdots A}_{k}, \quad (1.21)$$

它共有 $\binom{n}{k}$ 项, 各项互不相容, 每一项中各事件又是相互独立的. 任一项的概率都是 $[P(A)]^k[P(\overline{A})]^{n-k} = p^k q^{n-k}$, 其中 $q = 1 - p$. 由概率可加性, $P(B_k) = \binom{n}{k}p^k q^{n-k}$, 记作

$$b(k, n, p) = \binom{n}{k} p^k q^{n-k} = \frac{n!}{k!(n-k)!} p^k q^{n-k}, \quad k = 0, 1, \cdots, n. \tag{1.22}$$

它是二项展开式 $(p+q)^n = \sum_{k=0}^{n} \binom{n}{k} p^k q^{n-k}$ 的通项 (其和恰好为 1), 故称为**二项分布**. 这是伯努利概型中最重要的概率, 由它可推出很多事件的概率.

例 1.44 已知有 n 台同类机器, 每台在某段时间内损坏的概率为 p, 求在这段时间内不少于 $m(m \leqslant n)$ 台能正常使用的概率.

解 每台机器能在这段时间内正常使用的概率 $q = 1 - p$. 又

$$\{\text{不少于 } m \text{ 台能正常使用}\} = \sum_{k=m}^{n} \{k \text{ 台能正常使用}\}.$$

和式中各项互不相容, 故所求概率为

$$\sum_{k=m}^{n} P\{k \text{ 台能正常使用}\} = \sum_{k=m}^{n} b(k, n, p).$$

重新考虑 1.2 节的例 1.12: 每一次从口袋中拿牙签不是拿甲盒就是拿乙盒, 记 $A = \{$拿甲盒$\}$, $\overline{A} = \{$拿乙盒$\}$, 共拿 $2n-m+1$ 次, 是伯努利概型. 若发现甲盒先用完, 则 $2n-m+1$ 次抽用的全部过程可看成

$$\{\text{前 } 2n-m \text{ 次抽 } n \text{ 次甲盒 } n-m \text{ 次乙盒}\} \cap \{\text{最后一次抽甲盒}\},$$

这种情况的概率 $= \binom{2n-m}{n} \left(\frac{1}{2}\right)^n \left(\frac{1}{2}\right)^{n-m} \frac{1}{2}$, 与发现乙盒先用完的概率相同. 所述事件的概率为

$$2\binom{2n-m}{n} \left(\frac{1}{2}\right)^n \left(\frac{1}{2}\right)^{n-m} \frac{1}{2} = \binom{2n-m}{n} \left(\frac{1}{2}\right)^{2n-m}.$$

注 1.3 如果每次试验的可能结果有两种以上, 就不是伯努利试验, 但可用类似的分析方法处理. 设一次试验的可能结果为 $A_1, A_2, \cdots, A_k$ $(k \geqslant 3)$, 它们构成一完备事件组, $P(A_i) = p_i, \sum_{i=1}^{k} p_i = 1$, 则在 n 次重复独立试验中, $A_1, A_2, \cdots, A_k$ 分别出现 $n_1, n_2, \cdots, n_k$ 次的概率为

$$\frac{n!}{n_1! n_2! \cdots n_k!} p_1^{n_1} p_2^{n_2} \cdots p_k^{n_k}$$

(先固定 $A_1, A_2, \cdots, A_k$ 出现的次序, 例如前面 n_1 次都是 A_1, 最后 n_k 次都是 A_k, 则概率为 $p_1^{n_1} p_2^{n_2} \cdots p_k^{n_k}$; 再变动 $A_1, A_2, \cdots, A_k$ 的次序, 得到的各项概率相同, 所有项数是变动的可能情况总数为 $\binom{n}{n_1} \binom{n-n_1}{n_2} \cdots \binom{n_k}{n_k}$ $= n! / k! \cdots n_k!$, 各项概率相加, 即为所求概率.).

1.5 补充与注记

1. 概率论的起源与发展

概率论起源于古代赌博游戏. 但真正概率数学模型的提出普遍归功于法国数学家帕斯卡 (Pascal) 和费马 (Fermat). 他们通过书信讨论有关掷骰子游戏的数学问题, 利用排列组合方法精确计算出某些问题的概率, 同时创立了关于排列、组合、二项系数等理论. 此后, 由于伯努利、棣莫弗 (De Moivre)、贝叶斯、比丰、勒让德 (Legendre)、拉格朗日 (Lagrange) 等人的工作, 概率论的内容逐渐增多, 到拉普拉斯 (Laplace) 时所谓古典概率论的结构已基本完成,《分析概率论》(1812) 是其集大成之作. 有关概率的统计或经验的观点主要是由费希尔 (Fisher)、冯·米泽斯 (Von-Mises) 发展起来的. 冯·米泽斯的样本空间概念最终使得人们可以基于测度观点来发展概率数学理论. 现代概率论的公理化体系于 20 世纪 30 年代由俄国数学家柯尔莫哥洛夫 (Kolmogorov) 所创立. 这不仅对论述无限随机试验序列或一般的随机过程给出了足够的逻辑基础, 而且也极大地促进了数理统计理论的发展.

2. 排列与组合

从 n 个不同物件取 r 个 $(1 \leqslant r \leqslant n)$ 的不同排列总数为

$$A_n^r = n(n-1)\cdots(n-r+1). \tag{1.23}$$

例如, 从 a, b, c, d 四个字母中任取两个做排列, 有 $4 \times 3 = 12$ 种:

$$ab, ba, ac, ca, ad, da, bc, cb, bd, db, cd, dc.$$

特别, 若 $r = n$, 有

$$A_r^r = r(r-1)\cdots 1 = r!, \tag{1.24}$$

称为全排列. 人们常约定把 0! 作为 1.

从 n 个不同物件取 r 个 $(1 \leqslant r \leqslant n)$ 的不同组合总数为

$$\binom{n}{r} = \frac{A_n^r}{r!} = \frac{n!}{r!(n-r)!}. \tag{1.25}$$

例如, 从 a, b, c, d 四个字母中任取两个作组合, 有 $\dfrac{4!}{2!2!} = 6$ 种, 即 ab, ac, ad, bc, bd, cd.

组合数的通用记号是 $\binom{n}{r}$. 当 $r = 0$ 时, 按 $0! = 1$ 的约定, 有 $\binom{n}{0} = 1$. 对组合数另一常用的约定是, 只要 r 为非负整数, 不论 n 为任何实数, 公式

$$\binom{n}{r} = \frac{n(n-1)(n-2)\cdots(n-r+1)}{r!}$$

都有意义. 故不必限制 n 为自然数, 也不必限制 $n > r$. 例如

$$\binom{-1}{r} = \frac{(-1)(-2)(-3)\cdots(-r)}{r!} = (-1)^r.$$

而 n 为自然数且 $n < r$ 时, 则定义 $\binom{n}{r} = 0$.

组合数 $\binom{n}{r}$ 又常称为二项式系数, 因为它出现在下面熟知的二项展开式中:

$$(a+b)^n = \sum_{i=0}^{n} \binom{n}{i} a^i b^{n-i}. \tag{1.26}$$

利用这个关系可得出许多有用的组合公式. 例如, 在 (1.26) 式中令 $a = b = 1$, 得

$$\binom{n}{0} + \binom{n}{1} + \cdots + \binom{n}{n} = 2^n.$$

令 $a = -1, b = 1$, 则得

$$\binom{n}{0} - \binom{n}{1} + \cdots + (-1)^n \binom{n}{n} = 0.$$

另两个有用的公式是

$$\binom{n}{k-1} + \binom{n}{k} = \binom{n+1}{k} \tag{1.27}$$

和

$$\binom{m+n}{k} = \sum_{i=0}^{k} \binom{m}{i} \binom{n}{k-i}. \tag{1.28}$$

为证明后者, 考虑恒等式 $(1+x)^{m+n} = (1+x)^m (1+x)^n$, 即

$$\sum_{k=0}^{m+n} \binom{m+n}{k} x^k = \sum_{i=0}^{m} \binom{m}{i} x^i \sum_{j=0}^{n} \binom{n}{j} x^j,$$

比较两边 x^k 的项的系数得 (1.28). 令 $m = n, k = n$, 从 (1.28) 式还可得到

$$\sum_{i=0}^{n} \binom{n}{i} \binom{n}{n-i} = \binom{2n}{n}.$$

把 n 个不同物体分成 k 部分, 各部分依次有 $r_1, r_2, \cdots, r_k$ 个, 则不同的分法有

$$\frac{n!}{r_1! r_2! \cdots r_k!} \tag{1.29}$$

种, 它也是 $(x_1 + x_2 + \cdots + x_k)^n$ 展开式中 $x_1^{r_1} x_2^{r_2} \cdots x_k^{r_k}$ 项的系数.

阶乘数 $n!$ 的斯特林 (Stirling) 公式为

$$n! = \sqrt{2\pi n}\, n^n \mathrm{e}^{-n} \mathrm{e}^{\theta_n/(12n)}, \quad 0 < \theta_n < 1.$$

3. 博雷尔 σ-代数 (σ-域)、博雷尔可测函数

设 $\mathscr{C}$ 为 Ω 上的一集合类, 包含 $\mathscr{C}$ 的最小 σ-代数 $\sigma(\mathscr{C})$ 称为由 $\mathscr{C}$ 生成的 σ-代数, 即 (1) $\sigma(\mathscr{C})$ 是 σ-代数, (2) $\mathscr{C} \subset \sigma(\mathscr{C})$, (3) 如果 $\mathscr{L}$ 也是包含 $\mathscr{C}$ 的 σ-代数, 那么必有 $\sigma(\mathscr{C}) \subset \mathscr{L}$. 这样的 σ-代数存在且唯一. 事实上, 令

$$\mathcal{D} = \{\mathscr{L} : \mathscr{C} \subset \mathscr{L} \text{ 且 } \mathscr{L} \text{ 为 } \sigma\text{-代数}\},$$

则

$$\sigma(\mathscr{C}) = \bigcap_{\mathscr{L} \in \mathcal{D}} \mathscr{L}.$$

令 $\mathscr{B}^n$ 为 $\mathbb{R}^n$ 上所有开集生成的 σ-代数, 即

$$\mathscr{B}^n = \sigma\left(O : O \subset \mathbb{R}^n \text{ 为开集}\right).$$

称 $\mathscr{B}^n$ 为博雷尔 σ-代数, 简称**博雷尔代数**, $\mathscr{B}^n$ 中的每一个集合称为博雷尔 (可测) 集. 可以验证下列集合类生成相同的 σ-代数, 都是 $\mathscr{B}^n$:

(1) $\{(\boldsymbol{a}, \boldsymbol{b}] : \boldsymbol{a}, \boldsymbol{b} \in \mathbb{R}^n, \boldsymbol{a} < \boldsymbol{b}\}$;

(2) $\{(\boldsymbol{a}, \boldsymbol{b}) : \boldsymbol{a}, \boldsymbol{b} \in \mathbb{R}^n, \boldsymbol{a} < \boldsymbol{b}\}$;

(3) $\{[\boldsymbol{a}, \boldsymbol{b}] : \boldsymbol{a}, \boldsymbol{b} \in \mathbb{R}^n, \boldsymbol{a} < \boldsymbol{b}\}$;

(4) $\{(-\infty, \boldsymbol{b}] : \boldsymbol{b} \in \mathbb{R}^n\}$;

(5) $\{(-\infty, \boldsymbol{r}] : \boldsymbol{r} \in D\}$, D 为 $\mathbb{R}^n$ 的稠密子集;

(6) $\{G : G$ 为 $\mathbb{R}^n$ 中的开集$\}$;

(7) $\{F : F$ 为 $\mathbb{R}^n$ 中的闭集$\}$.

假设 $f : \mathbb{R}^n \longmapsto \mathbb{R}$ 为实函数. 如果对每一个博雷尔集 $B \in \mathscr{B}$, 有 $f^{-1}(B) = \{\boldsymbol{x} : f(\boldsymbol{x}) \in B\} \in \mathscr{B}^n$, 则称 f 为博雷尔 (可测) 函数, 由博雷尔集的定义, 不难看出: f 为博雷尔函数当且仅当对每一个开集 O (或闭集, 或区间 $(-\infty, \boldsymbol{r}])$), 有 $f^{-1}(O) \in \mathscr{B}^n$. 常见的函数都是博雷尔可测函数, 如连续函数、单调函数、博雷尔集合的示性函数. 我们有下列基本结果:

定理 1.3 令 $\mathcal{F}$ 为 $\mathbb{R}^n$ 上所有博雷尔可测函数所组成的函数类, 则

(1) $\mathcal{F}$ 构成一个域, 即

(i) 若 $f, g \in \mathcal{F}$, 则 $f + g \in \mathcal{F}$;

(ii) 若 $f, g \in \mathcal{F}$, 则 $f \cdot g \in \mathcal{F}$;

(iii) 若 $f \in \mathcal{F}$, α 为实数, 则 $\alpha g \in \mathcal{F}$.

(2) 假设 $0 \leqslant f_n \in \mathcal{F}$, 对每个 $\boldsymbol{x} \in \mathbb{R}^n$, $f_n(\boldsymbol{x}) \nearrow f(\boldsymbol{x})$ 且 $f(\boldsymbol{x})$ 有限, 则 $f \in \mathcal{F}$.

反过来, 若 $\mathcal{F}$ 为 $\mathbb{R}^n$ 的满足 (1) 和 (2) 的一个函数类, 且包含 $\mathbb{R}^n$ 上所有 (有界) 连续函数, 则 $\mathcal{F}$ 包含 $\mathbb{R}^n$ 上的所有博雷尔可测函数.

尽管常见的集合和函数都是博雷尔可测集合和博雷尔可测函数, 但是 $\mathbb{R}^n$ 上确实存在非博雷尔可测集和非博雷尔可测函数. 下面以 $n = 1$ 为例. 对任意给定的 $x, y \in \mathbb{R}$, 如果存在一个有理数 r 使得 $y = x + r$, 则称 x, y 是等价的, 记作 $x \sim y$. 令 H 表示 $\mathbb{R}$ 中恰好来自每个等价类中一个点 $\tilde{x} \in [0, 1)$ 所组成的子集. 根据选择公理, H 是存在的.

定理 1.4　H 是非博雷尔可测集.

证明　为证这个定理, 我们注意到两个事实. (1) 对任意的 $x \in \mathbb{R}$ 和博雷尔可测集 $A \subset \mathbb{R}$, $A \oplus x \stackrel{\text{def}}{=\!=} \{a + x : a \in A\}$ 也是博雷尔可测的, 这是因为 $\{A \oplus x : A \in \mathscr{B}\} = \sigma(\{O \oplus x : O \text{ 开集}\}) = \sigma(\{O : O \text{ 开集}\}) = \mathscr{B}$. (2) 令 $\mathbb{Q}$ 表示 $\mathbb{R}$ 上有理数集, 则有 $\{H \oplus r : r \in \mathbb{Q}\}$ 互不相交, 且 $\mathbb{R} = \bigcup_{r \in \mathbb{Q}} H \oplus r$.

令 λ 表示 $\mathbb{R}$ 上的勒贝格测度. 假设 H 是博雷尔可测集, 那么 $H \oplus r$ 也是博雷尔可测集. 由勒贝格测度的平移不变性, $\lambda(H \oplus r) = \lambda(H)$, 记

$$H_n = \sum_{r \in \mathbb{Q}, r \in [-n, n]} H \oplus r,$$

则 H_n 也是博雷尔可测集, 且 $H_n \subset [-n - 1, n + 1]$. 从而

$$2(n + 1) = \lambda([-n - 1, n + 1]) \geqslant \lambda(H_n) = \sum_{r \in \mathbb{Q}, r \in [-n, n]} \lambda(H \oplus r) = \sum_{r \in \mathbb{Q}, r \in [-n, n]} \lambda(H).$$

因此 $\lambda(H) = 0$. 从而 $\lambda(H_n) = 0$.

另一方面, 因为 $H_n \nearrow \mathbb{R}$, 所以

$$+\infty = \lambda(\mathbb{R}) = \lim_{n \to \infty} \lambda(H_n) = 0.$$

由此产生矛盾, 因此 H 是非博雷尔可测集. □

习题一

1. 从 $1, 2, 3, 4, 5$ 诸数中任取三个组成一个三位数, 求所得数是偶数的概率.

2. 袋中有白球 5 只, 黑球 6 只, 依次取出 3 只球, 求顺序为黑白黑的概率.

3. 将 6 名同学分别编号为 $1, 2, \cdots, 6$, 并随机分成三组, 每组 2 个人, 进行不同的工作. 求 1 号和 2 号同学在一组的概率.

4. 在一个装有 n 只白球、n 只黑球、n 只红球的口袋中任取 $m (m \leqslant n)$ 只球, 求其中白、黑、红球各有 $m_1, m_2, m_3 (m_1 + m_2 + m_3 = m)$ 只的概率.

5. 从盛有号码为 $1, 2, \cdots, N$ 的球的箱子中有放回地摸了 n 次球, 依次记其号码, 求这些号码按严格上升次序排列的概率.

6. 在中国象棋棋盘上任放一红车和一黑车, 求两车可相互吃掉的概率.

7. 已知有 n 根短绳的 $2n$ 个端头两两任意连接, 求:

(1) 恰好连成 n 个圈的概率;

(2) 恰好结成一个大圈的概率.

8. 对任意凑在一起的 40 人, 求他们中没有两人生日相同的概率.

9. 从 n 双不同的鞋子中任取 $2r$ $(2r \leqslant n)$ 只, 求下列事件的概率:

(1) 没有成双的鞋子;

(2) 只有一双鞋子;

(3) 恰有两双鞋子;

(4) 有 r 双鞋子.

10. 10 层楼的一架电梯在底层登上 7 位乘客, 从第二层起乘客可离开电梯, 求每层至多一位乘客离开的概率 (乘客在各层离开是等可能的).

11. 某题库有 20 道题, 测验时系统随机分给 n $(n \geqslant 20)$ 个考生, 每个考生一道题. 求所有 20 道题能完全分配下去的概率.

12. 从 52 张的一副扑克牌中任意取出 13 张, 问有 5 张黑桃、3 张红心、3 张方块和 2 张梅花的概率是多少?

13. 从 52 张的一副扑克牌中任取 5 张, 求下列事件的概率:

(1) 取得以 A 打头的同花顺 5 张;

(2) 有 4 张同点数;

(3) 5 张同花色;

(4) 3 张同点数另 2 张也同点数.

14. 一颗骰子投 4 次至少得一个 6 点的概率与两颗骰子投 24 次至少得一个双六的概率哪一个大?

15. 某码头只能容纳一只船. 现知某日将独立来到两只船, 且在 24 h 内来到的可能性均相等. 如果它们停靠的时间分别为 3 h 和 4 h, 求有一船要在江中等待的概率.

16. 在线段 AB 中随机取两点 C 和 D, 求三线段 AC, CD, DB 可构成三角形的概率.

17. 在线段 $[0,1]$ 上任意投三个点, 求由 0 到这三点的三条线段能构成三角形的概率.

18. 假设 a, b 为 $[0,1]$ 上均匀随机选取的两点, 求二元一次方程 $x^2 + 2ax + b = 0$ 有实根的概率.

19. 在一张打方格的纸上投一枚直径为 1 的硬币, 问方格要多小才能使硬币与线不相交的概率小于 1%?

20. 若事件 A 满足 $P(A) = 0$, 问是否必定有 $A = \varnothing$? 如是, 请说明理由; 否则请举出反例.

21. 设 A, B, C, D 是四个事件, 试用它们表示下列各事件:

(1) 四个事件至少发生一个;

(2) 四个事件恰好发生两个;

(3) A, B 同时发生而 C, D 不发生;

(4) 四个事件都不发生;

(5) 四个事件至多发生一个;

(6) 四个事件至少发生两个;

(7) 它们至多发生两个.

22. 设 A, B, C 是三个事件, 说明下列关系式的概率意义:

(1) $A \cup B \cup C = A$;

(2) $A \subset \overline{BC}$.

23. 在某班级中任选一位同学, 记 A ={选到的是男同学}, B ={选到的同学不喜欢唱歌}, C ={选到的是一名运动员}.

(1) 表述 $AB\overline{C}$ 与 $A\overline{B}\overline{C}$ 的含义;

(2) 什么条件下成立 $ABC = A$?

(3) 何时成立 $\overline{C} \subset B$?

(4) 何时成立 $A = B$?

24. 元件 A, D 与并联电路 B, C 串联见图 1.5. 以 A, B, C, D 记相应元件能正常工作的事件.

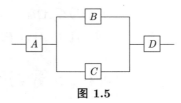

图 1.5

(1) 以 A, B, C, D 表示 {线路能正常工作} 这一事件;

(2) 以 $\overline{A}, \overline{B}, \overline{C}, \overline{D}$ 表示 {线路不能正常工作} 的事件.

25. 从两事件相等的定义证明事件的下列运算规律:

(1) $\overline{A \cup B} = \overline{A}\ \overline{B}$;

(2) $A(B \cup C) = AB \cup AC$.

26. 袋中有 n 个球, 编号为 $1, 2, \cdots, n$. 求下列事件的概率:

(1) 任意取出 2 个球, 号码恰为 1, 2;

(2) 任意取出 3 个球, 没有号码 1;

(3) 任意取出 5 个球, 号码 1, 2, 3 中至少出现一个.

27. 用数学归纳法证明 1.3 节的 n 个事件并的概率公式 (1.4).

28. 任取 n 阶行列式的展开式中的一项, 求它至少包含一个主对角线元素的概率.

29. 考试时共有 n 张考签, $m\ (m \geqslant n)$ 个学生参加考试, 被抽过的考签立即放回, 求在考试结束后, 至少有一张考签没有被抽到的概率.

30. 在 1.3 节例 1.22 中, 求恰好有 $k\,(k \leqslant n)$ 个人拿到自己枪的概率?

31. 给定 $p = P(A)$, $q = P(B)$, $r = P(A \cup B)$, 求 $P(A\overline{B})$ 及 $P(\overline{AB})$.

32. 已知若 A_1 与 A_2 同时发生则 A 发生, 求证: $P(A) \geqslant P(A_1) + P(A_2) - 1$.

33. 对任意的随机事件 A_1, A_2, 求证:

(1) $P(A_1 A_2) = 1 - P(\overline{A_1}) - P(\overline{A_2}) + P(\overline{A_1} \overline{A_2})$;

(2) $1 - P(\overline{A_1}) - P(\overline{A_2}) \leqslant P(A_1 A_2) \leqslant P(A_1 \cup A_2) \leqslant P(A_1) + P(A_2)$.

34. 对任意随机事件 A, B, C, 求证: $P(AB) + P(AC) - P(BC) \leqslant P(A)$.

35. 判断下列式子是否正确, 并且给出理由:

(1) $P(A \mid B) + P(A \mid \overline{B}) = 1$;

(2) $P(A \mid B) + P(\overline{A} \mid B) = 1$;

(3) $P(A \cup B \mid C) \leqslant P(A \mid C) + P(B \mid C)$;

(4) $P(A \cap B \mid C) = P(A \mid C) P(B \mid C)$.

36. (1) 假设事件 A, B, C 互不相容, 且 $P(A) = P(B) = 0.2, P(C) = 0.4$. 求 $P(A\overline{C} \cup B)$.

(2) 假设事件 A, B 相互独立, 且 $P(A) = 0.6, P(B) = 0.3$. 求 A 与 B 至少有一个发生的条件下 A 发生的概率.

37. 设 A, B, C 是 3 个随机事件, $P(A) = a, P(B) = b, P(C) = c$.

(1) 若 A, B, C 相互独立, 求 $P(\overline{B} \cup \overline{C} | AB)$;

(2) 若 $A \subset B$, B 与 C 互不相容, 求 $P(\overline{B} \cup \overline{C} | AB)$.

38. (1) 假设事件 A, B, C 两两互不相容, 且 $P(A) = P(B) = P(C) = p$. 求 A 发生且 B 与 C 都不发生的概率;

(2) 假设事件 A, B, C 相互独立, 且 $P(A) = P(B) = P(C) = p > 0$, $P(AB \cup BC \cup AC) = 2p^2$. 求 p 的大小.

39. 假设 E 和 F 是两个非空事件, 证明: $P(E \mid E \cup F) \geqslant P(E \mid F)$.

40. 求包含事件 A, B 的最小 σ-代数.

41. 假设 Ω 为样本空间, $\{\mathcal{F}_i, i \in I\}$ 为一族 σ-代数, 证明: $\bigcap\limits_{i \in I} \mathcal{F}_i$ 仍是 σ-代数.

42. 假设 $\Omega = \{1, 2, 3, 4\}$, 请写出所有可能的 σ-代数.

43. 令 $\mathcal{F} = \{A \subseteq \mathbb{R} : A$ 是可数的或者 $\overline{A}$ 是可数的$\}$, 证明: $\mathcal{F}$ 是 σ-代数.

44. 假设 $\mathcal{F}$ 是 Ω 上的 σ-代数, 并且对任意 $n \geqslant 1$, 都有 $A_n \in \mathcal{F}$. 证明: 下列集合属于 $\mathcal{F}$.

(1) $A_1 \backslash A_2$; (2) $A_1 \Delta A_2$; (3) $\bigcap\limits_{n=1}^{\infty} A_n$; (4) $\liminf\limits_{n \to \infty} A_n$; (5) $\limsup\limits_{n \to \infty} A_n$.

45. 在三个孩子的家庭中, 已知至少有一个是女孩, 求至少有一个男孩的概率.

46. 从 n 件产品中有 m 件废品, 任取两件, 求

(1) 在所取产品中至少有一件是废品的条件下, 另一件也是废品的概率;

(2) 在所取产品中至少有一件不是废品的条件下, 另一件是废品的概率.

47. 某厂有甲、乙、丙三台机器生产螺丝钉, 产量各占 25%, 35%, 40%; 在各自生产的产品里, 不合格品各占 5%, 4%, 2%.

(1) 从产品中任取一只, 求它恰是不合格品的概率;

(2) 若任取一只恰是不合格品, 求它是机器甲生产的概率.

48. 甲袋中有 a 只白球, b 只黑球; 乙袋中有 c 只白球, d 只黑球. 某人从甲袋中任取两球投入乙袋, 然后在乙袋中任取两球, 求最后所得两球全为白球的概率.

49. 袋中有 $a\,(a \geqslant 3)$ 只白球, b 只黑球, 甲、乙、丙三人依次从袋中取出一球 (取后不放回). 试用全概率公式, 分别求乙、丙各自取得白球的概率.

50. 敌机被击中部位分为三部分: 在第一部分被击中一弹, 或第二部分被击中两弹, 或第三部分被击中三弹时, 敌机才能被击落. 其命中率与各部分面积成正比, 这三部分面积占比为 0.1, 0.2, 0.7. 若已中两弹, 求敌机被击落的概率.

51. 已知产品中 96% 是合格的. 现有一种简化的检查法, 把真正的合格品确认为合格品的概率为 0.98, 误认废品为合格品的概率为 0.05. 求以简化法检查为合格品的一个产品确实合格的概率.

52. 甲、乙两人从装有 9 个球, 其中 3 个是红球的盒子中, 依次摸一个球, 并且规定摸到红球的人将受罚.

(1) 如果甲先摸, 则他不受罚的概率有多大?

(2) 如果甲先摸并且没有受罚, 求乙也不受罚的概率;

(3) 如果甲先摸并且受罚, 求乙不受罚的概率;

(4) 乙先摸是否对甲最有利?

(5) 如果甲先摸, 并且已知乙没有受罚, 求甲也不受罚的概率.

53. 8 支枪中 3 支未经校正, 5 支已校正. 一射手用前者射击, 中靶概率为 0.3; 而用后者, 中靶概率为 0.8. 他从 8 支枪中任取一支射击, 结果中靶, 求这枪是已校正过的概率.

54. 假设罐子中有 3 枚硬币, 分别标号为 1, 2, 3. 抛掷每一枚硬币, 出现正面的概率各不相同. 令 p_i 表示抛掷第 i 枚硬币后出现正面的概率. 已知

$$p_1 = \frac{1}{4}, p_2 = \frac{1}{2}, p_3 = \frac{3}{4}.$$

现随机从罐子中取出一枚硬币, 抛掷后出现正面, 求所选的硬币为第 $i(i = 1, 2, 3)$ 枚硬币的概率.

55. 有一均匀正八面体, 其中第 $1, 2, 3, 4$ 面染有红色, 第 $1, 2, 3, 5$ 面染有白色, 第 $1, 6, 7, 8$ 面染有黑色. 分别以 A, B, C 记投一次正八面体出现红, 白, 黑的事件, 问 A, B, C 是否相互独立?

56. 设事件 A, B, C 相互独立, 求证: $A \cup B, A \cap B, A \setminus B$ 皆与 C 相互独立.

57. 设事件 A, B, C 相互独立, 求证: $\overline{A}, \overline{B}, \overline{C}$ 也相互独立.

58. 举例说明 $P(ABC) = P(A)P(B)P(C)$ 不能推出 A, B, C 两两独立.

59. 假设事件 A 与自身独立, 求 $P(A)$.

60. 已知口袋中有 5 个球: 2 红 2 白 1 黑, 有放回地取出 3 个球, 求下列各事件的概率:

(1) 全红;

(2) 没有一个红球;

(3) 至少一个红球;

(4) 各球颜色全不相同.

61. 加工某零件需经过三道工序, 各道工序的次品率分别为 2%, 3% 和 5%. 假定各工序互不影响, 求加工后所得零件的次品率.

62. 对同一目标进行三次独立射击, 各次射击命中率依次为 0.4, 0.5 和 0.7. 求

(1) 三次射击中恰好一次击中目标的概率;

(2) 至少一次击中目标的概率.

63. 掷一次硬币出现正面的概率为 p. 现投掷硬币 n 次, 求下列事件的概率:

(1) 恰好出现一次正面;

(2) 至少出现一次正面;

(3) 至少出现两次正面.

64. 某计算机有 20 个终端, 这些终端被各单位独立使用, 使用率都为 0.7. 求有 10 个或更多个终端同时被使用的概率.

65. 在一电器中, 某元件随机地开、关, 每万分之一秒按下面的规律改变它的状态:

(1) 如果当前状态是开, 那么万分之一秒后, 它仍然处于开状态的概率为 $1 - \alpha$, 变为闭状态的概率为 α.

(2) 如果当前状态是闭, 那么万分之一秒后, 它仍然处于闭状态的概率为 $1 - \beta$, 变为开状态的概率为 β.

假设 $0 < \alpha < 1, 0 < \beta < 1$, 并用 θ_n 表示该元件万分之 n 秒后, 处于闭状态的概率. 请给出 θ_n 的递推公式.

66. 在伯努利概型中, 若 A 出现的概率为 p, 求在出现 m 次 $\overline{A}$ 以前出现 k 次 A 的概率 (可以不连续出现).

67. 一质点在时刻 0 位于原点, 以后向左右随机移动, 每次移动一格. 设向右移动的概率为 p, 求移动 n 次后位于原点右边 k 格 (k 也可能小于 0) 的概率.

68. 一质点从平面上某点开始, 等可能地向上、下、左、右四个方向移动, 每次移动一格. 求经过 $2n$ 次移动后质点回到出发点的概率.

69. 甲、乙、丙进行某项比赛, 设三人胜每局的概率相等. 比赛规定先胜三局者为整场比赛的优胜者. 若甲胜了第一、三局, 乙胜了第二局, 问: 丙成为整场比赛优胜者的概率是多少?

70. 一个人的血型为 O、A、B、AB 型的概率分别为 0.46, 0.40, 0.11 和 0.03. 现任

选五人, 求下列事件的概率:

(1) 两人为 O 型, 其他三人分别为其他三种血型;

(2) 三人为 O 型, 两人为 A 型;

(3) 没有一人为 AB 型.

71. 每个蚕产 k 个卵的概率为 $\dfrac{\lambda^k \mathrm{e}^{-\lambda}}{k!}$, 其中 $\lambda > 0$ 为常数. 而每个卵能变为成虫的概率为 p, 各卵是否变为成虫相互独立. 求证: 每蚕养出 r 个小蚕的概率为 $\dfrac{(\lambda p)^r \mathrm{e}^{-\lambda p}}{r!}$.

72. 在单位间隔时间内手机收到 k 条短信的概率为 $P(k) = \dfrac{\lambda^k \mathrm{e}^{-\lambda}}{k!}$, 其中 $\lambda > 0$ 为常数. 若在任意两个相邻的间隔时间内收到短信次数的多少是相互独立的, 求在两个单位的间隔时间内收到 s 条短信的概率 $P_2(s)$.

73. 如果 $A_1, A_2, \cdots, A_n, \cdots$ 是一列相互独立事件, 假设 $P(A_n) = \dfrac{1}{n}$, $P(A_n) = \dfrac{1}{n^2}$, 分别求 $P\left(\bigcup\limits_{n=m}^{\infty} A_n \right)$, 其中 $m \geqslant 1$.

74. 投票选举甲、乙两人, 已知甲共得票 m 张, 乙共得票 n 张, $m > n$. 求在计票过程中,

(1) 甲得票数始终超过乙得票数的概率;

(2) 甲得票数始终不低于乙得票数的概率.

思考题一

1. 麦穗问题

传说有一次苏格拉底 (Socrates) 的弟子问他什么是人生, 苏格拉底没有直接回答这个问题, 而把弟子们带到了一片麦田. 苏格拉底让弟子们从麦田的一头走到另一头, 途中只能拾起一株麦穗, 目标是拾到这块麦田里最大的一株麦穗. 苏格拉底给出的规则如下, 弟子们在选择一株麦穗后就不能更换, 而且不能回头去拾已经错过的麦穗. 面对这个问题, 每个弟子都会有自己的策略. 有的人可能会选第一个遇见的, 这样他就会错过后面更大的麦穗; 有的人可能总是在等待一株更大的麦穗, 反而最后可能拾到的是最小的那株. 在弟子们一阵忙碌过后, 苏格拉底问: "你们找到最大的麦穗了吗?" 结果弟子们都不回话. 苏格拉底见状问: "难道你们都没有满意的麦穗吗?" 这时有两个弟子出来回话. 一个说: "老师, 我一开始就发现了一个大麦穗, 但是总觉得后面还会有更好的, 一路走到底才发现没有更好的了." 另一个弟子说: "我刚开始就拿了一个不错的, 可是后面发现了更大的麦穗, 我有些后悔, 老师, 能再选择一次吗?" 苏格拉底听完笑了笑, 语重心长地告诉弟子们: "孩子们, 这就是人生, 人生无法重新选择."

这个问题后来被人发表在杂志上, 并提出类似的问题. 某公司通过面试来选拔一位秘书, 每次面试一人, 面试过后当即决定聘或者不聘他. 如果当时决定不聘他, 他便不能再入职. 面试过程中能了解求职者的适合程度, 并能和之前的每个人做出比较. 问应该采取什么策略, 选拔到最合适秘书人选的概率最大?

为方便起见, 我们将这个问题简化如下. 假设有 N 位候选人, 他们的面试顺序与能力无关, 而面试官的目标是要以最大的概率录用这 N 个面试者中最优秀的人. 解决这类问题的一种方法叫做 $\dfrac{N}{r}$ 法: 对前 r 个候选人, 无论如何都不聘用, 在之后的 $N-r$ 人中, 若出现一人比之前所有面试的人都更合适, 则直接录用. 如何确定 r 使得成功录用最合适候选人的概率达到最大?

2. 三门问题

该问题来自美国电视节目《Let's Make a Deal》, 因为该节目主持人名字叫 Monty Hall, 又称 "Monty Hall problem". 游戏规则如下: 你的面前摆放着三扇门, 已知其中一扇门后有一辆汽车, 剩下两扇门后都是山羊. 如果你选择打开的门后是汽车, 那么你将中奖. 在你做出选择之后, 主持人会在剩下的两扇门中打开一扇背后是山羊的门, 并给你一次重新选择门的机会. 那么你作为参赛者, 为了提高中奖概率, 是否应该更换选择呢?

3. 赌博输赢

甲, 乙进行对赌, 每次赌注 1 元. 其中甲以概率 p 赢, 而乙以概率 $1-p$ 赢. 赌博开始时, 甲有赌资 m 元, 乙有赌资 n 元. 当有一方输光的时候, 赌博结束, 问: 因乙输光而结束赌博的概率有多大?

4. 问卷调查

如果一份调查问卷直接询问 "你是否曾在考试中作弊?", 很可能难以得到准确数据. 因此, 通常对问卷进行重新设计, 比如在问卷中设置两个问题: A 问题和 B 问题, 其中 A 问题设置为 "你是否曾在考试中作弊?", B 问题设置为 "你的出生月份是不是奇数月", 并且要求答卷者自行抛一枚硬币, 正面向上则如实回答 A 问题, 反面向上则如实回答 B 问题. 如果收回 1 000 份答卷, 其中 400 份回答 "是", 从这样的调查结果可以得出什么结论?

5. 醉酒的乘客

某航班有 n 个座位, 恰好 n 位乘客, 其中一位是有点醉酒的乘客. 假设该醉酒乘客第一个登机, 并随机地挑选一个座位坐下, 随后其他乘客逐一登机, 如果乘客发现自己的座位已经被占坐, 那么等概率地选择任一空座坐下. 问: 最后一位登机乘客能坐到自己应有座位上的概率是多少?

习题一部分
习题参考答案

第二章

随机变量与分布函数

2.1   离散型随机变量及其分布

2.1.1   随机变量的概念

一个随机试验有很多种结果, 怎样能方便地把这些结果及其相应的概率一起表达出来, 并且运用现代数学的方法来研究呢? 本章讨论的随机变量就是这样一种工具.

很多随机试验, 其一系列结果可以用一数值变量取一系列值来表示. 例如:

(1) 某段时间内某寻呼台接到的呼叫数可以用一变量 ξ 取非负整数值表示: $\xi = 0, 1, 2, \cdots$, "$\xi = 2$" 表示随机事件 {这段时间内有两人要求传呼}, "$\xi = 0$" 则表示事件 {这段时间内没有人要求传呼}.

(2) 对某物体的长度进行测量, 一切可能的测量值构成一样本空间 $\{\omega : \omega \in (a, b)\}$. 可以直接用一变量 η 跟测量的结果联系起来: "$\eta \in [1.5, 2.5]$" 表示事件 {测量值在 1.5 与 2.5 之间}.

这些变量所取的值是由随机试验的结果决定的, 因此可以说是样本点的函数, 我们把它叫作随机变量, 常用希腊字母 ξ, η, ζ 等或用大写的英文字母 X, Y, Z 等来表示. 也就是说, 一个随机变量 ξ 是 ω 的函数: $\xi = \xi(\omega), \omega \in \Omega, \xi(\omega) \in \mathbb{R}$.

我们不仅关心随机变量可取哪些值, 更关心取某些值的概率. 由于随机变量本身取实数值, 而对实数来说, 我们通常感兴趣的是单点集或某个区间 $(a, b]$ 或若干个这种区间的并、交, 因此希望 $\{\omega : \xi(\omega) \in (a, b]\}$ 是事件, 以便有概率可言. 更进一步, 为了进行事件的运算与概率的运算, 还要求这些区间的可列并、交、逆都代表事件. 在 1.3 节中我们把直线上由左开右闭区间经过并、交、逆等运算得到的点集 B 称为 (一维) **博雷尔集**, 包括一切单点集, 有限或无限的开区间、闭区间、半开半闭区间, 以及它们的有限个或可列个的并、交. 博雷尔集的全体 $\mathscr{B}$ 称为**博雷尔域**. 上述要求相当于把直线上的博雷尔集 B 与事件 $\{\omega : \xi(\omega) \in B\}$ 相对应, 把博雷尔域 $\mathscr{B}$ 与事件域 $\mathscr{F}$ 相对应.

由上述说明, 我们给出随机变量在数学上的严格定义:

定义 2.1   设 $\xi(\omega)$ 是定义在概率空间 $\{\Omega, \mathscr{F}, P\}$ 上的单值实函数, 且对于 $\mathbb{R}$ 上的任一博雷尔集 B, 有

$$\xi^{-1}(B) = \{\omega : \xi(\omega) \in B\} \in \mathscr{F}, \tag{2.1}$$

则称 $\xi(\omega)$ 为随机变量 (random variable), 而称 $\{P(\xi(\omega) \in B)\}, B \in \mathscr{B}$[①] 为随机变量 $\xi(\omega)$ 的概率分布 (probability distribution).

写出一随机变量的概率分布是很复杂的问题, 它是对一个随机变量的完整描述. 而在

---

① 为书写方便起见, 常把 $\{\omega : \xi(\omega) \in B\}$ 简写成 $\{\xi(\omega) \in B\}$ 或 $\{\xi \in B\}$.

很多情况下, 只需要对一系列特殊的博雷尔集求得 (2.1) 的概率就能决定整个概率分布了. 下面先来介绍一类比较简单的情况.

2.1.2 离散型随机变量

定义 2.2 若随机变量 ξ 可能取的值至多有可列个 (有限个或可列无限个), 则称 ξ 为离散型 (discrete) 随机变量.

对离散型随机变量, 设 $\{x_i\}$ 为其可能取值的集合, 关键问题是写出概率 $P(\xi = x_i)$ (简记作 $p(x_i)$ 或 p_i), $i = 1, 2, \cdots$. 称

$$\begin{bmatrix} x_1 & x_2 & \cdots & x_n & \cdots \\ p(x_1) & p(x_2) & \cdots & p(x_n) & \cdots \end{bmatrix} \tag{2.2}$$

为 ξ 的分布列 (distribution sequence), 有时也就称它为 ξ 的概率分布. 它包含两个方面: (1) ξ 可能取的值; (2) 取这些值的概率.

显然, 分布列具有性质:

$$p(x_i) > 0, \quad i = 1, 2, \cdots,$$
$$\sum_{i=1}^{\infty} p(x_i) = 1. \tag{2.3}$$

有了分布列 (2.2), 就可求得与 ξ 有关的一切事件的概率. 事实上, 由概率的可列可加性, 对直线上任一博雷尔集 B, 有

$$P(\xi(\omega) \in B) = \sum_{x_i \in B} p(x_i). \tag{2.4}$$

例 2.1 设随机变量 ξ 的分布列为

$$\begin{bmatrix} -2 & -1 & 0 & 1 & 2 \\ \dfrac{a-1}{4} & \dfrac{a+1}{4} & 0.1 & 0.2 & 0.2 \end{bmatrix}.$$

(1) 求常数 a;

(2) 求 $P(-1 < \xi \leqslant 2)$.

解 (1) 由 (2.3) 式有

$$\frac{a-1}{4} + \frac{a+1}{4} + 0.1 + 0.2 + 0.2 = 1,$$

得 $a = 1$, 故分布列为

$$\begin{bmatrix} -2 & -1 & 0 & 1 & 2 \\ 0 & 0.5 & 0.1 & 0.2 & 0.2 \end{bmatrix}.$$

(2) 由 (2.4) 式得

$$P(-1 < \xi \leqslant 2) = \sum_{-1 < x_i \leqslant 2} p(x_i)$$

$$= 0.1 + 0.2 + 0.2 = 0.5.$$

例 2.2 在伯努利概型中, 设每次成功的概率为 p, 记直至得到第 r 次成功时的试验次数为 ξ, 求 ξ 的分布列.

解

$$P(\xi = k) = P\{\text{"前 } k-1 \text{ 次试验中有 } r-1 \text{ 次成功}, k-r \text{ 次不成功" 且 "第 } k \text{ 次成功"}\}$$

$$= \binom{k-1}{r-1} p^{r-1} q^{k-r} p = \binom{k-1}{r-1} p^r q^{k-r}, \quad k = r, r+1, r+2, \cdots.$$

它称为**帕斯卡分布**.

下面是一些常见的离散型随机变量, 它们在实际工作中经常碰到, 在理论研究中也有其特殊的重要性.

1. 退化分布

设随机变量 ξ 只取一个常数值 c, 即

$$P(\xi = c) = 1. \tag{2.5}$$

称它为**退化 (degenerate) 分布**, 又称为单点分布. 事实上, $\{\xi = c\}$ 是一概率为 1 的事件, ξ 可以看作一个常数, 但有时我们宁愿把它看作 (退化的) 随机变量.

2. 两点分布

若一个随机试验只取两个可能值 x_1, x_2, 则相应的概率分布为

$$\begin{bmatrix} x_1 & x_2 \\ p & q \end{bmatrix}, \qquad p, q > 0, \quad p + q = 1. \tag{2.6}$$

称它为**两点分布**.

在伯努利试验中, 每次试验只有两个结果 —— 事件 A 发生或不发生. 本来这结果与数值无关, 但我们可以把它数量化, 用一随机变量的取值与其相对应, 就得到了两点分布. 特别地, 人们往往用 A 的示性函数表示随机变量, 即令

$$\xi = \begin{cases} 1, & A \text{ 发生}, \\ 0, & A \text{ 不发生}. \end{cases}$$

其分布列为

$$\begin{bmatrix} 1 & 0 \\ p & q \end{bmatrix}, \qquad p, q > 0, \quad p + q = 1. \tag{2.7}$$

称它为**伯努利分布**, 也称 0–1 分布. 任一伯努利试验的结果 (电路 "断" 与 "不断", 产品 "合格" 与 "不合格", 种子 "发芽" 与 "不发芽", 掷硬币得 "正面" 与 "反面", $\cdots$), 都可用伯努利分布描述.

3. 二项分布

若一随机变量 ξ 的分布列为

$$P(\xi = k) = \binom{n}{k} p^k q^{n-k}, \quad p + q = 1, \quad p, q > 0, \tag{2.8}$$

其中 $k = 0, 1, 2, \cdots, n$, 称 ξ 服从**二项分布** (binomial distribution), 记作 $\xi \sim B(n, p)$. n 和 p 称为它的两个参数. $P(\xi = k)$ 就是第一章讲到的伯努利概型中 k 次成功的概率 $b(k; n, p)$. 它是二项展开式 $(p + q)^n$ 的通项, 其和恰好为 1.

二项分布是概率论中最重要的分布之一, 应用很广, 举例如下:

(1) 检查一人是否患某种非流行性疾病是一次伯努利试验, 各人是否患该疾病可认为是相互独立的, 并可近似认为患病的概率 p 相等, 因此考察某地 n 个人是否患此病可作为 n 重伯努利试验, 其中患病的人数 ξ 服从二项分布.

(2) 保险公司对某种灾害 (汽车被盗、火灾 $\cdots\cdots$) 保险, 各人遭遇此种灾害与否可认为是相互独立的, 并假定概率相等. 设一年间一人遭遇此种灾害的概率为 p, 则在参加此种保险的 n 人中遭遇此种灾害的人数 η 服从二项分布.

(3) n 台同类机器, 在一段时间内每台损坏的概率为 p, 则在这段时间内损坏的机器数服从二项分布.

下面介绍二项分布的重要性质.

(1)

$$b(k; n, p) = b(n - k; n, 1 - p). \tag{2.9}$$

这从 (2.8) 式及 $\binom{n}{k} = \binom{n}{n-k}$ 立即可得. 也可以这样理解: n 次试验中, 事件 $\{k\ \text{次成功}\}$ 与 $\{n - k\ \text{次不成功}\}$ 是同样的, 而 $\{n - k\ \text{次不成功}\}$ 的概率即为 $b(n - k; n, 1 - p)$.

很多情况下二项分布的计算很复杂, 有时备有相应的计算表格, 但只限于 $p \leqslant 0.5$ 的情况, 当 $p > 0.5$ 时就可利用 (2.9) 式来计算.

(2) 增减性以及最可能成功次数

对固定的 n, p, 由于

$$\frac{b(k; n, p)}{b(k - 1; n, p)} = \frac{(n - k + 1)p}{kq} = 1 + \frac{(n + 1)p - k}{kq},$$

故

当 $k < (n + 1)p$ 时, $\dfrac{b(k; n, p)}{b(k - 1; n, p)} > 1$, $b(k; n, p)$ 单调增加;

当 $k > (n+1)p$ 时, $\dfrac{b(k;n,p)}{b(k-1;n,p)} < 1$, $b(k;n,p)$ 单调减少;

当 $(n+1)p$ 是整数且 $k = (n+1)p$ 时, $b(k;n,p) = b(k-1;n,p)$ 达最大值. 我们称

$$m = (n+1)p \quad \text{或} \quad (n+1)p - 1 \tag{2.10}$$

为最可能成功次数;

当 $(n+1)p$ 不是整数时, 最可能成功次数为

$$m = [(n+1)p], \tag{2.11}$$

其中 $[x]$ 表示 x 的最大整数部分.

表 2.1 是一个二项分布表, n 都是 20, p 分别为 0.1, 0.3, 0.5, 它们具体地显示了性质 (2).

表 2.1 二项分布表

k	p			k	p		
	0.1	0.3	0.5		0.1	0.3	0.5
0	0.1216	0.0008	–	11	–	0.0120	0.1602
1	0.2702	0.0068	–	12	–	0.0039	0.1201
2	0.2852	0.0278	0.0002	13	–	0.0010	0.0739
3	0.1901	0.0716	0.0011	14	–	0.0002	0.0370
4	0.0898	0.1304	0.0046	15	–		0.0148
5	0.0319	0.1789	0.0148	16	–		0.0046
6	0.0089	0.1916	0.0370	17	–	–	0.0011
7	0.0020	0.1643	0.0739	18			0.0011
8	0.0004	0.1144	0.1201	19			0.0002
9	0.0001	0.0654	0.1602	20			
10	–	0.0308	0.1762				

(3) 递推公式

设 $\xi \sim B(n,p)$, 则

$$P(\xi = k+1) = \frac{p(n-k)}{q(k+1)}P(\xi = k).$$

此公式容易由二项分布的表达式得到. 从 $P(\xi = 0) = q^n$ 出发, 人们可以用此公式递推求得各个 $P(\xi = k)$ 的值.

随着计算机技术的发展, 人们可以使用各种数学和统计软件计算概率分布值. 请参考 2.7 节补充与注记 9.

(4) $n \to \infty$ 时的渐近性质

假定 p 与 n 有关, 记作 p_n. 考虑 $n \to \infty$ 的情况, 有下面的定理:

泊松 (Poisson) 定理 如果存在正常数 λ, 当 $n \to \infty$ 时, 有 $np_n \to \lambda$, 那么

$$\lim_{n \to \infty} b(k; n, p) = \frac{\lambda^k}{k!} \mathrm{e}^{-\lambda}, \quad k = 0, 1, 2, \cdots. \tag{2.12}$$

证明 记 $\lambda_n = np_n$, 则 $p_n = \dfrac{\lambda_n}{n}$.

$$\begin{aligned}
b(k; n, p) &= \binom{n}{k} p_n^k (1 - p_n)^{n-k} \\
&= \frac{n(n-1)(n-2)\cdots(n-k+1)}{k!} \left(\frac{\lambda_n}{n} \right)^k \left(1 - \frac{\lambda_n}{n} \right)^{n-k} \\
&= \frac{\lambda_n^k}{k!} \cdot \frac{n(n-1)(n-2)\cdots(n-k+1)}{n^k} \cdot \frac{(1 - \frac{\lambda_n}{n})^n}{(1 - \frac{\lambda_n}{n})^k} \\
&\to \frac{\lambda^k}{k!} \mathrm{e}^{-\lambda}, \quad n \to \infty.
\end{aligned}$$

此即所证. 上述定理称为 "二项分布的泊松逼近". □

通常, p 与 n 无关. 但当 n 很大 (一般 $n \geqslant 50$), p 很小 (一般 $p \leqslant 0.1$), 而 np 不是很大时, 可近似地取 $np = \lambda$, 且

$$b(k; n, p) \approx \frac{\lambda^k}{k!} \mathrm{e}^{-\lambda} = \frac{(np)^k}{k!} \mathrm{e}^{-\lambda}. \tag{2.13}$$

(2.13) 式右边的计算比较容易, 可供查阅的表也更多, 这就解决了这种场合 $b(k; n, p)$ 的计算问题.

例 2.3 射击某目标击中的概率为 0.001, 现射击 5 000 次, 求射中两次或两次以上的概率.

解 记 ξ 为击中的次数, $P(\xi = k) = b(k; 5\,000, 0.001)$, $n = 5\,000$, 而 $p = 0.001$ 很小, $np = 5$, 故

$$P(\xi = k) \approx \frac{5^k}{k!} \mathrm{e}^{-5}.$$

所求概率为

$$\sum_{k=2}^{5\,000} P(\xi = k) = 1 - P(\xi = 0) - P(\xi = 1)$$

$$\approx 1 - \mathrm{e}^{-5} - 5\mathrm{e}^{-5} \approx 0.959\,6.$$

泊松定理给出当 n 很大, p 很小时, 二项分布值的近似计算公式, 下面定理给出了当 n 很大, p 的大小适中时, 二项分布的近似.

棣莫弗 – 拉普拉斯定理 (de Moivre-Laplace) 设 $\xi_n \sim B(n, p)$, $p = p_n$, $q = 1 - p$ 满足 $npq \to \infty$. 记

$$j = j(n), \quad x = x(n) = \frac{j - np}{\sqrt{npq}}.$$

则在任何有限区间 $[a, b]$ 上, 对 $x \in [a, b]$, 一致地有

$$P_n(x) \xlongequal{\text{def}} P(\xi_n = j) \sim \frac{1}{\sqrt{2\pi npq}} \mathrm{e}^{-\frac{x^2}{2}}, \tag{2.14}$$

其中 j 随 n 变化使得 $x = x(n)$ 保持在有限区间 $[a, b]$ 中, $a_n \sim b_n$ 意味着 $\frac{a_n}{b_n} \to 1$.

棣莫弗–拉普拉斯定理告诉我们: 当 npq 很大, 而 $\frac{j - np}{\sqrt{npq}}$ 不是很大时,

$$P(\xi_n = j) \approx \frac{1}{\sqrt{2\pi npq}} \mathrm{e}^{-\frac{x^2}{2}}, \quad x = \frac{j - np}{\sqrt{npq}}.$$

进一步地, 在棣莫弗–拉普拉斯定理的条件下还有如下积分形式的结果

$$P\left(a \leqslant \frac{\xi_n - np}{\sqrt{npq}} \leqslant b\right) \to \frac{1}{\sqrt{2\pi}} \int_a^b \mathrm{e}^{-\frac{x^2}{2}} \mathrm{d}x. \tag{2.15}$$

这是棣莫弗–拉普拉斯中心极限定理. 第四章将进一步介绍一般的中心极限定理. 上式右边对应于后面要介绍的另一个重要分布—— 正态分布. 棣莫弗–拉普拉斯定理及 (2.15) 式的证明见 2.7 节补充与注记.

4. 泊松分布

从上面的泊松定理可引入另一类重要的分布.

若随机变量 ξ 可取一切非负整数值, 取这些值的概率为

$$P(\xi = k) = \frac{\lambda^k}{k!} \mathrm{e}^{-\lambda}, \qquad \lambda > 0, \quad k = 0, 1, 2, \cdots, \tag{2.16}$$

则称 ξ 服从**泊松分布**, 简记作 $\xi \sim P(\lambda)$, 其中 λ 称为它的参数. 以后将会证明, 它就是 ξ 的平均值.

当 $n \to \infty$ 时, 二项分布逼近泊松分布; 当 n 很大 p 很小时, 泊松分布可作为二项分布的近似. 然而泊松分布的作用不尽于此. 如果 n 个独立事件 $A_1, A_2, \cdots, A_n$ 中每个事件发生的概率 p 很小, 那么这 n 个事件发生的次数近似服从泊松分布 $P(np)$. 正因为如此, 泊松分布是用来描述离散型随机现象的一个比较普遍的分布. 人们发现许多随机现象都可以利用泊松分布来描述. 例如:

(1) 在社会生活中, 各种服务需求量, 如一定时间内, 某手机收到的短信条数, 某公共汽车站来到的乘客数, 某商场来到的顾客数或出售的某种货物数, $\cdots$, 它们都服从泊松分布, 因此泊松分布在管理科学和运筹学中占有很重要的地位.

(2) 在生物学中, 某区域内某种微生物的个数, 某生物繁殖后代的数量等也服从泊松分布.

(3) 放射性物质在一定时间内放射到指定地区的粒子数也是服从泊松分布的.

例 2.4 考察通过某交叉路口的汽车流. 若在 1 min 内没有汽车通过的概率为 0.2, 求在 1 min 内有多于一辆汽车通过的概率.

解 令 ξ 为 1 min 内通过的车辆数. 假设 $\xi \sim P(\lambda)$, 则 $P(\xi = 0) = \mathrm{e}^{-\lambda} = 0.2$, 故

$\lambda = \ln 5$. 所求概率为

$$
\begin{aligned}
P(\xi > 1) &= \sum_{k=2}^{\infty} P(\xi = k) \\
&= 1 - P(\xi = 0) - P(\xi = 1) \\
&= 1 - \mathrm{e}^{-\lambda} - \lambda \mathrm{e}^{-\lambda} \\
&= 1 - \frac{1}{5} - \frac{1}{5} \ln 5 \approx 0.478\,1.
\end{aligned}
$$

在泊松逼近中, 事件 $A_1, A_2, \cdots, A_n$ 的独立性要求可以放宽. 例如, 在 1.3 节例 1.22 和 1.4 节例 1.27 中, 如果用事件 A_i 表示第 i 个士兵拿对了自己的枪, 那么 $P(A_i) = \dfrac{1}{n}$. 但是 $A_1, A_2, \cdots, A_n$ 不相互独立, 然而

$$
P(A_i|A_j) = \frac{1}{n-1} \approx P(A_i), \quad i \neq j.
$$

可以想象 $A_1, A_2, \cdots, A_n$ "近似" 相互独立, 在 1.4 节例 1.27 中已经看到它们发生的次数近似服从泊松分布 $P(\lambda)$, 其中 $\lambda = n \times \dfrac{1}{n} = 1$.

一般地, 设有 n 个事件 $A_1, A_2, \cdots, A_n$, 第 i 个事件发生的概率为 p_i. 如果这些概率 p_i 都很小, 并且这些事件相互独立或者它们之间的 "相依程度很弱", 那么这些事件发生的次数近似服从泊松分布 $P(\lambda)$, 其中 $\lambda = \displaystyle\sum_{i=1}^{n} p_i$.

以上性质可以为一些概率计算带来方便. 例如, 在 1.2 节例 1.9 提到的生日问题中, 如果用 A_{ij} 表示第 i 和第 j 个人同生日, 那么 $\{A_{ij} : 1 \leqslant i < j \leqslant n\}$ 共有 $\dbinom{n}{2}$ 个事件, 并且每个事件发生的概率为 $P(A_{ij}) = \dfrac{1}{365}$. 用泊松分布 $P(\lambda)$, $\lambda = \dfrac{\dbinom{n}{2}}{365}$ 来近似这些事件发生的次数 ξ 的分布, 得 n 个人生日互不相同的概率为

$$
P(\xi = 0) \approx \mathrm{e}^{-\lambda} = \exp\left\{ -\frac{n(n-1)}{2 \times 365} \right\}.
$$

这与我们在 1.2 节例 1.9 中得到的结论相同.

5. 几何分布

若随机变量 ξ 可能取的值是正整数, 且相应的概率为

$$
P(\xi = k) = pq^{k-1}, \qquad p + q = 1, \quad p, q > 0, \quad k = 1, 2, \cdots, \tag{2.17}
$$

则称 ξ 服从**几何 (geometric) 分布**.

在伯努利概型中, 若一次试验成功的概率为 p, 则直到首次成功的试验次数就服从几何分布, 也就是例 2.2 中 $r = 1$ 的特例.

几何分布有一个很有趣的性质 —— 无记忆性: 若伯努利试验中前 m 次失败, 则从第

$m+1$ 次开始直到成功的次数 η 也服从同样的几何分布 (好像把前面 m 次失败 "忘记" 了).

这是因为若记 $\xi = \eta + m$, 则 $\eta = k$ 时, $\xi = m + k$. 显然, ξ 服从参数为 p 的几何分布, 而所求概率为

$$P(\eta = k | 前已失败 \; m \; 次) = \frac{P(\eta = k \; 且前已失败 \; m \; 次)}{P(前已失败 \; m \; 次)}$$

$$= \frac{P(\xi = m + k)}{q^m}$$

$$= \frac{pq^{m+k-1}}{q^m} = pq^{k-1}.$$

这也等价于

$$P(\xi > m + k | \xi > m) = P(\xi > k), \quad m, k = 1, 2, \cdots.$$

上式也可以用条件概率的定义直接计算得到. 反过来, 若 ξ 是取正整数的随机变量, 且具有无记忆性 (即上式成立), 则 ξ 服从几何分布 (证明从略).

6. 超几何 (hypergeometric) 分布

超几何分布定义如下:

$$P(\xi = k) = \frac{\dbinom{M}{k} \dbinom{N-M}{n-k}}{\dbinom{N}{n}}, \quad n \leqslant N - M, \quad M \leqslant N, \tag{2.18}$$

其中 $k = 0, 1, 2, \cdots, \min\{n, M\}$.

超几何分布可用于产品质量抽样检查. 假设 N 件产品中有 M 件次品, 现抽检 n 件, 则所得次品数 ξ 服从超几何分布.

因为 $\displaystyle\sum_{k=0}^{\min\{n,M\}} P(\xi = k) = 1$, 所以我们证明了一个很有用的组合公式:

$$\binom{M}{0}\binom{N-M}{n} + \binom{M}{1}\binom{N-M}{n-1} + \cdots + \binom{M}{n}\binom{N-M}{0} = \binom{N}{n}.$$

二项分布与超几何分布有密切的联系. 在 (2.18) 式中, 若 n, k 不变, $N \to \infty$, $\dfrac{M}{N} \to p$, 则

$$\frac{\dbinom{M}{k} \dbinom{N-M}{n-k}}{\dbinom{N}{n}} \to \binom{n}{k} p^k q^{n-k}, \quad N \to \infty. \tag{2.19}$$

因此, 当 N 很大时, 超几何分布就可以用二项分布来近似计算.

上述超几何分布也可加以推广. 例如, 假设某 N 件产品中包含一、二、三级产品各为 n_1、n_2、$N - n_1 - n_2$ 件. 现从中抽查 r 件, 那么包含 k_1 件一级产品, k_2 件二级产品,

$r - k_1 - k_2$ 件三级产品的概率为

$$\frac{\binom{n_1}{k_1}\binom{n_2}{k_2}\binom{N-n_1-n_2}{r-k_1-k_2}}{\binom{N}{r}}.$$

其中 $\max\{0, r-(N-n_1)\} \leqslant k_1 \leqslant \min\{n_1, r\}$, $\max\{0, r-(N-n_2)\} \leqslant k_2 \leqslant \min\{n_2, r\}$, $\max\{0, r-(n_1+n_2)\} \leqslant r - k_1 - k_2 \leqslant \min\{N-n_1-n_2, r\}$.

例 2.5 一副扑克牌 52 张, 由四种花色组成, 每种花色各 13 张. 那么一手 13 张扑克中有 5 张黑桃、4 张红心、3 张方片、1 张梅花的概率为

$$\frac{\binom{13}{5}\binom{13}{4}\binom{13}{3}\binom{13}{1}}{\binom{52}{13}}.$$

2.2　分布函数与连续型随机变量

2.2.1　分布函数

1. 定义

离散型随机变量是用分布列来表示其概率分布. 但对其他随机变量来说, 分布列不存在. 例如, 随机变量可取的值为某区间的一切值时, 就无法一一罗列这些值及其概率. 为此要引入概率分布的新的表示法, 我们希望它对一切随机变量都适用.

在 2.1 节中, 我们曾把概率分布定义为一切概率 $\{P(\xi \in B)\}$, 其中 B 是 $\mathbb{R}$ 上的任一博雷尔集. 现在取 $B = (-\infty, x]$, 它是博雷尔集, 从而事件 $\{\xi \leqslant x\} = \{\omega : \xi(\omega) \leqslant x\}$ 有概率 $P(\xi \leqslant x)$, 如果我们对一切实数 x 都定义了上面的概率, 那么对于任意实数 $a < b$, 事件 $\{a < \xi \leqslant b\}$ 的概率可立即求出:

$$P(a < \xi \leqslant b) = P(\xi \leqslant b) - P(\xi \leqslant a). \tag{2.20}$$

进一步地, 由于任意博雷尔集 B 是左开右闭区间的 (有限或可列) 并、(有限或可列) 交、逆产生的集合, 所以由 (2.20) 式可以算出 $P(\xi(\omega) \in B)$. 因此, 对任意实数 x, $P(\xi \leqslant x)$ 可以确定 ξ 的概率分布.

定义 2.3 称

$$F(x) = P(\xi \leqslant x), \quad -\infty < x < \infty \tag{2.21}$$

为随机变量 $\xi(\omega)$ 的**分布函数** (distribution function).

对给定的随机变量 ξ, 其分布函数是唯一确定的. 它是实变量 x 的函数, 因此我们可以利用实变函数论这一有力工具来研究随机变量.

有了分布函数, 则对任一博雷尔集 B, 概率 $P(\xi(\omega) \in B)$ 可以用分布函数来确定. 事实上, 由 (2.20) 式,

$$P(a < \xi \leqslant b) = F(b) - F(a). \tag{2.22}$$

再利用概率的运算, 就可得到其他事件的概率. 例如,

$$P(\xi < a) = \lim_{b \to a-0} P(\xi \leqslant b) = F(a - 0),$$
$$P(\xi = a) = P(\xi \leqslant a) - P(\xi < a)$$
$$= F(a) - F(a - 0),$$
$$P(\xi > a) = 1 - P(\xi \leqslant a) = 1 - F(a),$$
$$P(a < \xi < b) = P(\xi < b) - P(\xi \leqslant a)$$
$$= F(b - 0) - F(a).$$

例 2.6 设随机变量 ξ 服从伯努利分布: $\begin{bmatrix} 1 & 0 \\ p & q \end{bmatrix}$. 写出它的分布函数, 并计算 $P(-1 < \xi < 0.5)$.

解 当 $x < 0$ 时, $P(\xi \leqslant x) = 0$ (不可能事件);

当 $0 \leqslant x < 1$ 时, $P(\xi \leqslant x) = P(\xi = 0) = q$;

当 $x \geqslant 1$ 时, $P(\xi \leqslant x) = P(\xi = 0) + P(\xi = 1) = q + p = 1$. 因此分布函数

$$F(x) = \begin{cases} 0, & x < 0, \\ q, & 0 \leqslant x < 1, \\ 1, & x \geqslant 1. \end{cases}$$

而

$$P(-1 < \xi < 0.5) = F(0.5 - 0) - F(-1) = q.$$

例 2.7 在 $\triangle ABC$ 内任取一点 P, P 到 BC 的距离为 ξ, 求 ξ 的分布函数.

解 设 BC 边上的高为 h. 当 $x \leqslant 0$ 时, 显然 $P(\xi \leqslant x) = 0$; 当 $0 < x < h$ 时, 在 $\triangle ABC$ 内做平行 BC 的线段 DE, 使其与 BC 的距离为 x, 则 $\{\xi \leqslant x\}$ 表示点 P 落在梯形 $DBCE$ 内 (见图 2.1).

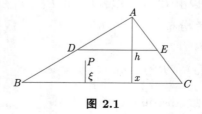

图 2.1

由几何概率的定义,

$$P(\xi \leqslant x) = \frac{\text{梯形 } DBCE \text{ 的面积}}{\triangle ABC \text{的面积}}$$

$$= 1 - \left(1 - \frac{x}{h}\right)^2.$$

当 $x \geqslant h$ 时, $\{\xi \leqslant x\}$ 表示点 P 在 $\triangle ABC$ 内任意取, 故 $P(\xi \leqslant x) = 1$.

综上所述, 分布函数为

$$F(x) = \begin{cases} 0, & x < 0, \\ 1 - \left(1 - \dfrac{x}{h}\right)^2, & 0 \leqslant x < h, \\ 1, & x \geqslant h. \end{cases}$$

2. 性质

分布函数是事件 $\{\xi \leqslant x\}$ 的概率, 自然有 $0 \leqslant F(x) \leqslant 1$, 除此以外, 分布函数还有下面三个基本性质:

(1) 单调不减性: 若 $a < b$, 则 $F(a) \leqslant F(b)$;

(2) $\lim\limits_{x \to -\infty} F(x) = 0$, $\lim\limits_{x \to \infty} F(x) = 1$;[①]

(3) 右连续性: $F(x + 0) = F(x)$.[②]

证明 (1) $F(b) - F(a) = P(a < \xi \leqslant b) \geqslant 0$.

(2) 由于 $F(x)$ 单调有界, 存在极限

$$F(-\infty) = \lim_{n \to \infty} F(-n).$$

但 $\{\xi \leqslant -(n+1)\} \subset \{\xi \leqslant -n\}$ 且 $\bigcap\limits_{n=1}^{\infty} \{\xi \leqslant -n\} = \varnothing$. 故由概率的连续性定理 (1.3 节)

$$\lim_{n \to \infty} F(-n) = \lim_{n \to \infty} P(\xi \leqslant -n) = P\left(\bigcap_{n=1}^{\infty} \{\xi \leqslant -n\}\right)$$

$$= P(\varnothing) = 0;$$

又 $\{\xi \leqslant n\} \subset \{\xi \leqslant n+1\}$ 及 $\bigcup\limits_{n=1}^{\infty} \{\xi \leqslant n\} = \Omega$, 故

$$\lim_{n \to \infty} F(n) = \lim_{n \to \infty} P(\xi \leqslant n) = P\left(\bigcup_{n=1}^{\infty} \{\xi \leqslant n\}\right)$$

$$= P(\Omega) = 1.$$

(3) 由 $F(x)$ 的单调性, 只需证 $\lim\limits_{n \to \infty} F\left(x + \dfrac{1}{n}\right) = F(x)$. 因

---

① 为书写方便起见, 常把 $\lim\limits_{x \to -\infty} F(x)$ 和 $\lim\limits_{x \to \infty} F(x)$ 简写为 $F(-\infty)$ 和 $F(\infty)$.

② 有的书上定义分布函数为 $F(x) = P(\xi < x)$, 此时 $F(x)$ 的性质 (3) 应改为左连续性.

$$\left\{\xi \leqslant x + \frac{1}{n}\right\} \subset \left\{\xi \leqslant x + \frac{1}{n-1}\right\}$$

且

$$\bigcap_{n=1}^{\infty} \left\{\xi \leqslant x + \frac{1}{n}\right\} = \{\xi \leqslant x\},$$

故

$$\lim_{n\to\infty} F\left(x + \frac{1}{n}\right) = \lim_{n\to\infty} P\left(\xi \leqslant x + \frac{1}{n}\right)$$
$$= P(\xi \leqslant x) = F(x). \qquad \Box$$

分布函数有上述三性质, 反之可证, 有上述三性质的函数必可作为某随机变量的分布函数.

例 2.8 设随机变量的分布函数如下, 试确定常数 a, b.

$$F(x) = \begin{cases} 0, & x \leqslant -1, \\ a + b \arcsin x, & -1 < x \leqslant 1, \\ 1, & x > 1. \end{cases}$$

解 $F(x)$ 应满足上面三个性质. 显然, $F(-\infty) = 0$ 与 $F(\infty) = 1$ 成立. 另外, 若 $b > 0$, 则 $F(x)$ 在各段内是不减的; 若 $0 \leqslant a + b \arcsin x \leqslant 1$, 则 $F(x)$ 为 $\mathbb{R}$ 上的单调函数. 余下只需讨论右连续性, 这只要考察 $x = -1$ 与 $x = 1$ 两点, 应满足 $F(-1 + 0) = F(-1)$ 和 $F(1 + 0) = F(1)$, 即

$$a - \frac{b\pi}{2} = 0, \quad a + \frac{b\pi}{2} = 1,$$

解之得 $a = \dfrac{1}{2}, b = \dfrac{1}{\pi}$.

3. 离散型随机变量的分布函数

分布函数作为随机变量概率分布的一种表达方式, 对一切随机变量 (包括离散型) 都适用. 在例 2.6 中已经写出伯努利分布的分布函数, 这是分段函数, 在 $x = 0$ 和 $x = 1$ 处各有一跳跃.

一般说来, 设离散型随机变量 ξ 的分布列为

$$\begin{bmatrix} x_1 & x_2 & \cdots & x_k & \cdots \\ p(x_1) & p(x_2) & \cdots & p(x_k) & \cdots \end{bmatrix},$$

且 $x_1 < x_2 < \cdots < x_k < \cdots$, 则 ξ 的分布函数为

$$F(x) = \begin{cases} 0, & x < x_1, \\ p(x_1), & x_1 \leqslant x < x_2, \\ \cdots, & \cdots, \\ \displaystyle\sum_{i \leqslant k} p(x_i), & x_k \leqslant x < x_{k+1}, \\ \cdots \end{cases}$$

它是阶梯函数, 在 $x_k(k = 1, 2, \cdots)$ 处各有一跳跃, 跃度为 $p(x_k)$, 在每一段 $[x_k, x_{k+1})$ 内都是常数, 呈阶梯形 (见图 2.2).

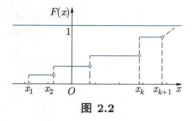

图 2.2

2.2.2　连续型随机变量及密度函数

定义 2.4　若随机变量 ξ 可取某个区间 (有限或无限) 内的一切值, 并且存在某个非负的可积函数 $p(x)$, 使分布函数 $F(x)$ 满足

$$F(x) = \int_{-\infty}^{x} p(y)\mathrm{d}y, \quad -\infty < x < \infty, \tag{2.23}$$

概率密度和分布函数模拟图

则称 ξ 为**连续型** (continuous) **随机变量**, 称 $p(x)$ 为 ξ 的**概率密度函数**, 简称**密度函数** (density function).

具有上述性质的函数 $F(x)$ 称为是绝对连续的. 由连续型随机变量的定义, 它的分布函数 $F(x)$ 具有下列良好的数学性质.

(1) 利用实变函数理论可以证明, 若 $F(x)$ 绝对连续, 则 $F(x)$ 必定处处连续. 进而, $F(x)$ 在 $p(x)$ 的连续点处可导,

$$F'(x) = p(x). \tag{2.24}$$

(2) (2.23) 式表示的 $F(x)$ 与密度函数 $p(x)$ 的关系使得对一连续型随机变量, 只要给出密度函数 $p(x)$, 就可以直接算得 ξ 落在任意区间 $(a, b]$ 的概率:

$$\begin{aligned}
P(a < \xi \leqslant b) &= F(b) - F(a) \\
&= \int_{-\infty}^{b} p(y)\mathrm{d}y - \int_{-\infty}^{a} p(y)\mathrm{d}y \\
&= \int_{a}^{b} p(y)\mathrm{d}y.
\end{aligned}$$

由此对 $\mathbb{R}$ 上的一切博雷尔集都可通过 $p(x)$ 来计算概率

$$P(\xi \in B) = \int_{B} p(x)\mathrm{d}x, \quad B \in \mathscr{B}.$$

(3) 特别地, 对任一常数 c,

$$P(\xi = c) = F(c) - F(c - 0) = 0.$$

因此, 对连续型随机变量而言, 取每一个值的概率都是零, 这也是不能用分布列刻画连续型随机变量的理由之一. 但 $\{\xi = c\}$ 是一个可能发生的事件, 这又说明对连续型随机变量, 一事件 A 的概率为零并不表明 $A = \varnothing$; 同样若 $P(A) = 1$, 也并不表明 $A = \Omega$. 这些都是与离散型随机变量的根本区别.

密度函数具有下列性质.

(1) 非负性:

$$p(x) \geqslant 0; \tag{2.25}$$

(2) 规范性:

$$\int_{-\infty}^{\infty} p(x)\mathrm{d}x = 1. \tag{2.26}$$

后者由 $F(\infty) = 1$ 得到. 反之, 对于定义在 $(-\infty, \infty)$ 上的可积函数, 若它满足 (2.25) 和 (2.26) 式, 则它就可作为某一随机变量的密度函数.

例 2.9   例 2.8 中的 $F(x)$ 是否可作为连续型随机变量的分布函数?

解   除 $x = -1, 1$ 两点以外, $F(x)$ 处处可导, 记其导数为 $p(x)$. 当 $-1 < x < 1$ 时, $p(x) = F'(x) = \dfrac{1}{\pi\sqrt{1 - x^2}}$; 其他情况 $p(x) = 0$. $p(x)$ 满足 (2.25)、(2.26) 两式, 故 $p(x)$ 为密度函数, $F(x)$ 表示连续型分布函数.

应该指出, 除了离散型、连续型以外, 随机变量还有其他类型, 例如

$$F(x) = \begin{cases} 0, & x < 0, \\ \dfrac{1 + x}{2}, & 0 \leqslant x < 1, \\ 1, & x \geqslant 1 \end{cases}$$

是分布函数, 但它不是离散型, 也不是连续型的 (因为它不连续). 它是 $x = 0$ 处退化分布 $F_1(x)$ 和 $[0, 1]$ 上均匀分布 $F_2(x)$ (见下一段) 的混合:

$$F(x) = \frac{1}{2}(F_1(x) + F_2(x)).$$

甚至还存在这样的分布, 它是一个连续函数, 却不是绝对连续的. 这样的分布函数称为奇异型分布函数. 进一步可以证明, 任何分布函数 $F(x)$ 可以唯一地表示为

$$F(x) = \alpha_1 F_1(x) + \alpha_2 F_2(x) + \alpha_3 F_3(x),$$

其中 $\alpha_1, \alpha_2, \alpha_3 \geqslant 0$, $\alpha_1 + \alpha_2 + \alpha_3 = 1$, $F_1(x), F_2(x), F_3(x)$ 分别是离散型、连续型和奇异型分布函数. 不过, 常见的分布是离散型或连续型的. 以后如果对一般的随机变量进行讨论, 就用分布函数 $F(x)$; 如果对离散型随机变量进行讨论, 主要就用分布列; 如果对连续型随机变量进行讨论, 那么主要用密度函数 $p(x)$, 不另提其他类型了.

2.2.3 常见的连续型随机变量

1. 均匀 (uniform) 分布

对 $a < b$, 称随机变量 ξ 服从 $[a, b]$ 上的均匀分布, 如果它的密度函数为

$$p(x) = \begin{cases} \dfrac{1}{b-a}, & a \leqslant x \leqslant b, \\ 0, & \text{其他}. \end{cases} \tag{2.27}$$

简记作 $\xi \sim U(a, b)$. 当 $x < a$ 时, 显然 $P(\xi \leqslant x) = 0$; 当 $a \leqslant x < b$ 时

$$\begin{aligned} P(\xi \leqslant x) &= \int_{-\infty}^{x} p(y)\mathrm{d}y = \int_{a}^{x} \frac{1}{b-a}\mathrm{d}y \\ &= \frac{x-a}{b-a}; \end{aligned}$$

当 $x \geqslant b$ 时,

$$P(\xi \leqslant x) = \int_{-\infty}^{x} p(y)\mathrm{d}y = \int_{a}^{b} \frac{1}{b-a}\mathrm{d}y = 1.$$

因此其分布函数为

$$F(x) = \begin{cases} 0, & x < a, \\ \dfrac{x-a}{b-a}, & a \leqslant x < b, \\ 1, & x \geqslant b. \end{cases}$$

$[a, b]$ 上的均匀分布相当于样本空间为 $[a, b]$ 的几何概率. 在区间 $[a, b]$ 上随机投点, 其落点位置就服从这个分布. 又如考察一个数据, 它在小数点 n 位后四舍五入, 则其真值 x 与其近似值 $\hat{x}$ 之间的误差 $\varepsilon = \hat{x} - x$ 一般假定服从 $(-0.5 \cdot 10^{-n},\ 0.5 \cdot 10^{-n}]$ 上的均匀分布. 由此就可对经过大量运算后的数据进行误差分析. 它在使用计算机解题时是很重要的, 因为计算机的字长总是有限的.

2. 正态 (normal) 分布

若随机变量 ξ 的密度函数为

$$p(x) = \frac{1}{\sqrt{2\pi}\sigma} \mathrm{e}^{-\frac{(x-a)^2}{2\sigma^2}}, \quad -\infty < x < \infty, \tag{2.28}$$

则称 ξ 服从**正态分布**, 记作 $\xi \sim N(a, \sigma^2)$. 其中 $-\infty < a < \infty$, $\sigma > 0$ 是它的两个参数. 我们来证明 (2.28) 式定义的 $p(x)$ 确是密度函数. 显然 $p(x) > 0$. 又

$$\begin{aligned} \left(\frac{1}{\sqrt{2\pi}\sigma} \int_{-\infty}^{\infty} \mathrm{e}^{-\frac{(t-a)^2}{2\sigma^2}} \mathrm{d}t \right)^2 &= \left(\frac{1}{\sqrt{2\pi}} \int_{-\infty}^{\infty} \mathrm{e}^{-\frac{t^2}{2}} \mathrm{d}t \right)^2 \\ &= \frac{1}{2\pi} \int_{-\infty}^{\infty} \int_{-\infty}^{\infty} \mathrm{e}^{-\frac{t^2+s^2}{2}} \mathrm{d}t\mathrm{d}s. \end{aligned}$$

上述二重积分可用极坐标表示成

$$\frac{1}{2\pi}\int_0^{2\pi}\mathrm{d}\theta\int_0^\infty re^{-\frac{r^2}{2}}\mathrm{d}r = \int_0^\infty re^{-\frac{r^2}{2}}\mathrm{d}r = 1,$$

即 $\int_{-\infty}^\infty p(x)\mathrm{d}x = 1.$

正态分布是概率论中最重要的一种分布, 与二项分布、泊松分布并称为三大分布. 它在实际应用与理论上都有很大作用. 一方面, 正态分布应用很广, 一般说来, 若影响某一数量指标的随机因素很多, 而每一因素所起的作用又不很大, 就可以认为这个数量指标服从正态分布. 例如进行测量时, 由于仪器精度、人的视力、心理因素、外界干扰等多种因素影响, 测量结果大致服从正态分布, 其中 a 为真值; 测量误差也服从正态分布. 事实上, 正态分布是 19 世纪初高斯 (Gauss) 在研究测量误差时首次引进的, 故正态分布又称误差分布或**高斯分布**; 另外, 生物的生理尺寸如成人的身高、体重, 某地区一类树木的胸径 (地面以上 1.3 m 处树木的直径), 炮弹落地点, 某类产品的某个尺寸等都近似服从正态分布. 另一方面, 正态分布具有良好的性质, 一定条件下, 很多分布可用正态分布来近似表达, 另一些分布又可以通过正态分布来导出, 因此, 正态分布在理论研究中也相当重要. 我们先来观察它的密度函数图形 (见图 2.3).

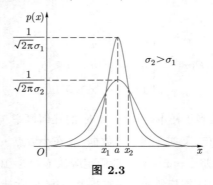

图 2.3

如果点 x_1 与 x_2 关于直线 $x = a$ 对称, 即 $a - x_1 = x_2 - a$, 那么 $p(x_1) = p(x_2)$, 因此 $p(x)$ 关于直线 $x = a$ 对称.

当 $x > a$ 时, $p(x)$ 单调递减; 当 $x < a$ 时, $p(x)$ 单调递增; 当 $x \to \pm\infty$ 时, $p(x) \to 0$; 当 $x = a$ 时, $p(x)$ 有最大值 $\frac{1}{\sqrt{2\pi}\sigma}$. 因此 σ 越大, 最高点越低; 但因为曲线与 x 轴围成的面积等于常数 $\int_{-\infty}^\infty p(x)\mathrm{d}x = 1$, 因此 σ 越大, $p(x)$ 的图形越扁平, ξ 取值离 a 点远的概率也越大; σ 越小, $p(x)$ 的图形越陡峭, ξ 取值越集中在 a 点附近.

当 $a = 0$, $\sigma = 1$ 时, 称为**标准正态分布** (standard normal distribution), 它的密度曲线关于纵轴对称, 其密度及分布函数特别记为 $\varphi(x)$ 和 $\Phi(x)$: 即对 $-\infty < x < \infty$,

$$\varphi(x) = \frac{1}{\sqrt{2\pi}}e^{-\frac{x^2}{2}}, \quad \Phi(x) = \int_{-\infty}^x \varphi(t)\mathrm{d}t. \tag{2.29}$$

利用 (2.29) 式计算正态分布的概率是不容易的. 人们已经制作了专门的表格以供查阅,

一般情况只需查阅标准正态分布 $\Phi(x)$ 的数值表 (见附录 C) 就够了. 下面介绍该表的使用方法.

当 $x \geqslant 0$ 时, 每隔一定数值 (附录中是间隔 0.1) 可以查到对应的分布函数 $\Phi(x)$ 的值; 在这些数值之间, 可以用线性插值法求得相应的函数值.

当 $x < 0$ 时, 注意到标准正态密度函数 $\varphi(x)$ 关于直线 $x = 0$ 对称, 故令 $y = -x$, 则

$$\int_{-\infty}^{x} \varphi(t)\mathrm{d}t = \int_{y}^{\infty} \varphi(t)\mathrm{d}t = 1 - \int_{-\infty}^{y} \varphi(t)\mathrm{d}t,$$

即

$$\Phi(-x) = 1 - \Phi(x). \tag{2.30}$$

结合 $x > 0$ 时的 $\Phi(x)$ 表就可算出 $x < 0$ 时 $\Phi(x)$ 的值.

对一般的 $\xi \sim N(a, \sigma^2)$, 记 $\eta = \dfrac{\xi - a}{\sigma}$ (称为 ξ 的标准化随机变量), 则它服从 $N(0, 1)$. 事实上, η 的分布函数

$$P(\eta \leqslant x) = P(\xi \leqslant \sigma x + a) = \frac{1}{\sqrt{2\pi}\sigma} \int_{-\infty}^{\sigma x + a} \mathrm{e}^{-\frac{(t-a)^2}{2\sigma^2}} \mathrm{d}t$$

$$= \frac{1}{\sqrt{2\pi}} \int_{-\infty}^{x} \mathrm{e}^{-\frac{u^2}{2}} \mathrm{d}u = \Phi(x).$$

例 2.10 令 $\xi \sim N(0, 1)$.

(1) 计算 $P(-1 < \xi < 3)$;

(2) 已知 $P(\xi < \lambda) = 0.975\,5$, 求 λ.

解 (1)

$$P(-1 < \xi < 3) = \Phi(3) - \Phi(-1) = \Phi(3) + \Phi(1) - 1$$
$$\approx 0.998\,7 + 0.841\,3 - 1 = 0.840\,0.$$

(2) $\Phi(\lambda) = 0.975\,5$, 它在 $\Phi(1.96) = 0.975\,0$ 与 $\Phi(1.98) = 0.976\,2$ 之间. 由于 $\Phi(x)$ 是单调不减的, 故 λ 在 1.96 与 1.98 之间, 由线性插值公式

$$\lambda \approx 1.96 + \frac{\Phi(\lambda) - \Phi(1.96)}{\Phi(1.98) - \Phi(1.96)} \cdot (1.98 - 1.96)$$
$$\approx 1.968.$$

例 2.11 设 $\xi \sim N(2, 9)$, 求 $P(5 < \xi < 20)$.

解 令 $\eta = \dfrac{\xi - 2}{3}$, 则 $\eta \sim N(0, 1)$. 从而

$$P(5 < \xi < 20) = P\left(\frac{5-2}{3} < \frac{\xi-2}{3} < \frac{20-2}{3}\right)$$
$$= P(1 < \eta < 6) = \Phi(6) - \Phi(1)$$
$$\approx 1 - 0.841\,3 = 0.158\,7.$$

例 2.12 设 $\xi \sim N(a, \sigma^2)$, 求 $P(|\xi - a| < \sigma)$, $P(|\xi - a| < 2\sigma)$ 及 $P(|\xi - a| < 3\sigma)$.

解 令 $\eta = \dfrac{\xi - a}{\sigma}$, 则 $\eta \sim N(0, 1)$. 故

$$P(|\xi - a| < \sigma) = P(|\eta| < 1) = 2\Phi(1) - 1 \approx 0.682\,7.$$

同理,

$$P(|\xi - a| < 2\sigma) = P(|\eta| < 2) \approx 0.954\,5,$$
$$P(|\xi - a| < 3\sigma) = P(|\eta| < 3) \approx 0.997\,4.$$

这说明正态随机变量的 99.74% 的值落在 $(a - 3\sigma, a + 3\sigma)$ 内, 落在该区间之外的概率几乎为零, 实际应用中, 就认为不可能落在该区间之外. 这就是所谓的 "3σ 原则".

例 2.13 从南郊某地乘车到北区火车站有两条路可走, 第一条路较短, 但交通拥挤, 所需时间 τ (单位: min) 服从 $N(50, 100)$ 分布; 第二条路线略长, 但意外阻塞较少, 所需时间 ξ 服从 $N(60, 16)$.

(1) 若有 70 min 可用, 问应走哪一条路?

(2) 若只有 65 min 可用, 又应走哪一条路?

解 应该走在允许时间内有较大概率赶到火车站的路线.

(1) 走第一条路线能及时赶到的概率为

$$P(\tau \leqslant 70) = \Phi\left(\frac{70 - 50}{10}\right) = \Phi(2) \approx 0.977\,2.$$

而走第二条路线能及时赶到的概率为

$$P(\xi \leqslant 70) = \Phi\left(\frac{70 - 60}{4}\right) = \Phi(2.5) \approx 0.993\,8.$$

因此在这种场合, 应走第二条路线.

(2) 走第一条路线能及时赶到的概率为

$$P(\tau \leqslant 65) = \Phi(1.5) \approx 0.933\,2.$$

而走第二条路线能及时赶到的概率为

$$P(\xi \leqslant 65) = \Phi(1.25) \approx 0.894\,4.$$

此时走第一条路线更为保险.

3. 指数 (exponential) 分布

密度函数为

$$p(x) = \begin{cases} \lambda \mathrm{e}^{-\lambda x}, & x \geqslant 0, \\ 0, & x < 0, \end{cases} \qquad \lambda > 0 \tag{2.31}$$

的分布称为**指数分布**. 容易验证 (2.31) 式满足密度函数的两个条件. 现在求它的分布函数.

当 $x < 0$ 时, $P(\xi \leqslant x) = \int_{-\infty}^{x} 0\mathrm{d}t = 0$; 当 $x \geqslant 0$ 时, $P(\xi \leqslant x) = \int_{0}^{x} \lambda\mathrm{e}^{-\lambda t}\mathrm{d}t = 1 - \mathrm{e}^{-\lambda x}$. 因此, 其分布函数为

$$F(x) = \begin{cases} 1 - \mathrm{e}^{-\lambda x}, & x \geqslant 0, \\ 0, & x < 0. \end{cases}$$

排队模型中两次 "服务" 之间的等待时间可以用指数分布来描述.

指数分布具有类似几何分布的 "无记忆性". 事实上, 设随机变量 ξ 服从参数为 λ 的指数分布, 则对于任意的 $s, t > 0$,

$$P(\xi > s + t | \xi > s) = \frac{P(\xi > s + t, \xi > s)}{P(\xi > s)}$$
$$= \frac{\mathrm{e}^{-\lambda(s+t)}}{\mathrm{e}^{-\lambda s}} = \mathrm{e}^{-\lambda t} = P(\xi > t).$$

还可以证明, 指数分布是具有上述性质的唯一的连续型分布 (证明略).

4. Γ 分布

它的密度函数为

$$p(x) = \begin{cases} \dfrac{\lambda^r}{\Gamma(r)} x^{r-1}\mathrm{e}^{-\lambda x}, & x \geqslant 0, \\ 0, & x < 0, \end{cases} \qquad \lambda > 0,\, r > 0, \tag{2.32}$$

其中 $\Gamma(r)$ 是欧拉积分. 参数为 λ, r 的 Γ 分布简记为 $\Gamma(r, \lambda)$, 当 r 为整数时也称**埃尔朗 (Erlang) 分布**, $r = 1$ 时即为指数分布.

5. 韦布尔 (Weibull) 分布

若随机变量 ξ 的密度函数为

$$p(x) = \begin{cases} \dfrac{\alpha}{\sigma}\left(\dfrac{x-\mu}{\sigma}\right)^{\alpha-1} \exp\left\{-\left(\dfrac{x-\mu}{\sigma}\right)^{\alpha}\right\}, & x > \mu, \\ 0, & x \leqslant \mu, \end{cases}$$

则称 ξ 服从参数 μ, σ 和 α 的韦布尔分布, 记作 $\xi \sim \mathrm{Weib}(\mu, \sigma, \alpha)$. 韦布尔分布的分布函数为

$$F(x) = \begin{cases} 1 - \exp\left\{-\left(\dfrac{x-\mu}{\sigma}\right)^{\alpha}\right\}, & x > \mu, \\ 0, & x \leqslant \mu. \end{cases}$$

当 $\alpha = 1, \mu = 0$ 时, 韦布尔分布就是指数分布. 韦布尔分布在工程领域有广泛的应用, 许多产品 (例如轴承) 的使用寿命服从韦布尔分布. 如今, 韦布尔分布广泛应用于与寿命有关的领域, 如生存分析、保险精算、可靠性理论等. 韦布尔是瑞典物理学家, 他在

1939 年研究物质材料的强度时首先提出了这一类分布.

6. 帕雷托 (Pareto) 分布

若随机变量 ξ 的密度函数为

$$p(x) = \begin{cases} (\alpha - 1)x_0^{\alpha-1}x^{-\alpha}, & x > x_0, \\ 0, & x \leqslant x_0, \end{cases}$$

则称 ξ 服从帕雷托分布, 其中参数 $x_0 > 0, \alpha > 1$.

意大利经济学家帕雷托首先引入这一分布来描述一个国家中家庭年收入的分布.

帕雷托分布的离散情形为

$$P(\xi = k) = \frac{C}{k^\alpha}, \quad k = 1, 2, \cdots,$$

其中

$$C = \left(\sum_{k=1}^{\infty} \frac{1}{k^\alpha}\right)^{-1}.$$

由于

$$\zeta(s) = \sum_{k=1}^{\infty} \frac{1}{k^s}$$

是熟知的黎曼 (Riemann) ζ 函数, 故这一离散型分布又叫作 ζ 分布.

7. β 分布

若随机变量 ξ 的密度函数为

$$p(x) = \begin{cases} \dfrac{1}{B(a,b)}x^{a-1}(1-x)^{b-1}, & 0 \leqslant x \leqslant 1, \\ 0, & \text{其他}, \end{cases}$$

则称 ξ 服从参数 a 和 b 的 β 分布, 记作 $\xi \sim \beta(a,b)$, 其中 $a, b > 0$, $B(a,b) = \int_0^1 x^{a-1}(1-x)^{b-1}\mathrm{d}x$ 是 β 积分, $B(a,b) = \dfrac{\Gamma(a+b)}{\Gamma(a)\Gamma(b)}$.

β 分布可以用来为取值在有限区间上的随机现象建模. 当 $a = b = 1$ 时, $\beta(1,1)$ 分布就是区间 $[0,1]$ 上的均匀分布. β 分布与二项分布、Γ 分布有密切关系.

8. 柯西 (Cauchy) 分布

它的密度函数为

$$p(x) = \frac{1}{\pi}\frac{1}{1 + (x - \theta)^2}, \quad -\infty < x < \infty,$$

其中参数 $-\infty < \theta < \infty$.

常见的随机变量的分布函数值都可通过数学或统计软件查到 (见 2.7 节补充与注记 9).

2.3 随机向量

很多随机现象中, 对一个随机试验需要同时考察几个随机变量. 例如发射一枚炮弹, 需要同时研究弹着点的几个坐标; 研究市场供给模型时, 需要同时考虑商品供给量、消费者收入和市场价格等因素.

定义 2.5 若随机变量 $\xi_1(\omega), \xi_2(\omega), \cdots, \xi_n(\omega)$ 定义在同一概率空间 $(\Omega, \mathscr{F}, P)$ 上, 就称

$$\boldsymbol{\xi}(\omega) = \big(\xi_1(\omega), \, \xi_2(\omega), \, \cdots, \, \xi_n(\omega)\big) \tag{2.33}$$

为 **n 维随机向量**或 **n 维随机变量** (n-dimensional random variable).

对 n 维随机向量, 其每一个分量是一维随机变量, 可以单独研究它. 然而除此以外, 各分量之间相互联系, 在许多问题中, 这是更重要的.

我们着重研究二维情形, 其中大部分结果可以推广到任意 n 维情形.

2.3.1 离散型随机向量

如果随机向量只能取有限组或可列组值, 就称它为离散型随机向量. 对于它, 只要列出所有可能值及取这些值的概率, 就可表示其概率分布.

例 2.14 口袋中有 2 个白球 3 个黑球, 连取两次, 每次任取一球. 设 ξ 为第一次得白球数, η 为第二次得白球数. 对 (1) 有放回, (2) 无放回两种情况, 分别求 (ξ, η) 的联合分布.

解 (1) ξ 与 η 可能取的值都是 0 与 1, 各种情况搭配及相应概率如下:

$\{\xi = 0, \eta = 0\}$ 表示第一次取黑球且第二次也取黑球. 因为有放回, 两次取球是相互独立的, 其概率都是 $\frac{3}{5}$, 故

$$P(\xi = 0, \eta = 0) = P(\xi = 0)P(\eta = 0) = \frac{3}{5} \cdot \frac{3}{5}.$$

同理

$$P(\xi = 0, \eta = 1) = \frac{3}{5} \cdot \frac{2}{5},$$

$$P(\xi = 1, \eta = 0) = \frac{2}{5} \cdot \frac{3}{5},$$

$$P(\xi = 1, \eta = 1) = \frac{2}{5} \cdot \frac{2}{5}.$$

(2) ξ 与 η 可能取的值与 (1) 相同, 但因为无放回, 两次结果是不独立的. 利用第一章乘积事件概率公式, 得

$$P(\xi = 0, \eta = 0) = P(\xi = 0)P(\eta = 0|\xi = 0) = \frac{3}{5} \cdot \frac{2}{4}.$$

同理

$$P(\xi = 0, \eta = 1) = \frac{3}{5} \cdot \frac{2}{4}, \quad P(\xi = 1, \eta = 0) = \frac{2}{5} \cdot \frac{3}{4}, \quad P(\xi = 1, \eta = 1) = \frac{2}{5} \cdot \frac{1}{4}.$$

写成表格的形式如表 2.2.

表 2.2 分 布 列

| ξ | η | | ξ | η | |
	0	1		0	1
0	$\frac{3}{5} \cdot \frac{3}{5}$	$\frac{3}{5} \cdot \frac{2}{5}$	0	$\frac{3}{5} \cdot \frac{2}{4}$	$\frac{3}{5} \cdot \frac{2}{4}$
1	$\frac{2}{5} \cdot \frac{3}{5}$	$\frac{2}{5} \cdot \frac{2}{5}$	1	$\frac{2}{5} \cdot \frac{3}{4}$	$\frac{2}{5} \cdot \frac{1}{4}$

一般地, 离散型的二维联合分布列为

$$P(\xi = x_i, \eta = y_j) = p_{ij}, \quad i, j = 1, 2, \cdots, \tag{2.34}$$

记作 $p(x_i, y_j)$, $i, j = 1, 2, \cdots$, 或写成表格的形式, 如表 2.3.

表 2.3 分 布 列

| ξ | η | | | | |
	y_1	y_2	$\cdots$	y_j	$\cdots$
x_1	p_{11}	p_{12}	$\cdots$	p_{1j}	$\cdots$
x_2	p_{21}	p_{22}	$\cdots$	p_{2j}	$\cdots$
$\vdots$	$\vdots$	$\vdots$		$\vdots$	
x_i	p_{i1}	p_{i2}	$\cdots$	p_{ij}	$\cdots$
$\vdots$	$\vdots$	$\vdots$		$\vdots$	

n 维离散型随机向量的联合分布是

$$P(\xi_1 = x_{i_1}, \xi_2 = x_{i_2}, \cdots, \xi_n = x_{i_n}) = p_{i_1 i_2 \cdots i_n}, \quad i_1, i_2, \cdots, i_n = 1, 2, \cdots, n. \tag{2.35}$$

这些联合分布有与一维离散型分布类似的性质. 例如, 对于 (2.34) 式, 必须满足

$$p_{ij} \geqslant 0, \quad i, j = 1, 2, \cdots; \quad \sum_i \sum_j p_{ij} = 1. \tag{2.36}$$

有了联合分布, 有关事件的概率都可用联合分布算出. 例如, 在二维随机向量中, 对任意的二维博雷尔集 B_2,

$$P((\xi, \eta) \in B_2) = \sum_{(x_i, y_j) \in B_2} p_{ij}. \tag{2.37}$$

在二维离散型随机向量 (ξ, η) 中, ξ, η 各作为一维随机变量也有它们各自的分布, 现在来写出这些一维分布. 对于 ξ, 它只能取 $x_1, x_2, \cdots, x_i, \cdots$ 这些值, 事件 $\{\xi = x_i\}$ 是一列互不相容事件 $\{\xi = x_i, \eta = y_j\}$, $j = 1, 2, \cdots$ 的和, 故

$$P(\xi = x_i) = \sum_{j=1}^{\infty} P(\xi = x_i, \eta = y_j)$$

$$= \sum_{j=1}^{\infty} p_{ij} \overset{\text{def}}{=\!=} p_{i\cdot}, \quad i = 1, 2, \cdots,$$

这里 $p_{i\cdot}$ 表示对第二个足标 j 求和. 同理

$$P(\eta = y_j) = \sum_{i=1}^{\infty} P(\xi = x_i, \eta = y_j)$$

$$= \sum_{i=1}^{\infty} p_{ij} \overset{\text{def}}{=\!=} p_{\cdot j}, \quad j = 1, 2, \cdots,$$

$p_{\cdot j}$ 表示对第一个足标 i 求和. 以上两式分别表示 ξ 与 η 的分布列, 它们恰好为表 2.3 按行相加与按列相加的结果, 把它们分别写在表 2.3 中两表的右边和下边, 称为**边际分布** (marginal distribution).

例 2.15 求例 2.14 的边际分布.

解 (1) 中,

$$P(\xi = 0) = \frac{3}{5} \cdot \frac{3}{5} + \frac{3}{5} \cdot \frac{2}{5} = \frac{3}{5}.$$

类似得其他各概率, 如表 2.4.

表 2.4 边际分布

ξ	η		$p_{i\cdot}$	ξ	η		$p_{i\cdot}$
	0	1			0	1	
0	$\frac{3}{5} \cdot \frac{3}{5}$	$\frac{3}{5} \cdot \frac{2}{5}$	$\frac{3}{5}$	0	$\frac{3}{5} \cdot \frac{2}{4}$	$\frac{3}{5} \cdot \frac{2}{4}$	$\frac{3}{5}$
1	$\frac{2}{5} \cdot \frac{3}{5}$	$\frac{2}{5} \cdot \frac{2}{5}$	$\frac{2}{5}$	1	$\frac{2}{5} \cdot \frac{3}{4}$	$\frac{2}{5} \cdot \frac{1}{4}$	$\frac{2}{5}$
$p_{\cdot j}$	$\frac{3}{5}$	$\frac{2}{5}$		$p_{\cdot j}$	$\frac{3}{5}$	$\frac{2}{5}$	

(1) 与 (2) 的联合分布不同, 但边际分布相同. 这说明如果边际分布给定, 联合分布却不能唯一确定, 还要考虑相互关系.

2.3.2 分布函数

类似于一维随机变量, 对一般的多维随机变量, 无法用分布列来表示其概率分布, 但可以用分布函数. 对于任意 n 个实数 $x_1, x_2, \cdots, x_n$, 因为 $\{\xi_i(\omega) \leqslant x_i\} \in \mathscr{F}$, 故对于 $\mathbb{R}^n$

中的 n 维区间 $c_n = \prod\limits_{i=1}^{n}(-\infty, x_i]$ 有

$$\{\xi(\omega) \in c_n\} = \bigcap_{i=1}^{n}\{\xi_i(\omega) \leqslant x_i\} \in \mathscr{F}. \tag{2.38}$$

进一步还可以证明, 对 $\mathbb{R}^n$ 上任一博雷尔集 B_n, $\{\xi(\omega) \in B_n\}$ 的概率都可以通过 (2.38) 式的概率表示, 因此可以用 (2.38) 式的概率确定 $\xi(\omega)$ 的概率分布.

定义 2.6　对任意 $(x_1, x_2, \cdots, x_n) \in \mathbb{R}^n$, 称 n 元函数

$$F(x_1, x_2, \cdots, x_n) = P(\xi_1(\omega) \leqslant x_1, \xi_2(\omega) \leqslant x_2, \cdots, \xi_n(\omega) \leqslant x_n) \tag{2.39}$$

为随机向量 $\boldsymbol{\xi}(\omega) = (\xi_1(\omega), \xi_2(\omega), \cdots, \xi_n(\omega))$ 的 (联合) 分布函数.

对二维随机向量 (ξ, η), 分布函数 $F(x, y) = P(\xi \leqslant x, \eta \leqslant y)$ (其中 $(x, y) \in \mathbb{R}^2$) 表示点 (ξ, η) 落在图 2.4 中阴影部分的概率. 有了它, 对矩形区域 $I : a_1 < x \leqslant b_1, a_2 < y \leqslant b_2$ 可以直接按照概率的运算公式计算概率:

$$P((\xi, \eta) \in I) = F(b_1, b_2) - F(a_1, b_2) - F(b_1, a_2) + F(a_1, a_2). \tag{2.40}$$

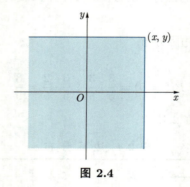

图 2.4

二元联合分布函数有与一元分布函数类似的性质:

(1) 对每个变量单调不减;

(2) 对每个变量右连续;

(3) 对任意 (x, y),

$$F(x, -\infty) = 0, \quad F(-\infty, y) = 0, \quad F(-\infty, \infty) = 1. \tag{2.41}$$

除此以外, 由于 (2.40) 式表示的概率必须大于等于零, 故还有性质

(4) 对于任意实数 $a_1 < b_1, a_2 < b_2$, 有

$$F(b_1, b_2) - F(a_1, b_2) - F(b_1, a_2) + F(a_1, a_2) \geqslant 0. \tag{2.42}$$

我们再来探讨 ξ, η 各自的分布函数 (称为边际分布函数) 与联合分布函数之间的关系. ξ 的分布函数为

$$F_\xi(x) = P(\xi \leqslant x) = P(\xi \leqslant x, -\infty < \eta < \infty)$$
$$= F(x, \infty), \quad x \in \mathbb{R}. \tag{2.43}$$

同理, η 的分布函数为

$$F_\eta(y) = F(\infty, y), \quad y \in \mathbb{R}. \tag{2.44}$$

因此, 有了二维分布函数, 也就决定了边际分布函数. 读者不难把上述所说的一切推广到 n 维分布函数.

2.3.3 连续型随机向量

定义 2.7 若存在 n 元可积的非负函数 $p(x_1, x_2, \cdots, x_n)$, 使 $(\xi_1, \xi_2, \cdots, \xi_n)$ 的联合分布函数可表示为

$$F(x_1, x_2, \cdots, x_n) = \int_{-\infty}^{x_1} \int_{-\infty}^{x_2} \cdots \int_{-\infty}^{x_n} p(y_1, y_2, \cdots, y_n) \mathrm{d}y_1 \mathrm{d}y_2 \cdots \mathrm{d}y_n, \tag{2.45}$$

则称 $(\xi_1, \xi_2, \cdots, \xi_n)$ 是连续型随机向量, 并称 $p(x_1, x_2, \cdots, x_n)$ 为 (联合) 密度函数. 显然, 密度函数满足如下条件:

(1) $p(x_1. x_2, \cdots, x_n) \geqslant 0$;

(2)

$$\int_{-\infty}^{\infty} \int_{-\infty}^{\infty} \cdots \int_{-\infty}^{\infty} p(y_1, y_2, \cdots, y_n) \mathrm{d}y_1 \mathrm{d}y_2 \cdots \mathrm{d}y_n = 1. \tag{2.46}$$

对连续型随机向量, 分布函数对每一变量都是连续的, 且在密度函数 $p(x_1, x_2, \cdots, x_n)$ 的连续点, $F(x_1, x_2, \cdots, x_n)$ 有偏导数:

$$\frac{\partial^n F(x_1, x_2, \cdots, x_n)}{\partial x_1 \partial x_2 \cdots \partial x_n} = p(x_1, x_2, \cdots, x_n). \tag{2.47}$$

进一步可以证明, 除了一个测度为零的点集外, (2.47) 式对所有 $x_1, x_2, \cdots, x_n$ 成立. 因此除了一个测度为零的点集以外, 连续型随机向量的分布函数与密度函数一一对应, 我们可以用联合密度函数来表示联合概率分布. 事实上, 对任一 n 维博雷尔集 $B_n \in \mathscr{B}^n$, 有

$$P(\boldsymbol{\xi}(\omega) \in B_n) = \underset{(x_1, x_2, \cdots, x_n) \in B_n}{\iint \cdots \int} p(x_1, x_2, \cdots, x_n) \mathrm{d}x_1 \mathrm{d}x_2 \cdots \mathrm{d}x_n. \tag{2.48}$$

证明略.

设 $(\xi_1, \xi_2, \cdots, \xi_n)$ 是连续型随机向量, 它的边际分布又有什么特性呢? 仍以二维为例. 设 (ξ, η) 的密度函数为 $p(x, y)$, 分布函数为 $F(x, y)$, 则 ξ 的边际分布函数

$$F_\xi(x) = F(x, \infty) = \int_{-\infty}^{x} \int_{-\infty}^{\infty} p(u, v) \mathrm{d}u \mathrm{d}v$$

$$= \int_{-\infty}^{x} \left[\int_{-\infty}^{\infty} p(u,v) dv \right] du.$$

令

$$p_\xi(u) = \int_{-\infty}^{\infty} p(u,v) dv, \tag{2.49}$$

则

$$F_\xi(x) = \int_{-\infty}^{x} p_\xi(u) du. \tag{2.50}$$

根据连续型随机变量的定义, 由 (2.50) 式可见, ξ 是连续型随机变量, 它的密度函数就是 (2.49). 同理 η 是连续型随机变量, 其密度函数为

$$p_\eta(v) = \int_{-\infty}^{\infty} p(u,v) du. \tag{2.51}$$

称 $p_\xi(x)$ 与 $p_\eta(y)$ 为 (ξ, η) (或 $p(x,y)$) 的边际密度.

例 2.16　设二维随机向量 (ξ, η) 的密度函数为

$$p(x,y) = \begin{cases} Ae^{-2(x+y)}, & x > 0, y > 0, \\ 0, & \text{其他}. \end{cases}$$

(1) 确定常数 A; (2) 求分布函数; (3) 求边际密度; (4) 计算概率 $P(\xi < 1, \eta < 2)$;
(5) 计算概率 $P(\xi + \eta < 1)$.

解　(1) 由联合密度的性质 (2.46), 应有

$$1 = \int_0^\infty \int_0^\infty Ae^{-2(x+y)} dxdy = \frac{A}{4}.$$

故 $A = 4$.

(2) 由 (2.45) 式, 分布函数

$$F(x,y) = \int_{-\infty}^{x} \int_{-\infty}^{y} p(u,v) dudv.$$

我们来分块计算它.

当 $x \leqslant 0$ 或 $y \leqslant 0$ 时, $p(x,y) = 0$, 故 $F(x,y) = 0$;

当 $x > 0$ 且 $y > 0$ 时,

$$F(x,y) = \int_{-\infty}^{x} \int_{-\infty}^{0} 0 dudv + \int_{-\infty}^{0} \int_{-\infty}^{y} 0 dudv + \int_0^x \int_0^y 4e^{-2(u+v)} dudv$$
$$= (1 - e^{-2x})(1 - e^{-2y}).$$

故

$$F(x,y) = \begin{cases} (1 - e^{-2x})(1 - e^{-2y}), & x > 0 \text{ 且 } y > 0, \\ 0, & x \leqslant 0 \text{ 或 } y \leqslant 0. \end{cases}$$

(3) 上面已经求得 $F(x,y)$, 故可先从 (2.43) 和 (2.44) 式求得边际分布函数, 再用 2.2 节的 (2.24) 式计算边际密度. ξ 的边际分布函数为

$$F_\xi(x) = F(x,\infty) = \begin{cases} 1 - e^{-2x}, & x > 0, \\ 0, & x \leqslant 0. \end{cases}$$

故对 $F_\xi(x)$ 求导, 得

$$p_\xi(x) = F'_\xi(x) = \begin{cases} 2e^{-2x}, & x > 0, \\ 0, & x \leqslant 0. \end{cases}$$

同理

$$p_\eta(y) = \begin{cases} 2e^{-2y}, & y > 0, \\ 0, & y \leqslant 0. \end{cases}$$

我们也可以利用 (2.49) 式与 (2.51) 式直接从 $p(x,y)$ 求得边际密度.

(4)
$$P(\xi < 1, \eta < 2) = F(1,2) = (1 - e^{-2})(1 - e^{-4}).$$

(5) 由 (2.48) 式,

$$\begin{aligned} P(\xi + \eta < 1) &= \iint\limits_{x+y<1} p(x,y)\mathrm{d}x\mathrm{d}y \\ &= \iint\limits_{x+y<1, x>0, y>0} 4e^{-2(x+y)}\mathrm{d}x\mathrm{d}y \\ &= \int_0^1 \left(\int_0^{1-x} 4e^{-2(x+y)}\mathrm{d}y \right) \mathrm{d}x = 1 - 3e^{-2}. \end{aligned}$$

下面介绍两种常见的连续型随机向量.

1. n 维均匀分布

其密度函数为

$$p(x_1, x_2, \cdots, x_n) = \begin{cases} A, & (x_1, x_2, \cdots, x_n) \in G, \\ 0, & \text{其他}, \end{cases} \tag{2.52}$$

其中 G 是 $\mathbb{R}^n$ 中的一个有界区域. 立即可以算得 $A = \dfrac{1}{S_G}$, 其中 S_G 为 G 的测度 (当 G 分别为二、三维区域时, S_G 分别为 G 的面积、体积).

在平面区域 G 内随机投点所得点的坐标是服从二维均匀分布的实例.

例 2.17 设 (ξ, η) 在圆形区域 $x^2 + y^2 \leqslant 1$ 上服从均匀分布, 求它的边际密度.

解 联合密度为

$$p(x,y) = \begin{cases} \dfrac{1}{\pi}, & x^2 + y^2 \leqslant 1, \\ 0, & \text{其他}. \end{cases}$$

当 $|x| > 1$ 时, $p(x,y) = 0$, 所以 $p_\xi(x) = 0$; 当 $|x| \leqslant 1$ 时.

$$p_\xi(x) = \int_{-\infty}^{\infty} p(x,y)\mathrm{d}y = \int_{-\sqrt{1-x^2}}^{\sqrt{1-x^2}} \frac{1}{\pi}\mathrm{d}y = \frac{2}{\pi}\sqrt{1-x^2},$$

即

$$p_\xi(x) = \begin{cases} \dfrac{2}{\pi}\sqrt{1-x^2}, & |x| \leqslant 1, \\ 0, & |x| > 1. \end{cases}$$

同理

$$p_\eta(y) = \begin{cases} \dfrac{2}{\pi}\sqrt{1-y^2}, & |y| \leqslant 1, \\ 0, & |y| > 1. \end{cases}$$

注意, 虽然 (ξ, η) 的联合分布是均匀分布, 但边际分布却不是均匀分布.

2. n 维正态分布

设 $\boldsymbol{B} = (b_{ij})$ 为 n 维正定对称矩阵, $|\boldsymbol{B}|$ 为其行列式, $\boldsymbol{B}^{-1}$ 为其逆, 又设 $\boldsymbol{x} = (x_1, x_2, \cdots, x_n)'$, $\boldsymbol{a} = (a_1, a_2, \cdots, a_n)'$, 则称

$$p(\boldsymbol{x}) = \frac{1}{(2\pi)^{\frac{n}{2}}|\boldsymbol{B}|^{\frac{1}{2}}} \exp\left\{ -\frac{1}{2}(\boldsymbol{x}-\boldsymbol{a})'\boldsymbol{B}^{-1}(\boldsymbol{x}-\boldsymbol{a}) \right\} \tag{2.53}$$

为 n 维正态密度函数. 若随机向量 $\boldsymbol{\xi}$ 具有此密度函数, 则称 $\boldsymbol{\xi}$ 服从 n 维正态分布, 记作 $\boldsymbol{\xi} \sim N(\boldsymbol{a}, \boldsymbol{B})$.

为验证 $\int_{-\infty}^{\infty} \int_{-\infty}^{\infty} \cdots \int_{-\infty}^{\infty} p(\boldsymbol{x})\mathrm{d}\boldsymbol{x} = 1$, 这里 $\mathrm{d}\boldsymbol{x} = \mathrm{d}x_1\mathrm{d}x_2\cdots\mathrm{d}x_n$, 先考察 $\boldsymbol{a} = \boldsymbol{0}$ 和 $\boldsymbol{B} = \boldsymbol{I}$ 的特殊情形, 其中 $\boldsymbol{I}$ 是 $n \times n$ 单位矩阵. 这时

$$p(\boldsymbol{x}) = \frac{1}{(2\pi)^{\frac{n}{2}}} \exp\left\{ -\frac{1}{2}\boldsymbol{x}'\boldsymbol{x} \right\} = \prod_{i=1}^{n} \frac{1}{\sqrt{2\pi}} \mathrm{e}^{-\frac{x_i^2}{2}}.$$

从而

$$\int_{-\infty}^{\infty} \int_{-\infty}^{\infty} \cdots \int_{-\infty}^{\infty} p(\boldsymbol{x})\mathrm{d}\boldsymbol{x} = \prod_{i=1}^{n} \int_{-\infty}^{\infty} \frac{1}{\sqrt{2\pi}} \mathrm{e}^{-\frac{x_i^2}{2}}\mathrm{d}x_i = 1.$$

对一般的情形, 存在 $n \times n$ 正定对称矩阵 $\boldsymbol{L}$ 使得 $\boldsymbol{B} = \boldsymbol{LL}$, 则 $\boldsymbol{B}^{-1} = \boldsymbol{L}^{-1}\boldsymbol{L}^{-1}$, $|\boldsymbol{L}| = |\boldsymbol{B}|^{\frac{1}{2}}$. 令 $\boldsymbol{y} = \boldsymbol{L}^{-1}(\boldsymbol{x}-\boldsymbol{a})$, 则 $\boldsymbol{y}' = (\boldsymbol{x}-\boldsymbol{a})'\boldsymbol{L}^{-1}$, 从而

$$\int_{-\infty}^{\infty} \int_{-\infty}^{\infty} \cdots \int_{-\infty}^{\infty} p(\boldsymbol{x})\mathrm{d}\boldsymbol{x} = \int_{-\infty}^{\infty} \int_{-\infty}^{\infty} \cdots \int_{-\infty}^{\infty} \frac{1}{(2\pi)^{\frac{n}{2}}|\boldsymbol{B}|^{\frac{1}{2}}} \exp\left\{ -\frac{1}{2}\boldsymbol{y}'\boldsymbol{y} \right\} |\boldsymbol{L}|\mathrm{d}\boldsymbol{y}$$

$$= \int_{-\infty}^{\infty} \int_{-\infty}^{\infty} \cdots \int_{-\infty}^{\infty} \frac{1}{(2\pi)^{\frac{n}{2}}} \exp\left\{ -\frac{1}{2}\boldsymbol{y}'\boldsymbol{y} \right\} \mathrm{d}\boldsymbol{y} = 1.$$

当 $n = 1$ 时, 记 $\boldsymbol{B} = \sigma^2$, $\boldsymbol{a} = a$, (2.53) 式变为

$$p(x) = \frac{1}{\sqrt{2\pi}\sigma} \exp\left\{ -\frac{(x-a)^2}{2\sigma^2} \right\}.$$

这就是 2.2 节的一维正态密度.

当 $n = 2$ 时, 记

$$\boldsymbol{B} = \begin{pmatrix} \sigma_1^2 & r\sigma_1\sigma_2 \\ r\sigma_1\sigma_2 & \sigma_2^2 \end{pmatrix},$$

其中 $\sigma_1, \sigma_2 > 0$, $|r| < 1$. $\boldsymbol{x} = (x, y)'$, $\boldsymbol{a} = (a, b)'$. 则

$$\boldsymbol{B}^{-1} = \frac{1}{|\boldsymbol{B}|} \begin{pmatrix} \sigma_2^2 & -r\sigma_1\sigma_2 \\ -r\sigma_1\sigma_2 & \sigma_1^2 \end{pmatrix}.$$

(2.53) 式变成

$$p(x, y) = \frac{1}{2\pi\sigma_1\sigma_2\sqrt{1-r^2}} \exp\left\{ -\frac{1}{2(1-r^2)} \times \left[\frac{(x-a)^2}{\sigma_1^2} - \frac{2r(x-a)(y-b)}{\sigma_1\sigma_2} + \frac{(y-b)^2}{\sigma_2^2} \right] \right\}. \tag{2.54}$$

简记作 $(\xi, \eta) \sim N(a, b, \sigma_1^2, \sigma_2^2, r)$. 图 2.5 给出了二元正态分布 $N(0, 0, 1, 1, 0)$ 和 $N(0, 0, 1, 1, 0.7)$ 密度函数的图像.

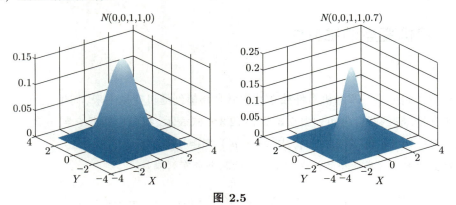

图 2.5

在 (2.54) 式的指数中对 y 配方, 可把 $p(x, y)$ 写成

$$p(x, y) = \frac{1}{\sqrt{2\pi}\sigma_1} \exp\left\{ -\frac{(x-a)^2}{2\sigma_1^2} \right\} \frac{1}{\sqrt{2\pi}\sigma_2\sqrt{1-r^2}} \exp\left\{ -\frac{[y - b - \frac{r\sigma_2}{\sigma_1}(x-a)]^2}{2\sigma_2^2(1-r^2)} \right\}.$$

它的第一部分是 $N(a, \sigma_1^2)$ 的密度, 第二部分当 x 固定时为某个正态密度, 它对 y 的积分应等于 1. 因此 ξ 的边际密度为

$$p_\xi(x) = \int_{-\infty}^{\infty} p(x, y)\mathrm{d}y = \frac{1}{\sqrt{2\pi}\sigma_1} \exp\left\{ -\frac{(x-a)^2}{2\sigma_1^2} \right\}.$$

这说明 $\xi \sim N(a, \sigma_1^2)$, 同理 $\eta \sim N(b, \sigma_2^2)$.

上述结论表明: 二元正态分布的边际分布仍是正态分布, 并且与 r 无关. 但反过来不

正确, 即若 (ξ, η) 的边际分布都是正态分布, 其联合分布却未必是二元正态分布.

例 2.18 已知 (ξ, η) 的联合密度为

$$p(x, y) = \frac{1}{2\pi} e^{-\frac{x^2+y^2}{2}} (1 + \sin x \sin y), \quad -\infty < x, y < \infty,$$

求边际分布.

解

$$\begin{aligned}
p_\xi(x) &= \int_{-\infty}^{\infty} p(x, y) \mathrm{d}y \\
&= \frac{1}{\sqrt{2\pi}} e^{-\frac{x^2}{2}} \int_{-\infty}^{\infty} \frac{1}{\sqrt{2\pi}} e^{-\frac{y^2}{2}} \mathrm{d}y + \frac{1}{2\pi} e^{-\frac{x^2}{2}} \sin x \int_{-\infty}^{\infty} e^{-\frac{y^2}{2}} \sin y \mathrm{d}y \\
&= \frac{1}{\sqrt{2\pi}} e^{-\frac{x^2}{2}}, \quad -\infty < x < \infty.
\end{aligned}$$

同理,

$$p_\eta(y) = \frac{1}{\sqrt{2\pi}} e^{-\frac{y^2}{2}}, \quad -\infty < y < \infty.$$

因此 ξ, η 都服从标准正态分布, 但联合分布不是正态的.

2.4 随机变量的独立性

现在我们把第一章随机事件独立性的概念移植到随机变量中来. 如果 (ξ, η) 是离散型随机向量, 它的联合分布列由 2.3 节的 (2.34) 式表示, 我们自然把 ξ 与 η 的相互独立定义为对一切 i, j, 事件 $\{\xi = x_i\}$ 与 $\{\eta = y_j\}$ 都相互独立.

定义 2.8 若离散型随机向量 (ξ, η) 的联合分布列满足

$$P(\xi = x_i, \eta = y_j) = P(\xi = x_i) P(\eta = y_j), \quad i, j = 1, 2, \cdots, \tag{2.55}$$

则称 ξ 与 η **相互独立** (independent). 否则, 称 ξ 与 η **相依** (dependent).

利用 2.3 节中的记号, (2.55) 式可写成

$$p_{ij} = p_{i\cdot} \cdot p_{\cdot j}, \quad i, j = 1, 2, \cdots.$$

在 2.3 节的例 2.14 和例 2.15 中, 对情况 (1), ξ 与 η 是相互独立的; 而对情况 (2), 则是相依的.

当 ξ 与 η 独立时, 相应的联合分布函数有什么特点呢? 这时, 对任意的 x, y

$$P(\xi \leqslant x, \eta \leqslant y) = \sum_{x_i \leqslant x} \sum_{y_j \leqslant y} P(\xi = x_i, \eta = y_j)$$

$$= \sum_{x_i \leqslant x} P(\xi = x_i) \sum_{y_i \leqslant y} P(\eta = y_j)$$

$$= P(\xi \leqslant x) P(\eta \leqslant y).$$

即

$$F(x, y) = F_\xi(x) F_\eta(y). \tag{2.56}$$

反过来, 若对一切 x, y, (2.56) 式都成立, 则 (2.55) 式也成立, 所以对于离散型随机变量, (2.55) 式和 (2.56) 式等价. 于是我们可以利用 (2.56) 式对一般随机变量的独立性作出定义.

定义 2.9 设 $F(x, y)$, $F_\xi(x)$ 和 $F_\eta(y)$ 分别为 (ξ, η) 的联合分布函数及其边际分布函数, 若对一切 x, y 都有 (2.56) 式成立, 则称 ξ 与 η 相互独立.

与 (2.55) 式相对应, 对连续型随机变量, 我们有

定理 2.1 设 $p(x, y)$ 与 $p_\xi(x)$, $p_\eta(y)$ 分别为连续型随机向量 (ξ, η) 的联合密度和边际密度, 则 ξ, η 相互独立的充要条件是

$$p(x, y) = p_\xi(x) p_\eta(y). \tag{2.57}$$

证明 对任意 x, y,

$$F(x, y) = F_\xi(x) F_\eta(y) \iff \int_{-\infty}^{x} \int_{-\infty}^{y} p(u, v) \mathrm{d}u \mathrm{d}v = \int_{-\infty}^{x} p_\xi(u) \mathrm{d}u \int_{-\infty}^{y} p_\eta(v) \mathrm{d}v$$

$$\iff \int_{-\infty}^{x} \int_{-\infty}^{y} p(u, v) \mathrm{d}u \mathrm{d}v = \int_{-\infty}^{x} \int_{-\infty}^{y} p_\xi(u) p_\eta(v) \mathrm{d}u \mathrm{d}v$$

$$\iff p(x, y) = p_\xi(x) p_\eta(y).$$

即得所证. □

在 2.2 节的例 2.17 与例 2.18 中, ξ 与 η 都不独立.

如果已知 ξ 与 η 相互独立, 那么从 (2.55)、(2.56)、(2.57) 式可知, ξ 与 η 各自的分布可完全决定其联合分布.

例 2.19 设 $(\xi, \eta) \sim N(a, b, \sigma_1^2, \sigma_2^2, r)$, 求 ξ, η 独立的充要条件.

解 因为 $\xi \sim N(a, \sigma_1^2)$, $\eta \sim N(b, \sigma_2^2)$, 所以

$$\xi, \eta \text{ 独立} \iff p(x, y) = p_\xi(x) p_\eta(y)$$

$$= \frac{1}{2\pi\sigma_1\sigma_2} \exp\left\{ -\frac{1}{2} \left[\frac{(x-a)^2}{\sigma_1^2} + \frac{(y-b)^2}{\sigma_2^2} \right] \right\}$$

$$\iff r = 0.$$

容易把上述定义、定理推广到 n 个随机变量的情形. 例如, 若 $F(x_1, x_2, \cdots, x_n)$, $F_1(x_1)$, $F_2(x_2), \cdots, F_n(x_n)$ 分别为 $\xi_1, \xi_2, \cdots, \xi_n$ 的联合分布函数与边际分布函数, 则当对任意 $x_1, x_2, \cdots, x_n \in \mathbb{R}$,

$$F(x_1, x_2, \cdots, x_n) = F_1(x_1)F_2(x_2)\cdots F_n(x_n) \tag{2.56}'$$

时, 称 $\xi_1, \xi_2, \cdots, \xi_n$ 相互独立.

推论 2.1   若 $\xi_1, \xi_2, \cdots, \xi_n$ 相互独立, 则其中的任意 $r(2 \leqslant r < n)$ 个也相互独立.

证明   我们只证 $\xi_1, \xi_2, \cdots, \xi_{n-1}$ 相互独立, 其余类似可证.

$$\begin{aligned}
F(x_1, x_2, \cdots, x_{n-1}) &= P(\xi_1 \leqslant x_1, \xi_2 \leqslant x_2, \cdots, \xi_{n-1} \leqslant x_{n-1}) \\
&= P(\xi_1 \leqslant x_1, \xi_2 \leqslant x_2, \cdots, \xi_{n-1} \leqslant x_{n-1}, \xi_n \leqslant \infty) \\
&= P(\xi_1 \leqslant x_1)P(\xi_2 \leqslant x_2)\cdots P(\xi_{n-1} \leqslant x_{n-1})P(\xi_n \leqslant \infty) \\
&= F_1(x_1)F_2(x_2)\cdots F_{n-1}(x_{n-1}),
\end{aligned}$$

证毕. $\square$

注 2.1   上述推论的逆命题不成立. 即 $\xi_1, \xi_2, \cdots, \xi_n$ 中任意 $r(2 \leqslant r < n)$ 个随机变量相互独立并不意味着 $\xi_1, \xi_2, \cdots, \xi_n$ 相互独立.

随机变量的独立性是很重要的概念, 人们对它的各种等价描述及与独立性相关的多种性质进行了深入的探讨. 除了上述定义定理以外, 还有:

(1) 随机变量 $\xi_1, \xi_2, \cdots, \xi_n$, 相互独立的充要条件是对一切一维博雷尔点集 $B_1, B_2, \cdots, B_n$ 成立

$$P(\xi_1 \in B_1, \xi_2 \in B_2, \cdots, \xi_n \in B_n) = P(\xi_1 \in B_1)P(\xi_2 \in B_2)\cdots P(\xi_n \in B_n).$$

(2) n 维随机向量 $\boldsymbol{\xi}$ 与 m 维随机向量 $\boldsymbol{\eta}$ 相互独立被定义为

$$P(\boldsymbol{\xi} \in A, \boldsymbol{\eta} \in B) = P(\boldsymbol{\xi} \in A)P(\boldsymbol{\eta} \in B),$$

其中 A, B 分别是任意的 n 维与 m 维博雷尔集.

(3) 若随机向量 $\boldsymbol{\xi}$ 与 $\boldsymbol{\eta}$ 相互独立, 则它们各自的子向量也相互独立.

这里我们都不详细讨论了.

例 2.20   设 ξ 是只取常数 a 的退化分布, 求证: 对于任意随机变量 η, ξ 与 η 相互独立.

证明 η 是任意随机变量, 可以是离散型, 也可以是连续型或其他, 故只能用 (2.56) 式. ξ 的分布函数为

$$F_\xi(x) = \begin{cases} 0, & x < a, \\ 1, & x \geqslant a. \end{cases}$$

当 $x < a$ 时, $\{\xi \leqslant x\}$ 是不可能事件, 从而对任意 y, $\{\xi \leqslant x, \eta \leqslant y\}$ 也是不可能事件, 则

$$\begin{aligned}
F(x, y) &= P(\xi \leqslant x, \eta \leqslant y) = 0 \\
&= P(\xi \leqslant x)P(\eta \leqslant y) = F_\xi(x)F_\eta(y).
\end{aligned}$$

当 $x \geqslant a$ 时, $\{\xi \leqslant x\} = \Omega$, 因此

$$
\begin{aligned}
F(x,y) &= P(\xi \leqslant x, \eta \leqslant y) \\
&= P(\eta \leqslant y) = F_\xi(x)F_\eta(y).
\end{aligned}
$$

这样对任意 x, y, (2.56) 式都成立, 即 ξ 与 η 相互独立. □

2.5 条件分布

在第一章曾经定义过事件的条件概率, 同样也可以考虑一个随机变量的条件分布 (conditional distribution), 其条件与另一个随机变量的取值有关. 我们仍从离散型随机变量开始研究.

2.5.1 离散型的情形

设 (ξ, η) 的联合分布列为 $P(\xi = x_i, \eta = y_j) = p_{ij}$, $i,j = 1, 2, \cdots$. 若已知 $\xi = x_i$ $(P(\xi = x_i) > 0)$, 则

$$
P(\eta = y_j | \xi = x_i) = \frac{P(\xi = x_i, \eta = y_j)}{P(\xi = x_i)} = \frac{p_{ij}}{p_{i\cdot}}, \quad j = 1, 2, \cdots. \tag{2.58}
$$

定义 2.10　称 (2.58) 式为在 $\xi = x_i$ 的条件下 η 的**条件概率分布列**, 简称**条件分布列**, 记为 $p_{\eta|\xi}(y_j|x_i)$. 称

$$
P(\eta \leqslant y | \xi = x_i) = \sum_{j: y_j \leqslant y} p_{\eta|\xi}(y_j|x_i)
$$

为在 $\xi = x_i$ 的条件下 η 的**条件分布函数**.

从条件分布的定义和独立性的定义可知, ξ, η 独立的充要条件是对任何 $i, j \geqslant 1$, 有

$$
P(\eta = y_j | \xi = x_i) = P(\eta = y_j).
$$

例 2.21　在独立重复伯努利试验中, 记 p 为每次试验 "成功" 的概率, S_n 表示第 n 次成功时的试验次数. 求:

(1) 在 $S_n = t$ 的条件下, S_{n+1} 的条件概率分布;

(2) 在 $S_{n+1} = w$ 的条件下, S_n 的条件概率分布.

解　对 $t < w$, 事件 $\{S_n = t, S_{n+1} = w\}$ 意味着在 w 次试验中, 第 t, w 次出现 "成功", 在第 1 次到第 $t-1$ 次中出现 $n-1$ 次 "成功", 其余均出现 "失败". 所以

$$P(S_n = t, S_{n+1} = w) = p \cdot p \cdot \binom{t-1}{n-1} p^{n-1} q^{w-(n+1)} = \binom{t-1}{n-1} p^{n+1} q^{w-(n+1)}.$$

而

$$P(S_n = t) = \binom{t-1}{n-1} p^n q^{t-n}.$$

从而在 $S_n = t$ 的条件下, S_{n+1} 的条件概率分布为

$$P(S_{n+1} = w | S_n = t) = \frac{P(S_n = t, S_{n+1} = w)}{P(S_n = t)} = pq^{w-t-1}, \quad w = t+1, t+2, \cdots.$$

这意味着, 在 $S_n = t$ 的条件下, $S_{n+1} - S_n$ 服从几何分布.

而在 $S_{n+1} = w$ 的条件下, S_n 的条件概率分布为

$$
\begin{aligned}
P(S_n = t | S_{n+1} = w) &= \frac{P(S_n = t, S_{n+1} = w)}{P(S_{n+1} = w)} \\
&= \frac{\binom{t-1}{n-1} p^{n+1} q^{w-(n+1)}}{\binom{w-1}{n} p^{n+1} q^{w-(n+1)}} \\
&= \frac{\binom{t-1}{n-1}}{\binom{w-1}{n}}, \quad t = n, n+1, \cdots, w-1.
\end{aligned}
$$

这一条件分布不依赖于 p.

2.5.2　连续型的情形

设 (ξ, η) 有联合密度函数 $p(x, y)$ 和联合分布函数 $F(x, y)$. 因为对任何 x, $P(\xi = x) = 0$, 条件概率 $P(\eta \leqslant y | \xi = x)$ 没有定义, 故只能借助于密度函数. 在 $\xi = x$ 的条件下, η 的条件分布函数可理解为

$$
\begin{aligned}
P(\eta \leqslant y | \xi = x) &= \lim_{\Delta x \to 0} P(\eta \leqslant y | x < \xi \leqslant x + \Delta x) \\
&= \lim_{\Delta x \to 0} \frac{P(x < \xi \leqslant x + \Delta x, \eta \leqslant y)}{P(x < \xi \leqslant x + \Delta x)} \\
&= \lim_{\Delta x \to 0} \frac{F(x + \Delta x, y) - F(x, y)}{F_\xi(x + \Delta x) - F_\xi(x)}.
\end{aligned}
$$

分子、分母各除以 Δx, 并各自取极限, 则

$$上式 = \frac{\dfrac{\partial F(x, y)}{\partial x}}{F'(x)} = \frac{\displaystyle\int_{-\infty}^{y} p(x, v) \mathrm{d}v}{p_\xi(x)} = \int_{-\infty}^{y} \frac{p(x, v)}{p_\xi(x)} \mathrm{d}v.$$

上式说明条件分布也是连续型的. 于是引入下面的定义.

定义 2.11   设随机向量 (ξ, η) 有联合密度函数 $p(x, y)$, ξ 有边际密度函数 $p_\xi(x) = \int_{-\infty}^{\infty} p(x, y)\mathrm{d}y$. 若在 x 处, $p_\xi(x) > 0$, 则称

$$P(\eta \leqslant y | \xi = x) = \int_{-\infty}^{y} \frac{p(x, v)}{p_\xi(x)}\mathrm{d}v, \quad y \in \mathbb{R}$$

为在 $\xi = x$ 的条件下, η 的**条件分布函数**, 简称**条件分布**, 记作 $F_{\eta|\xi}(y|x)$. 称

$$p_{\eta|\xi}(y|x) = \frac{p(x, y)}{p_\xi(x)}, \quad y \in \mathbb{R} \tag{2.59}$$

为在 $\xi = x$ 的条件下, η 的**条件密度函数**, 简称**条件密度**.

若 $p_\xi(x) = \int_{-\infty}^{\infty} p(x, y)\mathrm{d}y = 0$, 则对所有的 y, $p(x, y) = 0$, (2.59) 式右边是 $\frac{0}{0}$ 型不定式, 通常定义 $p_{\eta|\xi}(y|x)$ 的值为 0.

同理, 当 $p_\eta(y) > 0$ 时, 在 $\eta = y$ 的条件下 ξ 的条件密度为

$$p_{\xi|\eta}(x|y) = \frac{p(x, y)}{p_\eta(y)}, \quad x \in \mathbb{R}.$$

由条件密度公式可得

$$p(x, y) = p_{\xi|\eta}(x|y)p_\eta(y).$$

从而

$$p_{\eta|\xi}(y|x) = \frac{p_{\xi|\eta}(x|y)p_\eta(y)}{\int_{-\infty}^{\infty} p_{\xi|\eta}(x|v)p_\eta(v)\mathrm{d}v}. \tag{2.60}$$

这可看作贝叶斯公式的连续型形式.

例 2.22   设 $(\xi, \eta) \sim N(a, b, \sigma_1^2, \sigma_2^2, r)$, 求条件密度 $p_{\eta|\xi}(y|x)$.

解 (ξ, η) 的联合密度为

$$p(x, y) = \frac{1}{2\pi\sigma_1\sigma_2\sqrt{1-r^2}} \exp\left\{-\frac{1}{2(1-r^2)}\left[\frac{(x-a)^2}{\sigma_1^2} - 2r\frac{(x-a)(y-b)}{\sigma_1\sigma_2} + \frac{(y-b)^2}{\sigma_2^2}\right]\right\}.$$

下面我们推导在 $\xi = x$ 的条件下, η 的条件密度. 为此, 我们每次把不含 y 的因子提出来, 用常数 C_i 表示. 最后的常数通过 $\int_{-\infty}^{\infty} p_{\eta|\xi}(y|x)\mathrm{d}y = 1$ 求得.

$$F_{\eta|\xi}(y|x) = \frac{p(x, y)}{\int_{-\infty}^{\infty} p(x, v)\mathrm{d}v} = C_1 p(x, y)$$

$$= C_2 \exp\left\{-\frac{1}{2(1-r^2)}\left[\frac{(y-b)^2}{\sigma_2^2} - 2r\frac{(x-a)(y-b)}{\sigma_1\sigma_2}\right]\right\}$$

$$= C_3 \exp\left\{ -\frac{1}{2(1-r^2)} \left(\frac{y-b}{\sigma_2} - r\frac{x-a}{\sigma_1} \right)^2 \right\}$$

$$= C_3 \exp\left\{ -\frac{1}{2\sigma_2^2(1-r^2)} \left[y - b - r\frac{\sigma_2}{\sigma_1}(x-a) \right]^2 \right\}.$$

上述过程可以简写为

$$p_{\eta|\xi}(y|x) \propto_y p(x,y) \propto_y \cdots \propto_y \exp\left\{ -\frac{1}{2\sigma_2^2(1-r^2)} \left[y - b - r\frac{\sigma_2}{\sigma_1}(x-a) \right]^2 \right\},$$

这里, $f(x,y) \propto_y g(x,y)$ 表示 $f(x,y)$ 与 $g(x,y)$ 的比值不依赖于变量 y. 回顾正态分布的密度函数知, $p_{\eta|\xi}(y|x)$ 的正态密度函数

$$p_{\eta|\xi}(y|x) = \frac{1}{\sqrt{2\pi}\sigma_2\sqrt{1-r^2}} \exp\left\{ -\frac{1}{2\sigma_2^2(1-r^2)} \left[y - b - r\frac{\sigma_2}{\sigma_1}(x-a) \right]^2 \right\}. \qquad (2.61)$$

即在 $\xi = x$ 的条件下, 二维正态分布的条件分布是正态分布 $N\left(b + r\frac{\sigma_2}{\sigma_1}(x-a), (1-r^2)\sigma_2^2 \right)$, 其中第一个参数 $m = b + r\frac{\sigma_2}{\sigma_1}(x-a)$ 是 x 的线性函数, 第二个参数与 x 无关 (见图 2.6). 此结论在数理统计中很重要.

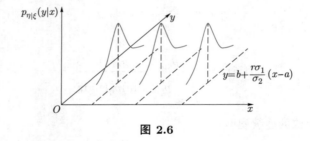

图 2.6

上面所讨论的条件分布可以推广到多维随机向量的情形. 记 $\boldsymbol{X}$ 为 m 维随机向量, $\boldsymbol{Y}$ 为 n 维随机向量. 对 n 维向量 $\boldsymbol{x} = (x_1, x_2, \cdots, x_n)'$ 和 $\boldsymbol{y} = (y_1, y_2, \cdots, y_n)'$, 我们用 $\mathrm{d}\boldsymbol{x}$ 表示 $\mathrm{d}x_1 \mathrm{d}x_2 \cdots \mathrm{d}x_n$, 用 $\boldsymbol{x} \leqslant \boldsymbol{y}$ 表示 $x_1 \leqslant y_1, x_2 \leqslant y_2, \cdots, x_n \leqslant y_n$.

定义 2.12 设 $\boldsymbol{X} = (X_1, X_2, \cdots, X_m)$ 和 $\boldsymbol{Y} = (Y_1, Y_2, \cdots, Y_n)$ 为随机向量, $p(\boldsymbol{x}, \boldsymbol{y})$ 是随机向量 $(\boldsymbol{X}, \boldsymbol{Y})$ 的联合密度函数, 这时 $\boldsymbol{Y}$ 有边际密度

$$p_{\boldsymbol{Y}}(\boldsymbol{y}) = \int_{\mathbb{R}^n} p(\boldsymbol{x}, \boldsymbol{y}) \mathrm{d}\boldsymbol{x}.$$

若在 $\boldsymbol{y}$ 处, $p_{\boldsymbol{Y}}(\boldsymbol{y}) > 0$, 则称

$$P(\boldsymbol{X} \leqslant \boldsymbol{x} | \boldsymbol{Y} = \boldsymbol{y}) = \int_{\boldsymbol{u} \leqslant \boldsymbol{x}} \frac{p(\boldsymbol{u}, \boldsymbol{y})}{p_{\boldsymbol{Y}}(\boldsymbol{y})} \mathrm{d}\boldsymbol{u}, \quad \boldsymbol{x} \in \mathbb{R}^m$$

为在 $\boldsymbol{Y} = \boldsymbol{y}$ 的条件下, $\boldsymbol{X}$ 的**条件分布函数**, 简称**条件分布**, 记作 $F_{\boldsymbol{X}|\boldsymbol{Y}}(\boldsymbol{x}|\boldsymbol{y})$. 称

$$p_{\boldsymbol{X}|\boldsymbol{Y}}(\boldsymbol{x}|\boldsymbol{y}) = \frac{p(\boldsymbol{x}, \boldsymbol{y})}{p_{\boldsymbol{Y}}(\boldsymbol{y})}, \quad \boldsymbol{x} \in \mathbb{R}^m$$

为在 $\boldsymbol{Y} = \boldsymbol{y}$ 的条件下, $\boldsymbol{X}$ 的**条件密度函数**, 简称**条件密度**.

2.5.3　一般情形

一般地, 设 (ξ, η) 为二维随机向量, 对给定的 x, 如果极限

$$\lim_{\varepsilon \to 0^+} \frac{P(\eta \leqslant y, x - \epsilon < \xi \leqslant x + \epsilon)}{P(x - \epsilon < \xi \leqslant x + \epsilon)}$$

对任何 $y \in \mathbb{R}$ 均存在, 那么称此极限

$$F_{\eta|\xi}(y|x) \overset{\text{def}}{=\!=} \lim_{\varepsilon \to 0^+} \frac{P(\eta \leqslant y, x - \epsilon < \xi \leqslant x + \epsilon)}{P(x - \epsilon < \xi \leqslant x + \epsilon)}, \quad y \in \mathbb{R}$$

为在 $\xi = x$ 的条件下 η 的**条件分布函数**, 简称**条件分布**. 若存在 y_j, $j = 1, 2, \cdots$, 使得 $F_{\eta|\xi}(y|x)$ 能表示为

$$F_{\eta|\xi}(y|x) = \sum_{j : y_j \leqslant y} p_{\eta|\xi}(y_j|x), \quad y \in \mathbb{R},$$

则称 $p_{\eta|\xi}(y_j|\boldsymbol{x})$, $j = 1, 2, \cdots$ 为**条件分布列**. 若 $F_{\eta|\xi}(y|x)$ 能表示为

$$F_{\eta|\xi}(y|x) = \int_{-\infty}^{y} p_{\eta|\xi}(v|x) \mathrm{d}v, \quad y \in \mathbb{R},$$

则称 $p_{\eta|\xi}(y|x)$ 为**条件密度函数**.

例 2.23　设 Λ 服从 Γ 分布 $\Gamma(b, a)$, 在条件 $\Lambda = \lambda$ 下, X 服从参数为 λ 的泊松分布. 求在 $X = x$ 条件下 Λ 的分布.

解　Λ 为连续型随机变量, X 为离散型随机变量. 对 $x = 0, 1, \cdots$, 有

$$P(X = x | \Lambda = \lambda) = \frac{\lambda^x}{x!} \mathrm{e}^{-\lambda}.$$

由定义

$$P(X = x | \Lambda = \lambda) = \lim_{\Delta\lambda \to 0} \frac{P(X = x, \Lambda \in (\lambda, \lambda + \Delta\lambda])}{P(\Lambda \in (\lambda, \lambda + \Delta\lambda])}.$$

即

$$\begin{aligned}
P(X = x, \Lambda \in (\lambda, \lambda + \Delta\lambda]) &= P(X = x | \Lambda = \lambda) P(\Lambda \in (\lambda, \lambda + \Delta\lambda]) + o(\Delta\lambda) \\
&= P(X = x | \Lambda = \lambda) p_\Lambda(\lambda) \Delta\lambda + o(\Delta\lambda).
\end{aligned}$$

所以

$$P(X = x, \Lambda \leqslant y) = \int_{-\infty}^{y} P(X = x | \Lambda = \lambda) p_\Lambda(\lambda) \mathrm{d}\lambda.$$

从而

$$P(\Lambda \leqslant y | X = x) = \frac{P(X = x, \Lambda \leqslant y)}{P(X = x)} = \int_{-\infty}^{y} \frac{P(X = x | \Lambda = \lambda) p_\Lambda(\lambda)}{P(X = x)} \mathrm{d}\lambda.$$

因此, 在 $X = x$ 的条件下, Λ 的密度函数为

$$p_{\Lambda|X}(\lambda|x) = \frac{P(X = x | \Lambda = \lambda) p_\Lambda(\lambda)}{P(X = x)}$$

$$\propto_\lambda \lambda^x \mathrm{e}^{-\lambda} \lambda^{b-1} \mathrm{e}^{-\lambda a} \propto_\lambda \lambda^{x+b-1} \mathrm{e}^{-(a+1)\lambda}, \quad \lambda > 0.$$

将上式右边添加正则化常数因子使得其积分为 1, 得

$$p_{\Lambda|X}(\lambda|x) = \frac{(a+1)^{x+b}}{\Gamma(x+b)} \lambda^{x+b-1} \mathrm{e}^{-(a+1)\lambda}, \quad \lambda > 0.$$

即在 $X = x$ 的条件下, Λ 服从 Γ 分布 $\Gamma(x+b, a+1)$.

2.5.4 给定随机变量下的条件概率

设 X 为随机变量, D 是其值域, A 为随机事件, 则

$$g(x) = \lim_{\varepsilon \to 0^+} \frac{P(A, x - \varepsilon < X \leqslant x + \varepsilon)}{P(x - \varepsilon < X \leqslant x + \varepsilon)}, \quad x \in D$$

是定义在 D 上的实函数, 记作 $P(A|X = x)$. 于是可以定义随机变量 $g(X)$, 我们称 $g(X)$ 为事件 A 关于随机变量 X 的条件概率, 记作 $P(A|X)$. 值得指出, 作为 X 的函数, 条件概率 $P(A|X)$ 是随机变量.

根据上述定义

$$P(A|X) = g(X) \quad \text{当且仅当} \quad P(A|X = x) = g(x), \quad x \in D.$$

如果 X 为离散型随机变量, 其概率分布为 $p_X(x_i)$, 那么由全概率公式有

$$P(A) = \sum_i P(A|X = x_i) P(X = x_i)$$

$$= \sum_i P(A|X = x_i) p_X(x_i)$$

$$= \sum_i g(x_i) p_X(x_i).$$

当 X 为连续型随机变量, 记其密度函数为 $p_X(x)$. 这时由于

$$P(A|X = x) \approx \frac{P(A, X \in (x, x + \Delta x])}{P(X \in (x, x + \Delta x])}.$$

即

$$P(A, X \in (x, x + \Delta x]) = P(A|X = x)p_X(x)\Delta x + o(\Delta x).$$

因此

$$P(A) = P(A, -\infty < X < \infty) = \int_{-\infty}^{\infty} P(A|X = x)p_X(x)\mathrm{d}x$$

$$= \int_{-\infty}^{\infty} g(x)p_X(x)\mathrm{d}x.$$

这就是全概率公式的连续形式.

例 2.24 设 $U_1, U_2, \cdots$ 为一列独立随机变量, 均服从区间 $[0, 1]$ 上的均匀分布. 令

$$\xi = \min\{n \geqslant 1 : U_1 + U_2 + \cdots + U_n > 1\}.$$

求 ξ 的概率分布.

解 我们来求概率 $P(\xi > n)$. 考虑更一般的情形, 对 $0 < x \leqslant 1$, 记

$$\xi(x) = \min\{n \geqslant 1 : U_1 + U_2 + \cdots + U_n > x\},$$

则容易看出

$$P(\xi(x) > 1) = P(U_1 \leqslant x) = x.$$

进而, 我们有下列递推关系

$$P(\xi(x) > n + 1) = P(U_1 + \cdots + U_{n+1} \leqslant x)$$

$$= \int_{-\infty}^{\infty} P(U_1 + \cdots + U_{n+1} \leqslant x | U_1 = y)p_{U_1}(y)\mathrm{d}y$$

$$= \int_0^1 P(y + U_2 + \cdots + U_{n+1} \leqslant x | U_1 = y)\mathrm{d}y$$

$$= \int_0^1 P(U_2 + U_3 + \cdots + U_{n+1} \leqslant x - y)\mathrm{d}y$$

$$= \int_0^x P(U_1 + U_2 + \cdots + U_n \leqslant x - y)\mathrm{d}y$$

$$= \int_0^x P(U_1 + U_2 + \cdots + U_n \leqslant u)\mathrm{d}u$$

$$= \int_0^x P(\xi(u) > n)\mathrm{d}u.$$

由数学归纳法, 得

$$P(\xi(x) > n) = \frac{x^n}{n!}.$$

特别地, 当 $x = 1$ 时, $P(\xi > n) = \frac{1}{n!}$. 这样, 我们得到 ξ 的分布为

$$P(\xi = n) = \frac{1}{(n-1)!} - \frac{1}{n!}, \quad n = 1, 2, \cdots.$$

2.6 随机变量的函数及其分布

人们经常碰到随机变量的函数. 例如, 分子运动的动能 $T = \dfrac{1}{2}mv^2$ 是分子运动速度——随机变量 v 的函数. 数理统计中经常用到自由度为 n 的 χ^2 分布, 它所对应的随机变量为 $\chi^2(n) = \xi_1^2 + \xi_2^2 + \cdots + \xi_n^2$, 其中各 ξ_i 相互独立, 都服从 $N(0,1)$.

一般地, 若 ξ 是随机变量, $y = g(x)$ 是普通的实函数, 则 $\eta = g(\xi)$ 是 ξ 的函数. 接着产生两个问题: (1) η 是随机变量吗? (2) 如果是, η 的分布与 ξ 的分布有什么关系? 对于多个随机变量的函数, 也存在同样的问题.

第一个问题比较容易解决. 因为若 $\eta = g(\xi)$ 是随机变量, 就必须满足 2.1 节的 (2.1) 式, 这就不得不对函数 $g(x)$ 有所限制.

定义 2.13　设 $g(x)$ 是一维实函数, $\mathscr{B}$ 是 $\mathbb{R}$ 上的博雷尔 σ-域. 若对任意 $B \in \mathscr{B}$, 都有

$$\{x : g(x) \in B\} = g^{-1}(B) \in \mathscr{B}, \tag{2.62}$$

即博雷尔集的原像集是博雷尔集, 则称 $g(x)$ 是**一元博雷尔函数**.

实变函数论中可以证明: 一切分段连续, 分段单调的函数都是博雷尔函数, 故它是十分广泛的一类函数, 日常碰到的大都是这类函数.

现在我们可以来回答第一个问题: 若 ξ 是概率空间 $(\Omega, \mathscr{F}, P)$ 上的随机变量, $f(x)$ 是一元博雷尔函数, $\eta = f(\xi)$, 则对任意的 $B \in \mathscr{B}$, 由 (2.62) 及 2.1 节的 (2.1) 式可得

$$\{\omega : \eta(\omega) \in B\} = \{\omega : f(\xi(\omega)) \in B\}$$
$$= \{\omega : \xi(\omega) \in f^{-1}(B)\} \in \mathscr{B}.$$

故 η 是随机变量.

类似可以定义 n 元博雷尔函数. 若 $f(x_1, x_2, \cdots, x_n)$ 是博雷尔函数, 则 $\eta = f(\xi_1, \xi_2, \cdots, \xi_n)$ 是随机变量. 以后我们讲随机变量的函数都是指这种函数.

下面讨论第二个问题.

2.6.1 离散型随机变量的函数

这种情况比较简单, 仅举几个例子来说明.

例 2.25　设 ξ 的分布列为

$$\begin{bmatrix} -1 & 0 & 1 & 2 \\ \dfrac{1}{4} & \dfrac{1}{2} & \dfrac{1}{8} & \dfrac{1}{8} \end{bmatrix},$$

令 $\eta = 2\xi - 1$, $\zeta = \xi^2$, 求 η, ζ 各自的分布.

解 η 的可能取值为 $-3, -1, 1, 3$ 是有限个, 只需算出对应的概率. 由于 $\{\eta = -3\} = \{\xi = -1\}$, 故

$$P(\eta = -3) = P(\xi = -1) = \frac{1}{4}.$$

类似可得其他概率. 我们得到 η 的分布

$$\begin{bmatrix} -3 & -1 & 1 & 3 \\ \dfrac{1}{4} & \dfrac{1}{2} & \dfrac{1}{8} & \dfrac{1}{8} \end{bmatrix}.$$

ζ 可取的值为 $0, 1, 4$, 但注意到 $\{\zeta = 1\} = \{\xi = 1\} \cup \{\xi = -1\}$, 故

$$P(\zeta = 1) = P(\xi = 1) + P(\xi = -1) = \frac{1}{8} + \frac{1}{4} = \frac{3}{8}.$$

ζ 的分布列为

$$\begin{bmatrix} 0 & 1 & 4 \\ \dfrac{1}{2} & \dfrac{3}{8} & \dfrac{1}{8} \end{bmatrix}.$$

一般地, 设 ξ 有分布列 $P(\xi = x_i) = p(x_i)$, $i = 1, 2, \cdots$, 则 $\eta = f(\xi)$ 有分布列

$$P(\eta = y_j) = \sum_{f(x_i) = y_j} p(x_i), \quad j = 1, 2, \cdots.$$

例 2.26 设 $\xi \sim B(n_1, p)$, $\eta \sim B(n_2, p)$, 并且 ξ 与 η 相互独立, 求 $\zeta = \xi + \eta$ 的分布.

解 ξ, η 分别可取值 $0, 1, 2, \cdots, n_1$ 和 $0, 1, 2, \cdots, n_2$, 因此 ζ 可取值为 $0, 1, 2, \cdots$, $n_1 + n_2$, 且由 2.4 节的 (2.55) 式, 得

$$\begin{aligned}
P(\zeta = r) &= \sum_{k=0}^{r} P(\xi = k, \eta = r - k) \\
&= \sum_{k=0}^{r} P(\xi = k) P(\eta = r - k) \\
&= \sum_{k=0}^{r} \binom{n_1}{k} p^k q^{n_1 - k} \binom{n_2}{r-k} p^{r-k} q^{n_2 - r + k} \\
&= p^r q^{n_1 + n_2 - r} \sum_{k=0}^{r} \binom{n_1}{k} \binom{n_2}{r-k} \\
&= \binom{n_1 + n_2}{r} p^r q^{n_1 + n_2 - r}.
\end{aligned}$$

这里用到了组合数的性质. 计算的结果表明: $\xi + \eta \sim B(n_1 + n_2, p)$, 这个事实显示了二项分布一个很重要的性质: 两个独立的二项分布随机变量, 当它们的第二参数相同时, 其和也服从二项分布, 它的第一参数恰为这两个二项分布第一参数的和. 这种性质称为二

项分布的**再生性** (regenerative property) 或**可加性** (additivity). 从 ξ, η 的概率意义来看, 这个结果是非常明显的: ξ, η 分别是 n_1 和 n_2 重伯努利试验中成功的次数, 两组试验合起来, $\zeta = \xi + \eta$ 应该就是 $n_1 + n_2$ 重伯努利试验中成功的次数.

本例计算过程中得到的公式

$$P(\zeta = r) = \sum_{k=0}^{r} P(\xi = k) P(\eta = r - k) \tag{2.63}$$

是计算取非负整数值的独立随机变量和的分布的公式, 称为**离散卷积公式**.

2.6.2　一维连续型随机变量的函数的分布

假设 ξ 的密度函数为 $p(x)$, 我们要求出 $\eta = f(\xi)$ 的分布函数 $G(y)$. 事实上,

$$G(y) = P(\eta \leqslant y) = P(f(\xi) \leqslant y).$$

而 $D = \{x : f(x) \leqslant y\}$ 是一维博雷尔集, 故

$$G(y) = P(\xi \in D) = \int_{x \in D} p(x) \mathrm{d}x. \tag{2.64}$$

至于 η 是不是连续型随机变量, 它的密度函数是什么, 在一般情况下无法作出决定. 但对某些特殊情形, 我们可以直接导出 η 的密度函数 $g(y)$.

> **定理 2.2**　假设 $f(x)$ 严格单调, 其反函数 $f^{-1}(y)$ 有连续导函数, 则 $\eta = f(\xi)$ 也是连续型随机变量, 其密度函数为

$$g(y) = \begin{cases} p(f^{-1}(y)) |(f^{-1}(y))'|, & y \in f(x) \text{ 的值域,} \\ 0, & \text{其他.} \end{cases} \tag{2.65}$$

证明　不妨设 $f(x)$ 严格单调增加, 且 $A < f(x) < B$, 其中 $-\infty < x < \infty$. 显然若 $y \leqslant A$, 则 $G(y) = 0$, 此时有 $g(y) = 0$; 当 $A < y < B$ 时,

$$\{\eta \leqslant y\} = \{f(\xi) \leqslant y\} = \{\xi \leqslant f^{-1}(y)\}.$$

故

$$G(y) = P(\eta \leqslant y) = \int_{-\infty}^{f^{-1}(y)} p(x) \mathrm{d}x.$$

令 $x = f^{-1}(v)$, 得

$$G(y) = \int_{A}^{y} p(f^{-1}(v))(f^{-1}(v))' \mathrm{d}v = \int_{-\infty}^{y} g(v) \mathrm{d}v,$$

其中 $g(v)$ 如 (2.65) 式所示; 而当 $y \geqslant B$ 时有 $G(y) = 1$, 故 $g(y) = 0$. 这就证得 (2.65) 式.　□
当 $y = f(x)$ 为严格单调减少时, 类似可证 (2.65) 式成立.

推论 2.2　假设 $y = f(x)$ 在不相重叠的区间 $I_1, I_2, \cdots$ 上逐段严格单调, 且 $I_i (i = 1, 2, \cdots)$ 之和为 $(-\infty, \infty)$, 在各段的反函数 $h_1(y), h_2(y), \cdots$ 有连续导数, 则 $\eta = f(\xi)$ 是连续型随机变量, 其密度为

$$g(y) = \sum_i g_i(y), \tag{2.66}$$

$$g_i(y) = \begin{cases} p(h_i(y))|h_i'(y)|, & y \in h_i(y) \text{ 的定义域}, \\ 0, & \text{其他}. \end{cases}$$

证明　注意到 $\{f(\xi) \leqslant y\} = \left\{ \xi \in \sum_i E_i(y) \right\}$, 其中 $E_i(y)$ 是 I_i 中满足 $f(x) \leqslant y$ 的 x 的集合. 再仿照 (2.65) 式的证明, 得到

$$P(\eta \leqslant y) = P\left(\xi \in \sum_i E_i(y) \right) = \sum_i P(\xi \in E_i(y))$$

$$= \sum_i \int_{-\infty}^{y} g_i(x)\mathrm{d}x$$

$$= \int_{-\infty}^{y} \sum_i g_i(x)\mathrm{d}x.$$

由此得证 (2.66) 式.　　　　　　　　　　　　　　　　　　　　　　　□

例 2.27　设 $\xi \sim N(0, \sigma^2)$, 求 $\eta = k\xi + b$ 的密度函数 $(k \neq 0)$.

解　$y = f(x) = kx + b$ 满足上述定理 2.2 中的条件, 并且 $f^{-1}(y) = \dfrac{y - b}{k}$. ξ 的密度

$$p(x) = \frac{1}{\sqrt{2\pi}\sigma} \exp\left\{ -\frac{(x - a)^2}{2\sigma^2} \right\}, \quad -\infty < x < \infty,$$

由 (2.65) 式,

$$g(y) = \frac{1}{\sqrt{2\pi}\sigma} \exp\left\{ -\frac{1}{2\sigma^2}\left[\frac{y - b}{k} - a \right]^2 \right\} \cdot \left| \frac{1}{k} \right|$$

$$= \frac{1}{\sqrt{2\pi}|k|\sigma} \exp\left\{ -\frac{(y - ka - b)^2}{2(k\sigma)^2} \right\}.$$

这说明 $\eta \sim N(ka + b, k^2\sigma^2)$. 特别地, 若 $\eta = \dfrac{\xi - a}{\sigma}$, 则 $\eta \sim N(0, 1)$, 这个结果早已为我们所熟知.

例 2.28　设 $\xi \sim N(0, 1)$, 求 $\eta = \xi^2$ 的密度函数.

解　$y = x^2$ 是分段单调的, 它的反函数: 当 $x \in I_1 = (-\infty, 0)$ 时, $x = h_1(y) = -\sqrt{y}$; 当 $x \in I_2 = (0, \infty)$ 时, $x = h_2(y) = \sqrt{y}$. 所以

$$g_1(y) = \begin{cases} \dfrac{1}{2\sqrt{2\pi y}}\mathrm{e}^{-\frac{y}{2}}, & y > 0, \\ 0, & \text{其他}; \end{cases}$$

$$g_2(y) = \begin{cases} \dfrac{1}{2\sqrt{2\pi y}}\mathrm{e}^{-\frac{y}{2}} & y > 0, \\ 0, & \text{其他}. \end{cases}$$

由推论 2.2, η 的密度函数为

$$g(y) = g_1(y) + g_2(y) = \begin{cases} \dfrac{1}{\sqrt{2\pi y}}\mathrm{e}^{-\frac{y}{2}}, & y > 0, \\ 0, & \text{其他}. \end{cases}$$

它称为 $\chi^2(1)$ 分布. 关于 χ^2 分布, 后面还要作较详细介绍.

例 2.29 设 ξ 有连续的分布函数 $F(x)$, 求 $\theta = F(\xi)$ 的分布.

解 考虑 θ 的分布函数, 因为 $0 \leqslant F(x) \leqslant 1$, 故当 $x < 0$ 时, $P(\theta \leqslant x) = 0$ (不可能事件); 当 $x \geqslant 1$ 时, $P(\theta \leqslant x) = 1$ (必然事件); 当 $0 \leqslant x < 1$ 时, $\{\theta \leqslant x\} = \{F(\xi) \leqslant x\}$. 考虑 $F(x)$ 的反函数, 由于 $y = F(x)$ 不一定严格增加, 对同一 y, 可能有多个 x 与它对应, 为确定起见, 对任意 $0 \leqslant y \leqslant 1$, 定义

$$F^{-1}(y) = \sup\{x : F(x) < y\}$$

作为 $F(x)$ 的反函数 (图 2.7 中, 对应 y_1 的是 x_1), 称为 $F(x)$ 的 **广义反函数**. 根据上确界的定义和分布函数的性质, 可以验证广义反函数有如下性质:

(1) $F^{-1}(y)$ $(0 < y < 1)$ 是 y 的单调不减函数;

(2) $F\big(F^{-1}(y)\big) \leqslant y$. 若 $F(x)$ 在 $x = F^{-1}(y)$ 处连续, 则 $F\big(F^{-1}(y)\big) = y$;

(3) $F^{-1}(y) \leqslant x$ 的充要条件是 $y \leqslant F(x)$.

于是

$$\begin{aligned} P(\theta \leqslant y) &= P(F(\xi) \leqslant y) = P\big(\xi \leqslant F^{-1}(y)\big) \\ &= F\big(F^{-1}(y)\big) = y. \end{aligned}$$

即 $\theta = F(\xi)$ 服从 $[0,1]$ 上的均匀分布.

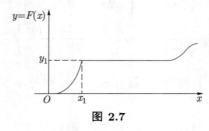

图 2.7

例 2.30 (例 2.29 的反问题) 若 θ 服从 $[0,1]$ 上的均匀分布, $F(x)$ 满足分布函数的三个性质, 求 $\xi = F^{-1}(\theta)$ 的分布.

解 ξ 的分布函数为

$$P(\xi \leqslant x) = P\big(F^{-1}(\theta) \leqslant x\big) = P(\theta \leqslant F(x)).$$

因为 $0 \leqslant F(x) \leqslant 1$, 而 $\theta \sim U[0,1]$, 所以由均匀分布函数的定义, 对任意 x, 上式等于 $F(x)$.

本例说明: 不论 $F(x)$ 是什么函数, 只要满足分布函数的三个条件, 就存在随机变量使其分布函数为 $F(x)$.

2.6.3　(连续型) 随机向量函数的分布律

设 $(\xi_1, \xi_2, \cdots, \xi_n)$ 为连续型随机向量, 其密度函数为 $p(x_1, x_2, \cdots, x_n)$. 令 $\eta = f(\xi_1, \xi_2, \cdots, \xi_n)$, 则 η 的分布函数可由下式决定:

$$
\begin{aligned}
F_\eta(y) &= P(f(\xi_1, \xi_2, \cdots, \xi_n) \leqslant y) \\
&= \iint\limits_{f(x_1, x_2, \cdots, x_n) \leqslant y} \cdots \int p(x_1, x_2, \cdots, x_n) \mathrm{d}x_1 \mathrm{d}x_2 \cdots \mathrm{d}x_n.
\end{aligned} \tag{2.67}
$$

下面看几种特殊情况.

1. $\eta = \xi_1 + \xi_2$

$$
\begin{aligned}
F_\eta(y) &= \iint\limits_{x_1 + x_2 \leqslant y} p(x_1, x_2) \mathrm{d}x_1 \mathrm{d}x_2 \\
&= \int_{-\infty}^{\infty} \mathrm{d}x_1 \int_{-\infty}^{y - x_1} p(x_1, x_2) \mathrm{d}x_2.
\end{aligned}
$$

作变量代换 $x_2 = z - x_1$, 再交换积分次序, 得

$$
\begin{aligned}
F_\eta(y) &= \int_{-\infty}^{\infty} \mathrm{d}x_1 \int_{-\infty}^{y} p(x_1, z - x_1) \mathrm{d}z \\
&= \int_{-\infty}^{y} \left[\int_{-\infty}^{\infty} p(x_1, z - x_1) \mathrm{d}x_1 \right] \mathrm{d}z.
\end{aligned}
$$

这说明 η 是连续型随机变量, 其密度函数为

$$
p_\eta(z) = \int_{-\infty}^{\infty} p(x, z - x) \mathrm{d}x. \tag{2.68}
$$

特别地, 当 ξ_1 与 ξ_2 相互独立, 各自有密度函数 $p_1(x), p_2(x)$ 时, $\xi_1 + \xi_2$ 的密度函数为

$$
p_\eta(z) = \int_{-\infty}^{\infty} p_1(x) p_2(z - x) \mathrm{d}x \quad \left(\text{或} \int_{-\infty}^{\infty} p_1(z - x) p_2(x) \mathrm{d}x \right). \tag{2.68$'$}
$$

$(2.68)'$ 式称为**卷积公式**, 与离散卷积公式 (2.63) 对照, 两者极为相似.

例 2.31　设 ξ, η 独立同分布, 都服从 $N(0,1)$. 求 $\zeta = \xi + \eta$ 的分布密度.

解　用卷积公式 $(2.68)'$. 对任意 $z \in \mathbb{R}$,

$$
p_\zeta(z) = \int_{-\infty}^{\infty} \frac{1}{\sqrt{2\pi}} \mathrm{e}^{-\frac{x^2}{2}} \frac{1}{\sqrt{2\pi}} \mathrm{e}^{-\frac{(z-x)^2}{2}} \mathrm{d}x
$$

$$= \frac{1}{\sqrt{2\pi}\sqrt{2}} \mathrm{e}^{-\frac{z^2}{4}} \int_{-\infty}^{\infty} \frac{\sqrt{2}}{\sqrt{2\pi}} \mathrm{e}^{-(\sqrt{2}x - z/\sqrt{2})^2/2} \mathrm{d}x.$$

注意到上面积分号中是 $N\left(\dfrac{z}{2}, \dfrac{1}{2}\right)$ 的密度函数, 就有

$$p_\zeta(z) = \frac{1}{2\sqrt{\pi}} \mathrm{e}^{-\frac{z^2}{4}}.$$

这说明 $\zeta = \xi + \eta \sim N(0, 2)$.

以后会用更简单的方法证明: 若 ξ, η 相互独立, $\xi \sim N(a_1, \sigma_1^2)$, $\eta \sim N(a_2, \sigma_2^2)$, 则 $\xi + \eta \sim N(a_1 + a_2, \sigma_1^2 + \sigma_2^2)$. 本例是其特殊情况. 与例 2.26 对照, 可知正态分布对两个参数都有可加性.

例 2.32 设 ξ, η 相互独立, 密度函数分别如下两式, 求 $\zeta = \xi + \eta$ 的密度.

$$p_\xi(x) = \begin{cases} a\mathrm{e}^{-ax}, & x > 0, \\ 0, & x \leqslant 0 \end{cases} \quad (a > 0),$$

$$p_\eta(x) = \begin{cases} b\mathrm{e}^{-bx}, & x > 0, \\ 0, & x \leqslant 0 \end{cases} \quad (b > 0).$$

解 当且仅当 $x > 0$ 且 $z - x > 0$ 时, 即 $z > x > 0$ 时, $p_\xi(x)p_\eta(z-x) \neq 0$. 因此由 (2.68)′ 式, 当 $z \leqslant 0$ 时, $p_\zeta(z) = 0$; 当 $z > 0$ 时,

$$p_\zeta(z) = \int_0^z a\mathrm{e}^{-ax} b\mathrm{e}^{-b(z-x)} \mathrm{d}x = ab\mathrm{e}^{-bz} \int_0^z \mathrm{e}^{-(a-b)x} \mathrm{d}x.$$

故当 $a = b$ 时,

$$p_\zeta(z) = abz\mathrm{e}^{-bz};$$

当 $a \neq b$ 时,

$$p_\zeta(z) = \frac{ab}{a-b}(\mathrm{e}^{-bz} - \mathrm{e}^{-az}).$$

2. $\eta = \dfrac{\xi_1}{\xi_2}$

$$F_\eta(y) = P\left(\frac{\xi_1}{\xi_2} \leqslant y\right) = \iint_{\frac{x_1}{x_2} \leqslant y} p(x_1, x_2)\mathrm{d}x_1\mathrm{d}x_2$$

$$= \int_0^\infty \mathrm{d}x_2 \int_{-\infty}^{yx_2} p(x_1, x_2)\mathrm{d}x_1 + \int_{-\infty}^0 \mathrm{d}x_2 \int_{yx_2}^\infty p(x_1, x_2)\mathrm{d}x_1.$$

令 $x_1 = zx_2$, 并交换积分次序, 得

$$F_\eta(y) = \int_{-\infty}^y \left[\int_0^\infty p(zx_2, x_2)x_2\mathrm{d}x_2 - \int_{-\infty}^0 p(zx_2, x_2)x_2\mathrm{d}x_2 \right] \mathrm{d}z$$

$$= \int_{-\infty}^{y} p_{\eta}(z)\mathrm{d}z.$$

这说明若 (ξ_1, ξ_2) 是连续型随机向量, 则 $\eta = \dfrac{\xi_1}{\xi_2}$ 是连续型随机变量, 其密度函数为

$$p_{\eta}(z) = \int_{-\infty}^{\infty} p(zx, x)|x|\mathrm{d}x. \tag{2.69}$$

例 2.33 设 ξ, η 相互独立, 都服从 $U[0, a]$, 求 $\dfrac{\xi}{\eta}$ 的密度.

解

$$p_{\xi}(x) = p_{\eta}(x) = \begin{cases} \dfrac{1}{a}, & 0 \leqslant x \leqslant a, \\ 0, & \text{其他.} \end{cases}$$

又 ξ, η 相互独立, 故只有当 $0 \leqslant xz \leqslant a$ 且 $0 \leqslant x \leqslant a$ 时 (见图 2.8 的阴影部分),

$$p(zx, x) = p_{\xi}(zx)p_{\eta}(x) = \frac{1}{a^2} \neq 0.$$

当 $z < 0$ 时, 对任何 x, $p(zx, x) = 0$. 由 (2.69) 式, 此时 $p_{\xi/\eta}(z) = 0$.

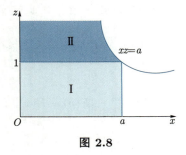

图 2.8

当 $0 \leqslant z < 1$ 时, 由图 2.8 中区域 I,

$$p_{\xi/\eta}(z) = \int_0^a \frac{1}{a^2} x \mathrm{d}x = \frac{1}{2}.$$

当 $z \geqslant 1$ 时, 由图 2.8 中区域 II,

$$p_{\xi/\eta}(z) = \int_0^{\frac{a}{z}} \frac{1}{a^2} x \mathrm{d}x = \frac{1}{2z^2}.$$

3. 次序统计量的分布

设 $\xi_1, \xi_2, \cdots, \xi_n$ 独立同分布, 分布函数都为 $F(x)$. 把 $\xi_1, \xi_2, \cdots, \xi_n$ 每取一组值 $\xi_1(\omega), \xi_2(\omega), \cdots, \xi_n(\omega)(\omega \in \Omega)$ 都按大小次序排列, 所得随机变量 $\xi_1^*, \xi_2^*, \cdots, \xi_n^*$ 称为**次序统计量** (order statistics), 它们满足 $\xi_1^* \leqslant \xi_2^* \leqslant \cdots \leqslant \xi_n^*$. 按定义, $\xi_1^* = \min\{\xi_1, \xi_2, \cdots, \xi_n\}$, $\xi_n^* = \max\{\xi_1, \xi_2, \cdots, \xi_n\}$.

现在来求 ξ_1^*, ξ_n^* 及 (ξ_1^*, ξ_n^*) 的分布, 这在数理统计中是有用的.

(1) ξ_n^* 的分布函数

$$P(\xi_n^* \leqslant x) = P(\xi_1 \leqslant x, \xi_2 \leqslant x, \cdots, \xi_n \leqslant x)$$
$$= P(\xi_1 \leqslant x)P(\xi_2 \leqslant x)\cdots P(\xi_n \leqslant x)$$
$$= [F(x)]^n.$$

(2) ξ_1^* 的分布函数

先考虑 $\{\xi_1^* \leqslant x\}$ 的逆事件 $\{\xi_1^* > x\}$,

$$P(\xi_1^* > x) = P(\xi_1 > x, \xi_2 > x, \cdots, \xi_n > x)$$
$$= P(\xi_1 > x)P(\xi_2 > x)\cdots P(\xi_n > x)$$
$$= [1 - F(x)]^n.$$

故

$$P(\xi_1^* \leqslant x) = 1 - [1 - F(x)]^n. \tag{2.70}$$

(3) (ξ_1^*, ξ_n^*) 的联合分布函数

$$F(x, y) = P(\xi_1^* \leqslant x, \xi_n^* \leqslant y)$$
$$= P(\xi_n^* \leqslant y) - P(\xi_1^* > x, \xi_n^* \leqslant y)$$
$$= [F(y)]^n - P\left(\bigcap_{i=1}^n (x < \xi_i \leqslant y)\right).$$

因此, 当 $x < y$ 时,

$$F(x, y) = [F(x)]^n - [F(y) - F(x)]^n;$$

当 $x \geqslant y$ 时,

$$F(x, y) = [F(y)]^n. \tag{2.71}$$

若 $\xi_1, \xi_2, \cdots, \xi_n$ 是连续型随机变量, 有密度 $p(x) = F'(x)$, 则上面各随机变量 (向量) 也是连续型的, 可将各分布函数求导以得到密度函数.

2.6.4　随机向量的变换

设 $(\xi_1, \xi_2, \cdots, \xi_n)$ 的密度函数为 $p(x_1, x_2, \cdots, x_n)$. 现有 m 个函数: $\eta_1 = f_1(\xi_1, \xi_2, \cdots, \xi_n)$, $\eta_2 = f_2(\xi_1, \xi_2, \cdots, \xi_n), \cdots, \eta_m = f_m(\xi_1, \xi_2, \cdots, \xi_n)$, 则 $(\eta_1, \eta_2, \cdots, \eta_m)$ 也是随机向量. 除了各边际分布外, 还要求其联合分布. 类似 (2.67) 式, 其联合分布函数为

$$G(y_1, y_2, \cdots, y_m) = P(\eta_1 \leqslant y_1, \eta_2 \leqslant y_2, \cdots, \eta_m \leqslant y_m)$$
$$= \underset{D}{\iint} \cdots \int p(x_1, x_2, \cdots, x_n) \mathrm{d}x_1 \mathrm{d}x_2 \cdots \mathrm{d}x_n, \tag{2.72}$$

这里 D 是 n 维区域: $\{(x_1, x_2, \cdots, x_n) : f_1(x_1, x_2, \cdots, x_n) \leqslant y_1, f_2(x_1, x_2, \cdots, x_n) \leqslant y_2, \cdots, f_m(x_1, x_2, \cdots, x_n) \leqslant y_m\}$.

定理 2.3 假设 $m = n, f_j, j = 1, 2, \cdots, n$ 有唯一的反函数组: $x_i = x_i(y_1, y_2, \cdots, y_n), i = 1, 2, \cdots, n$, 且每个 x_i 在其定义域内有连续偏导数, 相应的雅可比 (Jacobi) 行列式满足

$$J = \frac{\partial(x_1, x_2, \cdots, x_n)}{\partial(y_1, y_2, \cdots, y_n)} \neq 0,$$

则 $(\eta_1, \eta_2, \cdots, \eta_n)$ 是连续型随机向量. 当 $(y_1, y_2, \cdots, y_n) \in (f_1, f_2, \cdots, f_n)$ 的值域时, 其密度为

$$q(y_1, y_2, \cdots, y_n) = p(x_1(y_1, y_2, \cdots, y_n), \cdots, x_n(y_1, y_2, \cdots, y_n))|J|, \tag{2.73}$$

其他情况, $q(y_1, y_2, \cdots, y_n) = 0$.

证明 只需在 (2.72) 式中利用重积分的变量代换:

$$u_1 = f_1(x_1, x_2, \cdots, x_n), u_2 = f_2(x_1, x_2, \cdots, x_n), \cdots, u_n = f_n(x_1, x_2, \cdots, x_n),$$

就有

$$G(y_1, y_2, \cdots, y_n) = \int_{-\infty}^{y_1} \int_{-\infty}^{y_2} \cdots \int_{-\infty}^{y_n} q(u_1, u_2, \cdots, u_n) \mathrm{d}u_1 \mathrm{d}u_2 \cdots \mathrm{d}u_n.$$

故 $q(y_1, y_2, \cdots, y_n)$ 确为 $(\eta_1, \eta_2, \cdots, \eta_n)$ 的联合密度. □

例 2.34 设 ξ, η 相互独立, 都服从参数为 1 的指数分布, 求 $\alpha = \xi + \eta$ 与 $\beta = \dfrac{\xi}{\eta}$ 的联合密度; 并分别求出 $\alpha = \xi + \eta$ 与 $\beta = \dfrac{\xi}{\eta}$ 的密度.

解 (ξ, η) 的联合密度: 当 $x > 0$ 且 $y > 0$ 时,

$$p(x, y) = \mathrm{e}^{-(x+y)}, \quad x > 0, y > 0.$$

其他情况为 0.

当 $x, y > 0, u, v > 0$ 时, 函数组 $\begin{cases} u = x + y \\ v = \dfrac{x}{y} \end{cases}$ 的反函数组为 $\begin{cases} x = \dfrac{uv}{1+v}, \\ y = \dfrac{u}{1+v}. \end{cases}$ 容易计算

$$J^{-1} = \frac{\partial(u, v)}{\partial(x, y)} = \begin{vmatrix} 1 & 1 \\ \dfrac{1}{y} & -\dfrac{x}{y^2} \end{vmatrix}$$

$$= -\frac{x+y}{y^2} = -\frac{(1+v)^2}{u}.$$

故

$$|J| = \frac{u}{(1+v)^2}.$$

由 (2.73) 式, (α, β) 的联合密度为

$$q(u,v) = \begin{cases} \dfrac{ue^{-u}}{(1+v)^2}, & u > 0, v > 0, \\ 0, & \text{其他}. \end{cases}$$

$\alpha = \xi + \eta$ 与 $\beta = \dfrac{\xi}{\eta}$ 各自的密度为 $q(u,v)$ 的边际密度. 不难看出:

$$p_\alpha(u) = \begin{cases} ue^{-u}, & u > 0, \\ 0, & u \leqslant 0 \end{cases}$$

和

$$p_\beta(v) = \begin{cases} \dfrac{1}{1+v^2}, & v > 0, \\ 0, & v \leqslant 0, \end{cases}$$

并且 α, β 相互独立.

本例中, 自然也可以用 2.6.3 小节中的方法计算 $\xi + \eta$ 与 $\dfrac{\xi}{\eta}$ 各自的分布, 但这里的方法显然更方便.

这是一个富有启发性的例子, 它告诉我们:

(1) 要判断随机向量的几个函数 $\eta_1, \eta_2, \cdots, \eta_n$ 是否独立, 可用随机向量变换公式求得它们的联合分布, 再用独立性的各种充要条件来判断;

(2) 要求随机向量的一个函数的分布, 有时可适当补充几个函数, 先求它们的联合分布, 而原来要求的函数的分布可作为其边际分布.

例 2.35   假设 X 是一个随机变量, 令 $Y = 2X$, 那么我们可以用 X 的分布函数 $F_X(x)$ 来表示 (X, Y) 的联合分布函数 $F_{XY}(x, y)$.

如果 $y \geqslant 2x$, 那么

$$P(X \leqslant x, Y \leqslant y) = P(X \leqslant x) = F_X(x);$$

如果 $y < 2x$, 那么

$$P(X \leqslant x, Y < y) = P(Y \leqslant y) = P\left(X \leqslant \frac{y}{2}\right)$$
$$= F_X\left(\frac{y}{2}\right).$$

因此

$$F_{XY}(x, y) = \begin{cases} F_X(x), & y \geqslant 2x, \\ F_X\left(\dfrac{y}{2}\right), & y < 2x. \end{cases}$$

例 2.36   设 ξ, η 相互独立, 并且 ξ 服从 $N(0, \sigma^2)$, η 服从 $(0, \pi)$ 上的均匀分布. 求 $\alpha = \xi + a\cos\eta$ 的密度函数, 其中 a 为常数.

解　(ξ, η) 的联合密度函数为

$$p(x,y) = \begin{cases} \dfrac{1}{\pi\sqrt{2\pi}\sigma}\mathrm{e}^{-\frac{x^2}{2\sigma^2}}, & -\infty < x < \infty,\, 0 < y < \pi, \\ 0, & \text{其他}. \end{cases}$$

令 $\beta = \eta$, 那么与变换 $\alpha = \xi + a\cos\eta$, $\beta = \eta$ 相对应的方程组是

$$\begin{cases} u = x + a\cos y, \\ v = y. \end{cases}$$

它有唯一解

$$\begin{cases} x = u - a\cos v, \\ y = v. \end{cases}$$

并且 $J = 1$. 这样我们得到 $q(u,v) = p(u - a\cos v, v)$. 因此, α 的密度函数为

$$\begin{aligned} p_\alpha(u) &= \int_{-\infty}^{\infty} p(u - a\cos v, v)\mathrm{d}v \\ &= \frac{1}{\pi\sqrt{2\pi}\sigma}\int_0^\pi \mathrm{e}^{-\frac{(u - a\cos v)^2}{2\sigma^2}}\mathrm{d}v. \end{aligned}$$

例 2.37　设 ξ 与 η 独立同分布, 都服从 $N(0,1)$, $\xi = \rho\cos\varphi, \eta = \rho\sin\varphi$. 求证: $\rho = \rho(\xi, \eta)$ 与 $\varphi = \varphi(\xi, \eta)$ 相互独立.

证明　先利用 (2.73) 式求 (ρ, φ) 的联合密度函数. 变换的函数组与反函数组分别为

$$\begin{cases} r = \rho(x,y), \\ \theta = \varphi(x,y), \end{cases} \qquad \begin{cases} x = r\cos\theta, \\ y = r\sin\theta. \end{cases}$$

在 $\{(x,y) : (x,y) \neq (0,0)\}$ 与 $\{(r,\theta) : r > 0,\, 0 \leqslant \theta < 2\pi\}$ 间的变换是一一对应的, $J = r$. 已知 (ξ, η) 的联合密度函数为

$$p(x,y) = \frac{1}{2\pi}\exp\left\{-\frac{x^2 + y^2}{2}\right\},$$

故 (ρ, φ) 的联合密度函数为

$$q(r,\theta) = \begin{cases} \dfrac{1}{2\pi}r\mathrm{e}^{-\frac{r^2}{2}}, & r > 0,\, 0 \leqslant \theta < 2\pi, \\ 0, & \text{其他}, \end{cases}$$

$q(r,\theta)$ 可分离成 $R(r) \cdot \Theta(\theta)$, 其中

$$R(r) = \begin{cases} r\mathrm{e}^{-\frac{r^2}{2}}, & r > 0, \\ 0, & \text{其他}, \end{cases}$$

$$\Theta(\theta) = \begin{cases} \dfrac{1}{2\pi}, & 0 \leqslant \theta < 2\pi, \\ 0, & \text{其他} \end{cases}$$

分别为 ρ, φ 的密度, 故 ρ 与 φ 相互独立. 这里 ρ 的分布称为**瑞利 (Rayleigh) 分布**, φ 是 $(0, 2\pi)$ 上的均匀分布变量.

反之, 设 ξ_1, ξ_2 相互独立, 都服从 $U[0,1]$. 令

$$\eta_1 = (-2\ln\xi_1)^{\frac{1}{2}}\cos(2\pi\xi_2), \quad \eta_2 = (-2\ln\xi_1)^{\frac{1}{2}}\sin(2\pi\xi_2).$$

则 η_1, η_2 相互独立, 都服从 $N(0,1)$; 这是产生 $N(0,1)$ 随机数的一种基本方法.　　　　□

从本章习题我们将看到, 即使 ξ, η 相互独立, ξ 与 η 的两个函数 $f_1(\xi, \eta)$ 与 $f_2(\xi, \eta)$ 仍然可以不独立. 但在某些特殊情况, 独立性仍保持.

例 2.38　设 $\boldsymbol{\xi} = (\xi_1, \xi_2, \cdots, \xi_n) \sim N(\boldsymbol{\mu}, \boldsymbol{\Sigma})$, $\boldsymbol{\eta} = (\eta_1, \eta_2, \cdots, \eta_n) = \boldsymbol{C}\boldsymbol{\xi} + \boldsymbol{a}$, 其中 $\boldsymbol{C}$ 为 $n \times n$ 可逆矩阵. 求 $\boldsymbol{\eta}$ 的分布.

解　$\boldsymbol{\xi}$ 的密度函数为

$$p_{\boldsymbol{\xi}}(\boldsymbol{x}) = \frac{1}{(2\pi)^{\frac{n}{2}}|\boldsymbol{\Sigma}|^{\frac{1}{2}}} \exp\left\{-\frac{1}{2}(\boldsymbol{x} - \boldsymbol{\mu})\boldsymbol{\Sigma}^{-1}(\boldsymbol{x} - \boldsymbol{\mu})\right\}.$$

令 $\boldsymbol{y} = \boldsymbol{C}\boldsymbol{x} + \boldsymbol{a}$, 则 $\boldsymbol{x} = \boldsymbol{C}^{-1}(\boldsymbol{y} - \boldsymbol{a})$. 所以 $\boldsymbol{\eta}$ 的密度函数为

$$
\begin{aligned}
p_{\boldsymbol{\eta}}(\boldsymbol{y}) &= p_{\boldsymbol{\xi}}(\boldsymbol{C}^{-1}(\boldsymbol{y} - \boldsymbol{a}))|\boldsymbol{C}^{-1}| \\
&= \frac{1}{(2\pi)^{\frac{n}{2}}|\boldsymbol{\Sigma}|^{\frac{1}{2}}|\boldsymbol{C}|} \exp\left\{-\frac{1}{2}(\boldsymbol{C}^{-1}(\boldsymbol{y} - \boldsymbol{a}) - \boldsymbol{\mu})\boldsymbol{\Sigma}^{-1}(\boldsymbol{C}^{-1}(\boldsymbol{y} - \boldsymbol{a}) - \boldsymbol{\mu})\right\} \\
&= \frac{1}{(2\pi)^{\frac{n}{2}}|\boldsymbol{C}\boldsymbol{\Sigma}\boldsymbol{C}|^{\frac{1}{2}}} \exp\left\{-\frac{1}{2}(\boldsymbol{y} - \boldsymbol{a} - \boldsymbol{C}\boldsymbol{u})(\boldsymbol{C}^{-1})\boldsymbol{\Sigma}^{-1}\boldsymbol{C}^{-1}(\boldsymbol{y} - \boldsymbol{a} - \boldsymbol{C}\boldsymbol{\mu})\right\} \\
&= \frac{1}{(2\pi)^{\frac{n}{2}}|\boldsymbol{C}\boldsymbol{\Sigma}\boldsymbol{C}|^{\frac{1}{2}}} \exp\left\{-\frac{1}{2}(\boldsymbol{y} - \boldsymbol{C}\boldsymbol{\mu} - \boldsymbol{a})(\boldsymbol{C}\boldsymbol{\Sigma}\boldsymbol{C})^{-1}(\boldsymbol{y} - \boldsymbol{C}\boldsymbol{\mu} - \boldsymbol{a})\right\}.
\end{aligned}
$$

所以, $\boldsymbol{\eta} = \boldsymbol{C}\boldsymbol{\xi} + \boldsymbol{a} \sim N(\boldsymbol{C}\boldsymbol{\mu} + \boldsymbol{a}, \boldsymbol{C}\boldsymbol{\Sigma}\boldsymbol{C})$.

这一例题说明, 多维正态随机向量的可逆线性变换仍然是多维正态随机向量. 特别地, 若 $\boldsymbol{\xi} \sim N(\boldsymbol{\mu}, \boldsymbol{\Sigma})$, 则 $\boldsymbol{\eta} = (\boldsymbol{\Sigma}^{\frac{1}{2}})^{-1}(\boldsymbol{\xi} - \boldsymbol{\mu}) \sim N(\boldsymbol{0}, \boldsymbol{I})$, 即 $\eta_1, \eta_2, \cdots, \eta_n$ 为相互独立的一维标准正态随机变量, 这里 $\boldsymbol{\Sigma}^{\frac{1}{2}}$ 是使得 $\boldsymbol{\Sigma} = \boldsymbol{L}\boldsymbol{L}$ 成立的正定对称矩阵, $\boldsymbol{L} = \boldsymbol{\Sigma}^{\frac{1}{2}}$.

例 2.39　假设随机变量 X 和 Y 相互独立, 并且 Z 仅是 X 的函数, W 仅是 Y 的函数: $Z = g(X)$, $W = h(Y)$, 其中 g 和 h 都是博雷尔可测函数, 那么 Z 和 W 仍相互独立.

证明　任意给定实数 z 和 w, 定义

$$A = \{x : g(x) \leqslant z\}, \quad B = \{y : h(y) \leqslant w\}.$$

因为 g 和 h 都是博雷尔可测函数, 所以 A 和 B 都是博雷尔可测集. 已知 X 和 Y 相互独立, 所以

$$P(X \in A, y \in B) = P(X \in A)P(Y \in B). \tag{2.74}$$

这样,

$$P(Z \leqslant z, W \leqslant w) = P(g(X) \leqslant z, h(y) \leqslant w)$$
$$= P(X \in A, Y \in B)$$
$$= P(X \in A)P(Y \in B)$$
$$= P(Z \leqslant z)P(W \leqslant w).$$

因此 Z 和 W 相互独立. □

更一般地, 我们有下面的定理.

定理 2.4 令 $1 \leqslant n_1 < n_2 < \cdots < n_k = n$; f_1 是 n_1 个变量的博雷尔可测函数, f_2 是 $n_2 - n_1$ 个变量的博雷尔可测函数, $\cdots$, f_k 是 $n_k - n_{k-1}$ 个变量的博雷尔可测函数. 如果 $X_1, X_2, \cdots, X_n$ 是独立随机变量, 那么 $f_1(X_1, X_2, \cdots, X_{n_1})$, $f_2(X_{n_1+1}, X_{n_1+2}, \cdots, X_{n_2})$, $\cdots$, $f_k(X_{n_{k-1}+1}, X_{n_{k-1}+2}, \cdots, X_{n_k})$ 是相互独立的.

特别地, 当 $f_1, f_2, \cdots, f_k$ 是单变量函数时, 我们有 $f_1(X_1), f_2(X_2), \cdots, f_k(X_k)$ 相互独立.

注意逆命题不成立, 即有这样的例子: ξ^2, η^2 相互独立, 但 ξ 与 η 不独立 (见本章习题 76).

2.6.5 数理统计中几个重要分布

本小节介绍数理统计中应用很广的三个重要分布——χ^2 分布, t 分布和 F 分布. 它们都与正态分布有密切关系, 都可作为随机变量的函数来导出它们的密度.

先讨论比 χ^2 分布更广泛的一类分布——Γ 分布, 它的密度函数已由 2.2 节的 (2.32) 式定义. 这里再来介绍 Γ 分布的一个重要性质.

引理 2.1 (Γ 分布的可加性) Γ 分布 $\Gamma(r, \lambda)$ 对第一个参数具有可加性: 若 ξ_1, ξ_2 相互独立, $\xi_1 \sim \Gamma(r_1, \lambda)$, $\xi_2 \sim \Gamma(r_2, \lambda)$, 则 $\xi_1 + \xi_2 \sim \Gamma(r_1 + r_2, \lambda)$.

证明 令 $p_\eta(z)$ 为 $\eta \overset{\text{def}}{=\!=} \xi_1 + \xi_2$ 的密度函数. 显然, 当 $z \leqslant 0$ 时, $p_\eta(z) = 0$. 另外, 当 $z > 0$ 时, 由卷积公式 (2.68)′ 式得

$$p_\eta(z) = \int_0^z \frac{\lambda^{r_1}}{\Gamma(r_1)} x^{r_1-1} e^{-\lambda x} \frac{\lambda^{r_2}}{\Gamma(r_2)} (z-x)^{r_2-1} e^{-\lambda(z-x)} dx.$$

整理后, 作变量代换 $x = zt$, 并利用如下的第二型欧拉积分

$$B(r_1, r_2) = \int_0^1 t^{r_1-1}(1-t)^{r_2-1} dt$$
$$= \frac{\Gamma(r_1)\Gamma(r_2)}{\Gamma(r_1 + r_2)},$$

就有

$$p_\eta(z) = \frac{\lambda^{r_1+r_2}}{\Gamma(r_1)\Gamma(r_2)} z^{r_1+r_2-1} \mathrm{e}^{-\lambda z} B(r_1, r_2)$$

$$= \frac{\lambda^{r_1+r_2}}{\Gamma(r_1+r_2)} z^{r_1+r_2-1} \mathrm{e}^{-\lambda z}.$$

所以, $\eta \sim \Gamma(r_1+r_2, \lambda)$. $\qquad\square$

当 $r=1$ 时, $\Gamma(1,\lambda)$ 即为指数分布. 另一特殊情况是取 $\lambda = \frac{1}{2}$, $r = \frac{n}{2}$ (n 为自然数), 即为下面的 χ^2 分布

1. χ^2 分布

称 $\Gamma\left(\dfrac{n}{2}, \dfrac{1}{2}\right)$ 为 $\chi^2(n)$ 分布, n 为它的**自由度** (degree of freedom). 它的密度函数为

$$p(x) = \begin{cases} \dfrac{\left(\dfrac{1}{2}\right)^{\frac{n}{2}}}{\Gamma\left(\dfrac{n}{2}\right)} x^{\frac{n}{2}-1} \mathrm{e}^{-\frac{x}{2}}, & x > 0, \\ 0, & x \leqslant 0. \end{cases} \tag{2.75}$$

定理 2.5 (1) χ^2 分布具有可加性. 也就是说, 设 $\xi_1 \sim \chi^2(n_1)$, $\xi_2 \sim \chi^2(n_2)$, 且 ξ_1 与 ξ_2 独立, 则 $\xi_1 + \xi_2 \sim \chi^2(n_1+n_2)$;

(2) 若 $\xi_1, \xi_2, \cdots, \xi_n$ 相互独立, 都服从 $N(0,1)$, 则

$$\eta \overset{\text{def}}{=\!=} \xi_1^2 + \xi_2^2 + \cdots + \xi_n^2 \sim \chi^2(n). \tag{2.76}$$

证明 (1) 由 Γ 分布的可加性即得 χ^2 分布的可加性.

(2) 记 $\eta_i = \xi_i^2$, $i = 1, 2, \cdots, n$. 由 $\{\xi_i\}$ 相互独立, 可知 $\{\eta_i\}$ 相互独立. 又在本节的例 2.28 已经直接算得 η_i 的密度, 由于 $\Gamma\left(\dfrac{1}{2}\right) = \sqrt{\pi}$, 故 $\eta_i \sim \chi^2(1)$. 再由 (1), 运用数学归纳法, 就得

$$\sum_{i=1}^n \xi_i^2 = \sum_{i=1}^n \eta_i \sim \chi^2(n). \qquad\square$$

上述定理显示了 χ^2 分布的本质属性, χ^2 分布中的自由度 n 即是 $\displaystyle\sum_{i=1}^n \xi_i^2$ 中独立正态变量 ξ_i 的个数.

2. t 分布

定理 2.6 若 $\xi \sim N(0,1)$, $\eta \sim \chi^2(n)$, 且 ξ 与 η 相互独立, 则随机变量 $T = \dfrac{\xi}{\sqrt{\dfrac{\eta}{n}}}$

的密度函数为

$$p(x) = \frac{\Gamma\left(\dfrac{n+1}{2}\right)}{\sqrt{n\pi}\,\Gamma\left(\dfrac{n}{2}\right)} \left(1 + \frac{x^2}{n}\right)^{-\frac{n+1}{2}}, \quad -\infty < x < \infty. \tag{2.77}$$

称具有上述密度的随机变量 T 服从$t(n)$ **分布**, n 为它的自由度.

为了证明定理 2.6, 可先用定理 2.2 求出 $\theta = \sqrt{\dfrac{\eta}{n}}$ 的密度, 再用商的密度公式 (2.69) 求出 $T = \dfrac{\xi}{\theta}$ 的密度, 详细证明见 2.7 节补充与注记 8.

3. F 分布

定理 2.7   设随机变量 $\xi \sim \chi^2(m)$, $\eta \sim \chi^2(n)$, ξ 与 η 相互独立, 则 $F = \dfrac{\xi/m}{\eta/n}$ 的密度函数为

$$p(x) = \begin{cases} \dfrac{\Gamma\left(\dfrac{m+n}{2}\right)}{\Gamma\left(\dfrac{m}{2}\right)\Gamma\left(\dfrac{n}{2}\right)} m^{\frac{m}{2}} n^{\frac{n}{2}} \dfrac{x^{\frac{m}{2}-1}}{(mx+n)^{\frac{m+n}{2}}}, & x > 0, \\ 0, & x \leqslant 0. \end{cases} \tag{2.78}$$

称具有上述密度的随机变量服从$F(m,n)$ **分布**, m 与 n 分别为它的第一自由度和第二自由度.

为了证明定理 2.7, 可先用定理 2.2 求得 $\xi_1 = \dfrac{\xi}{m}$ 与 $\eta_1 = \dfrac{\eta}{n}$ 的密度, 然后再利用商的密度公式 (2.69) 求得 $F = \dfrac{\xi_1}{\eta_1}$ 的密度, 详细计算见 2.7 节补充与注记 8.

F 分布有下述性质:

(1) 若 $F \sim F(m,n)$, 则 $\dfrac{1}{F} \sim F(n,m)$. 这从 F 的定义立即可以得到.

(2) 若 $T \sim t(n)$, 则 $T^2 \sim F(1,n)$.

证明 $T = \dfrac{\xi}{\sqrt{\dfrac{\eta}{n}}}$, 其中 ξ 与 η 相互独立, $\xi \sim N(0,1)$, $\eta \sim \chi^2(n)$. 而 $T^2 = \dfrac{\xi^2}{\dfrac{\eta}{n}}$, 且 $\xi^2 \sim \chi^2(1)$, ξ^2 与 η 相互独立, 所以 $T^2 \sim F(1,n)$. □

2.7   补充与注记

1. 十九世纪中叶以前, 概率论的主要兴趣仍然集中在随机事件的概率计算上. 俄国数学家切比雪夫 (Chebyshev), 马尔可夫 (Markov) 和李雅普诺夫 (Lyapunov) 等首先明确地引进随机变量这一概念, 并加以广泛地应用与研究.

2. 棣莫弗 – 拉普拉斯定理的证明

我们先证明 2.1 节 (2.14) 式. 记 $k = n - j$, 则

$$j = np + x\sqrt{npq} \to \infty, \quad k = nq - x\sqrt{npq} \to \infty.$$

注意到

$$P_n(x) = \frac{n!}{j!k!}p^j q^k.$$

由斯特林公式

$$m! = \sqrt{2\pi m}m^m \mathrm{e}^{-m}\mathrm{e}^{\theta_m}, \quad 0 < \theta_m < \frac{1}{12m},$$

得

$$P_n(x) = \frac{\sqrt{2\pi n}n^n \mathrm{e}^{-n}}{\sqrt{2\pi j}j^j \mathrm{e}^{-j}\sqrt{2\pi k}k^k \mathrm{e}^{-k}}p^j q^k \mathrm{e}^{\theta_n - \theta_j - \theta_k}$$

$$= \frac{1}{\sqrt{2\pi}}\sqrt{\frac{n}{jk}}\left(\frac{np}{j}\right)^j \left(\frac{nq}{k}\right)^k \mathrm{e}^{\theta},$$

其中

$$|\theta| < \frac{1}{12}\left(\frac{1}{n} + \frac{1}{j} + \frac{1}{k}\right),$$

并且对 $x \in [a, b]$, 一致地有

$$\frac{jk}{n} = n\left(p + x\sqrt{\frac{pq}{n}}\right)\left(q - x\sqrt{\frac{pq}{n}}\right)$$

$$= npq\left(1 + x(q-p)\sqrt{\frac{1}{npq}} - x^2 \frac{1}{n}\right) \sim npq$$

和

$$\frac{j}{np} = 1 + x\sqrt{\frac{q}{np}}, \quad \frac{k}{nq} = 1 - x\sqrt{\frac{p}{nq}}.$$

利用泰勒 (Taylor) 展开式得,

$$\log\left(\frac{np}{j}\right)^j \left(\frac{nq}{k}\right)^k = -j\log\frac{j}{np} - k\log\frac{k}{nq}$$

$$= -(np + x\sqrt{npq})\left[x\sqrt{\frac{q}{np}} - \frac{qx^2}{2np} + O\left(\left(\frac{q}{np}\right)^{\frac{3}{2}}\right)\right] -$$

$$(nq - x\sqrt{npq})\left[-x\sqrt{\frac{p}{nq}} - \frac{px^2}{2nq} + O\left(\left(\frac{p}{nq}\right)^{\frac{3}{2}}\right)\right]$$

$$= -\frac{x^2}{2} + O\left(\frac{1}{\sqrt{npq}}\right).$$

从而

$$P_n(x) \sim \frac{1}{\sqrt{2\pi npq}}\left(\frac{np}{j}\right)^j \left(\frac{nq}{k}\right)^k \sim \frac{1}{\sqrt{2\pi npq}}\mathrm{e}^{-\frac{x^2}{2}}$$

对 $x \in [a, b]$ 一致成立.

下面证明 2.1 节 (2.15) 式. 记 $x_{nj} = j - \frac{np}{\sqrt{npq}}$, $N_n = \{j : x_{nj} \in [a, b]\}$, 则 $N_n \sim (b-a)\sqrt{npq}$. 由棣莫弗–拉普拉斯定理, 对 $j \in N_n$ 一致地有

$$P_n(x_{nj}) \sim \frac{1}{\sqrt{2\pi npq}} \mathrm{e}^{-\frac{x_{nj}^2}{2}}.$$

从而

$$\begin{aligned}
P\left(a \leqslant \frac{\xi_n - np}{\sqrt{npq}} \leqslant b\right) &= \sum_{j \in N_n} P_n(x_{nj}) \\
&= \frac{1}{\sqrt{2\pi}} \sum_{j \in N_n} \frac{1}{\sqrt{npq}} \mathrm{e}^{-\frac{x_{nj}^2}{2}} (1 + o(1)) \\
&= \frac{1}{\sqrt{2\pi}} \sum_{j \in N_n} \mathrm{e}^{-\frac{x_{nj}^2}{2}} (x_{n,j} - x_{n,j-1}) + o(1) \\
&\to \frac{1}{\sqrt{2\pi}} \int_a^b \mathrm{e}^{-\frac{x^2}{2}} \mathrm{d}x.
\end{aligned}$$

3. 电话的呼叫数、信号的接受数、等车的乘客数、放射粒子数等随机变量为什么服从泊松分布呢? 这些随机变量表示的都是在一定的时间或空间内出现的事件数, 它们具有下列共同的特性, 即平稳性、独立增量性和普通性. 以电话交换台固定时间 t 内收到的呼唤数 ξ 为例来加以说明, 它具有

(1) 平稳性: 在 $[t_0, t_0 + t)$ 时段内的呼叫数 $\xi = k$ 的概率只与时段的长度 t 有关, 而与区间的起点 t_0 无关, 记作 $P_k(t)$. 从而当长度 t 相同时对不同时段的呼叫数的考察可以看成重复试验.

(2) 独立增量性 (无后效性): $\xi = k$ 这一事件与 t_0 以前所发生的一切事件独立, 所以考察不同时段的呼叫数是独立试验.

(3) 普通性: 在充分小的时间间隔内, 最多有一个呼叫. 严格地说, 当 $t \to 0$ 时

$$1 - P_0(t) - P_1(t) = o(t). \tag{2.79}$$

现在我们来计算 $P_k(t)$, 把区间 $[t_0, t_0 + 1)$ n 等分, 则 $[t_0, t_0 + t)$ 被分成 nt 份, 取足够大的 n 并把 nt 看成整数, 并使近似地在每个小区间 $\left[t_0 + \dfrac{r-1}{n}, t_0 + \dfrac{r}{n}\right)$ 内至多有一次呼叫 $\left(\Delta t = \dfrac{1}{n}\right)$, $r = 1, 2, \cdots, nt$. 故在一个小区间内有还是没有一次呼叫是一次伯努利试验. 而由于性质 (1) 和 (2), 对整个时段 $[t_0, t_0 + t)$ (即对 nt 个小区间) 的考察可看成是 nt 重伯努利概型. 故事件 $\{\xi = k\}$ 近似服从二项分布:

$$P(\xi = k) \approx b(k; nt, p_n), \tag{2.80}$$

这里 p_n 是在一个小区间中有一次呼叫的概率, 它与区间长度 Δt 成正比, 即 $p_n = \lambda \Delta t$.

(2.80) 式是近似的, 其原因是略去了高阶无穷小. 当 $\Delta t \to 0$ 即 $n \to \infty$ 时, 由泊松定理, 得到 (注意 $\lim\limits_{n \to \infty} nt p_n = \lambda t$)

$$P(\xi = k) = \lim_{n \to \infty} b(k; nt, p_n) = \frac{(\lambda t)^k}{k!} \mathrm{e}^{-\lambda t}, \quad k = 0, 1, 2, \cdots.$$

这就说明了 ξ 服从参数为 λt 的泊松分布.

如果我们把 ξ 写成 $\xi(t)$, 也就是说, 对任意给定的 $t \geqslant 0$, 定义了随机变量 $\xi(t)$, 我们就得到一族随机变量 $\{\xi(t), t \geqslant 0\}$, 称它为泊松过程 (Poisson process).

在随机过程理论中, 将用更严密的方法讨论这件事, 并把上述结果进一步推广.

4. 我们来说明 Γ 分布及指数分布的实际意义. 以 $\xi(t)$ 表示 t 秒内接待的顾客数, 按照上一段的说明, 它服从参数为 λt 的泊松分布. 以 τ_r 记接待 r 个顾客所需要的时间. 我们来推导它的分布函数 $F(t)$.

当 $t \leqslant 0$ 时, $F(t) = 0$;

当 $t > 0$ 时, 因为事件 $\{\tau_r \leqslant t\} = \{\xi(t) \geqslant r\}$, 从而

$$F(t) = P(\tau_r \leqslant t) = P(\xi(t) \geqslant r)$$

$$= 1 - P(\xi(t) < r) = 1 - \sum_{k=0}^{r-1} \frac{(\lambda t)^k}{k!} \mathrm{e}^{-\lambda t}.$$

故其密度函数

$$p(t) = F'(t) = -\sum_{k=0}^{r-1} \frac{k(\lambda t)^{k-1} \lambda \mathrm{e}^{-\lambda t}}{k!} + \sum_{k=0}^{r-1} \frac{(\lambda t)^k \lambda \mathrm{e}^{-\lambda t}}{k!}$$

$$= \frac{(\lambda t)^{r-1} \lambda \mathrm{e}^{-\lambda t}}{(r-1)!} = \frac{\lambda^r}{\Gamma(r)} t^{r-1} \mathrm{e}^{-\lambda t}, \quad t > 0.$$

这正是 Γ 分布的密度函数. 上面推导说明泊松过程中接待 r 个顾客所需要的时间服从 Γ 分布. 如果我们把某机器更换一个零件看成接待一个顾客, 那么更换相同的 r 个零件所需的时间 τ_r 也服从 Γ 分布. 特别地, 更换一个零件所需时间 τ (即该零件的寿命) 服从指数分布. 所以指数分布有时也称为寿命分布.

5. 离散型随机变量的概率密度函数

定义脉冲函数, 即所谓广义函数 $\delta(x)$, 它是满足下列积分关系的函数: 对所有在 $x = 0$ 点连续的函数 $\varphi(x)$,

$$\int_{-\infty}^{\infty} \varphi(x) \delta(x) \mathrm{d}x = \varphi(0).$$

通过平移变换, 不难看出下式成立:

$$\int_{-\infty}^{\infty} \varphi(x) \delta(x - x_0) \mathrm{d}x = \varphi(x_0).$$

这样, 对任意函数 $F(x)$, 如果 x_0 是其不连续点, 令 k 是 $F(x)$ 在 x_0 处的跳跃高度, 即 $k = F(x_0+) - F(x_0-)$, 那么 $k\delta(x - x_0)$ 在 x_0 的值可看成是 $F(x)$ 在 x_0 处的导数. 假如 X 是离散型随机变量, 具有分布列

$$\begin{bmatrix} x_1 & x_2 & \cdots & x_n \cdots \\ p_1 & p_2 & \cdots & p_n \cdots \end{bmatrix}, \tag{2.81}$$

那么它的密度函数可写为

$$p(x) = \sum_i p_i \delta(x - x_i),$$

即

$$\frac{\mathrm{d}F(x)}{\mathrm{d}x} = [F(x_i) - F(x_i-)]\delta(x - x_i).$$

同样也可用 $p(x)$ 的积分来表达事件的概率, 如

$$P(x_1 < X \leqslant x_2) = \int_{x_1+}^{x_2+} p(x)\mathrm{d}x,$$

$$P(x_1 \leqslant X \leqslant x_2) = \int_{x_1-}^{x_2+} p(x)\mathrm{d}x.$$

例 2.40 如果 X 服从退化分布, 只取一个值 c, 那么它的密度函数为 $p(x) = \delta(x-c)$; 如果 X 服从两点分布, 取 $0, 1$ 两个值的概率分别为 $1-p$ 和 p, 那么它的密度函数为

$$p(x) = (1-p)\delta(x) + p\delta(x - 1).$$

下面介绍混合型随机向量的联合概率密度函数.

假设 X 是离散型随机变量, 分布列如 (2.81); Y 是连续型随机变量, 分布密度为 $p_Y(y)$. 这样 (X, Y) 的联合概率分布完全集中在一族直线 $x = x_k$ 上. 落在线段 $\{x_k\} \times (y, y + \mathrm{d}y]$ 上的概率为

$$P(X = x_k, y < Y \leqslant y + \mathrm{d}y).$$

这时, 联合分布函数 $F(x, y)$ 对 y 连续, 对 x 不连续, 其不连续点为 $x = x_k, k = 1, 2, \cdots$. 如果 X, Y 相互独立, 那么利用前面定义的离散型随机变量密度函数, 同样可以写出 (X, Y) 的联合密度函数为

$$p(x, y) = \sum_{k=1}^{\infty} p_k \delta(x - x_k) p_Y(y),$$

即

$$p(x, y) = \begin{cases} p_k p_Y(y), & x = x_k, k = 1, 2, \cdots, \\ 0, & \text{其他}. \end{cases}$$

例 2.41 假设 Z 是一个服从 $(-\pi, \pi)$ 上均匀分布的随机变量, 记 $X = \cos Z, Y = \sin Z$, 那么 (X, Y) 的联合概率分布完全集中在圆周 $x^2 + y^2 = 1$ 上. 为了计算其概率密度函数, 令 $W = 1$, 那么 W 和 Z 相互独立, 并且联合概率密度函数为

$$p(w, z) = \delta(w - 1)p(z)$$

$$= \begin{cases} \dfrac{1}{2\pi}, & w = 1, -\pi < z < \pi \\ 0, & \text{其他}. \end{cases}$$

另外, 方程组

$$\begin{cases} x = w\cos z, \\ y = w\sin z, \end{cases}$$

有唯一解, 并且 $|J| = 1$. 因此, (X, Y) 的联合概率密度函数为

$$p(x, y) = \begin{cases} \dfrac{1}{2\pi}, & x^2 + y^2 = 1, \\ 0, & \text{其他.} \end{cases}$$

6. 存在性定理

尽管常用的随机变量和分布函数都有其实际背景, 与某个具体的随机试验相联系, 但为了理论研究的方便, 我们通常假设某随机变量服从某分布或具有某密度函数, 而不涉及具体的随机试验. 事实上, 下面的存在性定理表明, 给定任一个分布函数 $G(x)$, 总可以构造一个适当的试验和相应的随机变量, 使得其具有分布函数 $G(x)$.

　　定理 2.8　假如 $G(x)$ 是一个分布函数, 那么存在一个概率空间 $(\Omega, \mathscr{F}, P)$ 和一个随机变量 X, 使得 X 在 P 下的分布函数 $F_X(x)$ 恰好等于 $G(x)$.

　　证明　我们把所有实数看成是想象的某试验的结果, 即 $\Omega = \mathbb{R}$, 并定义其上的 σ-代数 $\mathscr{F}$ 为 $\mathbb{R}$ 上的博雷尔域 $\mathscr{B}$. 定义概率如下: 对任意 x,

$$P((-\infty, x]) = G(x).$$

这样, 由测度论中的有关理论知道, $\mathscr{F}$ 上的所有事件的概率都是确定的. 现在定义随机变量 X 如下:

$$X(\omega) = \omega, \quad \omega \in \Omega.$$

这是合理的, 因为这里的 ω 是一个实数. 进而, 对任意 x 我们有

$$F_X(x) = P(X(\omega) \leqslant x) = P((-\infty, x]) = G(x). \qquad \square$$

7. 复合分布

以上我们介绍了一些常用的分布函数, 但在实际问题中往往需要考虑其他类型的分布函数或者是上述常用分布函数的复合. 例如, 在保险精算业务中, 时常需要考虑下列一种风险模型. 记 N 是给定时期的保单的理赔次数, X_i 是第 i 次理赔的理赔量, 则该时期的总理赔量 S 等于 $\sum_{i=1}^{N} X_i$. 这个模型的特点在于理赔次数 N 是随机变量, 因此 S 的分布是 X_i 的分布与 N 的分布的复合. 为讨论模型方便, 我们作如下假定:

(1) 随机变量序列 $X_1, X_2, \cdots$ 同分布, 共同分布为 $F(x)$;

(2) 随机变量序列 $N, X_1, X_2, \cdots$ 相互独立.

这样, S 的分布函数 $F_S(x)$ 可由全概率公式加以计算

$$F_S(x) = P(S \leqslant x) = \sum_{n=0}^{\infty} P(S \leqslant x | N = n) P(N = n).$$

当 N 服从泊松分布时, 我们称 S 的分布为**复合泊松分布** (compound Poisson distribution).

例 2.42　假设 N 服从几何分布

$$P(N = n) = pq^n, \quad n = 0, 1, 2, \cdots,$$

其中 $0 < q < 1$, $p = 1 - q$, 每个 X_i 为指数分布 $F(x) = 1 - \mathrm{e}^{-x}$, $x > 0$, 求 S 的分布.

解　记 $S_n = \sum_{i=1}^{n} X_i$. 由上述公式得

$$P(S = 0) = P(N = 0) = p;$$

对 $x > 0$,

$$\begin{aligned}
P(S \leqslant x) &= \sum_{n=0}^{\infty} P(S \leqslant x | N = n) P(N = n) \\
&= \sum_{n=0}^{\infty} pq^n P(S_n \leqslant x) \\
&= \sum_{n=0}^{\infty} pq^n \int_0^x \frac{1}{(n-1)!} z^{n-1} \mathrm{e}^{-z} \mathrm{d}z \\
&= pq \int_0^x \mathrm{e}^{-pz} \mathrm{d}z.
\end{aligned}$$

这表明 S 是一个混合型分布: 取 0 值的概率为 p, 以概率 q 在 $(0, \infty)$ 上服从参数为 p 的指数分布.

8. t 分布与 F 分布的密度函数的推导

(1) $t(n)$ 分布

设 $\xi \sim N(0, 1)$, $\eta \sim \chi^2(n)$, 且 ξ 与 η 相互独立, 我们来计算 $t = \dfrac{\xi}{\sqrt{\dfrac{\eta}{n}}}$ 的密度.

先求 $\theta = \sqrt{\dfrac{\eta}{n}}$ 的密度. $y = \sqrt{\dfrac{x}{n}}$ 是 x 的严格增加函数, 其反函数 $x = ny^2$ 有连续导数. 对 $y > 0$,

$$\begin{aligned}
p_\theta(y) &= p_\eta[x(y)] |x'(y)| \\
&= \frac{\left(\dfrac{1}{2}\right)^{\frac{n}{2}}}{\Gamma\left(\dfrac{n}{2}\right)} (ny^2)^{\frac{n}{2}-1} \mathrm{e}^{-\frac{ny^2}{2}} \cdot 2ny \\
&= \frac{2\left(\dfrac{n}{2}\right)^{\frac{n}{2}}}{\Gamma\left(\dfrac{n}{2}\right)} y^{n-1} \mathrm{e}^{-\frac{ny^2}{2}}.
\end{aligned}$$

显然当 $y \leqslant 0$ 时, $p_\theta(y) = 0$.

再求 $t = \dfrac{\xi}{\theta}$ 的密度. 因为 ξ 与 η 相互独立, 故 ξ 与 θ 也独立. 由商的密度计算公式, t 的密度为

$$
\begin{aligned}
p_t(z) &= \int_{-\infty}^{\infty} p(zy, y)|y|\mathrm{d}y \\
&= \int_{-\infty}^{\infty} p_\xi(zy)p_\theta(y)|y|\mathrm{d}y \\
&= \int_0^\infty \frac{1}{\sqrt{2\pi}} \mathrm{e}^{-\frac{(zy)^2}{2}} \frac{2\left(\frac{n}{2}\right)^{\frac{n}{2}}}{\Gamma\left(\frac{n}{2}\right)} y^n \mathrm{e}^{-\frac{ny^2}{2}}\mathrm{d}y \quad \left(\diamondsuit\; u = \frac{n+z^2}{2}y^2\right) \\
&= \frac{1}{\sqrt{\pi}} \frac{\left(\frac{n}{2}\right)^{\frac{n}{2}}}{\Gamma\left(\frac{n}{2}\right)} \frac{2^{\frac{n}{2}}}{(n+z^2)^{\frac{n+1}{2}}} \int_0^\infty u^{\frac{n+1}{2}-1} \mathrm{e}^{-u}\mathrm{d}u \\
&= \frac{\Gamma\left(\frac{n+1}{2}\right)}{\sqrt{n\pi}\Gamma\left(\frac{n}{2}\right)} \left(1 + \frac{z^2}{n}\right)^{-\frac{n+1}{2}}, \quad -\infty < z < \infty.
\end{aligned}
$$

(2) $F(m, n)$ 分布

设 $\xi \sim \chi^2(m)$, $\eta \sim \chi^2(n)$, ξ 与 η 相互独立. 我们来计算 $F = \dfrac{\xi/m}{\eta/n}$ 的密度.

先计算 $\xi_1 = \dfrac{\xi}{m}$ 的密度. 令 $y = \dfrac{x}{m}$, 则 $x = my$. ξ_1 的密度为

$$
\begin{aligned}
p_1(y) &= p_\xi(my)(my)' = \frac{\left(\frac{1}{2}\right)^{\frac{m}{2}}}{\Gamma\left(\frac{m}{2}\right)} (my)^{\frac{m}{2}-1} \mathrm{e}^{-\frac{my}{2}} m \\
&= \frac{\left(\frac{m}{2}\right)^{\frac{m}{2}}}{\Gamma\left(\frac{m}{2}\right)} y^{\frac{m}{2}-1} \mathrm{e}^{-\frac{my}{2}}, \quad y > 0.
\end{aligned}
$$

同理, $\eta_1 = \dfrac{\eta}{n}$ 的密度为

$$
p_2(x) = \frac{\left(\frac{n}{2}\right)^{\frac{n}{2}}}{\Gamma\left(\frac{n}{2}\right)} x^{\frac{n}{2}-1} \mathrm{e}^{-\frac{nx}{2}}, \quad x > 0.
$$

因此 $F = \dfrac{\xi_1}{\eta_1}$ 的密度是

$$
\begin{aligned}
p_F(z) &= \int_{-\infty}^{\infty} p_1(zx)p_2(x)|x|\mathrm{d}x \\
&= \frac{\left(\frac{m}{2}\right)^{\frac{m}{2}}\left(\frac{n}{2}\right)^{\frac{n}{2}}}{\Gamma\left(\frac{m}{2}\right)\Gamma\left(\frac{n}{2}\right)} z^{\frac{m}{2}-1} \int_0^\infty x^{\frac{m+n}{2}-1} \mathrm{e}^{-\frac{(mz+n)x}{2}}\mathrm{d}x \quad \left(\diamondsuit\; u = \frac{mz+n}{2}x\right)
\end{aligned}
$$

$$= \frac{\left(\dfrac{m}{2}\right)^{\frac{m}{2}}\left(\dfrac{n}{2}\right)^{\frac{n}{2}}}{\Gamma\left(\dfrac{m}{2}\right)\Gamma\left(\dfrac{n}{2}\right)} z^{\frac{m}{2}-1}\left(\frac{2}{mz+n}\right)^{\frac{m+n}{2}}\int_0^\infty u^{\frac{m+n}{2}-1}\mathrm{e}^{-u}\mathrm{d}u$$

$$= \frac{\Gamma\left(\dfrac{m+n}{2}\right)}{\Gamma\left(\dfrac{m}{2}\right)\Gamma\left(\dfrac{n}{2}\right)} m^{\frac{m}{2}}n^{\frac{n}{2}}\frac{z^{\frac{m}{2}-1}}{(mz+n)^{\frac{m+n}{2}}}, \quad z>0.$$

当 $z\leqslant 0$ 时, $p_F(z)=0$.

9. 由 MATLAB 软件计算常见的概率分布和分位数函数值

MATLAB 软件中常见的概率分布函数 $F(x)=P(X\leqslant x)$ 及分位数函数 $x=F^{-1}(y)$ 如表 2.5 所示.

表 2.5　MATLAB 函数表

分布	概率分布函数	分位数函数
二项分布	binocdf(x,n,p)	binoinv(y,n,p)
泊松分布	poisscdf(x,lambda)	poissinv(y,lambda)
均匀分布	unifcdf(x,a,b)	unifinv(y,a,b)
指数分布	expcdf(x,mu)	expinv(y,mu)
正态分布	normcdf(x,mu,sigma)	norminv(y,mu,sigma)
标准正态分布	normcdf(x)	norminv(y)
χ^2 分布	chi2cdf(x,n)	chi2inv(y,n)
t 分布	tcdf(x,n)	tinv(y,n)
F 分布	fcdf(x,m,n)	finv(y,m,n)

另有其他许多分布, 具体可参见 MATLAB 软件 help 模块中的介绍.

例 2.43　设 $X\sim B(10,0.2)$, 求 $y=F(3)=P(X\leqslant 3)$.

(1) 打开 MATLAB 软件, 在命令窗 Command Window 中输入命令 y=binocdf(3,10, 0.2), 按回车运行,

```
>> y=binocdf(3,10,0.2)
```

```
y= 0.8791
```

即输出结果 $y=0.8791$.

(2) 如果打开 MATLAB 软件后没有出现命令窗 Command Window, 下拉菜单 Window⇒Command Window.

例 2.44　设 $X\sim N(0,1)$, 求 $y=\Phi(1.5)=P(X\leqslant 1.5)$.

在命令窗 Command Window 中输入命令 y=normcdf(1.5), 按回车运行,

```
>> y=normcdf(1.5)
```

y=　0.9332

即输出结果 $y = 0.9332$.

例 2.45　求分位数 $\chi^2_{0.90}(10)$, $t_{0.05}(5)$, $F_{0.95}(8,10)$.

> **注 2.2**　MATLAB 软件给出的是下侧分位数.

打开 MATLAB 软件, 在命令窗 Command Window 中输入命令

x=[chi2inv(0.90,10), tinv(0.05,5), finv(0.95,8,10)], 按回车运行,

>> x=[chi2inv(0.90,10), tinv(0.05,5), finv(0.95,8,10)]

x=　15.9872　 -2.0150　　3.0717

即输出结果为 $\chi^2_{0.90}(10) = 15.9872$, $t_{0.05}(5) = -2.0150$, $F_{0.95}(8,10) = 3.0717$. 这些分位数值以行向量的形式存储在 x 中.

10. 随机数的产生

MATLAB 软件中常见分布的随机数函数见表 2.6.

表 2.6　常见分布的随机数函数

分布	随机数函数
二项分布	binornd(n,p)
泊松分布	poissrnd(lambda)
均匀分布	unifrnd(a,b)
$(0,1)$ 上均匀分布	rand
指数分布	exprnd(mu)
正态分布	norm(mu,sigma)

另有其他许多分布, 具体可参见 MATLAB 软件 help 模块中的介绍.

如果在随机数函数中另添加选项 (N,k), 每次产生 k 个相应分布的随机数, 并重复 N 次, 组成 $N \times k$ 的随机数矩阵, 例如: $\boldsymbol{R} = \text{exprnd}(1,100,10)$, 每次产生 10 个参数 $\mu = 1$ 的指数分布的随机数, 重复 100 次, 即 $\boldsymbol{R}$ 为 100×10 的矩阵.

例 2.46　产生 10 个 $U(0,1)$ 分布的随机数.

打开 MATLAB 软件, 在命令窗 Command Window 中输入命令 X=rand(1,10), 按回车键运行,

>> X=rand(1,10)

X=　0.1576 0.9706 0.9572 0.4854 0.8003 0.1419 0.4218 0.9557 0.7922 0.9595

即产生 10 个 $U(0,1)$ 分布的随机数:

0.157 6　0.970 6　0.957 2　0.485 4　0.800 3　0.141 9　0.421 8　0.955 7　0.792 2　0.959 5

这些数存储在行向量 X 中. 我们还可以对这些数据进行分析, 如再输入命令 mean(X), 就得到它们的算术平均值 0.660 2.

习题二

1. c 应取何值才能使下列各式成为分布列?

(1) $P(\xi = k) = \dfrac{c}{n}$, $k = 1, 2, \cdots, n$;

(2) $P(\xi = k) = \dfrac{c\lambda^k}{k!}$, $k = 1, 2, \cdots, \lambda > 0$.

2. 设 ξ 为重复独立伯努利试验中开始后第一个连续成功或连续失败的次数, 求 ξ 的分布列.

3. 独立随机抛掷一枚六面均匀的骰子, 求首次出现 "6 点" 所需次数的分布.

4. 直线上一质点在时刻 0 从原点出发, 每经过一个单位时间分别以概率 p 及 $1 - p$ 向右或向左移动一格, 各次移动是相互独立的. 以 ξ_n 表示时刻 n 质点向右移动的次数, 以 S_n 表示时刻 n 质点位置, 分别求 ξ_n 与 S_n 的分布列.

5. 口袋中 5 个球编号为 $1, 2, 3, 4, 5$. 同时取出 3 个球, 以 ξ 表示取得球的最大号码, 求 ξ 的分布列.

6. 随机变量的分布列为 $P(\xi = k) = \dfrac{k}{15}$, $k = 1, 2, 3, 4, 5$. 求:

(1) $P(\xi = 1$ 或 $\xi = 2)$;

(2) $P\left(\dfrac{1}{2} < \xi < \dfrac{5}{2}\right)$;

(3) $P(1 \leqslant \xi \leqslant 2)$.

7. 某计算机有 20 个终端, 它被各单位独立操作, 使用率各为 0.7, 求有 10 个或更多个终端同时操作的概率.

8. 某车间有 12 台车床独立工作, 每台开车时间占总工作时间的 $\dfrac{2}{3}$, 开车时每台需用电力 1 单位, 问:

(1) 若供给车间 9 单位电力, 则因电力不足而耽误生产的概率等于多少?

(2) 至少供给车间多少电力, 才能使因电力不足而耽误生产的概率小于 1%?

9. 从大批发芽率为 0.8 的种子中任取 10 粒, 求发芽粒数不少于 8 的概率.

10. 一本 500 页的书中共有 500 个错误, 每个错误等可能地出现在每一页上, 求指定一页上至少有 3 个错误的概率.

11. 螺丝钉的废品率为 0.01, 问: 一盒中应装多少螺丝钉才能保证每盒有 100 只以上好螺丝钉的概率不小于 80%?

12. 已知随机变量 ξ 服从泊松分布, $P(\xi = 1) = P(\xi = 2)$, 求 $P(\xi = 4)$.

13. 某商店某种商品每月销售量服从参数为 6 的泊松分布. 问: 在月初应进货多少件这种商品才能保证当月不脱销的概率大于 0.999?

14. 小明的好友列表里有 500 个朋友, 求 500 位好友中至少有一位与小明同一天生日的概率 (一年按 365 天计算, 分别给出精确解和泊松逼近的结果).

15. 某项保险在确定时期内发生 0, 1, 2, 3 次理赔的概率依次为 0.1, 0.3, 0.4 和 0.2; 个体理赔量 1, 2 和 3 的概率分别为 0.5, 0.4 和 0.1. 计算理赔总量 S 的概率分布.

16. 某疫苗所含细菌数服从泊松分布, 每毫升中平均含有一个细菌. 把这种疫苗放入 5 只试管中, 每管 2 毫升, 求:

(1) 5 只试管中都有细菌的概率;

(2) 至少 3 只试管有细菌的概率.

17. 设 $\xi \sim P(\lambda)$, 求 ξ 最可能出现的次数 (即 k 为何值时, $p(k, \lambda)$ 最大).

18. 证明: (1) 几何分布没有无记忆性; (2) 泊松分布没有无记忆性.

19. 下列函数是否可以作为某随机变量的分布函数? 若可以, 请在未定义处补充定义.

(1) $F(x) = \dfrac{1}{1 + x^2}$, $-\infty < x < \infty$;

(2) 当 $x > 0$ 时 $F(x) = \dfrac{1}{1 + x^2}$, 当 $x \leqslant 0$ 时 $F(x)$ 适当定义;

(3) 当 $x < 0$ 时 $F(x) = \dfrac{1}{1 + x^2}$, 当 $x \geqslant 0$ 时 $F(x)$ 适当定义.

20. 在半径为 R, 球心为 O 的球内任取一点 P, 求:

(1) $\xi = |OP|$ 的分布函数;

(2) $P\left(0 < \xi < \dfrac{R}{2}\right)$.

21. 设 $F_1(x)$ 与 $F_2(x)$ 都是分布函数, 常数 $a, b > 0$, 且 $a + b = 1$, 求证: $F(x) = aF_1(x) + bF_2(x)$ 也是一个分布函数.

22. 设 ξ 的分布函数为 $F(x) = A + B \arctan x$, 求常数 A 和 B.

23. 求证上题中的 ξ 是连续型随机变量, 并求其密度函数.

24. 确定下列函数中的常数 A, 使其为密度函数.

(1) $p(x) = A\mathrm{e}^{-|x|}$;

(2)

$$p(x) = \begin{cases} A\cos x, & -\dfrac{\pi}{2} \leqslant x \leqslant \dfrac{\pi}{2}, \\ 0, & \text{其他}; \end{cases}$$

(3)
$$p(x) = \begin{cases} Ax^2, & 1 \leqslant x < 2, \\ Ax, & 2 \leqslant x < 3, \\ 0, & \text{其他}. \end{cases}$$

25. 求与上题中各密度函数相对应的分布函数.

26. 设 ξ 的密度函数为
$$p(x) = \begin{cases} x, & 0 \leqslant x < 1, \\ 2 - x, & 1 \leqslant x < 2, \\ 0, & \text{其他}, \end{cases}$$

求:

(1) 分布函数 $F(x)$;

(2) $P(\xi < 0.5)$, $P(\xi > 1.3)$, $P(0.2 < \xi < 1)$.

27. 某城市每天用电量不超过 100 万千瓦时, 以 ξ 表示每天耗电率 (即用电量/100), 其密度函数 $p(x) = 12x(1 - x)^2$ $(0 < x < 1)$. 问每天供电量为 80 万千瓦时, 不够需要的概率为多少? 供电量为 90 万千瓦时呢?

28. 设 $\xi \sim N(10, 4)$, 求:

(1) $P(6 < \xi < 9)$;

(2) $P(7 < \xi < 12)$;

(3) $P(13 \leqslant \xi \leqslant 15)$.

29. 设 $\xi \sim N(5, 4)$, 求 a, 使得

(1) $P(\xi < a) = 0.90$;

(2) $P(|\xi - 5| > a) = 0.01$.

30. 已知 $\xi \sim U[0, 5]$, 求方程 $4x^2 + 4\xi x + \xi + 2 = 0$ 有实根的概率.

31. 假设 X 为标准正态随机变量, 证明:
$$\left(\frac{1}{x} - \frac{1}{x^3}\right)\mathrm{e}^{-\frac{x^2}{2}} \leqslant P(X > x) \leqslant \frac{1}{x}\mathrm{e}^{-\frac{x^2}{2}}, \quad x > 0.$$

32. 假设 $F(x)$ 为任意概率分布函数, 证明:
$$\lim_{x \to \infty} x \int_x^\infty \frac{1}{y}\mathrm{d}F(y) = \lim_{x \to 0+} x \int_x^\infty \frac{1}{y}\mathrm{d}F(y) = 0.$$

33. 证明: 每一个分布函数至多存在可数个不连续点.

34. 在拓广的伯努利试验中, 每次有三个可能结果 A_1, A_2, A_3, 出现各结果的概率分别为 p_1, p_2, p_3, 进行 n 次重复独立试验, 记出现 A_1 的次数为 ξ, 出现 A_2 的次数为 η, 求 (ξ, η) 的联合分布列 (**三项分布**) 与边际分布.

35. 求证: 二元函数

$$F(x,y) = \begin{cases} 1, & x+y \geqslant 0, \\ 0, & x+y < 0 \end{cases}$$

对每个变量单调非降, 右连续, 且 $F(-\infty, y) = F(x, -\infty) = 0$, $F(-\infty, \infty) = 1$, 但 $F(x,y)$ 并不是一个分布函数

36. 试用 (ξ, η) 的分布函数 $F(x,y)$ 表示下列概率:

(1) $P(a \leqslant \xi \leqslant b, \eta \leqslant y)$;

(2) $P(\xi = a, \eta < y)$;

(3) $P(\xi < -\infty, \eta < \infty)$.

37. 若 (ξ, η) 的密度函数为

$$p(x,y) = \begin{cases} A\mathrm{e}^{-(2x+y)}, & x, y > 0, \\ 0, & \text{其他}, \end{cases}$$

求:

(1) 常数 A;

(2) 分布函数 $F(x,y)$;

(3) ξ 的边际密度;

(4) $P(\xi < 2, 0 < \eta < 1)$;

(5) $P(\xi + \eta < 2)$;

(6) $P(\xi = \eta)$.

38. 设 (ξ, η) 服从矩形区域 $D = \{0 < x < 1, 0 < y < 2\}$ 上的均匀分布, 求:

(1) 联合密度;

(2) 边际密度;

(3) 联合分布函数;

(4) $P(\xi + \eta < 1)$.

39. 设联合密度 $p(x,y)$ 如 37 题所示, 求条件密度 $p_{\eta|\xi}(y|x)$.

40. 对二元正态密度

$$p(x,y) = \frac{1}{2\pi} \exp\left\{-\frac{1}{2}(2x^2 + y^2 + 2xy - 22x - 14y + 65)\right\},$$

(1) 把它化为标准形式 (2.3 节 (2.54) 式), 并指出 $a, b, \sigma_1^2, \sigma_2^2, r$ 各为何值;

(2) 求边际密度 $p_\xi(x)$;

(3) 求条件密度 $p_{\eta|\xi}(y|x)$.

41. 表 2.7 给出 (ξ, η) 的联合分布列. 问: a, b 各取什么值才能使 ξ, η 独立?

表 2.7 分 布 列

ξ	η			ξ	η		
	0	1	3		0	1	2
1	$\frac{1}{6}$	$\frac{1}{9}$	$\frac{1}{18}$	0	$\frac{1}{10}$	a	$\frac{1}{5}$
2	$\frac{1}{3}$	a	b	1	b	$\frac{1}{10}$	$\frac{1}{5}$

42. 设随机变量 ξ 与 η 相互独立, 且 $P(\xi = 1) = P(\eta = 1) = p > 0$, $P(\xi = 0) = P(\eta = 0) = 1 - p > 0$. 定义

$$\zeta = \begin{cases} 1, & \xi + \eta \text{ 为偶数}, \\ 0, & \xi + \eta \text{ 为奇数}. \end{cases}$$

问: p 取什么值能使 ξ, ζ 相互独立?

43. 判断 37 题中 ξ, η 是否相互独立.

44. 设 (ξ, η) 服从圆 $x^2 + y^2 \leqslant r^2$ 上的均匀分布,

(1) 求 ξ, η 各自的密度;

(2) 判断 ξ 与 η 是否相互独立.

45. 设 (ξ, η) 的密度函数为 $p(x, y)$, 求证: ξ 与 η 相互独立的充要条件为 $p(x, y)$ 可分离变量, 即 $p(x, y) = g(x)h(y)$. 此时 $g(x), h(y)$ 与边际密度函数有何关系?

46. 用 45 题的充要条件判断 ξ 与 η 的独立性, 其密度函数分别为

(1) 当 $0 \leqslant x \leqslant 1, 0 \leqslant y \leqslant 1$ 时 $p(x, y) = 4xy$, 其他情况 $p(x, y) = 0$;

(2) 当 $0 \leqslant x \leqslant y \leqslant 1$ 时 $p(x, y) = 8xy$, 其他情况 $p(x, y) = 0$.

47. 设 (ξ, η, ζ) 的联合密度函数为

$$p(x, y, z) = \begin{cases} \dfrac{1 - \sin x \sin y \sin z}{8\pi^3}, & 0 \leqslant x, y, z \leqslant 2\pi, \\ 0, & \text{其他}. \end{cases}$$

求证: ξ, η, ζ 两两独立, 但不相互独立.

48. 设 ξ 的分布列为

$$\begin{bmatrix} 0 & \dfrac{\pi}{2} & \pi \\ \dfrac{1}{4} & \dfrac{1}{2} & \dfrac{1}{4} \end{bmatrix},$$

求 $\eta = 2\xi + \dfrac{\pi}{2}$ 与 $\zeta = \sin \xi$ 的分布.

49. 设 ξ 服从参数为 λ 的泊松分布, 求 $\eta = a + b\xi$ 与 $\zeta = \xi^2$ 的分布.

50. 设四张小纸片分别写有数字 $0, 1, 1, 2$. 有放回地取两次, 每次取一张. 以 ξ, η 分别记两次取得的数字, 求 ξ, η 各自的分布以及 $\theta = \xi\eta$ 的分布.

51. 设随机变量 $\xi_1, \xi_2, \cdots, \xi_n$ 相互独立且同分布, $P(\xi_j = i) = \dfrac{2}{3^i}\ (i, j = 1, 2, \cdots, n)$. 令 $\eta = \min\limits_{1 \leqslant k \leqslant n} \xi_k$, 求:

(1) $P(\eta \geqslant i)$;

(2) η 的分布列.

52. 令 X_1, X_2, X_3 是独立随机变量, 概率分布分别为

$$P(X_i = k) = (1 - p_i) p_i^{k-1}, \quad k = 1, 2, 3, \cdots,$$

其中 $i = 1, 2, 3$. 计算 $P(X_1 < X_2 < X_3)$.

53. 设 ξ, η 是独立随机变量, 分别服从参数为 λ_1 及 λ_2 的泊松分布, 证明:

(1) $\xi + \eta$ 服从参数为 $\lambda_1 + \lambda_2$ 的泊松分布;

(2)

$$P(\xi = k | \xi + \eta = n) = \left(\frac{\lambda_1}{\lambda_1 + \lambda_2} \right)^k \left(\frac{\lambda_1}{\lambda_1 + \lambda_2} \right)^{n-k}, \quad k = 0, 1, \cdots, n.$$

54. 考虑某物种生产繁衍后代. 令 ξ 表示祖先产生后代的个数, 它是随机变量, 概率分布为

$$P(\xi = 0) = \frac{1}{4}, \quad P(\xi = 1) = \frac{1}{2}, \quad P(\xi = 2) = \frac{1}{4}.$$

假设每个后代独立繁衍, 所产生后代的个数与 ξ 同分布. 令 $Z_0 = 1$, Z_1 表示第一代的个数, Z_2 表示第二代的个数. 求: (1) $P(Z_2 = 0)$; (2) $P(Z_2 = 4)$.

55. 假设 X 和 Y 是两个独立同分布的随机变量, 分别服从参数为 λ_1, $\lambda_2 > 0$ 的泊松分布. 求在给定 $X + Y = n$ 的条件下, X 的条件分布.

56. 假设 X, Y 为非负整数值随机变量, $X + Y$ 服从参数为 λ 的泊松分布, 并在给定 $X + Y = n$ 的条件下, X 服从二项分布 $B(n, p)$. 证明: X, Y 分别服从参数为 $p\lambda$ 和 $(1 - p)\lambda$ 的泊松分布.

57. 假设 X 和 Y 是两个独立同分布的随机变量, 均服从参数为 $p\ (0 < p < 1)$ 的几何分布. 证明:

$$P(X = i | X + Y = n) = \frac{1}{n - 1}, \quad i = 1, 2, \cdots, n - 1,$$

其中 $n > 1$.

58. 设 $Y_{nk}\ (k = 1, 2, \cdots, k_n)$ 和 $Z_{nk}\ (k = 1, 2, \cdots, k_n)$ 相互独立, Y_{nk} 服从泊松分布 $P(p_{nk})\ (0 \leqslant p_{nk} \leqslant 1)$, Z_{nk} 服从伯努利分布 $B\big(1, 1 - (1 - p_{nk})\mathrm{e}^{p_{nk}}\big)$, $k = 1, 2, \cdots, k_n$. 定义

$$X_{nk} = \begin{cases} 0, & Y_{nk} = 0 \text{ 且 } Z_{nk} = 0, \\ 1, & \text{其他.} \end{cases}$$

(1) 证明: $X_{nk}, k = 1, 2, \cdots, k_n$, 相互独立, X_{nk} 服从伯努利分布 $B(1, p_{nk})$;

(2) 证明: $P(X_{nk} \neq Y_{nk}) \leqslant p_{nk}^2$;

(3) 记 $X_n = \sum_{k=1}^{k_n} X_{nk}, Y_n = \sum_{k=1}^{k_n} Y_{nk}$, 证明:

$$|P(X_n \in A) - P(Y_n \in A)| \leqslant \sum_{k=1}^{k_n} p_{nk}^2, \quad \text{对一切 } A \in \mathscr{B} \text{ 成立};$$

(4) 利用上述结论证明泊松定理.

59. 设 ξ, η 相互独立, 都以 $\dfrac{1}{2}$ 的概率取值 $+1$ 和 -1. 令 $\zeta = \xi\eta$. 求证: ξ, η, ζ 两两独立, 但不相互独立.

60. 设 ξ 的密度函数为 $p(x)$, 求下列随机变量的分布密度:

(1) $\eta = \dfrac{1}{\xi}$, 这里 $P(\xi = 0) = 0$;

(2) $\eta = |\xi|$;

(3) $\eta = \tan\xi$.

61. 对圆的直径 D 作近似测量, 设其值在 $[a, b]$ 上均匀分布, 求圆面积 S 的密度函数.

62. 设 $\xi \sim N(a, \sigma^2)$, 求 e^ξ 的密度函数 (称为**对数正态** (logarithmic normal) **分布**).

63. 若 θ 服从 $\left[-\dfrac{\pi}{2}, \dfrac{\pi}{2}\right]$ 上的均匀分布, $\psi = \tan\theta$, 求 ψ 的密度 (称为**柯西分布**).

64. 设 ξ, η 相互独立, 都服从 $N(0, 1)$, 求 $\zeta = \dfrac{\xi}{\eta}$ 的密度函数.

65. 设 $\xi_1, \xi_2, \cdots, \xi_n$ 相互独立, 都服从指数分布, 参数分别为 $\lambda_1, \lambda_2, \cdots, \lambda_n$, 求 $\eta = \min\{\xi_1, \xi_2, \cdots, \xi_n\}$ 的密度函数.

66. 设系统 L 由两个子系统 L_1、L_2 联接而成, L_1、L_2 的寿命 X、Y 分别服从参数为 a 与 $b(a \neq b)$ 的指数分布. 试分别就下列三种联接方式写出 L 的寿命 Z 的密度函数:

(1) L_1 与 L_2 串联;

(2) L_1 与 L_2 并联;

(3) L_2 为 L_1 的备用 (当 L_1 损坏时, L_2 自动接上工作).

67. 已知某种商品一周的需要量是一个随机变量, 密度函数为

$$p(x) = \begin{cases} x\mathrm{e}^{-x}, & x \geqslant 0, \\ 0, & x < 0. \end{cases}$$

各周的需要量是相互独立的, 求两周需要量的密度函数.

68. 设 ξ 与 η 相互独立, 分别服从参数为 λ 与 μ 的指数分布, 求 $\xi - \eta$ 的密度函数.

69. 在 $(0, a)$ 线段上随机投掷两点, 求两点间距离的密度函数.

70. 设火炮射击时弹着点坐标 (ξ, η) 服从二维正态分布 $N(0, 0, \sigma^2, \sigma^2, 0)$, 求距离 $\rho = \sqrt{\xi^2 + \eta^2}$ 的分布密度.

71. 若气体分子的速度是随机向量 $\boldsymbol{V} = (X, Y, Z)$, 各分量相互独立, 都服从 $N(0, \sigma^2)$.

求证: $S = \sqrt{X^2 + Y^2 + Z^2}$ 服从**麦克斯韦** (Maxwell) **分布**, 其密度为

$$p(s) = \begin{cases} \sqrt{\dfrac{2}{\pi}} \dfrac{s^2}{\sigma^3} \exp\left\{-\dfrac{s^2}{2\sigma^2}\right\}, & s \geqslant 0, \\ 0, & s < 0. \end{cases}$$

72. 设 (ξ, η) 的联合密度为

$$p(x, y) = \begin{cases} 4xy, & 0 < x, y < 1, \\ 0, & \text{其他}, \end{cases}$$

求 (ξ^2, η^2) 的联合密度.

73. 设 ξ, η 相互独立, 且都服从参数为 $\lambda = 1$ 的指数分布. 求 $U = \xi + \eta$ 与 $V = \xi - \eta$ 的联合分布密度与边际分布密度.

74. 设 (ξ, η) 服从二元正态分布 $N(0, 0, \sigma_1^2, \sigma_2^2, r)$. 写出 $\xi + \eta$ 与 $\xi - \eta$ 相互独立的充要条件.

75. 在 2.6 节随机向量变换中, 如果 (2.73) 式的条件中的反函数组不是唯一的, 怎样利用 (2.73) 式求出变换后的随机向量的密度?

76. 设 (ξ, η) 的联合密度为

$$p(x, y) = \begin{cases} \dfrac{1 + xy}{4}, & |x|, |y| < 1, \\ 0, & \text{其他}. \end{cases}$$

求证: ξ, η 不相互独立, 但 ξ^2, η^2 相互独立.

77. 设 (ξ, η) 的联合密度为 $p(x, y)$. 设 $U = \xi, V = \xi + \eta$. 求 (U, V) 的联合密度; 再求边际密度, 并与 2.5 节 (2.68) 式相对照.

78. 设 (ξ, η) 的联合密度为 $p(x, y)$, $U = \xi, V = \dfrac{\xi}{\eta}$, 求 (U, V) 的联合密度; 再求边际密度, 并与 2.5 节 (2.69) 式相对照.

79. 设 (ξ, η, ζ) 有联合密度

$$p(x, y, z) = \begin{cases} \dfrac{6}{(1 + x + y + z)^4}, & x, y, z > 0, \\ 0, & \text{其他}. \end{cases}$$

求 $U = \xi + \eta + \zeta$ 的密度函数 (提示: 寻找适当的函数 $V = V(\xi, \eta, \zeta), W = W(\xi, \eta, \zeta)$, 求出 (U, V, W) 的联合密度, 再求边际密度 $P_U(u)$).

80. 假设 ξ_1, ξ_2, ξ_3 是独立随机变量, 服从参数为 1 的指数分布. 令

$$W_1 = \frac{\xi_1}{\xi_1 + \xi_2 + \xi_3}, \quad W_2 = \frac{\xi_1 + \xi_2}{\xi_1 + \xi_2 + \xi_3}.$$

计算:

(1) (W_1, W_2) 的联合概率密度函数 (提示: 引入辅助变量 $W_3 = \xi_3$);

(2) W_1, W_2 的概率密度函数. 它们是否独立? 说明理由.

81. 设随机变量 X, Y 的联合密度函数为

$$p(x, y) = C(x - y)^2 \exp\left\{-\frac{1}{2}(x^2 + y^2)\right\}, \quad -\infty < x, y < \infty.$$

(1) 求常数 C;

(2) 求 X 和 Y 的边际密度;

(3) 证明: $X - Y$ 和 $X + Y$ 独立.

82. 设 $X_1, X_2, \cdots, X_n$ 是 n 个独立随机变量, 服从 $[0, 1]$ 上的均匀分布. 令 $Y = \min\{X_1, X_2, \cdots, X_n\}$, $Z = \max\{X_1, X_2, \cdots, X_n\}$, 求 Y, Z 的联合密度函数.

83. 设随机变量 X, Y 相互独立, 其中 $X \sim U(0, 1)$, $Y \sim N(0, 1)$.

$$U = X^2 + Y, \quad V = X^2 - Y.$$

求 (U, V) 的联合密度函数.

84. 设 X_1 和 X_2 相互独立, 服从指数分布, 参数分别为 λ 和 μ, 其中 $\lambda > 0$, $\mu > 0$. 记

$$Y_1 = X_1 + X_2, \quad Y_2 = \frac{X_1}{X_1 + X_2}.$$

(1) 求 (Y_1, Y_2) 的联合密度函数;

(2) 求 Y_1, Y_2 的边际密度函数.

85. 设随机变量 X_1, X_2, X_3 相互独立, 都服从参数为 1 的指数分布. 记

$$Y_1 = \frac{X_1}{X_1 + X_2}, \quad Y_2 = \frac{X_1 + X_2}{X_1 + X_2 + X_3}, \quad Y_3 = X_1 + X_2 + X_3.$$

(1) 求 (Y_1, Y_2, Y_3) 的联合密度函数;

(2) 证明: Y_1, Y_2, Y_3 相互独立.

86. 假设 $X_1, X_2, \cdots, X_n$ 是 n 个独立同分布随机变量, 分布为 $N(\mu, \sigma^2)$. 令

$$\overline{X} = \frac{1}{n}\sum_{i=1}^{n} X_i, \quad S^2 = \frac{1}{n-1}\sum_{i=1}^{n}(X_i - \overline{X})^2.$$

证明:

(1) $\dfrac{\sqrt{n}(\overline{X} - \mu)}{\sigma}$ 服从标准正态分布;

(2) $\dfrac{(n-1)S^2}{\sigma^2} \sim \chi^2(n-1)$;

(3) S^2 与 $\overline{X}$ 相互独立;

(4) $\dfrac{\sqrt{n}(\overline{X} - a)}{S} \sim t(n-1)$.

思考题二

1. 小明和小强参加乒乓球比赛, 每一局小明获胜的概率是 0.55, 小强获胜的概率是 0.45. 如果他们在决赛前相遇, 赛制是五局三胜, 那么他们各自获胜概率是多少? 如果是他们在决赛相遇, 赛制是七局四胜, 那么分别获胜的概率又是多少? 由此我们会发现哪种赛制对实力更强的选手更加有利?

2. 假设 $(\Omega, \mathscr{F}, P)$ 是概率空间, X, Y 是两个随机变量, 即 $X, Y : \Omega \mapsto \mathbb{R}$. 如果对任意 $x, y \in \mathbb{R}$,

$$P(X \leqslant x, Y \leqslant y) = P(X \leqslant x)P(Y \leqslant y), \tag{2.82}$$

即 (X, Y) 的联合分布函数等于各自分布函数的乘积, 称 X 和 Y 相互独立.

按定义 (2.82), 容易验证: 对任意 $u, v \in \mathbb{R}$

$$P(U \leqslant u, V \leqslant v) = P(U \leqslant u)P(V \leqslant v),$$

即 $U = X^2$ 和 $V = |Y|$ 仍是相互独立的.

令 X_1, X_2, X_3, X_4 是相互独立随机变量, 定义

$$S = X_1 X_2 \left[\log \left(\frac{X_1^2 + X_2^2}{|X_1| + |X_2| + 1} \right) + X_1^3 X_2^3 \right],$$

$$T = \sin \left(X_3 + X_3^2 + X_3 X_4 + X_4^2 + \sqrt{X_3^4 + X_4^4} \right).$$

问: 如何验证 S 和 T 相互独立呢? 更一般地, 假设 $f, g : \mathbb{R}^2 \mapsto \mathbb{R}$ 是两个连续函数, 如何验证 $S = f(X_1, X_2)$ 和 $T = g(X_3, X_4)$ 相互独立? 如何推广定义 (2.82)?

3. 假设 $(\Omega, \mathscr{F}, P)$ 是概率空间, $X : \Omega \mapsto \mathbb{R}$ 是随机变量, 即对任意博雷尔集 $B \in \mathscr{B}$

$$X^{-1}(B) = \{\omega \in \Omega : X(\omega) \in B\} \in \mathscr{F}.$$

令

$$\nu(B) = P \circ X^{-1}(B) = P(X^{-1}(B)),$$

称 $(\mathbb{R}, \mathscr{B}, \nu)$ 为随机变量 X 的概率分布. 特别地, 对任意 $x \in \mathbb{R}$, 取 $B = (-\infty, x]$, 得分布函数

$$F(x) = P(\omega : X(\omega) \leqslant x).$$

分布或者分布函数详细地刻画了随机变量 X 的取值以及取每个值的概率大小.

事实上, "分布" 是一个常见用语, 广泛地出现在日常生活中. 如 "中国人口分布极不均匀, 沿海地带人口稠密, 西北地区地广人稀"; "中国是铁矿资源总量丰富、矿石含铁品

位较低的国家. 除上海市、香港特别行政区外, 铁矿在全国各省区均有分布, 以东北、华北地区资源最为丰富, 西南、中南地区次之." 甚至, "分布" 一词更早地出现在古代用语中. 如

(1) 郑观应・盛世危言・商战: 钱分两成色悉与外来逼肖无二, 铸成分布;

(2) 国语・周语上: 阴阳分布, 震雷出滞;

(3) 后汉书・刘陶传: 西寇浸前, 去营咫尺, 胡骑分布, 已至诸陵;

(4) 剪灯新话・永州野庙记: 是夜, 梦驺卒来追, 与之偕行, 至大宫殿, 侍卫罗列, 曹局分布;

(5) 翦伯赞・内蒙访古: 古城遗址最大多数分布在阴山南麓通向山北的峪口, 也有分布在阴山北麓的.

总之, 生活中常常出现 "分布" 一词. 问: 上述用语中的 "分布" 与随机变量的 "分布" 有什么区别和共同之处? 如何绘制一幅中国人口概率分布图? 需要哪些数据?

4. 假设 $(\Omega, \mathscr{F}, P)$ 是概率空间, $X: \Omega \mapsto \mathbb{R}$ 是随机变量. 按随机变量取值的特点, 通常分为离散型随机变量和连续型随机变量. 如果 X 最多取可数个值, 比如 $x_1, x_2, \cdots, x_N$, 其中 $N \leqslant \infty$, 那么称 X 为离散型随机变量. 如果 X 的取值是一个区间或几个区间, 并且存在一个函数 $p(x)$ 使得

$$p(x) \geqslant 0, \quad \int_{-\infty}^{\infty} p(x) \mathrm{d}x = 1,$$

$$P(X \in B) = \int_B p(x) \mathrm{d}x, \quad \forall B \in \mathscr{B},$$

那么称 X 为连续型随机变量, 具有概率密度函数 $p(x)$. 特别地, X 的分布函数 $F(x)$ 不仅是连续函数, 而且是绝对连续函数, 关于勒贝格测度几乎处处可导.

一般地, 样本空间 Ω 是随机现象或随机试验的基本结果的全体, 不赋有任何距离或者拓扑结构. 因此, 通常不讨论 "随机变量 X 是否连续" 这样的问题. 另外, 即使 Ω 是距离空间, 比如 $(\mathbb{R}, \mathscr{B}, P)$ 或者 $([0, 1], \mathscr{B}, P)$, 连续随机变量未必是连续型随机变量. 请举例说明.

除离散型随机变量和连续型随机变量外, 还存在一类随机变量, 取值为一个区间, 其分布函数连续, 但是不具有概率密度函数, 即既不是离散型随机变量, 也不是连续型随机变量. 能否构造一个概率空间 $(\mathbb{R}, \mathscr{B}, P)$ 和随机变量 X 使得 $X: \mathbb{R} \mapsto \mathbb{R}$ 是连续随机变量, 其分布函数 $F(x)$ 是连续函数, 但不是连续型随机变量?

5. 假设 $(\Omega, \mathscr{F}, P)$ 是概率空间, $A_1, A_2, \cdots, A_n$ 是 n 个独立事件, 发生的概率分别为 $p_1, p_2, \cdots, p_n$, 假设每个 p_i 都很小. 那么

$$P\left(\bigcup_{i=1}^n A_i\right) = 1 - \prod_{i=1}^n (1 - p_i).$$

例如, 如果 $n = 1\,000$, $p_i = 10^{-2}$, 那么

$$P\left(\bigcup_{i=1}^{1\,000} A_i\right) = 1 - (1 - 10^{-2})^{1\,000} \approx 0.999\,956\,8;$$

如果 $n = 1\,000$, $p_i = 10^{-3}$, 那么

$$P\left(\bigcup_{i=1}^{1\,000} A_i\right) = 1 - (1 - 10^{-3})^{1\,000} \approx 0.632\,304\,6;$$

如果 $n = 10\,000$, $p_i = 10^{-3}$, 那么

$$P\left(\bigcup_{i=1}^{10\,000} A_i\right) = 1 - (1 - 10^{-3})^{10\,000} \approx 0.999\,954\,8;$$

如果 $n = 10\,000$, $p_i = 10^{-4}$, 那么

$$P\left(\bigcup_{i=1}^{10\,000} A_i\right) = 1 - (1 - 10^{-4})^{10\,000} \approx 0.632\,139.$$

上述简单计算的结果, 可以帮助解释生活中出现的一些现象. 比如, 现在骑电动车时强制性要求佩戴头盔以减少意外伤害. 假设不戴头盔骑行, 每天出现交通事故受伤的可能性为 $\dfrac{1}{100}$, 而佩戴头盔骑行出现交通事故受伤的可能性大为降低, 只有 $\dfrac{1}{1\,000}$. 那么对于长期不戴头盔的骑行者来说, 三年内出现交通事故受伤的可能性几乎为百分之百; 而对于养成佩戴头盔习惯的骑行者来说, 三年内出现交通事故受伤的可能性大为降低, 约为 0.64. 事实上, 时间越长, 佩戴头盔防止意外伤害的效果越为明显.

另一方面, 日常生活中各类现象不计其数, 比如 10 000 种, 每一种现象出现极端情况可能性很小, 比如 $\dfrac{1}{10\,000}$. 根据上述简单计算结果, 这么多 (10 000) 种现象中总会出现一种极端情况的可能性约为 0.63 (相当大的概率). 这就是为什么大家总感觉到异常现象、极端情况屡见不鲜.

现实生活远比数学模型复杂多变, 如何提高安全系数或者可靠性呢?

6. 令 (S, ρ) 是可分完备距离空间, 其中 ρ 为 S 上的距离, 并令 $\mathscr{S}$ 表示由 S 的开集所生成的最小 σ-代数. 假设 $(\Omega, \mathscr{F}, P)$ 是概率空间, $X: \Omega \mapsto S$ 是映射. 对任意 $B \in \mathscr{S}$,

$$\{\omega : X(\omega) \in B\} \in \mathscr{F},$$

称 X 是可测映射 (关于 $\mathscr{F}$ 的), 简称**随机元**. 特别地,

(1) 当 $S = \mathbb{R}$ 时, $\rho(x, y) = |y - x|$, 称 X 为 (实值) 随机变量;

(2) 当 $S = \mathbb{R}^d$ 时, $\rho(x, y) = \|y - x\|$, 称 $\boldsymbol{X} = (X_1, X_2, \cdots, X_d)$ 为 d 维随机向量;

(3) 当 $S = \mathbb{R}^\infty$ 时, $\rho(x, y) = \sum_{k=1}^{\infty} \dfrac{1}{2^k} \dfrac{|y_k - x_k|}{1 + |y_k - x_k|}$, 称 $\boldsymbol{X} = (X_1, X_2, \cdots)$ 为无穷维

随机向量;

(4) 当 $S = C[0,1]$ 时, $\rho(x,y) = \sup\limits_{t \in [0,1]} |y(t) - x(t)|$, 称 $X = (X(t), t \in [0,1])$ 为随机过程.

考虑情形 (4), 问: $X = (X(t), t \in [0,1])$ 关于 $\mathscr{F}$ 可测是否等价于对每一个 $t \in [0,1]$, $X(t)$ 关于 $\mathscr{F}$ 可测?

习题二部分
习题参考答案

第三章

数字特征与特征函数

　　分布函数可以全面地描述一个随机现象, 但在实际工作中, 人们不易掌握随机变量的分布函数, 故全面描述较难做到. 因此需要引入某些数字特征以反映随机变量的主要性质. 另一方面, 根据经验, 描述某些随机现象的随机变量服从某类分布, 它们的一些参数可由某些数字特征确定. 对这些随机现象, 数字特征有更重要的意义. 主要的数字特征有描述平均水平的数学期望 (即均值) 和描述相对于均值的离散程度的方差. 还有描述两个随机变量间线性关系密切程度的相关系数等, 本章将详细介绍它们的概念、性质和计算.

　　本章还将讨论描述随机变量的一个强有力的工具 —— 特征函数, 并利用它对在多元分析中起主要作用的多元正态分布作一介绍.

3.1 数学期望

3.1.1 离散型随机变量的数学期望

　　例 3.1 为评价甲的射击技术, 随机观察甲的 10 次射击, 统计各次击中的环数 x_k 和频数 v_k (见表 3.1), 求他每次射击击中的平均环数 (其中 $N = \sum v_k = 10$).

表 3.1 数 据 表

击中环数 x_k	8	9	10
频数 v_k	2	5	3
频率 $f_k = \dfrac{v_k}{N}$	0.2	0.5	0.3

　　解 这归结为求平均数 $\bar{x}$ 的问题, 此时

$$\bar{x} = \frac{1}{10}(8 \times 2 + 9 \times 5 + 10 \times 3)$$
$$= 8 \times \frac{2}{10} + 9 \times \frac{5}{10} + 10 \times \frac{3}{10} = 9.1.$$

写成一般形式就是

$$\bar{x} = \frac{1}{N} \sum_k x_k v_k = \sum_k x_k \frac{v_k}{N} = \sum_k x_k f_k.$$

　　若要全面考察甲的射击技术, 仅凭这 10 次观察是不够的, 因为频率 $\dfrac{v_k}{N} = f_k$ 是与该次射击 (试验) 的结果有关的. 但当观察次数 N 不断增多, 由于频率稳定于概率 p_k, 和式 $\sum\limits_k x_k f_k$ 就稳定于 $\sum\limits_k x_k p_k$. 它是一个确定值, 不依赖于具体试验, 应该更能表示甲的射击水平. 把上述例子一般化就导出了下述定义.

　　定义 3.1 设离散型随机变量 ξ 的分布列为

$$\begin{bmatrix} x_1 & x_2 & \cdots & x_k & \cdots \\ p_1 & p_2 & \cdots & p_k & \cdots \end{bmatrix}.$$

若级数 $\sum\limits_k x_k p_k$ 绝对收敛, 即 $\sum\limits_k |x_k| p_k < \infty$, 则称此级数的和为 ξ 的**数学期望** (mathematical expectation) 或**均值** (mean), 记作

$$E\xi = \sum_k x_k p_k. \tag{3.1}$$

注 3.1 条件 $\sum\limits_k |x_k| p_k < \infty$ 表示 (3.1) 式的和不受求和次序的影响, 从而 $E\xi$ 是一个确定的值. 当这条件不满足时, 称 ξ 的数学期望不存在.

例 3.2 退化分布 $P(\xi = a) = 1$ 的数学期望 $E\xi = a \cdot 1 = a$. 即常数的数学期望就是它本身.

例 3.3 二项分布 $P(\xi = k) = \binom{n}{k} p^k q^{n-k}$ $(k = 0, 1, \cdots, n)$ 的数学期望

$$\begin{aligned} E\xi &= \sum_{k=0}^n k p_k = \sum_{k=0}^n k \frac{n!}{k!(n-k)!} p^k q^{n-k} \\ &= np \sum_{k=1}^n \frac{(n-1)!}{(k-1)![(n-1)-(k-1)]!} p^{k-1} q^{n-1-(k-1)} \\ &= np \sum_{r=0}^{n-1} \frac{(n-1)!}{r!(n-1-r)!} p^r q^{n-1-r} \\ &= np(p+q)^{n-1} = np. \end{aligned}$$

特别地, 当 $n = 1$ 时, 得到两点分布 (0-1 分布) 的数学期望为 p.

例 3.4 泊松分布 $P(\xi = k) = \lambda^k \dfrac{e^{-\lambda}}{k!}$ $(k = 0, 1, \cdots)$ 的数学期望

$$\begin{aligned} E\xi &= \sum_{k=0}^\infty k p_k = \sum_{k=0}^\infty k \frac{\lambda^k}{k!} e^{-\lambda} = \lambda e^{-\lambda} \sum_{k=1}^\infty \frac{\lambda^{k-1}}{(k-1)!} \\ &= \lambda e^{-\lambda} \cdot e^\lambda = \lambda. \end{aligned}$$

故泊松分布中参数 λ 就是它的数学期望.

例 3.5 几何分布 $P(\xi = k) = pq^{k-1}$ $(k = 1, 2, \cdots,\ 0 < p < 1,\ q = 1 - p)$ 的数学期望

$$\begin{aligned} E\xi &= \sum_{k=0}^\infty k p q^{k-1} = p \sum_{k=1}^\infty (x^k)' \bigg|_{x=q} = p \left(\sum_{k=1}^\infty x^k \right)' \bigg|_{x=q} \\ &= p \left(\frac{x}{1-x} \right)' \bigg|_{x=q} = \frac{p}{(1-x)^2} \bigg|_{x=q} = \frac{p}{p^2} = \frac{1}{p}. \end{aligned}$$

上述各例中, 或者只有有限项, 或者 x_k 都为非负的, 故未验证级数的绝对收敛性. 当 ξ 可取无穷多个值, 且其中有正有负时, 绝对收敛性的验证是必要的.

例 3.6 设 $P\left(\xi = (-1)^k \dfrac{2^k}{k}\right) = \dfrac{1}{2^k}$, $k = 1, 2, \cdots$. 因为

$$\sum_{k=1}^{\infty} |x_k| p_k = \sum_{k=1}^{\infty} \frac{1}{k} = \infty \ (\text{调和级数}),$$

虽有

$$\sum_{k=1}^{\infty} x_k p_k = \sum_{k=1}^{\infty} (-1)^k \frac{1}{k} < \infty \ (\text{莱布尼茨级数}),$$

但仍说 $E\xi$ 不存在.

3.1.2 连续型随机变量的数学期望

若 ξ 是连续型随机变量, 其密度函数为 $p(x)$, 则其数学期望的定义可借鉴离散型情形的定义及普通积分的导出过程来引入. 先设 ξ 只在有限区间 $[a, b]$ 上取值, 将 $[a, b]$ 作分割: $a = x_0 < x_1 < \cdots < x_n = b$, ξ 落在各小段的概率

$$P(x_k < \xi \leqslant x_{k+1}) = \int_{x_k}^{x_{k+1}} p(x)\mathrm{d}x \approx p(x_k)\Delta x_k.$$

这可近似地视为落在一点上的概率, 此时与它相应的离散型随机变量的数学期望为 $\sum_{k=0}^{n-1} x_k p(x_k)\Delta x_k$. 令 $n \to \infty$ 且 $\max_k \Delta x_k \to 0$, 则和式的极限为积分 $\int_a^b x p(x)\mathrm{d}x$. 很自然地, 把它作为 ξ 的数学期望. 如果 ξ 在整个实轴 $(-\infty, \infty)$ 上取值, 让 $a \to -\infty$, $b \to \infty$ 就得如下的一般定义.

定义 3.2 设 ξ 为连续型随机变量, 有密度函数 $p(x)$. 当 $\int_{-\infty}^{\infty} |x| p(x)\mathrm{d}x < \infty$ 时, 称

$$E\xi = \int_{-\infty}^{\infty} x p(x)\mathrm{d}x \tag{3.2}$$

为 ξ 的**数学期望**. 如果 $\int_{-\infty}^{\infty} |x| p(x)\mathrm{d}x = \infty$, 那么称 ξ 的数学期望不存在.

例 3.7 均匀分布的密度函数: 当 $a \leqslant x \leqslant b$ 时, $p(x) = \dfrac{1}{b-a}$; 其他情形, $p(x) = 0$. 它的数学期望

$$E\xi = \int_a^b \frac{x}{b-a}\mathrm{d}x = \frac{a+b}{2}.$$

例 3.8 指数分布的密度函数: 当 $x > 0$ 时, $p(x) = \lambda \mathrm{e}^{-\lambda x}$; 当 $x \leqslant 0$ 时, $p(x) = 0$, 其中 $\lambda > 0$. 它的数学期望

$$E\xi = \int_0^\infty x\lambda e^{-\lambda x}\mathrm{d}x = \frac{1}{\lambda}.$$

如果注意到指数分布与几何分布 (参看例 3.5) 的类似性, 上述结果是容易理解的.

例 3.9 正态随机变量 $\xi \sim N(a,\sigma^2)$ 的数学期望.

因为

$$\int_{-\infty}^\infty |x|\frac{1}{\sqrt{2\pi}\sigma}e^{-\frac{(x-a)^2}{2\sigma^2}}\mathrm{d}x < \infty,$$

所以 $E\xi$ 存在, 其值为

$$\begin{aligned} E\xi &= \int_{-\infty}^\infty x\frac{1}{\sqrt{2\pi}\sigma}e^{-\frac{(x-a)^2}{2\sigma^2}}\mathrm{d}x \\ &= \frac{a}{\sqrt{2\pi}}\int_{-\infty}^\infty e^{-\frac{z^2}{2}}\mathrm{d}z + \frac{\sigma}{\sqrt{2\pi}}\int_{-\infty}^\infty ze^{-\frac{z^2}{2}}\mathrm{d}z \\ &= a + 0 = a. \end{aligned}$$

上述第二个等式系通过变量代换 $z = \dfrac{x-a}{\sigma}$ 得出. 因此正态分布 $N(a,\sigma^2)$ 中参数 a 表示它的均值, 这在密度函数的图形中已显示出来了.

例 3.10 柯西分布的密度函数 $p(x) = \dfrac{1}{\pi(1+x^2)}$, 由于

$$\int_{-\infty}^\infty |x|p(x)\mathrm{d}x = 2\int_0^\infty \frac{x}{\pi(1+x^2)}\mathrm{d}x = \infty,$$

故它的数学期望不存在.

3.1.3 一般定义

上一小节中我们把连续型随机变量的数学期望定义作 $\displaystyle\sum_{k=0}^{n-1} x_k p(x_k)\Delta x_k$ 的极限 $\displaystyle\int_{-\infty}^\infty xp(x)\mathrm{d}x$. 若设 ξ 的分布函数为 $F(x)$, 则

$$\begin{aligned} \sum_{k=0}^{n-1} x_k p(x_k)\Delta x_k &\approx \sum_{k=0}^{n-1} x_k \Delta F(x_k) \\ &= \sum_{k=0}^{n-1} x_k(F(x_{k+1}) - F(x_k)). \end{aligned}$$

由此我们引入一个新的积分, 叫做**斯蒂尔切斯** (Stieltjes) 积分, 而把上式右端的极限记作 $\displaystyle\int_{-\infty}^\infty x\mathrm{d}F(x)$. 关于斯蒂尔切斯积分的性质请参见 3.5 节补充与注记 1.

定义 3.3 设随机变量 ξ 有分布函数 $F(x)$, 若 $\displaystyle\int_{-\infty}^\infty |x|\mathrm{d}F(x) < \infty$, 则称

$$E\xi = \int_{-\infty}^{\infty} x \mathrm{d}F(x) \tag{3.3}$$

为 ξ 的**数学期望**. 当 $\displaystyle\int_{-\infty}^{\infty} |x|\mathrm{d}F(x) = \infty$ 时, 称 ξ 的数学期望不存在.

记 $\xi^+ = \max\{\xi, 0\}$, $\xi^- = \max\{-\xi, 0\}$ 为 ξ 的正部和负部, F_{ξ^+}, F_{ξ^-} 分别为它们的分布函数. 容易验证

$$\int_0^{\infty} x \mathrm{d}F(x) = \int_0^{\infty} x \mathrm{d}F_{\xi^+}(x)$$

和

$$\int_{-\infty}^0 x \mathrm{d}F(x) = \int_{-\infty}^0 x \mathrm{d}F(x-0) = -\int_0^{\infty} x \mathrm{d}(1 - F(-x-0)) = -\int_0^{\infty} x \mathrm{d}F_{\xi^-}(x).$$

因此, $E\xi$ 存在的充要条件是 $E\xi^+$ 和 $E\xi^-$ 存在, 并且

$$E\xi = E\xi^+ - E\xi^-, \quad E|\xi| = E\xi^+ + E\xi^-.$$

此外,

$$\int_0^{\infty} x \mathrm{d}F(x) = \int_0^{\infty}\int_0^x \mathrm{d}t \mathrm{d}F(x) = \int_0^{\infty}\int_t^{\infty} \mathrm{d}F(x)\mathrm{d}t = \int_0^{\infty} P(\xi > t)\mathrm{d}t.$$

同理

$$\int_{-\infty}^0 x \mathrm{d}F(x) = -\int_{-\infty}^0 P(\xi \leqslant t)\mathrm{d}t.$$

从而得到另一个计算数学期望的公式

$$E\xi = \int_0^{\infty} P(\xi > t)\mathrm{d}t - \int_{-\infty}^0 P(\xi \leqslant t)\mathrm{d}t.$$

顺便指出, 对于斯蒂尔切斯积分, 有

$$F(x) = \int_{-\infty}^x \mathrm{d}F(t).$$

进而, 对任何随机变量 ξ 和博雷尔集 B, 有

$$P(\xi \in B) = \int_{x \in B} \mathrm{d}F(x). \tag{3.4}$$

3.1.4   随机变量函数的数学期望

定理 3.1   设 ξ 是随机变量, $f(x)$ 是一元博雷尔函数, 记 $\eta = f(\xi)$. 令 ξ 和 η 的分布函数为 $F_\xi(x)$ 和 $F_\eta(x)$, 则

$$E\eta = \int_{-\infty}^{\infty} x \mathrm{d}F_\eta(x) = \int_{-\infty}^{\infty} f(x)\mathrm{d}F_\xi(x). \tag{3.5}$$

　　这一定理的严格证明要用到可测函数的积分理论. 下面分别对 ξ 是离散型随机变量和连续型随机变量的情形进行证明. 当 ξ 是离散型随机变量时, 设它具有分布列

$$\begin{bmatrix} x_1 & x_2 & \cdots & x_k & \cdots \\ p_1 & p_2 & \cdots & p_k & \cdots \end{bmatrix},$$

则 $\eta = f(\xi)$ 的可能取值为 $f(x_i)$, $i = 1, 2, \cdots$. 将相同的值合并, 得 η 的分布列为

$$\begin{bmatrix} y_1 & y_2 & \cdots & y_i & \cdots \\ p_1^* & p_2^* & \cdots & p_i^* & \cdots \end{bmatrix},$$

其中 $p_i^* = \sum\limits_{j:f(x_j)=y_i} p_j$. 因此, $E\eta$ 存在当且仅当

$$\sum_i |y_i| p_i^* = \sum_i \sum_{j:f(x_j)=y_i} |f(x_j)| p_j = \sum_k |f(x_k)| p_k = \int_{-\infty}^{\infty} |f(x)| \mathrm{d}F_\xi(x) < \infty.$$

进一步地,

$$E\eta = \sum_i y_i p_i^* = \sum_i \sum_{j:f(x_j)=y_i} f(x_j) p_j = \sum_k f(x_k) p_k,$$

即

$$E\eta = \sum_k f(x_k) p_k = \sum_k f(x_k) P(\xi = x_k) = \int_{-\infty}^{\infty} f(x) \mathrm{d}F_\xi(x).$$

所以 (3.5) 式成立.

　　当 ξ 是连续型随机变量时, 设它具有密度函数 $p(x)$, 则 $\eta = f(\xi)$ 的数学期望存在当且仅当

$$\begin{aligned} E|\eta| &= \int_0^\infty P(|f(\xi)| > t)\mathrm{d}t = \int_0^\infty \int_{x:|f(x)|>t} p(x)\mathrm{d}x\mathrm{d}t \\ &= \int_{-\infty}^{\infty} \left(\int_0^{|f(x)|} \mathrm{d}t \right) p(x)\mathrm{d}x = \int_{-\infty}^{\infty} |f(x)| p(x)\mathrm{d}x < \infty. \end{aligned}$$

进一步地,

$$\begin{aligned} E\eta &= \int_0^\infty P(f(\xi) > t)\mathrm{d}t - \int_{-\infty}^0 P(f(\xi) \leqslant t)\mathrm{d}t \\ &= \int_0^\infty \int_{x:f(x)>t} p(x)\mathrm{d}x\mathrm{d}t - \int_{-\infty}^0 \int_{x:f(x)\leqslant t} p(x)\mathrm{d}x\mathrm{d}t \\ &= \int_{-\infty}^{\infty} \left(\int_{0 \leqslant t < f(x)} \mathrm{d}t - \int_{f(x) \leqslant t \leqslant 0} \mathrm{d}t \right) p(x)\mathrm{d}x \\ &= \int_{-\infty}^{\infty} f(x) p(x)\mathrm{d}x. \end{aligned}$$

所以 (3.5) 式也成立.

(3.5) 式说明, 如果 ξ 和 η 分布函数相同, 则必有

$$Ef(\xi) = Ef(\eta).$$

反过来, 如果上式对任何有界连续函数成立, 则 ξ 和 η 同分布. 事实上, 对任意的 z 和 $\varepsilon > 0$, 取连续函数 $f(x)$ 使得在 $(-\infty, z]$, $(z, z+\varepsilon]$ 和 $(z+\varepsilon, \infty)$ 上分别有 $f(x) = 1$, $0 \leqslant f(x) \leqslant 1$ 和 $f(x) = 0$, 则

$$F_\xi(z) = \int_{-\infty}^{z} f(x)\mathrm{d}F_\xi(x) \leqslant \int_{-\infty}^{\infty} f(x)\mathrm{d}F_\xi(x) = \int_{-\infty}^{\infty} f(x)\mathrm{d}F_\eta(x)$$
$$= \int_{-\infty}^{z+\varepsilon} f(x)\mathrm{d}F_\eta(x) \leqslant \int_{-\infty}^{z+\varepsilon} \mathrm{d}F_\eta(x) = F_\eta(z+\varepsilon).$$

令 $\varepsilon \to 0$ 得 $F_\xi(z) \leqslant F_\eta(z)$. 同理, $F_\eta(z) \leqslant F_\xi(z)$. 所以 ξ 与 η 同分布.

(3.5) 式在计算随机变量函数的数学期望时很有用. 事实上, 如利用 (3.3) 式计算, 要先按 2.6 节的方法求得 η 的分布函数, 相当繁杂. 而由 (3.5) 式, 则可从 $F_\xi(x)$ 直接计算 $E\eta = Ef(\xi)$. 特别地, 当 ξ 有密度函数 $p(x)$ 时, (3.5) 式就是

$$Ef(\xi) = \int_{-\infty}^{\infty} f(x)p(x)\mathrm{d}x. \tag{3.5}'$$

例 3.11 (施坦 (Stein) 引理)　设 $\xi \sim N(0,1)$, g 为连续可微函数, 且 $E|g(\xi)\xi| < \infty$, $E|g'(\xi)| < \infty$. 证明:

(1) 下述等式成立

$$E\xi g(\xi) = Eg'(\xi).$$

(2) 若上式对任何有界连续并且导数也有界连续的函数 $g(x)$ 成立, 则 $\xi \sim N(0,1)$.

证明　(1) 设 $\xi \sim N(0,1)$, 由分部积分得

$$E\xi g(\xi) = \frac{1}{\sqrt{2\pi}} \int_{-\infty}^{\infty} xg(x)\mathrm{e}^{-\frac{x^2}{2}}\mathrm{d}x = \frac{1}{\sqrt{2\pi}} \int_{-\infty}^{\infty} g(x)\mathrm{d}(-\mathrm{e}^{-\frac{x^2}{2}})$$
$$= \frac{1}{\sqrt{2\pi}} \left[-g(x)\mathrm{e}^{-\frac{x^2}{2}}\Big|_{-\infty}^{\infty} + \int_{-\infty}^{\infty} g'(x)\mathrm{e}^{-\frac{x^2}{2}}\mathrm{d}x \right] = Eg'(\xi).$$

(2) 设 $\eta \sim N(0,1)$, 只要证对任一有界连续函数 $h(x)$ 有 $Eh(\xi) = Eh(\eta)$. 不妨设 $0 \leqslant h(x) \leqslant 1$. 令 $g(x)$ 满足

$$h(x) - Eh(\eta) = g'(x) - xg(x).$$

上述方程称为施坦方程. 可以验证

$$g(x) = \mathrm{e}^{\frac{x^2}{2}} \int_{-\infty}^{x} [h(u) - Eh(\eta)]\mathrm{e}^{-\frac{u^2}{2}}\mathrm{d}u$$

是施坦方程的一个解, 并且 $g(x)$, $g'(x)$ 均为有界连续函数. 从而

$$Eh(\xi) = \int_{-\infty}^{\infty} [g'(x) - xg(x) + Eh(\eta)] \, \mathrm{d}F_\xi(x)$$

$$= \int_{-\infty}^{\infty} g'(x)\mathrm{d}F_\xi(x) - \int_{-\infty}^{\infty} xg(x)\mathrm{d}F_\xi(x) + Eh(\eta) \int_{-\infty}^{\infty} \mathrm{d}F_\xi(x)$$

$$= Eg'(\xi) - E\xi g(\xi) + Eh(\eta) = Eh(\eta).$$

结论得证. 上面第二个等号中用到了斯蒂尔切斯积分的线性性质 (参见 3.5 节补充与注记 1). $\square$

定理 3.1 的结论可推广到随机向量的函数上. 设 $(\xi_1, \xi_2, \cdots, \xi_n)$ 的分布函数为 $F(x_1, x_2, \cdots, x_n)$, 而 $g(x_1, x_2, \cdots, x_n)$ 是 n 元博雷尔函数, 则

$$Eg(\xi_1, \xi_2, \cdots, \xi_n) = \int_{-\infty}^{\infty} \int_{-\infty}^{\infty} \cdots \int_{-\infty}^{\infty} g(x_1, x_2, \cdots, x_n) \mathrm{d}F(x_1, x_2, \cdots, x_n). \tag{3.6}$$

这里, 多元斯蒂尔切斯积分的定义与一元情形类似. 特别地, 有

$$E\xi_i = \int_{-\infty}^{\infty} \int_{-\infty}^{\infty} \cdots \int_{-\infty}^{\infty} x_i \mathrm{d}F(x_1, x_2, \cdots, x_n) = \int_{-\infty}^{\infty} x \mathrm{d}F_i(x),$$

其中 $F_i(x)$ 是 ξ_i 的分布函数, 即 $F(x_1, x_2, \cdots, x_n)$ 的第 i 个一维边际分布.

例如, 对二元分布函数 $F(x, y)$ 有

$$E\xi\eta = \int_{-\infty}^{\infty} \int_{-\infty}^{\infty} xy \mathrm{d}F(x, y), \quad E\xi^2 = \int_{-\infty}^{\infty} \int_{-\infty}^{\infty} x^2 \mathrm{d}F(x, y),$$

等等.

3.1.5 数学期望的基本性质

性质 1 若 $a \leqslant \xi \leqslant b$, 则 $E\xi$ 存在且 $a \leqslant E\xi \leqslant b$. 特别地, 若 $\xi = c$, 则 $E\xi = Ec = c$.

由性质 1, 数学期望具有单调性: 若 $\xi \leqslant \eta$, 并且它们的数学期望存在, 则 $E\xi \leqslant E\eta$. 一般地, 我们有

性质 1' 若 $|\xi| \leqslant \eta$, 且 $E\eta$ 存在, 则 $E\xi$ 存在, 且 $|E\xi| \leqslant E|\xi| \leqslant E\eta$.

性质 2 若 $E\xi_1, E\xi_2, \cdots, E\xi_n$ 存在, 则对任意常数 $c_1, c_2, \cdots, c_n$ 及 b, $E\left(\sum_{i=1}^{n} c_i\xi_i + b\right)$ 存在, 且

$$E\left(\sum_{i=1}^{n} c_i\xi_i + b\right) = c_i \sum_{i=1}^{n} E\xi_i + b. \tag{3.7}$$

特别地, 我们有

$$E\left(\sum_{i=1}^{n} \xi_i\right) = \sum_{i=1}^{n} E\xi_i, \quad E(c\xi) = cE\xi.$$

例 3.12   设 ξ 服从二项分布 $B(n,p)$, 求 $E\xi$.

解   在例 3.3 中已算得 $E\xi = np$, 现在利用性质 2 来计算 $E\xi$. 设计一个伯努利试验, 记

$$\xi_i = \begin{cases} 1, & \text{第 } i \text{ 次试验事件 } A \text{ 发生}, \\ 0, & \text{第 } i \text{ 次试验事件 } A \text{ 不发生}, \end{cases}$$

其中 $p = P(A)$. 此时 ξ_i 服从 0-1 分布, $E\xi_i = p$. 因为 $\xi = \sum_{i=1}^{n} \xi_i$, 故 $E\xi = \sum_{i=1}^{n} E\xi_i = np$.

例 3.13   设 ξ 是服从超几何分布的随机变量, 即

$$P(\xi = m) = \frac{\binom{M}{m}\binom{N-M}{n-m}}{\binom{N}{n}}, \quad m = 0, 1, \cdots, \min\{n, M\},$$

求 $E\xi$.

解   设计一个不放回抽样. 令 ξ_i 为第 i 次抽取时的废品数, 则 $\xi = \sum_{i=1}^{n} \xi_i$. 由 1.2 节 例 1.10 知 $P(\xi_i = 1) = \dfrac{M}{N}$, $i = 1, 2, \cdots$, 故

$$E\xi = \sum_{i=1}^{n} E\xi_i = \frac{nM}{N}.$$

例 3.14   设 $\xi_1, \xi_2, \cdots, \xi_n$ 为独立同分布的正值随机变量, 且有密度函数 $p(x)$. 试证 对任意 $1 \leqslant k \leqslant n$,

$$E\frac{\xi_1 + \xi_2 + \cdots + \xi_k}{\xi_1 + \xi_2 + \cdots + \xi_n} = \frac{k}{n}.$$

证明   因 $0 \leqslant \dfrac{\xi_i}{\xi_1 + \xi_2 + \cdots + \xi_n} \leqslant 1$, 由性质 1, 其期望存在. 又 $\dfrac{\xi_i}{\xi_1 + \xi_2 + \cdots + \xi_n}$ $(i = 1, 2, \cdots, n)$ 具有相同的分布函数, 所以对任意 $1 \leqslant i \leqslant n$, 有

$$E\frac{\xi_i}{\xi_1 + \xi_2 + \cdots + \xi_n} = E\frac{\xi_1}{\xi_1 + \xi_2 + \cdots + \xi_n}.$$

由此

$$\begin{aligned}
1 &= E\frac{\xi_1 + \xi_2 + \cdots + \xi_n}{\xi_1 + \xi_2 + \cdots + \xi_n} \\
&= E\frac{\xi_1}{\xi_1 + \xi_2 + \cdots \xi_n} + \cdots + E\frac{\xi_n}{\xi_1 + \xi_2 + \cdots + \xi_n} \\
&= nE\frac{\xi_1}{\xi_1 + \xi_2 + \cdots + \xi_n}.
\end{aligned}$$

从而得

$$E\frac{\xi_1+\xi_2+\cdots+\xi_k}{\xi_1+\xi_2+\cdots+\xi_n}=E\frac{\xi_1}{\xi_1+\xi_2+\cdots+\xi_n}+E\frac{\xi_2}{\xi_1+\xi_2+\cdots+\xi_n}+\cdots+E\frac{\xi_k}{\xi_1+\xi_2+\cdots+\xi_n}$$
$$=\frac{k}{n}.$$

性质 3 若 $\xi_1,\xi_2,\cdots,\xi_n$ 相互独立, 各 $E\xi_i\ (i=1,2,\cdots,n)$ 存在, 则

$$E(\xi_1\xi_2\cdots\xi_n)=E\xi_1E\xi_2\cdots E\xi_n. \tag{3.8}$$

证明 因为

$$E|\xi_1\xi_2\cdots\xi_n|=\int_{-\infty}^{\infty}\int_{-\infty}^{\infty}\cdots\int_{-\infty}^{\infty}|x_1x_2\cdots x_n|\mathrm{d}F(x_1,x_2,\cdots,x_n)$$
$$=\int_{-\infty}^{\infty}|x_1|\mathrm{d}F_1(x_1)\int_{-\infty}^{\infty}|x_2|\mathrm{d}F_2(x_2)\cdots\int_{-\infty}^{\infty}|x_n|\mathrm{d}F_n(x_n)$$
$$<\infty,$$

所以 $E(\xi_1\xi_2\cdots\xi_n)$ 存在, 类似地可证 (3.8) 式成立. $\qquad\square$

性质 4 (有界收敛定理) 假设对任意 $\omega\in\Omega$ 有 $\lim\limits_{n\to\infty}\xi_n(\omega)=\xi(\omega)$, 并且对一切 $n\geqslant 1$, $|\xi_n|\leqslant M$, 其中 M 为常数, 则

$$\lim_{n\to\infty}E\xi_n=E\xi.$$

证明 易知 $|\xi|\leqslant M$. 由性质 1 知 $E\xi_n$ 和 $E\xi$ 均存在, 并且

$$|E\xi_n-E\xi|=|E(\xi_n-\xi)|\leqslant E|\xi_n-\xi|.$$

对任意给定的 $\varepsilon>0$, 记 $A_n=\{\omega:|\xi_n(\omega)-\xi(\omega)|>\varepsilon\}$, 则 $\lim\limits_{n\to\infty}A_n=\varnothing$. 由概率的连续性知 $P(A_n)\to 0$. 另一方面

$$|\xi_n-\xi|\leqslant\varepsilon+2MI_{A_n},$$

所以

$$\limsup_{n\to\infty}E|\xi_n-\xi|\leqslant\lim_{n\to\infty}(\varepsilon+2MP(A_n))=\varepsilon.$$

由 ε 的任意性知, $\lim\limits_{n\to\infty}E|\xi_n-\xi|=0$. 结论得证. $\qquad\square$

注 3.2 在性质 4 中, 将常数 M 改为一个数学期望存在的非负随机变量 η, 结论仍然成立, 称作控制收敛定理.

下面再看几个数学期望应用的例子.

例 3.15 在一个人数很多的单位中普查某疾病, 对 N 个人验血, 可用两种方法:

(1) 每个人化验一次, 共需化验 N 次;

(2) k 个人的血混合化验, 如果结果不含该病菌, 就说明这 k 个人都无该病, 这样 k 个人化验一次即可; 如果结果含该病菌, 那么该组每个人再分别化验一次, k 个人共化验 $(k+1)$ 次.

试问用哪一种方法可减少化验次数?

解   用 ξ 表示第二种方法化验时, 一组 k 人中每人所要化验次数. 第一种情况是 k 个人的血混合化验一次, 则每人化验 $\xi = \dfrac{1}{k}$ 次, 其概率为

$$P\left(\xi = \frac{1}{k}\right) = P(k \text{ 个人均无该病}) = (1-p)^k.$$

第二种情况是 k 个人化验 $(k+1)$ 次, 每人化验 $\xi = 1 + \dfrac{1}{k}$ 次, 其概率为

$$P\left(\xi = 1 + \frac{1}{k}\right) = 1 - (1-p)^k.$$

所以

$$
\begin{aligned}
E\xi &= \frac{1}{k} \cdot (1-p)^k + \left(1 + \frac{1}{k}\right) \cdot (1 - (1-p)^k) \\
&= 1 - (1-p)^k + \frac{1}{k}.
\end{aligned}
$$

当 $(1-p)^k - \dfrac{1}{k} > 0$ 时, $E\xi < 1$, 平均起来能减少验血次数. 如当 $p = 0.1$ 时, 取 $k = 4$, 则 $(1-p)^k - \dfrac{1}{k} = 0.4$, 平均能减少 40% 的工作量. 若 p 给定, 还可求 k_0 使 $E\xi$ 达到最小.

例 3.16   国际市场上每年对我国某种商品的需求量 ξ 服从 $[2\,000, 4\,000]$ 上的均匀分布. 每售出一吨该商品, 可获利 3 万美元; 但若积压于仓库, 每吨将损失 1 万美元. 问应组织多少货源才能使收益最大?

解   收益 η 是随机变量, 故 "收益最大" 的含义是指 "平均收益" 最大. 而 η 与需求量 ξ 有关, 也与组织的货源 y 有关. 即

$$\eta = H(\xi) = \begin{cases} 3y, & \xi \geqslant y, \\ 3\xi - (y - \xi), & \xi < y. \end{cases}$$

而 ξ 的密度函数 $p(x) = \dfrac{1}{2\,000}$ $(2\,000 \leqslant x \leqslant 4\,000)$. 由 $(3.5)'$ 式得

$$
\begin{aligned}
E\eta &= \int_{-\infty}^{\infty} H(x)p(x)\mathrm{d}x = \frac{1}{2\,000}\int_{2\,000}^{4\,000} H(x)\mathrm{d}x \\
&= \frac{1}{2\,000}\left[\int_{2\,000}^{y}(3x - (y-x))\mathrm{d}x + \int_{y}^{4\,000} 3y\mathrm{d}x\right] \\
&= \frac{1}{1\,000}(-y^2 + 7\,000y - 4 \times 10^6).
\end{aligned}
$$

易见当 $y = 3\,500$ 吨时 $E\eta$ 达到最大值 8250 万美元.

例 3.17   有 n 家企业同时生产某种产品, 年产量为 x_i 的有 n_i $(i = 1, 2, \cdots, r)$ 家, $\sum\limits_{i=1}^{r} n_i = n$. 随机 (不放回) 抽样检查 k 家, 求 k 家企业产量总和 η 的数学期望.

解 记

$$\xi_j = \begin{cases} 1, & \text{第 } j \text{ 家企业被抽到}, \\ 0, & \text{第 } j \text{ 家企业未被抽到}. \end{cases}$$

并记第 j 家企业产量为 $a_j\ (j = 1, 2, \cdots, n)$, 则

$$\eta = \sum_{j=1}^{n} a_j \xi_j, \quad E\eta = \sum_{j=1}^{n} a_j E\xi_j.$$

由于各企业被抽到的概率相同, 故

$$P(\xi_i = 1) = \frac{k}{n}, \quad E\xi_i = P(\xi_i = 1) = \frac{k}{n}.$$

另外, $\sum\limits_{j=1}^{n} a_j = \sum\limits_{i=1}^{r} n_i x_i$. 从而

$$E\eta = \sum_{j=1}^{n} a_j \frac{k}{n} = k \sum_{i=1}^{r} x_i \frac{n_i}{n} = k\mu,$$

其中 $\mu = \sum\limits_{i=1}^{r} \dfrac{x_i n_i}{n}$ 为各企业产量的平均.

3.1.6 条件期望

在 2.5 节中曾引入条件分布的概念, 它具有通常分布函数的一切性质, 因此可以关于它求数学期望, 称为 **条件期望** (conditional expectation).

设在条件 $\xi = x$ 下, η 的条件分布函数为 $F_{\eta|\xi}(y|x)$, 则它的条件期望定义为

$$E(\eta|\xi = x) = \int_{-\infty}^{\infty} y \mathrm{d}F_{\eta|\xi}(y|x). \tag{3.9}$$

若在条件 $\xi = x$ 下, η 有条件分布列 $p_{\eta|\xi}(y_j|x)$, 则

$$E(\eta|\xi = x) = \sum_j y_j p_{\eta|\xi}(y_j|x).$$

若在条件 $\xi = x$ 下, η 有条件密度函数 $p_{\eta|\xi}(y|x)$, 则

$$E(\eta|\xi = x) = \int_{-\infty}^{\infty} y p_{\eta|\xi}(y|x) \mathrm{d}y.$$

显然, 当 ξ 与 η 独立时, $E(\eta|\xi = x) = E\eta$.

从 2.5 节知, 若 (ξ, η) 服从二元正态分布 $N(a, b, \sigma_1^2, \sigma_2^2, r)$, 则在条件 $\xi = x$ 下, η 的

条件分布为正态分布 $N\left(b+\dfrac{r\sigma_2(x-a)}{\sigma_1},\sigma_2^2(1-r^2)\right)$. 于是由一元正态分布数学期望公式可得

$$E(\eta|\xi=x)=b+r\frac{\sigma_2}{\sigma_1}(x-a).$$

条件期望 $E(\eta|\xi=x)$ 是 x 的函数, 记之为 $m(x)$, 则 $m(\xi)$ 是随机变量, 我们称之为已知 ξ 时 η 的条件期望.

定义 3.4　设 (ξ,η) 是随机向量, $E|\eta|<\infty$. 若 $m(x)$ 是在条件 $\xi=x$ 下 η 的条件期望:

$$m(x)=E(\eta|\xi=x),$$

则称随机变量 $m(\xi)$ 为已知 ξ 时 η 的条件期望, 简称**条件期望**, 记作 $E(\eta|\xi)$.

再对随机变量 $E(\eta|\xi)$ 求数学期望, 得到如下有趣的结果:

$$E[E(\eta|\xi)]=E\eta. \tag{3.10}$$

这里我们对连续型随机向量情形给出证明. 设 (ξ,η) 有联合密度 $p(x,y)$, 此时 ξ 有密度 $p_\xi(x)$, 则

$$p_{\eta|\xi}(y|x)=\frac{p(x,y)}{p_\xi(x)},\quad p_\xi(x)\neq0.$$

$$E(\eta|\xi=x)=m(x)=\int_{-\infty}^{\infty}yp_{\eta|\xi}(y|x)\mathrm{d}y=\int_{-\infty}^{\infty}y\frac{p(x,y)}{p_\xi(x)}\mathrm{d}y.$$

由 ξ 的函数的数学期望公式 (3.5)′, 有

$$\begin{aligned}
E[E(\eta|\xi)]=Em(\xi)&=\int_{-\infty}^{\infty}m(x)p_\xi(x)\mathrm{d}x\\
&=\int_{-\infty}^{\infty}\left(\int_{-\infty}^{\infty}y\frac{p(x,y)}{p_\xi(x)}\mathrm{d}y\right)p_\xi(x)\mathrm{d}x\\
&=\int_{-\infty}^{\infty}\int_{-\infty}^{\infty}yp(x,y)\mathrm{d}x\mathrm{d}y=E\eta.
\end{aligned}$$

当 ξ 是离散型随机变量时, 记 $p_i=P(\xi=x_i)$, 则 (3.10) 式就成为

$$E\eta=\sum_i p_iE(\eta|\xi=x_i)=\sum_i E(\eta|\xi=x_i)P(\xi=x_i).$$

它类似于全概率公式, 称为**全期望公式** (total expectation formula).

例 3.18　设 $\xi_1,\xi_2,\cdots$ 是一列同分布随机变量, 均服从二项分布 $B(n,p)$, ν 服从泊松分布 $P(\lambda)$, 且与 $\xi_1,\xi_2,\cdots$ 独立. 求 $E\sum_{k=1}^{\nu}\xi_k$, 这里定义 $\sum_{k=1}^{0}(\cdot)=0$.

解　记 $\eta=\sum_{k=1}^{\nu}\xi_k$, 则

$$E(\eta|\nu = r) = E\left(\sum_{k=1}^{r}\xi_k \middle| \nu = r\right) = E\left(\sum_{k=1}^{r}\xi_k\right) = \sum_{k=1}^{r}E\xi_k = rnp.$$

所以 $E(\eta|\nu) = \nu np$. 从而

$$E\eta = E(\nu np) = npE\nu = np\lambda.$$

条件期望的性质 条件期望 $E(\cdot|\xi = x)$ 是对 $(\cdot)$ 求数学期望, 它具有数学期望的所有性质, 下面是条件期望的基本性质.

(1) 设 η_1, η_2 的数学期望存在, 则

$$E(a_1\eta_1 + a_2\eta_2|\xi = x) = a_1E(\eta_1|\xi = x) + a_2E(\eta_2|\xi = x).$$

(2) 设 $g(\eta)$ 的数学期望存在, 则

$$E(g(\eta)|\xi = x) = \int_{-\infty}^{\infty}g(y)\mathrm{d}F_{\eta|\xi}(y|x).$$

若在条件 $\xi = x$ 下, η 有条件分布列 $p_{\eta|\xi}(y_j|x)$, 则

$$E(g(\eta)|\xi = x) = \sum_{j}g(y_j)p_{\eta|\xi}(y_j|x);$$

若在条件 $\xi = x$ 下, η 有条件密度 $p_{\eta|\xi}(y|x)$, 则

$$E(g(\eta)|\xi = x) = \int_{-\infty}^{\infty}g(y)p_{\eta|\xi}(y|x)\mathrm{d}y.$$

(3) 若 $\eta_1 \leqslant \eta_2, \eta_1, \eta_2$ 的数学期望存在, 则

$$E(\eta_1|\xi = x) \leqslant E(\eta_2|\xi = x).$$

(4) $E(h(\xi)\eta|\xi) = h(\xi)E(\eta|\xi).$

(5) (柯西–施瓦茨不等式) $|E(XY|Z)| \leqslant \sqrt{E(X^2|Z)}\sqrt{E(Y^2|Z)}.$

有关柯西–施瓦茨不等式, 可参看 (3.24) 式.

例 3.19 (快速排序法) 设有 n 个不同的数 $x_1, x_2, \cdots, x_n$, 我们要将它们按从小到大的次序排列起来: $x_{(1)} < x_{(2)} < \cdots < x_{(n)}$. 进行这样的排列需要对这 n 个数两两进行比较, 如果全部进行比较, 共需要比较 $\dfrac{n(n-1)}{2}$ 次, 这是用计算机排列这些数所需要的计算量. 是否有一种算法可以减少比较次数呢? 一种称为快速排序算法 (quick-sort algorithm) 是这样进行的: 从集合 $\{x_1, x_2, \cdots, x_n\}$ 中随机地取一个数 x_J, 将其他数与 x_J 进行比较, 把小于 x_J 的数放在其左边, 这样的数构成集合 L, 把大于 x_J 的数放在其右边, 这样的数构成集合 R. 然后, 对 L 和 R 进行同样处理, 依次类推直到最后每个集合中只有一个数为止. 我们用 ξ 表示进行比较的总次数, 求 $q_n = E\xi$.

解 用 ξ_L, ξ_R 分别表示用快速排序法排 L (x_J 左边的数), R (x_J 右边的数) 所需要的进行比较的次数, 则

$$\xi = \xi_L + \xi_R + n - 1.$$

在已知 $x_J = x_{(i)}$ 的条件下, L 和 R 中分别有 $i-1$ 和 $n-i$ 个元素, 所以

$$E(\xi_L | x_J = x_{(i)}) = q_{i-1}, \quad E(\xi_R | x_J = x_{(i)}) = q_{n-i}.$$

因此

$$E(\xi | x_J = x_{(i)}) = E(\xi_L | x_J = x_{(i)}) + E(\xi_R | x_J = x_{(i)}) + n - 1$$
$$= q_{i-1} + q_{n-i} + n - 1.$$

而 $P(x_J = x_{(i)}) = \dfrac{1}{n}$. 所以

$$q_n = E\xi = \sum_{i=1}^{n} E(\xi | x_J = x_{(i)}) P(x_J = x_{(i)})$$
$$= n - 1 + \frac{1}{n} \sum_{i=1}^{n} (q_{i-1} + q_{n-i})$$
$$= n - 1 + \frac{2}{n} \sum_{i=1}^{n} q_{i-1},$$

其中 $q_0 = q_1 = 0$, $q_2 = 1$. 因此, 我们有

$$nq_n = n(n-1) + 2\sum_{i=1}^{n} q_{i-1}$$

和

$$nq_n - (n-1)q_{n-1} = n(n-1) - (n-1)(n-2) + 2q_{n-1}.$$

故 $nq_n = 2(n-1) + (n+1)q_{n-1}$, 由此得

$$\frac{q_n}{n+1} = \frac{q_{n-1}}{n} + \frac{2(n-1)}{n(n+1)}$$
$$= \frac{q_{n-1}}{n} + \frac{2}{n} + 4\left(\frac{1}{n+1} - \frac{1}{n}\right)$$
$$\cdots$$
$$= 2\sum_{k=1}^{n} \frac{1}{k} + 4\left(\frac{1}{n+1} - 1\right)$$
$$= 2\left(\log n + \gamma + \frac{1}{2n} + O(n^{-2})\right) - \frac{4n}{n+1},$$

其中 γ 为欧拉常数. 故

$$q_n = 2(n+1)\log n + n(2\gamma - 4) + 2\gamma + 1 + O(n^{-1}).$$

显然 q_n 比 $\dfrac{n(n-1)}{2}$ 要小得多.

3.2 方差、协方差与相关系数

3.2.1 方差

例 3.20 比较甲乙两人的射击技术, 已知两人每次击中环数 ξ, η 的分布为

$$\xi \sim \begin{bmatrix} 7 & 8 & 9 \\ 0.1 & 0.8 & 0.1 \end{bmatrix}, \quad \eta \sim \begin{bmatrix} 6 & 7 & 8 & 9 & 10 \\ 0.1 & 0.2 & 0.4 & 0.2 & 0.1 \end{bmatrix}.$$

问哪一个人的技术较好?

首先看两人平均击中环数, 此时 $E\xi = E\eta = 8$, 从均值来看无法分辩孰优孰劣. 但从直观上看, 甲基本上稳定在 8 环左右, 而乙却一会儿击中 10 环, 一会儿击中 6 环, 较不稳定. 因此, 可以认为甲的射击技术较好.

上例说明: 对一随机变量, 除考虑它的平均取值外, 还要考虑它取值的离散程度.

称 $\xi - E\xi$ 为随机变量 ξ 对于均值 $E\xi$ 的**离差 (deviation)**, 它是随机变量. 为了给出一个描述离散程度的数值, 考虑用 $E(\xi - E\xi)$. 但对一切期望存在的随机变量均成立 $E(\xi - E\xi) = 0$, 即 ξ 的离差正负相消. 因此, 我们改用 $E(\xi - E\xi)^2$ 描述 ξ 取值相对于期望的离散程度, 这就是方差.

<u>**定义 3.5**</u> 若 $E(\xi - E\xi)^2$ 存在并为有限值, 则称它是随机变量 ξ 的**方差 (variance)**, 记作 $\operatorname{Var}\xi$ (或 $D\xi$),

$$\operatorname{Var}\xi = E(\xi - E\xi)^2. \tag{3.11}$$

但 $\operatorname{Var}\xi$ 的量纲与 ξ 不同, 为了统一量纲, 有时采用 $\sqrt{\operatorname{Var}\xi}$, 称为 ξ 的**标准差 (standard deviation)**.

方差是随机变量函数 $(\xi - E\xi)^2$ 的数学期望, 由 3.1 节的 (3.5) 式, 即可写出方差的计算公式

$$\begin{aligned}
\operatorname{Var}\xi &= \int_{-\infty}^{\infty} (x - E\xi)^2 \mathrm{d}F_\xi(x) \\
&= \begin{cases} \displaystyle\sum_i (x_i - E\xi)^2 P(\xi = x_i) & \text{(离散型)}, \\ \displaystyle\int_{-\infty}^{\infty} (x - E\xi)^2 p_\xi(x)\mathrm{d}x & \text{(连续型)}. \end{cases}
\end{aligned}$$

进一步地, 注意到

$$E(\xi - E\xi)^2 = E[\xi^2 - 2\xi E\xi + (E\xi)^2] = E\xi^2 - (E\xi)^2,$$

即有

$$\mathrm{Var}\,\xi = E\xi^2 - (E\xi)^2. \tag{3.12}$$

在许多情况下, 用 (3.12) 式计算方差较方便些.

例 3.21　计算例 3.20 中的方差 $\mathrm{Var}\,\xi$ 与 $\mathrm{Var}\,\eta$.

解　利用 (3.12) 式,

$$E\xi^2 = \sum_i x_i^2 P(\xi = x_i) = 64.2,$$

$$\mathrm{Var}\,\xi = E\xi^2 - (E\xi)^2 = 0.2.$$

同理, $\mathrm{Var}\,\eta = E\eta^2 - (E\eta)^2 = 65.2 - 64 = 1.2 > \mathrm{Var}\,\xi$. 所以 η 取值较 ξ 分散. 这说明甲的射击技术较好.

例 3.22　计算泊松随机变量 $\xi \sim P(\lambda)$ 的方差.

解　因为

$$\begin{aligned}
E\xi^2 &= \sum_{k=0}^{\infty} k^2 \frac{\lambda^k}{k!} \mathrm{e}^{-\lambda} = \sum_{k=1}^{\infty} k \frac{\lambda^k}{(k-1)!} \mathrm{e}^{-\lambda} \\
&= \sum_{k=1}^{\infty} (k-1) \frac{\lambda^k}{(k-1)!} \mathrm{e}^{-\lambda} + \sum_{k=1}^{\infty} \frac{\lambda^k}{(k-1)!} \mathrm{e}^{-\lambda} \\
&= \lambda \sum_{j=0}^{\infty} j \frac{\lambda^j}{j!} \mathrm{e}^{-\lambda} + \lambda \sum_{j=0}^{\infty} \frac{\lambda^j}{j!} \mathrm{e}^{-\lambda} = \lambda^2 + \lambda,
\end{aligned}$$

所以 $\mathrm{Var}\,\xi = \lambda^2 + \lambda - \lambda^2 = \lambda$.

例 3.23　设 ξ 服从 $[a, b]$ 上的均匀分布 $U(a, b)$, 求 $\mathrm{Var}\,\xi$.

解　因为

$$E\xi^2 = \int_a^b x^2 \frac{1}{b-a} \mathrm{d}x = \frac{1}{3}(a^2 + ab + b^2),$$

所以

$$\mathrm{Var}\,\xi = \frac{1}{3}(a^2 + ab + b^2) - \left(\frac{a+b}{2}\right)^2 = \frac{1}{12}(b-a)^2.$$

例 3.24　设 ξ 服从正态分布 $N(a, \sigma^2)$, 求 $\mathrm{Var}\,\xi$.

解　利用公式 (3.11). 由于 $E\xi = a$,

$$\begin{aligned}
\mathrm{Var}\,\xi = E(\xi - a)^2 &= \frac{1}{\sqrt{2\pi}\sigma} \int_{-\infty}^{\infty} (x-a)^2 \frac{1}{\sqrt{2\pi}\sigma} \mathrm{e}^{-\frac{(x-a)^2}{2\sigma^2}} \mathrm{d}x \\
&= \frac{\sigma^2}{\sqrt{2\pi}} \int_{-\infty}^{\infty} z^2 \mathrm{e}^{-\frac{z^2}{2}} \mathrm{d}z
\end{aligned}$$

$$= \frac{\sigma^2}{\sqrt{2\pi}} \left(-z\mathrm{e}^{-\frac{z^2}{2}} \Big|_{-\infty}^{\infty} + \int_{-\infty}^{\infty} \mathrm{e}^{-\frac{z^2}{2}} \mathrm{d}z \right)$$

$$= \frac{\sigma^2}{\sqrt{2\pi}} \cdot \sqrt{2\pi} = \sigma^2.$$

可见正态分布中参数 σ^2 是它的方差, σ 是标准差.

方差具有若干简单而重要的性质. 先介绍一个不等式.

切比雪夫不等式 若随机变量的方差存在, 则对任意给定的正数 ε 有

$$P(|\xi - E\xi| \geqslant \varepsilon) \leqslant \frac{\mathrm{Var}\,\xi}{\varepsilon^2}. \tag{3.13}$$

证明 设 ξ 的分布函数为 $F(x)$, 则

$$P(|\xi - E\xi| \geqslant \varepsilon) = \int_{|x-E\xi| \geqslant \varepsilon} \mathrm{d}F(x)$$

$$\leqslant \int_{|x-E\xi| \geqslant \varepsilon} \frac{(x - E\xi)^2}{\varepsilon^2} \mathrm{d}F(x)$$

$$\leqslant \frac{1}{\varepsilon^2} \int_{-\infty}^{\infty} (x - E\xi)^2 \mathrm{d}F(x)$$

$$= \frac{\mathrm{Var}\,\xi}{\varepsilon^2}.$$

从而证得 (3.13) 式. □

切比雪夫不等式无论从证明方法上还是从结论上都有重要意义. 事实上, 该不等式断言 ξ 落在 $(-\infty, E\xi - \varepsilon)$ 与 $(E\xi + \varepsilon, \infty)$ 内的概率小于或等于 $\dfrac{\mathrm{Var}\,\xi}{\varepsilon^2}$. 或者说, ξ 落在区间 $(E\xi - \varepsilon, E\xi + \varepsilon)$ 内的概率大于 $1 - \dfrac{\mathrm{Var}\,\xi}{\varepsilon^2}$, 从而只用数学期望和方差就可对上述概率进行估计. 例如, 取 $\varepsilon = 3\sqrt{\mathrm{Var}\,\xi}$, 则

$$P\left(|\xi - E\xi| \leqslant 3\sqrt{\mathrm{Var}\,\xi} \right) \geqslant 1 - \frac{\mathrm{Var}\,\xi}{(3\sqrt{\mathrm{Var}\,\xi})^2} \approx 0.89.$$

当然这个估计还是比较粗糙的 (当 $\xi \sim N(a, \sigma^2)$ 时, 在第二章曾经指出, $P(|\xi - E\xi| \leqslant 3\sqrt{\mathrm{Var}\,\xi}) = P(|\xi - a| \leqslant 3\sigma) \approx 0.997$).

性质 1 $\mathrm{Var}\,\xi = 0$ 的充要条件是 $P(\xi = c) = 1$, 其中 c 是常数.

证明 显然条件充分. 反之, 如果 $\mathrm{Var}\,\xi = 0$, 记 $E\xi = c$, 由切比雪夫不等式

$$P(|\xi - E\xi| \geqslant \varepsilon) = 0$$

对一切正数 ε 成立. 从而

$$P(\xi = c) = 1 - P(|\xi - c| > 0)$$

$$= 1 - \lim_{n \to \infty} P\left(|\xi - c| > \frac{1}{n} \right) = 1.$$

□

性质 2　设 b, c 都是常数, 则

$$\mathrm{Var}\,(c\xi + b) = c^2 \mathrm{Var}\,\xi. \tag{3.14}$$

证明

$$
\begin{aligned}
\mathrm{Var}\,(c\xi + b) &= E(c\xi + b - E(c\xi + b))^2 \\
&= E(c\xi + b - cE\xi - b)^2 \\
&= c^2 E(\xi - E\xi)^2 = c^2 \mathrm{Var}\,\xi. \qquad \square
\end{aligned}
$$

性质 3　若 $c \neq E\xi$, 则 $\mathrm{Var}\,\xi < E(\xi - c)^2$.

证明　注意到

$$\mathrm{Var}\,\xi = E\xi^2 - (E\xi)^2$$

和

$$E(\xi - c)^2 = E\xi^2 - 2cE\xi + c^2,$$

两边相减得

$$\mathrm{Var}\,\xi - E(\xi - c)^2 = -(E\xi - c)^2 < 0.$$

这说明随机变量 ξ 对数学期望 $E\xi$ 的离散程度最小.　$\square$

*例 3.25 (最佳预测问题)　设 $E\eta^2 < \infty$, $m(\xi) = E(\eta|\xi)$, 则对任何实函数 $g(x)$ 有

$$E(\eta - m(\xi))^2 \leqslant E(\eta - g(\xi))^2. \tag{3.15}$$

证明　当 $Eg^2(\xi) = \infty$ 时, 用不等式 $b^2 \leqslant 2(a - b)^2 + 2a^2$ 得

$$\infty = Eg^2(\xi) \leqslant 2E(\eta - g(\xi))^2 + 2E\eta^2.$$

从而 $E(\eta - g(\xi))^2 = \infty$, (3.15) 成立.

下设 $Eg^2(\xi) < \infty$. 利用柯西–施瓦茨不等式得

$$(E(\eta|\xi = x))^2 \leqslant E(\eta^2|\xi = x).$$

于是 $(E(\eta|\xi))^2 \leqslant E(\eta^2|\xi)$, 从而得到 $Em^2(\xi) \leqslant E\eta^2$. 现记 $h(\xi) = m(\xi) - g(\xi)$, 则 $Eh^2(\xi) < \infty$. 因此

$$
\begin{aligned}
E(\eta - g(\xi))^2 &= E(\eta - m(\xi) + m(\xi) - g(\xi))^2 \\
&= E(\eta - m(\xi))^2 + Eh^2(\xi) + 2E\left[h(\xi)(\eta - m(\xi))\right].
\end{aligned}
$$

由条件期望的基本性质得

$$
\begin{aligned}
E\left[h(\xi)(\eta - m(\xi))|\xi\right] &= h(\xi)E\left(\eta - m(\xi)|\xi\right) \\
&= h(\xi)\left(E(\eta|\xi) - m(\xi)\right) = 0.
\end{aligned}
$$

所以

$$E\left[h(\xi)(\eta - m(\xi))\right] = E\left(E\left[h(\xi)(\eta - m(\xi))|\xi\right]\right) = 0. \tag{3.16}$$

由此得

$$E(\eta - g(\xi))^2 = E(\eta - m(\xi))^2 + E(m(\xi) - g(\xi))^2$$
$$\geqslant E(\eta - m(\xi))^2.$$

结论得证. □

由于不等式 (3.15) 成立, 人们称 $m(\xi)$ 是 η 的最佳预测, 在统计学中 $m(x)$ 称为 η 关于 ξ 的回归函数. 另一方面, 由 (3.16) 式知 $m(\xi) = E(\eta|\xi)$ 也是 η 在空间 $\mathscr{L}^2(\xi) = \{h(\xi) : Eh^2(\xi) < \infty\}$ 上的正交投影.

性质 4

$$\text{Var}\left(\sum_{i=1}^n \xi_i\right) = \sum_{i=1}^n \text{Var}\,\xi_i + 2\sum_{1 \leqslant i < j \leqslant n} E(\xi_i - E\xi_i)(\xi_j - E\xi_j). \tag{3.17}$$

特别地, 若 $\xi_1, \xi_2, \cdots, \xi_n$ 两两独立, 则

$$\text{Var}\left(\sum_{i=1}^n \xi_i\right) = \sum_{i=1}^n \text{Var}\,\xi_i. \tag{3.18}$$

证明

$$\text{Var}\left(\sum_{i=1}^n \xi_i\right) = E\left(\sum_{i=1}^n \xi_i - E\sum_{i=1}^n \xi_i\right)^2 = E\left(\sum_{i=1}^n (\xi_i - E\xi)\right)^2$$
$$= E\left(\sum_{i=1}^n (\xi_i - E\xi_i)^2 + 2\sum_{1 \leqslant i < j \leqslant n} (\xi_i - E\xi_i)(\xi_j - E\xi_j)\right)$$
$$= \sum_{i=1}^n \text{Var}\,\xi_i + 2\sum_{1 \leqslant i < j \leqslant n} E(\xi_i - E\xi_i)(\xi_j - E\xi_j).$$

从而证得 (3.17) 式成立.

当 $\xi_1, \xi_2, \cdots, \xi_n$ 两两独立时, 由 2.6 节例 2.39, $\xi_1 - E\xi_1, \xi_2 - E\xi_2 \cdots, \xi_n - E\xi_n$ 也两两独立, 故

$$E(\xi_i - E\xi_i)(\xi_j - E\xi_j) = E(\xi_i - E\xi_i) \cdot E(\xi_j - E\xi_j) = 0. \tag{3.19}$$

这就证得 (3.18) 式成立. □

利用这些性质, 可简化某些随机变量方差的计算.

例 3.26 设 ξ 服从二项分布 $B(n, p)$, 求 $\text{Var}\,\xi$.

解 如 3.1 节例 3.12 构造 $\xi_1, \xi_2, \cdots, \xi_n$, 它们相互独立同分布. 此时

$$\operatorname{Var} \xi_i = E\xi_i^2 - (E\xi_i)^2 = 1^2 \cdot p + 0^2 \cdot q - p^2 = pq.$$

由于相互独立必是两两独立的, 由性质 4

$$\operatorname{Var} \xi = \operatorname{Var} \left(\sum_{i=1}^{n} \xi_i \right) = \sum_{i=1}^{n} \operatorname{Var}(\xi_i) = npq.$$

例 3.27 设随机变量 $\xi_1, \xi_2, \cdots, \xi_n$ 相互独立同分布, $E\xi_i = a$, $\operatorname{Var} \xi_i = \sigma^2$. 令 $\bar{\xi} = \sum_{i=1}^{n} \dfrac{\xi_i}{n}$, 求 $E\bar{\xi}$, $\operatorname{Var} \bar{\xi}$.

解 由 3.1 节性质 2, 本节性质 2 和 4, 有

$$E\bar{\xi} = \frac{1}{n} \sum_{i=1}^{n} E\xi_i = a,$$

$$\operatorname{Var} \bar{\xi} = \frac{1}{n^2} \sum_{i=1}^{n} \operatorname{Var} \xi_i = \frac{1}{n^2} n\sigma^2 = \frac{\sigma^2}{n}.$$

这说明在独立同分布时, $\bar{\xi}$ 作为各 ξ_i 的算术平均, 它的数学期望与各 ξ_i 的数学期望相同, 但方差只有 ξ_i 的 $\dfrac{1}{n}$ 倍. 这一事实在数理统计中有重要意义.

例 3.28 设随机变量 ξ 的期望与方差都存在, $\operatorname{Var} \xi > 0$. 令

$$\xi^* = \frac{\xi - E\xi}{\sqrt{\operatorname{Var} \xi}},$$

称它为随机变量 ξ 的标准化. 求 $E\xi^*$ 与 $\operatorname{Var} \xi^*$.

解 由均值与方差的性质可知

$$E\xi^* = \frac{E(\xi - E\xi)}{\sqrt{\operatorname{Var} \xi}} = 0,$$

$$\operatorname{Var} \xi^* = \frac{\operatorname{Var}(\xi - E\xi)}{\operatorname{Var} \xi} = \frac{\operatorname{Var} \xi}{\operatorname{Var} \xi} = 1.$$

3.2.2 协方差

数学期望和方差反映了随机变量的分布特征. 对于随机向量 $(\xi_1, \xi_2, \cdots, \xi_n)'$, 除去各分量的期望和方差外, 还有表示各分量间相互关系的数字特征 —— 协方差.

定义 3.6 设 ξ_i 和 ξ_j 的联合分布函数为 $F_{ij}(x, y)$. 若 $E|(\xi_i - E\xi_i)(\xi_j - E\xi_j)| < \infty$, 称

$$E(\xi_i - E\xi_i)(\xi_j - E\xi_j) = \int_{-\infty}^{\infty} \int_{-\infty}^{\infty} (x - E\xi_i)(y - E\xi_j) \mathrm{d}F_{ij}(x, y) \tag{3.20}$$

为 ξ_i 和 ξ_j 的**协方差 (covariance)**, 记作 $\operatorname{Cov}(\xi_i, \xi_j)$.

显然, $\mathrm{Cov}(\xi_i,\xi_i)=\mathrm{Var}\,\xi_i$. 公式 (3.17) 可改写为

$$\mathrm{Var}\left(\sum_{i=1}^n \xi_i\right)=\sum_{i=1}^n \mathrm{Var}\,\xi_i+2\sum_{1\leqslant i<j\leqslant n}\mathrm{Cov}(\xi_i,\xi_j). \tag{3.21}$$

容易验证, 协方差有如下性质:

性质 1 $\mathrm{Cov}(\xi,\eta)=\mathrm{Cov}(\eta,\xi)=E\xi\eta-E\xi E\eta$

性质 2 设 a,b 是常数, 则

$$\mathrm{Cov}(a\xi,b\eta)=ab\mathrm{Cov}(\xi,\eta).$$

性质 3 $\mathrm{Cov}\left(\sum_{i=1}^n \xi_i,\eta\right)=\sum_{i=1}^n \mathrm{Cov}(\xi_i,\eta).$

对于 n 维随机向量 $\boldsymbol{\xi}=(\xi_1,\xi_2,\cdots,\xi_n)'$, 可写出它的协方差阵

$$\boldsymbol{B}=E(\boldsymbol{\xi}-E\boldsymbol{\xi})(\boldsymbol{\xi}-E\boldsymbol{\xi})'=\begin{pmatrix}b_{11}&b_{12}&\cdots&b_{1n}\\b_{21}&b_{22}&\cdots&b_{2n}\\\vdots&\vdots&&\vdots\\b_{n1}&b_{n2}&\cdots&b_{nn}\end{pmatrix}, \tag{3.22}$$

其中 $b_{ij}=\mathrm{Cov}(\xi_i,\xi_j)$.

由上面的性质可知 $\boldsymbol{B}$ 是一个对称矩阵, 且对任何实数 $t_j\ (j=1,2,\cdots,n)$, 二次型

$$\sum_{j,k}b_{jk}t_jt_k=\sum_{j,k}t_jt_kE(\xi_j-E\xi_j)(\xi_k-E\xi_k)$$
$$=E\left(\sum_{j=1}^n t_j(\xi_j-E\xi_j)\right)^2\geqslant 0,$$

即随机向量 $\boldsymbol{\xi}$ 的协方差阵 $\boldsymbol{B}$ 是非负定的.

性质 4 设

$$\boldsymbol{\xi}=(\xi_1,\xi_2,\cdots,\xi_n)',\quad \boldsymbol{C}=\begin{pmatrix}c_{11}&c_{12}&\cdots&c_{1n}\\c_{21}&c_{22}&\cdots&c_{2n}\\\vdots&\vdots&&\vdots\\c_{n1}&c_{n2}&\cdots&c_{nn}\end{pmatrix},$$

则 $\boldsymbol{C\xi}$ 的协方差阵为 $\boldsymbol{CBC'}$, 其中 $\boldsymbol{B}$ 是 $\boldsymbol{\xi}$ 的协方差阵.
因为

$$E\boldsymbol{C}(\boldsymbol{\xi}-E\boldsymbol{\xi})(\boldsymbol{C}(\boldsymbol{\xi}-E\boldsymbol{\xi}))'=\boldsymbol{CBC'},$$

所以 $\boldsymbol{CBC'}$ 的第 (i,j) 元素是 $\boldsymbol{C\xi}$ 的第 i 元素与第 j 元素的协方差.

性质 5 设 $\boldsymbol{\xi}=(\xi_1,\xi_2,\cdots,\xi_n)'$ 服从多元正态分布 $N(\boldsymbol{\mu},\boldsymbol{B})$, 其中 $\boldsymbol{\mu}$ 为 n 维向量, $\boldsymbol{B}$ 为 $n\times n$ 正定对称矩阵, 则 $\boldsymbol{\xi}$ 的数学期望为 $\boldsymbol{\mu}$, 协方差阵为 $\boldsymbol{B}$.

事实上, 当 $\boldsymbol{\mu} = \mathbf{0}$, $\boldsymbol{B} = \boldsymbol{I}$ 时, $\xi_1, \xi_2, \cdots, \xi_n$ 为相互独立的标准正态随机变量, 所以 $E\xi_i = 0$, $\mathrm{Var}(\xi_i) = 1$, $\mathrm{Cov}(\xi_i, \xi_j) = 0$, $i \neq j$. 即 $\boldsymbol{\xi}$ 的数学期望为 $\mathbf{0}$, 协方差阵为单位矩阵 $\boldsymbol{I}$. 对一般的情形, 我们可以将 $\boldsymbol{B}$ 表示为 $\boldsymbol{B} = \boldsymbol{LL}$, 其中 $\boldsymbol{L}$ 为正定对称矩阵, 并且可写 $\boldsymbol{\xi} = \boldsymbol{L\eta} + \boldsymbol{\mu}$, 其中 $\boldsymbol{\eta} = \boldsymbol{L}^{-1}(\boldsymbol{\xi} - \boldsymbol{\mu}) \sim N(\mathbf{0}, \boldsymbol{I})$. 所以 $\boldsymbol{\eta}$ 的数学期望为 $\mathbf{0}$, 协方差阵为单位矩阵 $\boldsymbol{I}$. 从而 $E\boldsymbol{\xi} = \boldsymbol{L}(E\boldsymbol{\eta}) + \boldsymbol{\mu} = \boldsymbol{\mu}$. 由性质 4, $\boldsymbol{\xi}$ 的协方差阵为 $\boldsymbol{LIL} = \boldsymbol{B}$.

3.2.3　相关系数

协方差虽在某种意义上表示了两个随机变量间的关系, 但 $\mathrm{Cov}(\xi, \eta)$ 的取值大小与 ξ, η 的量纲有关. 为避免这一点, 用 ξ, η 的标准化随机变量 (见例 3.28) 来讨论.

定义 3.7　令 $\xi^* = \dfrac{\xi - E\xi}{\sqrt{\mathrm{Var}\,\xi}}$, $\eta^* = \dfrac{\eta - E\eta}{\sqrt{\mathrm{Var}\,\eta}}$. 称

$$r_{\xi\eta} = \mathrm{Cov}(\xi^*, \eta^*) = \frac{E(\xi - E\xi)(\eta - E\eta)}{\sqrt{\mathrm{Var}\,\xi \mathrm{Var}\,\eta}} \tag{3.23}$$

为 ξ, η 的**相关系数** (correlation coefficient).

为了讨论相关系数的意义, 先看一个重要的不等式.

柯西–施瓦茨 (Cauchy-Schwarz) 不等式　对任意随机变量 ξ, η 有

$$|E\xi\eta|^2 \leqslant E\xi^2 E\eta^2. \tag{3.24}$$

等式成立当且仅当存在常数 t_0 使得

$$P(\eta = t_0\xi) = 1. \tag{3.25}$$

证明　对任意实数 t

$$u(t) \overset{\mathrm{def}}{=\!=} E(t\xi - \eta)^2 = t^2 E\xi^2 - 2tE\xi\eta + E\eta^2$$

是 t 的二次非负多项式, 所以它的判别式

$$(E\xi\eta)^2 - E\xi^2 E\eta^2 \leqslant 0.$$

故证得 (3.24) 式成立. 又 (3.24) 式中等式成立当且仅当多项式 $u(t)$ 有重根 t_0, 即

$$u(t_0) = E(t_0\xi - \eta)^2 = 0.$$

仿照方差的性质 1 的证明, 可得 $P(t_0\xi - \eta = 0) = 1$, 此即 (3.25) 式.　□

由此即可得相关系数的一个重要性质.

性质 1　对相关系数 $r_{\xi\eta}$, 有

$$|r_{\xi\eta}| \leqslant 1. \tag{3.26}$$

$r_{\xi\eta} = 1$ 当且仅当

$$P\left(\frac{\xi - E\xi}{\sqrt{\operatorname{Var}\xi}} = \frac{\eta - E\eta}{\sqrt{\operatorname{Var}\eta}}\right) = 1;$$

$r_{\xi\eta} = -1$ 当且仅当

$$P\left(\frac{\xi - E\xi}{\sqrt{\operatorname{Var}\xi}} = -\frac{\eta - E\eta}{\sqrt{\operatorname{Var}\eta}}\right) = 1.$$

证明 由 (3.24) 式得

$$|r_{\xi\eta}| = |E\xi^*\eta^*| \leqslant \sqrt{E\xi^{*2}E\eta^{*2}} = \sqrt{\operatorname{Var}\xi^*\operatorname{Var}\eta^*} = 1,$$

证得 (3.26) 式成立. □

为证明第二个结论, 由柯西–施瓦茨不等式的证明可知, $|r_{\xi\eta}| = 1$ 等价于 $u(t) = t^2 E\xi^{*2} - 2tE\xi^*\eta^* + E\eta^{*2}$ 有重根 $t_0 = \dfrac{2E\xi^*\eta^*}{2E\xi^{*2}} = r_{\xi\eta}$, 即 $t_0 = \dfrac{E\xi^*\eta^*}{E\xi^{*2}} = r_{\xi\eta}$. 因此由 (3.25) 式得 $r_{\xi\eta} = 1$ 当且仅当 $P(\xi^* = \eta^*) = 1$; $r_{\xi\eta} = -1$ 当且仅当 $P(\xi^* = -\eta^*) = 1$.

注 3.3 性质 1 表明相关系数 $r_{\xi\eta} = \pm 1$ 时, ξ 与 η 以概率 1 存在着线性关系. 另一个极端情形是 $r_{\xi\eta} = 0$, 此时我们称 ξ 与 η **不相关 (uncorrelated)**.

性质 2 对随机变量 ξ 和 η, 如果它们的方差有限, 那么下列事实等价:

(1) $\operatorname{Cov}(\xi, \eta) = 0$;

(2) ξ 与 η 不相关;

(3) $E\xi\eta = E\xi E\eta$;

(4) $\operatorname{Var}(\xi + \eta) = \operatorname{Var}\xi + \operatorname{Var}\eta$.

证明 显然 (1) 与 (2) 等价. 又由协方差的性质 1 得 (1) 与 (3) 等价. 再由 (3.21) 式, 得 (1) 与 (4) 等价. □

性质 3 若 ξ 与 η 独立, 且它们的方差有限, 则 ξ 与 η 不相关.

显然, 曰 ξ 与 η 独立知 (3) 成立, 从而 ξ 与 η 不相关. 但其逆不真.

例 3.29 设随机变量 θ 服从均匀分布 $U(0, 2\pi)$. $\xi = \cos\theta$, $\eta = \sin\theta$. 显然 $\xi^2 + \eta^2 = 1$, 故 ξ 与 η 不独立. 但

$$E\xi = E\cos\theta = \int_0^{2\pi} \frac{1}{2\pi} \cos\varphi \mathrm{d}\varphi = 0,$$

$$E\eta = E\sin\theta = \int_0^{2\pi} \frac{1}{2\pi} \sin\varphi \mathrm{d}\varphi = 0,$$

$$E\xi\eta = E\sin\theta\cos\theta = \int_0^{2\pi} \frac{1}{2\pi} \sin\varphi \cos\varphi \mathrm{d}\varphi = 0.$$

故 $\operatorname{Cov}(\xi, \eta) = E\xi\eta - E\xi E\eta = 0$, 即 ξ 与 η 不相关.

注 3.4   性质 2 不能推广到 n $(n \geqslant 3)$ 个随机变量的情形. 事实上, 从 n $(n \geqslant 3)$ 个随机变量两两不相关只能推得 $\mathrm{Var}\left(\sum\limits_{i=1}^{n} \xi_i\right) = \sum\limits_{i=1}^{n} \mathrm{Var}\, \xi_i$, 不能推得 $E(\xi_1 \xi_2 \cdots \xi_n) = E\xi_1 E\xi_2 \cdots E\xi_n$. 反之, 从这两个等式也不能推得 $\xi_1, \xi_2, \cdots, \xi_n$ 两两不相关. 具体例子不列出了. 对于性质 3, 在正态分布情形, 独立与不相关是一致的, 这将在下面进行讨论.

例 3.30   设 ξ, η 服从二元正态分布 $N(a, b, \sigma_1^2, \sigma_2^2, r)$, 求 $\mathrm{Cov}(\xi, \eta)$ 和 $r_{\xi\eta}$.

解

$$\mathrm{Cov}(\xi, \eta) = \int_{-\infty}^{\infty} \int_{-\infty}^{\infty} (x - a)(y - b) p(x, y) \mathrm{d}x \mathrm{d}y$$

$$= \frac{1}{2\pi\sigma_1\sigma_2\sqrt{1 - r^2}} \int_{-\infty}^{\infty} \int_{-\infty}^{\infty} (x - a)(y - b) \cdot$$

$$\exp\left\{-\frac{1}{2(1 - r^2)}\left(\frac{x - a}{\sigma_1} - r\frac{y - b}{\sigma_2}\right)^2 - \frac{(y - b)^2}{2\sigma_2^2}\right\} \mathrm{d}x \mathrm{d}y.$$

令

$$z = \frac{x - a}{\sigma_1} - r\frac{y - b}{\sigma_2}, \quad t = \frac{y - b}{\sigma_2},$$

则

$$\frac{x - a}{\sigma_1} = z + rt, \quad J = \frac{\partial(x, y)}{\partial(z, t)} = \sigma_1\sigma_2.$$

于是

$$\mathrm{Cov}(\xi, \eta) = \frac{\sigma_1\sigma_2}{2\pi\sqrt{1 - r^2}} \int_{-\infty}^{\infty} \int_{-\infty}^{\infty} (zt + rt^2) \mathrm{e}^{-\frac{z^2}{2(1 - r^2)}} \mathrm{e}^{-\frac{t^2}{2}} \mathrm{d}z \mathrm{d}t$$

$$= \sigma_1\sigma_2 \frac{1}{\sqrt{2\pi}} \int_{-\infty}^{\infty} t\mathrm{e}^{-\frac{t^2}{2}} \mathrm{d}t \frac{1}{\sqrt{2\pi}\sqrt{1 - r^2}} \int_{-\infty}^{\infty} z\mathrm{e}^{-\frac{z^2}{2(1 - r^2)}} \mathrm{d}z +$$

$$\frac{r\sigma_1\sigma_2}{\sqrt{2\pi}} \int_{-\infty}^{\infty} t^2 \mathrm{e}^{-\frac{t^2}{2}} \mathrm{d}t \frac{1}{\sqrt{2\pi}\sqrt{1 - r^2}} \int_{-\infty}^{\infty} \mathrm{e}^{-\frac{z^2}{2(1 - r^2)}} \mathrm{d}z$$

$$= r\sigma_1\sigma_2.$$

故得

$$r_{\xi\eta} = \frac{\mathrm{Cov}(\xi, \eta)}{\sqrt{\mathrm{Var}\,\xi \mathrm{Var}\,\eta}} = r.$$

上面的求解要计算二重积分. 利用条件期望可以避免二重积分的计算. 事实上, 由全期望公式有

$$\mathrm{Cov}(\xi, \eta) = E\left((\xi - a)(\eta - b)\right) = E\left(E\left((\xi - a)(\eta - b)|\xi\right)\right).$$

由于在给定 $\xi = x$ 的条件下, η 的条件分布为 $N\left(b + \dfrac{r\sigma_2(x - a)}{\sigma_1}, (1 - r^2)\sigma_2^2\right)$, 所以

二元正态分布参数估计

$$E((\xi - a)(\eta - b)|\xi = x) = (x - a)E((\eta - b)|\xi = x) = r\frac{\sigma_2}{\sigma_1}(x - a)^2.$$

从而

$$\text{Cov}(\xi, \eta) = E\left(r\frac{\sigma_2}{\sigma_1}(\xi - a)^2\right) = r\frac{\sigma_2}{\sigma_1}E(\xi - a)^2 = r\sigma_1\sigma_2.$$

因此 $r_{\xi\eta} = r$.

这表明二元正态分布中参数 r 是 ξ, η 的相关系数. 所以对二元正态随机向量 (ξ, η) 而言, ξ 和 η 不相关等价于 $r = 0$. 但在第二章已证 ξ 和 η 相互独立等价于 $r = 0$. 这样我们有

性质 4 对二元正态随机向量, 两个分量不相关与独立是等价的.

3.2.4 矩

矩 (moment) 是最广泛的一种数字特征. 常用的矩有两种, 一种是原点矩, 对正整数 k, 称

$$m_k = E\xi^k$$

为 ξ 的 k 阶原点矩. 数学期望是一阶原点矩.

另一种是中心矩, 对正整数 k, 称

$$c_k = E(\xi - E\xi)^k$$

为 ξ 的 k 阶中心矩. 方差是二阶中心矩. 除此以外, 三阶与四阶中心矩也是常用的, 它们分别表示随机变量分布函数的形状. 应用问题中, 往往用它们的相对值. 称 $\frac{c_3}{c_2^{\frac{3}{2}}}$ 为**偏态系数**, 当它大于 0 时为正偏态, 小于 0 时则为负偏态. 称 $\frac{c_4}{c_2^2} - 3$ 为**峰态系数**, 当它大于 0 时, 表明该分布密度函数比正态分布密度函数更为尖峭.

例 3.31 设 ξ 为服从正态分布 $N(0, \sigma^2)$ 的随机变量, 此时 $E\xi = 0$ 且

$$m_n = c_n = \frac{1}{\sqrt{2\pi}\sigma}\int_{-\infty}^{\infty} x^n e^{-\frac{x^2}{2\sigma^2}} dx$$

$$= \begin{cases} 0, & n = 2k+1, \\ 1 \cdot 3 \cdots (n-1)\sigma^n, & n = 2k. \end{cases}$$

特别地, $m_4 = c_4 = 3\sigma^4$. 故对正态分布而言, 无论方差 σ^2 取什么值, 其偏态系数与峰态系数都为 0.

我们可以用原点矩来表示中心矩:

$$c_k = \sum_{r=0}^{k} (-1)^r \binom{k}{r} m_1^r m_{k-r}.$$

反过来, 我们也可以用中心矩来表示原点矩:

$$m_k = \sum_{r=0}^{k} (-1)^r \binom{k}{r} m_1^r c_{k-r}.$$

α 阶绝对矩定义为

$$M_\alpha = E|\xi|^\alpha,$$

其中 α 是实数. 对于例 3.31 中的随机变量 ξ,

$$E|\xi|^n = \begin{cases} \sqrt{\dfrac{2}{\pi}} 2^k k! \sigma^{2k+1}, & n = 2k+1, \\[2mm] 1 \cdot 3 \cdot \cdots \cdot (n-1)\sigma^n, & n = 2k. \end{cases}$$

利用上述结果, 可以求出其他某些分布的矩. 如瑞利分布, 它具有密度函数

$$R_\alpha(x) = \frac{x}{\alpha^2} \mathrm{e}^{-\frac{x^2}{2\alpha^2}}, \ x > 0,$$

那么

$$\begin{aligned} E\xi^n &= \int_0^\infty x^n \frac{x}{\alpha^2} \mathrm{e}^{-\frac{x^2}{2\alpha^2}} \mathrm{d}x \\ &= \frac{1}{2\alpha^2} \int_{-\infty}^\infty |x|^{n+1} \mathrm{e}^{-\frac{x^2}{2\alpha^2}} \mathrm{d}x \\ &= \begin{cases} \sqrt{\dfrac{\pi}{2}} \cdot 1 \cdot 3 \cdot \cdots \cdot n\alpha^n, & n = 2k+1, \\[2mm] 2^k k! \alpha^{2k}, & n = 2k. \end{cases} \end{aligned}$$

特别地, $E\xi = \alpha\sqrt{\dfrac{\pi}{2}}$, $E\xi^2 = 2\alpha^2$, 因此, 方差 $\sigma_\xi^2 = \left(2 - \dfrac{\pi}{2}\right)\alpha^2$.

再如, 麦克斯韦分布具有密度函数

$$p(x) = \begin{cases} \dfrac{\sqrt{2}}{\sqrt{\pi}\sigma^3} x^2 \mathrm{e}^{-\frac{x^2}{2\sigma^2}}, & x > 0, \\[2mm] 0, & x \leqslant 0, \end{cases}$$

那么

$$\begin{aligned} E\xi^n &= \frac{\sqrt{2}}{\sqrt{\pi}\sigma^3} \int_0^\infty x^{n+2} \mathrm{e}^{-\frac{x^2}{2\sigma^2}} \mathrm{d}x \\ &= \frac{1}{\sqrt{2\pi}\sigma^3} \int_{-\infty}^\infty |x|^{n+2} \mathrm{e}^{-\frac{x^2}{2\sigma^2}} \mathrm{d}x \\ &= \begin{cases} \sqrt{\dfrac{2}{\pi}} 2^{k+1}(k+1)! \sigma^{2k+1}, & n = 2k+1, \\[2mm] 1 \cdot 3 \cdot \cdots \cdot (n+1)\sigma^n, & n = 2k. \end{cases} \end{aligned}$$

特别地, $E\xi = 2\sqrt{\dfrac{2}{\pi}}\sigma,\ E\xi^2 = 3\sigma^2$.

例 3.32 如果 ξ 服从参数为 λ 的指数分布, 那么对于 $k \geqslant 1$,

$$E\xi^k = \int_0^\infty x^k \lambda \mathrm{e}^{-\lambda x}\mathrm{d}x = \frac{k}{\lambda}E\xi^{k-1},$$

根据递推关系得

$$E\xi^k = \frac{k!}{\lambda^k},$$

即指数分布的任意阶矩存在.

3.3 特征函数

一般说来, 数字特征不能完全确定随机变量的分布. 本节将要介绍的特征函数, 既能完全决定分布函数, 又具有良好的性质, 是研究随机变量分布规律的强有力工具.

3.3.1 定义

定义 3.8 如果 ξ, η 为实值随机变量, 那么称 $\zeta = \xi + \mathrm{i}\eta$ 为复随机变量; 如果 $E\xi$ 和 $E\eta$ 存在且为有限值, 那么称 $E\zeta = E\xi + \mathrm{i}E\eta$ 为 ζ 的数学期望. 这里 $\mathrm{i}^2 = -1$.

复随机变量本质上是二维随机变量, 它的很多概念和性质可以从实随机变量直接推广而得到, 例如 $E\zeta$ 具有与实数学期望类似的性质.

定义 3.9 设 ξ 为实随机变量, 称

$$f(t) = E\mathrm{e}^{\mathrm{i}t\xi}, \quad -\infty < t < \infty \tag{3.27}$$

为 ξ 的**特征函数** (characteristic function).

由于 $E|\mathrm{e}^{\mathrm{i}t\xi}| = 1$, 因此对任意 ξ 和一切 $t \in (-\infty, \infty)$, (3.27) 式都有意义. 换句话说, 对每个随机变量 ξ (或者说每个分布函数 $F(x)$), 都有一个特征函数 $f(t)$ 与之对应. 特征函数是定义在 $(-\infty, \infty)$ 上的实变量复值函数.

特征函数是 ξ 的函数 $\mathrm{e}^{\mathrm{i}t\xi}$ 的数学期望, 故由 3.1 节得

$$f(t) = \int_{-\infty}^\infty \mathrm{e}^{\mathrm{i}tx}\mathrm{d}F(x).$$

特别地, 若 ξ 为离散型的, 其分布列为 $P(\xi = x_n) = p_n,\ n = 1, 2, \cdots$, 则

$$f(t) = \sum_{n=1}^{\infty} p_n \mathrm{e}^{\mathrm{i}tx_n}, \quad -\infty < t < \infty.$$

若 ξ 是连续型的, 其密度函数为 $p(x)$, 则

$$f(t) = \int_{-\infty}^{\infty} \mathrm{e}^{\mathrm{i}tx} p(x) \mathrm{d}x, \quad -\infty < t < \infty, \tag{3.28}$$

它就是函数 $p(x)$ 的傅里叶 (Fourier) 变换.

例 3.33 退化分布 $P(\xi = c) = 1$ 的特征函数

$$f(t) = \mathrm{e}^{\mathrm{i}ct}, \quad -\infty < t < \infty.$$

例 3.34 二项分布 $B(n, p)$ 的特征函数

$$f(t) = \sum_{k=0}^{n} \binom{n}{k} p^k q^{n-k} \mathrm{e}^{\mathrm{i}tk} = \sum_{k=0}^{n} \binom{n}{k} (p\mathrm{e}^{\mathrm{i}t})^k q^{n-k}$$

$$= (p\mathrm{e}^{\mathrm{i}t} + q)^n, \quad p + q = 1, \quad -\infty < t < \infty.$$

例 3.35 泊松分布 $P(\lambda)$ 的特征函数

$$f(t) = \sum_{k=0}^{\infty} \frac{\lambda^k}{k!} \mathrm{e}^{-\lambda} \mathrm{e}^{\mathrm{i}tk}$$

$$= \sum_{k=0}^{\infty} \frac{(\lambda \mathrm{e}^{\mathrm{i}t})^k}{k!} \mathrm{e}^{-\lambda} = \mathrm{e}^{\lambda(\mathrm{e}^{\mathrm{i}t} - 1)}, \quad -\infty < t < \infty.$$

例 3.36 均匀分布 $U(a, b)$ 的特征函数

$$f(t) = \int_a^b \frac{1}{b-a} \mathrm{e}^{\mathrm{i}tx} \mathrm{d}x = \frac{\mathrm{e}^{\mathrm{i}tb} - \mathrm{e}^{\mathrm{i}ta}}{\mathrm{i}(b-a)t}, \quad -\infty < t < \infty.$$

例 3.37 正态分布 $N(a, \sigma^2)$ 的特征函数

$$f(t) = \frac{1}{\sqrt{2\pi}\sigma} \int_{-\infty}^{\infty} \mathrm{e}^{\mathrm{i}tx - \frac{(x-a)^2}{2\sigma^2}} \mathrm{d}x = \mathrm{e}^{\mathrm{i}at - \frac{\sigma^2 t^2}{2}}, \quad -\infty < t < \infty.$$

为了验证这一结论, 令 $\eta = \dfrac{\xi - a}{\sigma}$, 则 $\eta \sim N(0, 1)$, 并且 $f(t) = E\mathrm{e}^{\mathrm{i}t(a+\sigma\eta)} = \mathrm{e}^{\mathrm{i}ta} f_\eta(\sigma t)$. 从而只需验证 $f_\eta(t) = \mathrm{e}^{-\frac{t^2}{2}}$. 显然

$$f_\eta(t) = E\mathrm{e}^{\mathrm{i}t\eta} = \frac{1}{\sqrt{2\pi}} \int_{-\infty}^{\infty} \mathrm{e}^{\mathrm{i}tx} \mathrm{e}^{-\frac{x^2}{2}} \mathrm{d}x$$

$$= \frac{1}{\sqrt{2\pi}} \int_{-\infty}^{\infty} \cos(tx) \mathrm{e}^{-\frac{x^2}{2}} \mathrm{d}x + \mathrm{i} \frac{1}{\sqrt{2\pi}} \int_{-\infty}^{\infty} \sin(tx) \mathrm{e}^{-\frac{x^2}{2}} \mathrm{d}x$$

$$= \frac{1}{\sqrt{2\pi}} \int_{-\infty}^{\infty} \cos(tx) \mathrm{e}^{-\frac{x^2}{2}} \mathrm{d}x.$$

在积分号下求导并利用分部积分, 得

$$f'_\eta(t) = -\frac{1}{\sqrt{2\pi}} \int_{-\infty}^{\infty} x \sin(tx) e^{-\frac{x^2}{2}} dx = \frac{1}{\sqrt{2\pi}} \int_{-\infty}^{\infty} \sin(tx) de^{-\frac{x^2}{2}}$$

$$= -t \frac{1}{\sqrt{2\pi}} \int_{-\infty}^{\infty} \cos(tx) e^{-\frac{x^2}{2}} dx = -t f_\eta(t),$$

即 $f_\eta(t)$ 满足微分方程 $f'_\eta(t) + t f_\eta(t) = 0$. 由此得

$$\frac{\mathrm{d}}{\mathrm{d}t} \left(f_\eta(t) e^{\frac{t^2}{2}} \right) = f'_\eta(t) e^{\frac{t^2}{2}} + t f_\eta(t) e^{\frac{t^2}{2}} = 0.$$

从而 $f_\eta(t) e^{\frac{t^2}{2}} = f_\eta(0) e^{-\frac{0^2}{2}} = 1$. 故 $f_\eta(t) = e^{-\frac{t^2}{2}}$.

例 3.38 柯西分布的特征函数

$$f(t) = \int_{-\infty}^{\infty} e^{itx} \frac{1}{\pi(1+x^2)} dx = e^{-|t|}, \quad -\infty < t < \infty.$$

这里的计算涉及复变函数的围道积分, 从略 (参见 3.5 节补充与注记 6).

3.3.2 性质

特征函数具有下列重要性质. 以下假设 $F(x)$ 为分布函数, $f(t)$ 为相应的特征函数.

性质 1

$$|f(t)| \leqslant f(0) = 1; \tag{3.29}$$

$$f(-t) = \overline{f(t)}. \tag{3.30}$$

证明 容易看出

$$|f(t)| = \left| \int_{-\infty}^{\infty} e^{itx} dF(x) \right| \leqslant \int_{-\infty}^{\infty} |e^{itx}| dF(x) = 1$$

和

$$f(0) = \int_{-\infty}^{\infty} e^{i0x} dF(x) = 1.$$

故 (3.29) 式成立.

$$f(-t) = \int_{-\infty}^{\infty} e^{-itx} dF(x) = \overline{\int_{-\infty}^{\infty} e^{itx} dF(x)} = \overline{f(t)},$$

(3.30) 式得证. $\qquad\qquad\qquad\square$

性质 2 $f(t)$ 在 $(-\infty, \infty)$ 上一致连续.

证明 任意给定 $\varepsilon > 0$. 对于任意 $t \in (-\infty, \infty)$ 及 $A, h > 0$

$$|f(t+h) - f(t)| = \left| \int_{-\infty}^{\infty} (e^{itx} e^{ihx} - e^{itx}) dF(x) \right|$$

$$\leqslant \left(\int_{|x| \geqslant A} + \int_{|x| < A} \right) \left| \mathrm{e}^{\mathrm{i}hx} - 1 \right| \mathrm{d}F(x)$$

$$\overset{\mathrm{def}}{=\!=\!=} I_1 + I_2.$$

因为积分 $\displaystyle\int_{-\infty}^{\infty} \mathrm{d}F(x) = 1$ 收敛, 故存在充分大的 A 使 $\displaystyle\int_{|x| \geqslant A} \mathrm{d}F(x) < \frac{\varepsilon}{4}$. 因此

$$I_1 \leqslant \int_{|x| \geqslant A} \left(\left| \mathrm{e}^{\mathrm{i}hx} \right| + 1 \right) \mathrm{d}F(x) = 2 \int_{|x| \geqslant A} \mathrm{d}F(x) < \frac{\varepsilon}{2}.$$

又

$$\left| \mathrm{e}^{\mathrm{i}hx} - 1 \right| = \left| \mathrm{e}^{\mathrm{i}\frac{h}{2}x} \right| \left| \mathrm{e}^{\mathrm{i}\frac{h}{2}x} - \mathrm{e}^{-\mathrm{i}\frac{h}{2}x} \right| = 2 \left| \sin \frac{hx}{2} \right|.$$

对上面确定的 A, 取 $\delta = \dfrac{\varepsilon}{2A}$. 当 $|x| < A$ 及 $0 < h < \delta$ 时, $\left| \sin \dfrac{hx}{2} \right| \leqslant \left| \dfrac{hx}{2} \right| < \dfrac{\varepsilon}{4}$, 故

$$I_2 \leqslant \frac{\varepsilon}{2} \int_{-A}^{A} \mathrm{d}F(x) \leqslant \frac{\varepsilon}{2}.$$

从而 $|f(t+h) - f(t)| < \varepsilon$. 从上面证明可见 δ 的选取与 t 无关, 因此 $f(t)$ 在 $(-\infty, \infty)$ 上一致连续. $\square$

性质 3 $f(t)$ 是非负定的: 对任意正整数 n, 及任意实数 $t_1, t_2, \cdots, t_n$, 复数 $\lambda_1,$ $\lambda_2, \cdots, \lambda_n,$ 有

$$\sum_{k=1}^{n} \sum_{j=1}^{n} f(t_k - t_j) \lambda_k \overline{\lambda_j} \geqslant 0. \tag{3.31}$$

证明

$$\sum_{k=1}^{n} \sum_{j=1}^{n} f(t_k - t_j) \lambda_k \overline{\lambda_j} = \sum_{k=1}^{n} \sum_{j=1}^{n} \int_{-\infty}^{\infty} \mathrm{e}^{\mathrm{i}(t_k - t_j)x} \mathrm{d}F(x) \lambda_k \overline{\lambda_j}$$

$$= \int_{-\infty}^{\infty} \left(\sum_{k=1}^{n} \mathrm{e}^{\mathrm{i}t_k x} \lambda_k \right) \overline{\left(\sum_{j=1}^{n} \mathrm{e}^{\mathrm{i}t_j x} \lambda_j \right)} \mathrm{d}F(x)$$

$$= \int_{-\infty}^{\infty} \left| \sum_{k=1}^{n} \mathrm{e}^{\mathrm{i}t_k x} \lambda_k \right|^2 \mathrm{d}F(x) \geqslant 0. \qquad \square$$

这个性质是特征函数的最本质属性之一. 事实上, 我们有

定理 3.2 (博赫纳 – 辛钦 (Bochner-Khinchine) 定理)   函数 $f(t)$ 为特征函数的充要条件是 $f(t)$ 非负定, 连续且 $f(0) = 1$.

定理的证明比较冗长, 这里略去. 它在理论上给出了一个判定特征函数的方法, 但是判定一个具体函数是否非负定并不容易, 所以本定理实际用处不大. 许多具体问题中要判定一个函数是不是特征函数常用另外的方法 (参见本小节末及 4.1 节).

性质 4　若 $\xi_1, \xi_2, \cdots, \xi_n$ 相互独立, 特征函数分别为 $f_1(t), f_2(t), \cdots, f_n(t)$. 记 $\eta = \xi_1 + \xi_2 + \cdots + \xi_n$, 则 η 的特征函数

$$f_\eta(t) = f_1(t) f_2(t) \cdots f_n(t). \tag{3.32}$$

因为 $\xi_1, \xi_2, \cdots, \xi_n$ 相互独立, 所以 $\mathrm{e}^{\mathrm{i}t\xi_1}, \mathrm{e}^{\mathrm{i}t\xi_2}, \cdots, \mathrm{e}^{\mathrm{i}t\xi_n}$ 相互独立. 故

$$E\mathrm{e}^{\mathrm{i}t\eta} = E(\mathrm{e}^{\mathrm{i}t\xi_1} \mathrm{e}^{\mathrm{i}t\xi_2} \cdots \mathrm{e}^{\mathrm{i}t\xi_n}) = E\mathrm{e}^{\mathrm{i}t\xi_1} E\mathrm{e}^{\mathrm{i}t\xi_2} \cdots E\mathrm{e}^{\mathrm{i}t\xi_n}.$$

这一性质对独立随机变量和的研究起着很大作用.

性质 5　若 $E\xi^n$ 存在, 则 $f(t)$ 是 n 次可微的. 进而, 当 $k \leqslant n$ 时,

$$f^{(k)}(t) = \mathrm{i}^k \int_{-\infty}^{\infty} x^k \mathrm{e}^{\mathrm{i}tx} \mathrm{d}F(x), \quad f^{(k)}(0) = \mathrm{i}^k E\xi^k.$$

特别地, 当 $E\xi^2$ 存在时, 有 $E\xi = -\mathrm{i}f'(0)$, $E\xi^2 = -f''(0)$, $\mathrm{Var}\,\xi = -f''(0) + [f'(0)]^2$.

反过来, 若 n 为偶数, 且 $f^{(n)}(0)$ 存在, 则 $E\xi^n$ 存在.

证明　先证第一部分结论. 不难看出

$$\int_{-\infty}^{\infty} \left| \frac{\mathrm{d}^k}{\mathrm{d}t^k} \mathrm{e}^{\mathrm{i}tx} \right| \mathrm{d}F(x) = \int_{-\infty}^{\infty} |\mathrm{i}^k x^k \mathrm{e}^{\mathrm{i}tx}| \mathrm{d}F(x)$$
$$= \int_{-\infty}^{\infty} |x^k| \mathrm{d}F(x) = E|\xi|^k < \infty.$$

因此, $\displaystyle\int_{-\infty}^{\infty} \frac{\mathrm{d}^k}{\mathrm{d}t^k} \mathrm{e}^{\mathrm{i}tx} \mathrm{d}F(x)$ 对 t 一致收敛. 故 $f^{(k)}(t)$ 存在, 且

$$f^{(k)}(t) = \int_{-\infty}^{\infty} \frac{\mathrm{d}^k}{\mathrm{d}t^k} \mathrm{e}^{\mathrm{i}tx} \mathrm{d}F(x) = \mathrm{i}^k \int_{-\infty}^{\infty} x^k \mathrm{e}^{\mathrm{i}tx} \mathrm{d}F(x),$$

有

$$f^{(k)}(0) = \mathrm{i}^k \int_{-\infty}^{\infty} x^k \mathrm{d}F(x) = \mathrm{i}^k E\xi^k.$$

下面对第二部分结论用数学归纳法证明. 当 $n = 2$ 时,

$$f''(0) = \lim_{h \to 0} \frac{f(h) - 2f(0) + f(-h)}{h^2} = \lim_{h \to 0} \int_{-\infty}^{\infty} \frac{\mathrm{e}^{\mathrm{i}hx} - 2 + \mathrm{e}^{-\mathrm{i}hx}}{h^2} \mathrm{d}F(x)$$
$$= -\lim_{h \to 0} \int_{-\infty}^{\infty} 2\frac{1 - \cos hx}{h^2} \mathrm{d}F(x).$$

注意到, $0 \leqslant \dfrac{2(1 - \cos hx)}{h^2} \leqslant x^2$, 并且 $\displaystyle\lim_{h \to 0} \frac{2(1 - \cos hx)}{h^2} = x^2$ 关于 x 在任一有限区间内一致成立. 因此对任意 $a > 0$, 有

$$-f''(0) \geqslant \lim_{h \to 0} \int_{-a}^{a} 2\frac{1 - \cos hx}{h^2} \mathrm{d}F(x)$$
$$= \int_{-a}^{a} \lim_{h \to 0} 2\frac{1 - \cos hx}{h^2} \mathrm{d}F(x) = \int_{-a}^{a} x^2 \mathrm{d}F(x).$$

令 $a \to \infty$ 得 $\int_{-\infty}^{\infty} x^2 \mathrm{d}F(x) \leqslant -f''(0)$, 即 $E\xi^2$ 存在.

现设 $f^{(2k)}(0)$ 存在, 同时归纳假设 $E\xi^{2k-2}$ 也存在. 由第一部分结论, $f(t)$ 是 $2k-2$ 次可微的, 且

$$f^{(2k-2)}(t) = \mathrm{i}^{2k-2} \int_{-\infty}^{\infty} \mathrm{e}^{\mathrm{i}tx} x^{2k-2} \mathrm{d}F(x) = (-1)^{k-1} \int_{-\infty}^{\infty} \mathrm{e}^{\mathrm{i}tx} x^{2k-2} \mathrm{d}F(x).$$

记 $G(y) = \int_{-\infty}^{y} x^{2k-2} \mathrm{d}F(x)$, 其中 $G(\infty) = E\xi^{2k-2}$, 则 $\dfrac{G(y)}{G(\infty)}$ 为分布函数, 其特征函数为

$$g(t) = \frac{1}{G(\infty)} \int_{-\infty}^{\infty} \mathrm{e}^{\mathrm{i}ty} \mathrm{d}G(y) = \frac{1}{G(\infty)} \int_{-\infty}^{\infty} \mathrm{e}^{\mathrm{i}ty} y^{2k-2} \mathrm{d}F(y) = \frac{(-1)^{k-1}}{G(\infty)} f^{(2k-2)}(t).$$

从而 $g''(0) = (-1)^{k-1} \dfrac{f^{(2k)}(0)}{G(\infty)}$ 存在. 由已证的 $n=2$ 时的结论知

$$\frac{1}{G(\infty)} \int_{-\infty}^{\infty} x^{2k} \mathrm{d}F(x) = \frac{1}{G(\infty)} \int_{-\infty}^{\infty} y^2 \mathrm{d}G(y)$$

存在. 即 $E\xi^{2k}$ 存在, 结论得证. □

性质 6 设 $\eta = a\xi + b$, 其中 a,b 是任意常数, 则

$$f_{\eta}(t) = \mathrm{e}^{\mathrm{i}bt} f(at), \tag{3.33}$$

这是由于

$$E\mathrm{e}^{\mathrm{i}(a\xi+b)t} = \mathrm{e}^{\mathrm{i}bt} E\mathrm{e}^{\mathrm{i}at\xi} = \mathrm{e}^{\mathrm{i}bt} f(at).$$

例 3.39 若 $\xi \sim N(a, \sigma^2)$, 用特征函数法求 $E\xi$, $\mathrm{Var}\,\xi$.

解 由于 ξ 的特征函数 $f(t) = \mathrm{e}^{\mathrm{i}at - \frac{\sigma^2 t^2}{2}}$, 故

$$f'(t) = (\mathrm{i}a - \sigma^2 t)\mathrm{e}^{\mathrm{i}at - \frac{\sigma^2 t^2}{2}},$$

$$f''(t) = [-\sigma^2 + (\mathrm{i}a - \sigma^2 t)^2]\mathrm{e}^{\mathrm{i}at - \frac{\sigma^2 t^2}{2}}.$$

特别地, $f'(0) = \mathrm{i}a$, $f''(0) = -a^2 - \sigma^2$. 从而由性质 5, $E\xi = a$, $E\xi^2 = a^2 + \sigma^2$, 得 $\mathrm{Var}\,\xi = \sigma^2$.

例 3.40 下列函数是不是某随机变量的特征函数?

(1) $f(t) = \sin t$;

(2) $f(t) = \ln(\mathrm{e} + |t|)$;

(3) 当 $t < 0$ 时, $f(t) = 0$; 当 $t \geqslant 0$ 时, $f(t) = 1$.

解 (1) $f(0) = 0 \neq 1$; (2) 当 $|t| \neq 0$ 时, $|f(t)| > \ln\mathrm{e} = 1$; (3) $f(t)$ 在 $t = 0$ 处不连续. 因此它们都不具有特征函数的性质, 所以都不是特征函数.

3.3.3　逆转公式与唯一性定理

定理 3.3 (逆转公式 (inversion formula))　设分布函数 $F(x)$ 的特征函数为 $f(t)$. 令 x_1, x_2 是 $F(x)$ 的连续点, 则

$$F(x_2) - F(x_1) = \lim_{T \to \infty} \frac{1}{2\pi} \int_{-T}^{T} \frac{\mathrm{e}^{-\mathrm{i}tx_1} - \mathrm{e}^{-\mathrm{i}tx_2}}{\mathrm{i}t} f(t)\mathrm{d}t. \tag{3.34}$$

证明　不妨设 $x_1 < x_2$.

$$(3.34) \text{ 式的右边} = \lim_{T \to \infty} \frac{1}{2\pi} \int_{-T}^{T} \int_{-\infty}^{\infty} \frac{\mathrm{e}^{-\mathrm{i}tx_1} - \mathrm{e}^{-\mathrm{i}tx_2}}{\mathrm{i}t} \mathrm{e}^{\mathrm{i}tx}\mathrm{d}F(x)\mathrm{d}t.$$

交换求积分次序, 并把积分区间 $[-T, T]$ 分成 $[-T, 0]$ 与 $[0, T]$, 在 $[-T, 0]$ 中令 $t = -u$, 再与另一半合并, 得

$$\text{上式} = \lim_{T \to \infty} \frac{1}{2\pi} \int_{-\infty}^{\infty} \left\{ \int_{0}^{T} \left[\frac{\mathrm{e}^{\mathrm{i}t(x-x_1)} - \mathrm{e}^{-\mathrm{i}t(x-x_1)}}{\mathrm{i}t} - \frac{\mathrm{e}^{\mathrm{i}t(x-x_2)} - \mathrm{e}^{-\mathrm{i}t(x-x_2)}}{\mathrm{i}t} \right] \mathrm{d}t \right\} \mathrm{d}F(x)$$

$$= \lim_{T \to \infty} \frac{1}{\pi} \int_{-\infty}^{\infty} \left\{ \int_{0}^{T} \left[\frac{\sin t(x-x_1)}{t} - \frac{\sin t(x-x_2)}{t} \right] \mathrm{d}t \right\} \mathrm{d}F(x). \tag{3.35}$$

注意到

$$\lim_{T \to \infty} \int_{0}^{T} \frac{\sin at}{t}\mathrm{d}t = \int_{0}^{\infty} \frac{\sin at}{t}\mathrm{d}t = \begin{cases} \dfrac{\pi}{2}, & a > 0, \\ 0, & a = 0, \\ -\dfrac{\pi}{2}, & a < 0. \end{cases}$$

记

$$g(T, x) = \frac{1}{\pi} \int_{0}^{T} \left(\frac{\sin t(x-x_1)}{t} - \frac{\sin t(x-x_2)}{t} \right) \mathrm{d}t,$$

则

$$\lim_{T \to \infty} g(T, x) = \begin{cases} 0, & x < x_1 \text{ 或 } x > x_2, \\ \dfrac{1}{2}, & x = x_1 \text{ 或 } x = x_2, \\ 1, & x_1 < x < x_2. \end{cases} \tag{3.36}$$

注意到 $\int_{0}^{T} \dfrac{\sin at}{t}\mathrm{d}t$ 有界, 因此存在 $M > 0$, 使得 $|g(T, x)| \leqslant M$ 对所有的 T 和 x 成立. 记 (3.36) 式右边的极限函数为 $h(x)$, 并令随机变量 ξ 具有分布函数 $F(x)$. 将 (3.35) 中对 $F(x)$ 的积分表示成 ξ 的函数的期望, 得

$$(3.34) \text{ 式右边} = \lim_{T \to \infty} E[g(T, \xi)].$$

利用有界收敛定理, 交换极限与求期望的次序得

(3.34) 式右边 $= Eh(\xi)$

$$= 0 \cdot P(\xi < x_1 \text{ 或者 } \xi > x_2) + \frac{1}{2} \cdot P(\xi = x_1 \text{ 或者 } \xi = x_2) + 1 \cdot P(x_1 < \xi < x_2)$$

$$= \frac{1}{2}(P(\xi = x_1) + P(\xi = x_2)) + P(x_1 < \xi < x_2).$$

上述第二个等式是由于 $h(\xi)$ 为只取 $0, \frac{1}{2}$ 和 1 的离散型随机变量. 由于 x_1, x_2 是 $F(x)$ 的连续点, 所以 $P(\xi = x_1) = P(\xi = x_2) = 0$, $P(x_1 < \xi < x_2) = F(x_2) - F(x_1)$. 从而证得 (3.34) 式.   □

上面证明过程中, 交换积分次序需要验证有关条件. 例如, 在 (3.35) 的第一个等式中, 因为

$$\left| \frac{\mathrm{e}^{-\mathrm{i}tx_1} - \mathrm{e}^{-\mathrm{i}tx_2}}{\mathrm{i}t} \mathrm{e}^{\mathrm{i}tx} \right| = \left| \frac{\mathrm{e}^{\mathrm{i}t(x_2 - x_1)} - 1}{\mathrm{i}t} \right| \leqslant |x_2 - x_1|$$

对 t 一致有界, 故可交换积分次序. 其他也可类似证明. 为节省篇幅, 不一一赘述.

定理 3.4 (唯一性定理)   *分布函数可由特征函数唯一确定.*

证明   在 (3.34) 式中令 $y = x_1$ 沿 $F(x)$ 的连续点趋向 $-\infty$, 令 $x = x_2$, 则

$$F(x) = \lim_{y \to -\infty} \lim_{T \to \infty} \frac{1}{2\pi} \int_{-T}^{T} \frac{\mathrm{e}^{-\mathrm{i}ty} - \mathrm{e}^{-\mathrm{i}tx}}{\mathrm{i}t} f(t) \mathrm{d}t. \tag{3.37}$$

于是在 $F(x)$ 的连续点, 由 $f(t)$ 决定了 $F(x)$. 至于在 $F(x)$ 的间断点, 利用 $F(x)$ 的右连续性, 只需沿连续点取右极限, 就能唯一确定 $F(x)$ 的值.   □

定理 3.5 (逆傅里叶变换)   设 $f(t)$ 是特征函数, 且 $\displaystyle\int_{-\infty}^{\infty} |f(t)| \mathrm{d}t < \infty$ ($f(t)$ 绝对可积), 则分布函数 $F(x)$ 的导数存在且连续. 此时

$$F'(x) = \frac{1}{2\pi} \int_{-\infty}^{\infty} \mathrm{e}^{-\mathrm{i}tx} f(t) \mathrm{d}t. \tag{3.38}$$

注 3.5 $F'(x)$ 连续, 则 $F(x) = \displaystyle\int_{-\infty}^{x} F'(t) \mathrm{d}t$, 从而 $p(x) \stackrel{\text{def}}{=\!=} F'(x)$ 是相应随机变量 ξ 的密度函数. 这个定理说明: 当 $f(t)$ 绝对可积时, 对应的随机变量必为连续型, 其密度函数由 (3.38) 决定. (3.38) 与 (3.28) 恰为一对傅里叶变换.

证明   首先证明 F 在任意一点 x 处连续. 选择 $\delta > 0$ 使得 $x + \delta$, $x - \delta$ 都是 F 的连续点, 那么由逆转公式 (3.34) 和 $f(t)$ 的绝对可积性得,

$$F(x + \delta) - F(x - \delta) = \frac{1}{2\pi} \int_{-\infty}^{\infty} \frac{\mathrm{e}^{-\mathrm{i}t(x - \delta)} - \mathrm{e}^{-\mathrm{i}t(x + \delta)}}{\mathrm{i}t} f(t) \mathrm{d}t.$$

而且上式右边关于变量 δ 是连续的. 令 $\delta \to 0$, 同时使得 $x + \delta$, $x - \delta$ 都是 F 的连续点, 那么上式右边趋向于 0, 从而左边极限为 0. 因为 F 是右连续函数, 所以 F 一定在 x 处

连续.

为证明 (3.38) 式, 考虑下面的逆转公式

$$F(x_2) - F(x_1) = \frac{1}{2\pi} \int_{-\infty}^{\infty} \frac{e^{-itx_1} - e^{-itx_2}}{it} f(t) dt.$$

两边除以 $x_2 - x_1$, 并令 $x_2 \to x_1$, 交换极限号和积分号次序, 并注意到

$$\lim_{x_2 \to x_1} \frac{1 - e^{-it(x_2-x_1)}}{it(x_2-x_1)} = 1,$$

(3.38) 式得证.

类似于上面的证明, 进一步可证: $\lim_{h \to 0} F'(x+h) = F'(x)$ 对于任意 x 成立. 从而 $F'(x)$ 连续. □

对离散型随机变量, 我们也有类似的结果. 假设 ξ 是取非负整数值的随机变量, $P(\xi = k) = p_k$, $k = 0, 1, 2, \cdots$, 那么其特征函数为

$$f(t) = \sum_{k=0}^{\infty} p_k e^{itk}.$$

如果 $f(t)$ 已知, 那么用 e^{-itk} 乘上式两边并积分. 注意到

$$\int_0^{2\pi} e^{int} dt = \begin{cases} 2\pi, & n = 0, \\ 0, & n \neq 0, \end{cases}$$

我们有

$$p_k = \frac{1}{2\pi} \int_0^{2\pi} e^{-itk} f(t) dt.$$

上面这三个定理使得人们可以从特征函数求分布函数或密度函数. 但从 (3.37) 式直接计算分布函数是困难的, 它的意义主要是理论上的.

例 3.41 求证: $f(t) = \cos t$ 是某随机变量的特征函数.

证明 由欧拉公式,

$$f(t) = \cos t = \frac{1}{2}(e^{it} + e^{-it}) = \frac{1}{2}e^{it} + \frac{1}{2}e^{-it}.$$

这是分布列为

$$\begin{bmatrix} 1 & -1 \\ \dfrac{1}{2} & \dfrac{1}{2} \end{bmatrix} \tag{3.39}$$

的随机变量的特征函数. □

一般地, 若 $f(t)$ 能写成 $\sum a_n e^{ix_n t}$ 的形式, 其中 $a_n > 0$, $\sum a_n = 1$, 则 $f(t)$ 必定是某随机变量的特征函数, 相应随机变量的分布列为 $P(\xi = x_n) = a_n$, $n = 1, 2, \cdots$.

例 3.42   若 $f(t)$ 是某随机变量 ξ 的特征函数, 求证: $\overline{f(t)}$ 与 $|f(t)|^2$ 也是特征函数.

解   由性质 1 及性质 6, $f(-t) = \overline{f(t)}$ 是 $-\xi$ 的特征函数.

设 ξ_1, ξ_2 独立同分布, 其特征函数都是 $f(t)$. 令 $\eta = -\xi_2$, 则 η 与 ξ_1 独立, 其特征函数为 $\overline{f(t)}$. 由性质 4, $\xi_1 + \eta = \xi_1 - \xi_2$ 的特征函数为 $f(t) \cdot \overline{f(t)} = |f(t)|^2$.

3.3.4   分布函数的可加性

特征函数有很多重要的应用, 这里只用它来讨论分布函数的可加性.

所谓分布可加性, 也称再生性, 是指若 ξ 与 η 相互独立, 服从同一类型分布, 则其和 $\xi + \eta$ 也服从该类分布, 且其分布中的参数是 ξ 与 η 的相应参数之和. 利用 2.6 节的卷积公式, 我们已经知道二项分布、泊松分布、正态分布和 Γ 分布具有可加性, 但证明很麻烦. 利用特征函数就要方便得多, 而且对多个随机变量的和也可直接讨论.

例 3.43   若 ξ_j 服从二项分布 $B(n_j, p)$ $(j = 1, 2, \cdots, k)$ 且相互独立, 求 $\sum\limits_{j=1}^{k} \xi_j$ 的分布.

解 ξ_j 的特征函数为 $f_j(t) = (pe^{it} + q)^{n_j}$, 其中 $p + q = 1$. 由性质 4, $\sum\limits_{j=1}^{k} \xi_j$ 的特征函数为

$$\prod_{j=1}^{k} f_j(t) = (pe^{it} + q)^{\sum\limits_{j=1}^{k} n_j}.$$

根据唯一性定理, $\sum\limits_{j=1}^{k} \xi_j$ 服从二项分布 $B\left(\sum\limits_{j=1}^{k} n_j, p\right)$.

例 3.44   设 $\xi_1, \xi_2, \cdots, \xi_n$ 相互独立, 且 ξ_k 服从正态分布 $N(a_k, \sigma_k^2)$, $k = 1, 2, \cdots, n$. 求 $\sum\limits_{k=1}^{n} \xi_k$ 的分布.

解   已知 ξ_k 的特征函数为 $e^{ia_k t - \frac{\sigma_k^2 t^2}{2}}$, 由独立性得 $\sum\limits_{k=1}^{n} \xi_k$ 的特征函数为

$$\prod_{k=1}^{n} e^{ia_k t - \frac{\sigma_k^2 t^2}{2}} = \exp\left\{ i \sum_{k=1}^{n} a_k t - \frac{1}{2} \sum_{k=1}^{n} \sigma_k^2 t^2 \right\}.$$

所以 $\sum\limits_{k=1}^{n} \xi_k$ 服从正态分布, 其数学期望为各自数学期望的和, 方差为各自方差的和.

3.3.5 多元特征函数

定义 3.10 设随机向量 $\boldsymbol{\xi} = (\xi_1, \xi_2, \cdots, \xi_n)'$ 的分布函数为 $F(x_1, x_2, \cdots, x_n)$, 称

$$f(t_1, t_2, \cdots, t_n) = E\mathrm{e}^{\mathrm{i}(t_1\xi_1 + t_2\xi_2 + \cdots + t_n\xi_n)}$$

$$= \int_{-\infty}^{\infty} \int_{-\infty}^{\infty} \cdots \int_{-\infty}^{\infty} \mathrm{e}^{\mathrm{i}(t_1 x_1 + t_2 x_2 + \cdots + t_n x_n)} \mathrm{d}F(x_1, x_2, \cdots, x_n) \qquad (3.40)$$

为它的特征函数.

记 $\boldsymbol{t} = (t_1, t_2, \cdots, t_n)'$, $\boldsymbol{x} = (x_1, x_2, \cdots, x_n)'$, 则用向量的形式, (3.40) 式可改写为

$$f(\boldsymbol{t}) = E\mathrm{e}^{\mathrm{i}\boldsymbol{t}'\boldsymbol{\xi}} = \int_{\mathbb{R}^n} \mathrm{e}^{\mathrm{i}\boldsymbol{t}'\boldsymbol{x}} \mathrm{d}F(\boldsymbol{x}), \quad \boldsymbol{t} \in \mathbb{R}^n. \qquad (3.41)$$

这形式非常类似 (3.27) 式, $n = 1$ 时就是 (3.27) 式.

多元特征函数的很多性质与一元的类似, 例如一致连续性、唯一性等, 不再赘述. 这里只介绍某些新的性质.

性质 1′ $\eta = a_1\xi_1 + a_2\xi_2 + \cdots + a_n\xi_n$ 的特征函数为

$$f_\eta(t) = E\mathrm{e}^{\mathrm{i}t\sum\limits_{k=1}^n a_k\xi_k}$$

$$= E\mathrm{e}^{\mathrm{i}\sum\limits_{k=1}^n (a_k t)\xi_k} = f(a_1 t, a_2 t, \cdots, a_n t).$$

性质 2′ 若 $(\xi_1, \xi_2, \cdots, \xi_n)'$ 的特征函数为 $f(t_1, t_2, \cdots, t_n)$, 则 k 维子向量 $(\xi_{l_1}, \xi_{l_2}, \cdots, \xi_{l_k})'$ 的特征函数为

$$f(0, \cdots, 0, t_{l_1}, 0, \cdots, 0, t_{l_k}, 0, \cdots, 0).$$

性质 3′ 随机向量 $\boldsymbol{\xi} = (\xi_1, \xi_2, \cdots, \xi_n)'$ 的特征函数为 $f_{\boldsymbol{\xi}}$. 假设 $\boldsymbol{L}$ 是 $m \times n$ 的矩阵, $\boldsymbol{a} = (a_1, a_2, \cdots, a_m)'$. 令 $\boldsymbol{\eta} = \boldsymbol{L}\boldsymbol{\xi} + \boldsymbol{a}$, 那么

$$f_{\boldsymbol{\eta}}(\boldsymbol{t}) = f_{\boldsymbol{\xi}}(\boldsymbol{L}'\boldsymbol{t})\mathrm{e}^{\mathrm{i}\boldsymbol{t}'\boldsymbol{a}},$$

其中 $\boldsymbol{t} = (t_1, t_2, \cdots, t_m)'$.

利用唯一性定理, 我们还可以证明以下两条性质.

性质 4′ 设 ξ_j 的特征函数为 $f_j(t)$ $(j = 1, 2, \cdots, n)$, 则 $\xi_1, \xi_2, \cdots, \xi_n$ 独立的充要条件为 $(\xi_1, \xi_2, \cdots, \xi_n)'$ 的特征函数

$$f(t_1, t_2, \cdots, t_n) = f_1(t_1)f_2(t_2)\cdots f_n(t_n).$$

性质 5′ 随机向量 $(\xi_1, \xi_2, \cdots, \xi_k)'$ 与 $(\xi_{k+1}, \xi_{k+2}, \cdots, \xi_n)'$ 独立的充要条件是它们的特征函数的乘积恰为 $(\xi_1, \xi_2, \cdots, \xi_n)'$ 的特征函数.

与前面性质 5 类似, 我们有

性质 6' 设随机向量 $(\xi_1, \xi_2, \cdots, \xi_n)'$ 的特征函数为 $f(t_1, t_2, \cdots, t_n)$. 如果 $E \prod_{l=1}^{m} \xi_{i_l}$ 存在, 其中 $1 \leqslant m \leqslant n$, 那么

$$\left. \frac{\partial f(t_1, t_2, \cdots, t_n)}{\partial t_{i_1} \partial t_{i_2} \cdots \partial t_{i_m}} \right|_{t_1, t_2, \cdots, t_n = 0} = \mathrm{i}^m E \prod_{l=1}^{m} \xi_{i_l}.$$

*3.4 多元正态分布

多元分布以多元正态分布最为重要, 在多元分析中多元正态分布更为其立论之本. 这一节就借助多元特征函数详细讨论多元正态分布的定义和性质. 对二元情形已在前面陆续推导过其大部分结果, 这里用矩阵的方法对一般 n 元情形进行讨论.

3.4.1 密度函数和特征函数

2.3 节已经给出 n 元正态分布 $N(\boldsymbol{a}, \boldsymbol{B})$ 的密度函数

$$p(\boldsymbol{x}) = \frac{1}{(2\pi)^{\frac{n}{2}} |\boldsymbol{B}|^{\frac{1}{2}}} \exp \left\{ -\frac{1}{2} (\boldsymbol{x} - \boldsymbol{a})' \boldsymbol{B}^{-1} (\boldsymbol{x} - \boldsymbol{a}) \right\}. \tag{3.42}$$

现求 $N(\boldsymbol{a}, \boldsymbol{B})$ 的特征函数. 记 $\boldsymbol{t} = (t_1, t_2, \cdots, t_n)'$, 由 3.3 节的 (3.41) 式,

$$\begin{aligned}
f(\boldsymbol{t}) &= \int_{\mathbb{R}^n} \mathrm{e}^{\mathrm{i} \boldsymbol{t}' \boldsymbol{x}} p(\boldsymbol{x}) \mathrm{d}\boldsymbol{x} \\
&= \frac{1}{(2\pi)^{\frac{n}{2}} |\boldsymbol{B}|^{\frac{1}{2}}} \int_{\mathbb{R}^n} \exp \left\{ \mathrm{i} \boldsymbol{t}' \boldsymbol{x} - \frac{1}{2} (\boldsymbol{x} - \boldsymbol{a})' \boldsymbol{B}^{-1} (\boldsymbol{x} - \boldsymbol{a}) \right\} \mathrm{d}\boldsymbol{x}.
\end{aligned}$$

假设 $\boldsymbol{L}$ 是对称正定矩阵, 满足 $\boldsymbol{L}\boldsymbol{L} = \boldsymbol{B}$. 令 $\boldsymbol{y} = \boldsymbol{L}^{-1}(\boldsymbol{x} - \boldsymbol{a})$, 则 $\boldsymbol{x} = \boldsymbol{L}\boldsymbol{y} + \boldsymbol{a}$. 再令 $\boldsymbol{s} = \boldsymbol{L}'\boldsymbol{t} = (s_1, s_2, \cdots, s_n)'$, 并注意 $\boldsymbol{t}'\boldsymbol{a} = \boldsymbol{a}'\boldsymbol{t}$, $\boldsymbol{s}'\boldsymbol{y} = \sum_{k=1}^{n} s_k y_k$, $\sum_{k=1}^{n} s_k^2 = \boldsymbol{s}'\boldsymbol{s} = \boldsymbol{t}'\boldsymbol{B}\boldsymbol{t}$, 我们有

$$\begin{aligned}
f(\boldsymbol{t}) &= \frac{1}{(2\pi)^{\frac{n}{2}} |\boldsymbol{B}|^{\frac{1}{2}}} \int_{\mathbb{R}^n} \exp \left\{ \mathrm{i} \boldsymbol{t}' \boldsymbol{a} + \mathrm{i} \boldsymbol{t}' \boldsymbol{L}\boldsymbol{y} - \frac{\boldsymbol{y}'\boldsymbol{y}}{2} \right\} |\boldsymbol{B}|^{\frac{1}{2}} \mathrm{d}\boldsymbol{y} \\
&= \frac{1}{(2\pi)^{\frac{n}{2}}} \exp\{\mathrm{i} \boldsymbol{t}' \boldsymbol{a}\} \int_{-\infty}^{\infty} \int_{-\infty}^{\infty} \cdots \int_{-\infty}^{\infty} \exp \left\{ -\frac{1}{2} \sum_{k=1}^{n} (y_k^2 - 2\mathrm{i} s_k y_k) \right\} \mathrm{d}y_1 \mathrm{d}y_2 \cdots \mathrm{d}y_n \\
&= \exp\{\mathrm{i} \boldsymbol{t}' \boldsymbol{a}\} \exp \left\{ -\frac{1}{2} \sum_{k=1}^{n} s_k^2 \right\} \prod_{k=1}^{n} \frac{1}{\sqrt{2\pi}} \int_{-\infty}^{\infty} \mathrm{e}^{-\frac{(y_k - \mathrm{i} s_k)^2}{2}} \mathrm{d}y_k \\
&= \exp \left\{ \mathrm{i} \boldsymbol{t}' \boldsymbol{a} - \frac{1}{2} \boldsymbol{t}' \boldsymbol{B} \boldsymbol{t} \right\}, \tag{3.43}
\end{aligned}$$

或

$$f(t_1, t_2, \cdots, t_n) = \exp\left\{ \mathrm{i} \sum_{k=1}^{n} a_k t_k - \frac{1}{2} \sum_{l=1}^{n} \sum_{s=1}^{n} b_{ls} t_l t_s \right\}. \tag{3.44}$$

它是一元正态分布的特征函数的推广.

上面只对 $\boldsymbol{B}$ 是正定对称矩阵情形定义了多元正态分布. 当 $\boldsymbol{B}$ 是非负定时, (3.42) 式可能没有意义, 但 (3.43) 式仍有意义. 事实上, 它是下面随机变量的特征函数. 令 $\boldsymbol{B} = \boldsymbol{LL}'$, $\boldsymbol{\xi} = (\xi_1, \xi_2, \cdots, \xi_n)'$ 服从 n 元正态分布 $N(\boldsymbol{0}, \boldsymbol{I})$, 那么由性质 3', $\boldsymbol{\eta} = \boldsymbol{L\xi} + \boldsymbol{a}$ 的特征函数为 $\exp\left(\mathrm{i} \boldsymbol{t}' \boldsymbol{a} - \dfrac{\boldsymbol{t}' \boldsymbol{B} \boldsymbol{t}}{2} \right)$. 当 $\boldsymbol{B}$ 的秩为 r $(r < n)$ 时, 称它对应的分布为**奇异正态分布** (singular normal distribution) 或**退化正态分布**. 它实际上只是 r 维子空间上的一个分布, 所以特征函数 (3.43) 比密度函数 (3.42) 适用范围更广. 因此有时通过特征函数 (3.43) 来定义多元正态分布.

3.4.2 性质

二元正态分布有很多特殊性质. 例如, 边际分布与条件分布都是正态分布; 参数恰好为数学期望、方差和相关系数; 独立性与不相关是等价的. 这些性质在 n 元正态分布中也存在, 运用特征函数很容易理解. 分述如下.

性质 1 n 元正态随机向量 $\boldsymbol{\xi}$ 的任一子向量 $(\xi_{l_1}, \xi_{l_2}, \cdots, \xi_{l_k})'$ 服从正态分布 $N(\tilde{\boldsymbol{a}}, \tilde{\boldsymbol{B}})$, 其中 $\tilde{\boldsymbol{a}} = (a_{l_1}, a_{l_2}, \cdots, a_{l_k})'$, $\tilde{\boldsymbol{B}}$ 为取 $\boldsymbol{B}$ 的第 $l_1, l_2, \cdots, l_k$ 行与列交叉点所得的 $k \times k$ 阶矩阵.

证明 由多元特征函数性质 2', $(\xi_{l_1}, \xi_{l_2}, \cdots, \xi_{l_k})'$ 的特征函数为

$$\tilde{f}(\tilde{\boldsymbol{t}}) = f(0, \cdots, 0, t_{l_1}, 0, \cdots, 0, t_{l_k}, 0, \cdots, 0)$$

其中 $\tilde{\boldsymbol{t}} = (t_{l_1}, t_{l_2}, \cdots, t_{l_k})'$. 在 (3.44) 式中除上述各 t_{l_j} 外, 令其余的 $t_i = 0$. 则

$$\tilde{f}(\tilde{\boldsymbol{t}}) = \exp\left\{ \mathrm{i} \sum_{j=1}^{k} a_{l_j} t_{l_j} - \frac{1}{2} \sum_{j=1}^{k} \sum_{s=1}^{k} b_{l_j l_s} t_{l_j} t_{l_s} \right\}$$

$$= \exp\left\{ \mathrm{i} \tilde{\boldsymbol{t}}' \tilde{\boldsymbol{a}} - \frac{1}{2} \tilde{\boldsymbol{t}}' \tilde{\boldsymbol{B}} \tilde{\boldsymbol{t}} \right\}.$$

这正是 $N(\tilde{\boldsymbol{a}}, \tilde{\boldsymbol{B}})$ 的特征函数. $\qquad \square$

特别地, 当 $k = 1$ 时, $\xi_j \sim N(a_j, b_{jj})$, 即多元正态分布的边际分布还是正态分布.

性质 2 $N(\boldsymbol{a}, \boldsymbol{B})$ 的数学期望向量为 $\boldsymbol{a}$, 协方差阵为 $\boldsymbol{B}$.

证明 设 $\boldsymbol{\xi} \sim N(\boldsymbol{a}, \boldsymbol{B})$. 由性质 1 易知 $E\xi_j = a_j$, $\mathrm{Var}\,\xi_j = b_{jj}$. 只需证明 $\boldsymbol{B}$ 的非对角线元素为相互协方差. 因为对每个 j, $E\xi_j^2 = \mathrm{Var}\,\xi_j + (E\xi_j)^2$ 存在, 所以 $|E\xi_j \xi_k| \leqslant$

$\sqrt{E\xi_j^2 E\xi_k^2}$ 存在. 由特征函数性质,

$$E\xi_j\xi_k = -\frac{\partial^2 f}{\partial t_j \partial t_k}\bigg|_{(0,0,\cdots,0)}.$$

再由 (3.44) 式,

$$\frac{\partial f}{\partial t_j} = \left[ia_j - \frac{1}{2}\left(\sum_{l=1}^n b_{lj}t_l + \sum_{s=1}^n b_{js}t_s\right)\right]\exp\left\{i\sum_{k=1}^n a_k t_k - \frac{1}{2}\sum_{l=1}^n\sum_{s=1}^n b_{ls}t_l t_s\right\},$$

$$\frac{\partial^2 f}{\partial t_j \partial t_k} = \left\{-\frac{1}{2}(b_{kj} + b_{jk}) + \left[ia_j - \frac{1}{2}\left(\sum_{l=1}^n b_{lj}t_l + \sum_{s=1}^n b_{js}t_s\right)\right]\times\right.$$

$$\left.\left[ia_k - \frac{1}{2}\left(\sum_{l=1}^n b_{lk}t_l + \sum_{s=1}^n b_{ks}t_s\right)\right]\right\}\exp\left\{i\sum_{k=1}^n a_k t_k - \frac{1}{2}\sum_{l=1}^n\sum_{s=1}^n b_{ls}t_l t_s\right\}.$$

令 $t_r = 0$, $r = 1, 2, \cdots, n$, 注意 $b_{jk} = b_{kj}$, 得

$$E\xi_j\xi_k = b_{jk} + a_j a_k, \quad \text{Cov}(\xi_j, \xi_k) = b_{jk}. \qquad \square$$

性质 3 服从 n 元正态分布的随机变量 $\xi_1, \xi_2, \cdots, \xi_n$ 相互独立的充要条件是它们两两不相关.

证明

$$\xi_1, \xi_2, \cdots, \xi_n \text{ 相互独立} \Longleftrightarrow f(t_1, t_2, \cdots, t_n) = f_1(t_1)f_2(t_2)\cdots f_n(t_n)$$

$$\Longleftrightarrow t'Bt = \sum_{j=1}^n b_{jj}t_j^2$$

$$\Longleftrightarrow b_{ij} = 0, \quad i, j = 1, 2\cdots, n, \quad i \neq j$$

$$\Longleftrightarrow \xi_i \text{ 与 } \xi_j \text{ 不相关}, \quad i, j = 1, 2\cdots, n, \quad i \neq j. \qquad \square$$

利用分块矩阵的运算可知, 性质 3 对 $\boldsymbol{\xi}$ 的任意个子向量成立. 例如记 $\boldsymbol{\xi} = (\boldsymbol{\eta}_1', \boldsymbol{\eta}_2')'$, 其中 $\boldsymbol{\eta}_1, \boldsymbol{\eta}_2$ 分别为 $\boldsymbol{\xi}$ 的 k 维和 $n - k$ 维子向量, 记

$$B = \begin{pmatrix} B_{11} & B_{12} \\ B_{21} & B_{22} \end{pmatrix},$$

则 $\boldsymbol{\eta}_1$ 与 $\boldsymbol{\eta}_2$ 相互独立的充要条件为其相互协方差阵 $B_{12} = B_{21}' = O$. 请读者自行证明.

性质 4 $\boldsymbol{\xi}$ 服从多元正态分布的充要条件是它的各分量的任意线性组合服从正态分布. 令 $\boldsymbol{l} = (l_1, l_2, \cdots, l_n)'$ 为任意 n 维实向量, 则

$$\boldsymbol{\xi} \sim N(\boldsymbol{a}, \boldsymbol{B}) \Longleftrightarrow \zeta = \boldsymbol{l}'\boldsymbol{\xi} \sim N(\boldsymbol{l}'\boldsymbol{a}, \boldsymbol{l}'\boldsymbol{Bl}) \tag{3.45}$$

$$\Longleftrightarrow \zeta = \sum_{j=1}^n l_j\xi_j \sim N\left(\sum_{j=1}^n l_j a_j, \sum_{j=1}^n\sum_{k=1}^n l_j l_k b_{jk}\right). \tag{3.46}$$

证明　设 $\boldsymbol{\xi} \sim N(\boldsymbol{a}, \boldsymbol{B})$. 对任意实数 u, ζ 的特征函数

$$f_\zeta(u) = E\mathrm{e}^{\mathrm{i}u\zeta} = E\mathrm{e}^{\mathrm{i}(u\boldsymbol{l}')\boldsymbol{\xi}} = f_{\boldsymbol{\xi}}(u\boldsymbol{l})$$

$$= \exp\left\{\mathrm{i}\boldsymbol{a}'u\boldsymbol{l} - \frac{(u\boldsymbol{l})'\boldsymbol{B}(u\boldsymbol{l})}{2}\right\}$$

$$= \exp\left\{\mathrm{i}(\boldsymbol{a}'\boldsymbol{l})u - \frac{(\boldsymbol{l}'\boldsymbol{B}\boldsymbol{l})u^2}{2}\right\}.$$

这说明 $\zeta \sim N(\boldsymbol{l}'\boldsymbol{a}, \boldsymbol{l}'\boldsymbol{B}\boldsymbol{l})$.

反之, 设 $\zeta \sim N(\boldsymbol{l}'\boldsymbol{a}, \boldsymbol{l}'\boldsymbol{B}\boldsymbol{l})$, 则

$$f_\zeta(u) = E\mathrm{e}^{\mathrm{i}(u\boldsymbol{l}')\boldsymbol{\xi}}$$

$$= \exp\left\{\mathrm{i}\boldsymbol{a}'u\boldsymbol{l} - \frac{(u\boldsymbol{l})'\boldsymbol{B}(u\boldsymbol{l})}{2}\right\}$$

对一切实数 u 都成立. 取 $u = 1$, 即有

$$f_{\boldsymbol{\xi}}(\boldsymbol{l}) = E\mathrm{e}^{\mathrm{i}\boldsymbol{l}'\boldsymbol{\xi}} = \exp\left\{\mathrm{i}\boldsymbol{a}'\boldsymbol{l} - \frac{\boldsymbol{l}'\boldsymbol{B}\boldsymbol{l}}{2}\right\}.$$

故 $\boldsymbol{\xi} \sim N(\boldsymbol{a}, \boldsymbol{B})$.　□

利用性质 4, 可以把多元随机变量的各分量的任意线性组合为正态变量作为多元正态随机向量的另一定义.

性质 4 中的必要条件可以推广到 m 维线性变换.

性质 5　设 $\boldsymbol{\xi} = (\xi_1, \xi_2, \cdots, \xi_n)' \sim N(\boldsymbol{a}, \boldsymbol{B})$, $\boldsymbol{C} = (c_{ij})_{m \times n}$ 为 $m \times n$ 矩阵, 则

$$\boldsymbol{\eta} = \boldsymbol{C}\boldsymbol{\xi} \text{ 服从 } m \text{ 元正态分布 } N(\boldsymbol{C}\boldsymbol{a}, \boldsymbol{C}\boldsymbol{B}\boldsymbol{C}'). \tag{3.47}$$

性质 4 中的 $\boldsymbol{l}$ 相当于这里的 $\boldsymbol{C}$.

证明

$$f_{\boldsymbol{\eta}}(\boldsymbol{t}) = E\mathrm{e}^{\mathrm{i}(\boldsymbol{t}'\boldsymbol{C})\boldsymbol{\xi}} = E\mathrm{e}^{\mathrm{i}(\boldsymbol{C}'\boldsymbol{t})'\boldsymbol{\xi}} = f_{\boldsymbol{\xi}}(\boldsymbol{C}'\boldsymbol{t})$$

$$= \exp\left\{\mathrm{i}\boldsymbol{a}'\boldsymbol{C}'\boldsymbol{t} - \frac{1}{2}(\boldsymbol{C}'\boldsymbol{t})'\boldsymbol{B}\boldsymbol{C}'\boldsymbol{t}\right\}$$

$$= \exp\left\{\mathrm{i}(\boldsymbol{C}\boldsymbol{a})'\boldsymbol{t} - \frac{1}{2}\boldsymbol{t}'(\boldsymbol{C}\boldsymbol{B}\boldsymbol{C}')\boldsymbol{t}\right\}.　□$$

推论 3.1　存在正交矩阵 $\boldsymbol{U}$ 使在 $\boldsymbol{\eta} = \boldsymbol{U}\boldsymbol{\xi}$ 的变换下, $\boldsymbol{\eta}$ 的协方差阵为对角矩阵

$$\boldsymbol{U}\boldsymbol{B}\boldsymbol{U}' = \boldsymbol{D} = \begin{pmatrix} d_1 & & & \\ & d_2 & & \\ & & \ddots & \\ & & & d_n \end{pmatrix}. \tag{3.48}$$

因为 $\boldsymbol{B}$ 是实对称矩阵, 所以 (3.48) 中的正交矩阵 $\boldsymbol{U}$ 一定存在, 而且 $d_1, d_2, \cdots, d_n$

是 B 的特征值, U 的各行是相应的特征向量. 若 B 的秩为 r, 则 η 有 r 个独立正态分量.

利用分块矩阵, 可证性质 5 对 ξ, η 的子向量成立.

性质 6   令 $\xi \sim N(a, B)$, $\xi = (\xi_1', \xi_2')'$, 这里 ξ_1, ξ_2 分别为 ξ 的 k 维和 $n-k$ 维子向量, $\xi_1 \sim N(a_1, B_{11})$, $\xi_2 \sim N(a_2, B_{22})$, 且

$$B = \begin{pmatrix} B_{11} & B_{12} \\ B_{21} & B_{22} \end{pmatrix} \tag{3.49}$$

正定, 则在给定 $\xi_1 = x_1$ 的条件下, ξ_2 的条件分布还是正态分布, 即服从

$$N(a_2 + B_{21}B_{11}^{-1}(x_1 - a_1), \quad B_{22} - B_{21}B_{11}^{-1}B_{12}). \tag{3.50}$$

这是 2.5 节例 2.22 ($n = 2$, $k = 1$) 的推广, 证明从略. (3.50) 式说明条件期望是 x_1 的线性函数, 而条件方差与 x_1 无关.

利用多元正态分布的性质可极大方便关于多元正态分布的计算.

例 3.45   设 $\xi = (\xi_1, \xi_2)' \sim N(a_1, a_2, \sigma^2, \sigma^2, r)$, 求证 $\eta_1 = \xi_1 + \xi_2$ 与 $\eta_2 = \xi_1 - \xi_2$ 相互独立, 并求 η_1, η_2 各自的分布.

解   本题可用第二章随机向量的变换来解, 但现在可以利用性质 5. 容易看出,

$$\begin{pmatrix} \eta_1 \\ \eta_2 \end{pmatrix} = \begin{pmatrix} \xi_1 + \xi_2 \\ \xi_1 - \xi_2 \end{pmatrix} = \begin{pmatrix} 1 & 1 \\ 1 & -1 \end{pmatrix} \begin{pmatrix} \xi_1 \\ \xi_2 \end{pmatrix} \stackrel{\text{def}}{=\!=} C\xi.$$

令

$$B = \sigma^2 \begin{pmatrix} 1 & r \\ r & 1 \end{pmatrix},$$

则

$$CBC' = 2\sigma^2 \begin{pmatrix} 1+r & 0 \\ 0 & 1-r \end{pmatrix}.$$

所以 $\mathrm{Cov}(\eta_1, \eta_2) = 0$. 由性质 3, η_1, η_2 相互独立. 另外,

$$C \begin{pmatrix} a_1 \\ a_2 \end{pmatrix} = \begin{pmatrix} a_1 + a_2 \\ a_1 - a_2 \end{pmatrix},$$

所以

$$\eta_1 \sim N(a_1 + a_2, 2\sigma^2(1+r)), \quad \eta_2 \sim N(a_1 - a_2, 2\sigma^2(1-r)).$$

例 3.46   假设 $\xi = (\xi_1, \xi_2, \xi_3)' \sim N(a, B)$, 其中

$$B = \begin{pmatrix} 2 & 1 & 0 \\ 1 & 1 & 0 \\ 0 & 0 & 2 \end{pmatrix}.$$

求证 ξ_1 和 ξ_2 不独立, 而 $(\xi_1, \xi_2)'$ 与 ξ_3 相互独立.

证明 由 $\mathrm{Cov}(\xi_1, \xi_2) = b_{12} = 1 \neq 0$, 知 ξ_1 与 ξ_2 不独立. 又

$$
\boldsymbol{B} = \begin{pmatrix} \boldsymbol{B}_{11} & \boldsymbol{B}_{12} \\ \boldsymbol{B}_{21} & \boldsymbol{B}_{22} \end{pmatrix}, \quad \boldsymbol{B}_{12} = \begin{pmatrix} 0 \\ 0 \end{pmatrix},
$$

故 $(\xi_1, \xi_2)'$ 与 ξ_3 相互独立. □

3.5 补充与注记

1. 斯蒂尔切斯积分的若干性质

(1) 假设 $g(x)$ 在 $[a, b]$ 上连续, $F(x)$ 在有限个点 c_i $(i = 1, 2, \cdots, m)$ 上有第一类间断点. 除此之外, $F'(x)$ 在 $[a, b]$ 上绝对可积, 则

$$
\int_a^b g(x) \mathrm{d}F(x) = \int_a^b g(x) F'(x) \mathrm{d}x + \sum_{i=0}^m g(c_i)[F(c_i + 0) - F(c_i - 0)].
$$

若 $F(x)$ 是连续型分布函数, 则上式右边第二部分为 0; 而当 $F(x)$ 是离散型分布函数时, 第一部分为 0.

(2) 设 a, b 为常数, 则

$$
\int_{-\infty}^\infty [ag(x) + bf(x)] \mathrm{d}F(x) = a \int_{-\infty}^\infty g(x) \mathrm{d}F(x) + b \int_{-\infty}^\infty f(x) \mathrm{d}F(x).
$$

(3) 若 a, b 为常数, 则

$$
\int_{-\infty}^\infty g(x) \mathrm{d}[aF_1(x) + bF_2(x)] = a \int_{-\infty}^\infty g(x) \mathrm{d}F_1(x) + b \int_{-\infty}^\infty g(x) \mathrm{d}F_2(x).
$$

(4) 当 $a \leqslant c \leqslant b$ 时,

$$
\int_a^b g(x) \mathrm{d}F(x) = \int_a^c g(x) \mathrm{d}F(x) + \int_c^b g(x) \mathrm{d}F(x).
$$

(5) 若 $g(x) \geqslant 0$, $F(x)$ 单调不减, $a < b$, 则

$$
\int_a^b g(x) \mathrm{d}F(x) \geqslant 0.
$$

(6) 若 $a < b$, 则

$$
\int_a^b g(x) \mathrm{d}F(x) = g(x) F(x) \Big|_a^b - \int_a^b F(x) \mathrm{d}g(x).
$$

(2)—(6) 都是在等式左端的积分有意义的前提下成立的. 它们与黎曼积分的相应运

算公式是非常相似的.

对多元函数 f 和 G, 黎曼–斯蒂尔切斯积分的定义类似.

2. 测度的积分

在 3.1.3 小节, 通过黎曼–斯蒂尔切斯积分给出了一般随机变量数学期望的定义, 这里给出一般测度的积分的定义与性质.

设 $\mathscr{F}$ 是 Ω 上的 σ-代数, μ 为 $(\Omega, \mathscr{F})$ 上的测度, 即 μ 满足

(1) 若 $A \in \mathscr{F}$, 则 $\mu(A) \geqslant 0$;

(2) 若 $\{A_i (i \geqslant 1)\} \subset \mathscr{F}$, $A_i \cap A_j = \varnothing \ (i \neq j)$, 则 $\mu \left(\sum_{i=1}^{\infty} A_i \right) = \sum_{i=1}^{\infty} \mu(A_i)$,

则称 $(\Omega, \mathscr{F})$ 为可测空间, $(\Omega, \mathscr{F}, \mu)$ 为测度空间, $\mathscr{F}$ 中的元素称为可测集. 假设 $X : \Omega \mapsto \mathbb{R}$ 是一个函数, 如果对任意 $B \in \mathscr{B}$,

$$\{\omega \in \Omega : X(\omega) \in B\} \in \mathscr{F},$$

那么称 X 为 $\mathscr{F}$-可测函数, 简称**可测函数**.

定义 3.11 设 X 为可测函数, 若存在参数 $a_1, a_2, \cdots, a_m$, 以及互不相交的事件 $A_1, A_2, \cdots, A_m$ 使得 $\Omega = \sum_{k=1}^{m} A_k$, 并且

$$X = \sum_{k=1}^{m} a_k \mathbf{1}_{A_k},$$

则称 X 为简单函数. 这时也称 $\{A_k, a_k \ (k = 1, 2, \cdots, m)\}$ 为 X 的一个加权划分. $(\Omega, \mathscr{F})$ 上的全体简单函数记为 $\mathcal{S}$.

定义 3.12 设 $(\Omega, \mathscr{F}, \mu)$ 为测度空间, X 为可测函数, 记 $X^+ = \max\{X, 0\}$, $X^- = \max\{-X, 0\}$.

(1) 若 X 为非负简单函数, $\{A_k, a_k \ (k = 1, 2, \cdots, m)\}$ 为 X 的一个加权划分, 则定义 X 关于测度 μ 的积分为

$$\int X \mathrm{d}\mu = \int_{\Omega} X(\omega) \mu(\mathrm{d}\omega) = \sum_{k=1}^{m} a_k \mu(A_k); \tag{3.51}$$

(2) 若 X 为非负可测函数, 则定义 X 关于测度 μ 的积分为

$$\int X \mathrm{d}\mu = \int_{\Omega} X(\omega) \mu(\mathrm{d}\omega) = \sup \left\{ \int Y \mathrm{d}\mu : 0 \leqslant Y \leqslant X, Y \in \mathcal{S} \right\};$$

(3) 对一般的可测函数 X, 若 $\int X^+ \mathrm{d}\mu, \int X^- \mathrm{d}\mu$ 不全为 $+\infty$, 则定义 X 关于测度 μ 的积分为

$$\int X \mathrm{d}\mu = \int_{\Omega} X(\omega) \mu(\mathrm{d}\omega) = \int X^+ \mathrm{d}\mu - \int X^- \mathrm{d}\mu,$$

否则称积分不存在; 若 $\int X\mathrm{d}\mu$ 有限, 则称 X 关于测度 μ 可积;

(4) 对可测集 A, 定义

$$\int_A X\mathrm{d}\mu = \int_A X(\omega)\mu(\mathrm{d}\omega) = \int XI_A\mathrm{d}\mu.$$

当 $\mu = P$ 为概率测度时, 若 $\int X\mathrm{d}P$ 存在且有限, 则称其为随机变量 X 的数学期望, 记为 EX. 有时允许数学期望为无穷, 直接定义 $EX = \int X\mathrm{d}P$. 本书中, $\int X\mathrm{d}P$ 不存在或为 $\pm\infty$ 时, 都称 X 的数学期望 EX 不存在. 若 $\Omega = \mathbb{R}^n$ (n 维实数全体), $\mathscr{F} = \mathscr{B}^n$ 为 n 维博雷尔 σ-代数, $\mu = \lambda$ 为勒贝格测度, 则 $\mathscr{F}$-可测的函数 $X(x_1, x_2, \cdots, x_n) : \mathbb{R}^n \to \mathbb{R}$ 称为博雷尔可测函数, 积分

$$\int X\mathrm{d}\lambda = \int \cdots \int X(x_1, x_2, \cdots, x_n)\mathrm{d}x_1\mathrm{d}x_2\cdots\mathrm{d}x_n$$

称为博雷尔可测函数 $X(x_1, x_2, \cdots, x_n)$ 的勒贝格积分. 若 F 为 n 元分布函数, 其对应的概率测度记为 P_F, 则积分 $\int X\mathrm{d}P_F$ 称为博雷尔可测函数 $X(x_1, x_2, \cdots, x_n)$ 关于 F 的勒贝格–斯蒂尔切斯积分, 记作

$$\int X\mathrm{d}F \text{ 或 } \int\cdots\int X(x_1, x_2, \cdots, x_n)F(\mathrm{d}x_1, \mathrm{d}x_2, \cdots, \mathrm{d}x_n),$$

$$\int\cdots\int X(x_1, x_2, \cdots, x_n)\mathrm{d}F(x_1, x_2, \cdots, x_n).$$

容易验证这样定义的积分有如下性质.

性质 1 对非负简单函数 X, (3.51) 定义的积分与 X 的表达式无关.

性质 2 绝对可积性: $\int_A X\mathrm{d}\mu$ 有限当且仅当

$$\int_A |X|\mathrm{d}\mu < \infty.$$

性质 3 齐次性: $\int(-X)\mathrm{d}\mu = -\int X\mathrm{d}\mu$; 若 $\alpha \geqslant 0$, 则 $\int \alpha X\mathrm{d}\mu = \alpha\int X\mathrm{d}\mu$.

性质 4 非负单调性: 若 $0 \leqslant X \leqslant Y$, 则 $0 \leqslant \int X\mathrm{d}\mu \leqslant \int Y\mathrm{d}\mu$.

性质 5 若 $X \geqslant 0$, 可测集 A 和 B 满足 $A \subset B$, 则 $\int_A X\mathrm{d}\mu \leqslant \int_B X\mathrm{d}\mu$.

性质 6 若 $X(\omega) = 0, \omega \in \Omega$, 则 $\int X\mathrm{d}\mu = 0$.

性质 7 若 $\mu(A) = 0$, 则 $\int_A X\mathrm{d}\mu = 0$.

定理 3.6 (性质 8 单调收敛定理) 设 X_n, X 为非负可测函数, $X_n(\omega) \nearrow X(\omega)$,

$\omega \in \Omega$, 则

$$\lim_n \int X_n \mathrm{d}\mu = \int X \mathrm{d}\mu.$$

证明　我们先证如下结论: 设 Y 为非负简单函数, 可测集 $E_n \nearrow E$, 则

$$\int_{E_n} Y \mathrm{d}\mu \to \int_E Y \mathrm{d}\mu. \tag{3.52}$$

设 $Y = \sum_{i=1}^{m} a_i I_{A_i}, a_i \geqslant 0, E = \bigcup_{n=1}^{\infty} E_n$, 则由测度的连续性, 得

$$\lim_n \int_{E_n} Y \mathrm{d}\mu = \lim_n \sum_{i=1}^{m} a_i \mu(A_i \cap E_n)$$

$$= \sum_{i=1}^{m} a_i \lim_n \mu(A_i \cap E_n) = \sum_{i=1}^{m} a_i \mu(A_i \cap E) = \int_E Y \mathrm{d}\mu.$$

(3.52) 得证.

现设 Y 为非负简单函数, 并且 $Y \leqslant X$. 只要证

$$\lim_n \int X_n \mathrm{d}\mu \geqslant \int Y \mathrm{d}\mu. \tag{3.53}$$

设 $0 < b < 1, E_n = \{X_n \geqslant bY\}$. 由 $X_n \nearrow X \geqslant Y$ 知, $E_n \nearrow \Omega$. 从而

$$\lim_n \int X_n \mathrm{d}\mu \geqslant \lim_n \int_{E_n} X_n \mathrm{d}\mu \geqslant \lim_n \int_{E_n} bY \mathrm{d}\mu = b \lim_n \int_{E_n} Y \mathrm{d}\mu = b \int Y \mathrm{d}\mu.$$

令 $b \to 1$, 得 (3.53). 由定义 3.12 (2), 结论得证. □

设 $X \geqslant 0$, 定义分段可测函数 $X^{(n)}$ 为

$$X^{(n)} = \begin{cases} n, & X > n, \\ \dfrac{k-1}{2^n}, & \dfrac{k-1}{2^n} < X \leqslant \dfrac{k}{2^n}, \quad k = 1, 2, \cdots, n2^n, \\ 0, & X = 0, \end{cases} \tag{3.54}$$

则 $0 \leqslant X^{(n)} \nearrow X$, 从而由单调收敛定理, $\int X^{(n)} \mathrm{d}\mu \nearrow \int X \mathrm{d}\mu$.

对一般的可测函数 X, 令 $X_+^{(n)} = (X^+)^{(n)}, X_-^{(n)} = (X^-)^{(n)}$, 则

$$\int X \mathrm{d}\mu = \lim_n \left(\int X_+^{(n)} \mathrm{d}\mu - \int X_-^{(n)} \mathrm{d}\mu \right).$$

注意到这一事实, 可以看出上述所给数学期望的定义与定义 3.3 中数学期望的定义是等价的.

定理 3.7　设 X 为概率空间 $(\Omega, \mathscr{F}, P)$ 上的随机变量, F 为 X 的分布函数, 则

$$\int X^+ \mathrm{d}P = \int_0^\infty x \mathrm{d}F(x), \quad \int X^- \mathrm{d}P = -\int_{-\infty}^0 x \mathrm{d}F(x).$$

证明　注意到

$$\int X_+^{(n)} \mathrm{d}P = nP(X > n) + \sum_{k=1}^{n2^n} \frac{k-1}{2^n} P\left(\frac{k-1}{2^n} < X \leqslant \frac{k}{2^n}\right)$$

$$= nP(X > n) + \sum_{k=1}^{n2^n} \frac{k-1}{2^n} \left[F\left(\frac{k}{2^n}\right) - F\left(\frac{k-1}{2^n}\right) \right]$$

$$= nP(X > n) + \sum_{k=1}^{n2^n} \frac{k-1}{2^n} \int_{((k-1)/2^n, k/2^n]} \mathrm{d}F(x).$$

因此

$$\int_0^\infty x \mathrm{d}F(x) \geqslant \int X_+^{(n)} \mathrm{d}P \geqslant \int_0^n x \mathrm{d}F(x) - \frac{1}{2^n}.$$

由单调收敛定理, $\int X_+^{(n)} \mathrm{d}P \to \int X^+ \mathrm{d}P$. 因此

$$\int X^+ \mathrm{d}P = \int_0^\infty x \mathrm{d}F(x).$$

同理,

$$\int X_-^{(n)} \mathrm{d}P = nP(-X > n) + \sum_{k=1}^{n2^n} \frac{k-1}{2^n} P\left(\frac{k-1}{2^n} < -X \leqslant \frac{k}{2^n}\right)$$

$$= nP(-X > n) + \sum_{k=1}^{n2^n} \frac{k-1}{2^n} \int_{[-k/2^n, -(k-1)/2^n)} \mathrm{d}F(x).$$

因此

$$\int_{-\infty}^0 -x \mathrm{d}F(x) \geqslant \int X_-^{(n)} \mathrm{d}P \geqslant \int_{-n}^0 -x \mathrm{d}F(x) - \frac{1}{2^n}.$$

令 $n \to \infty$, 得

$$\int X^- \mathrm{d}P = -\int_{-\infty}^0 x \mathrm{d}F(x).$$

证毕.　　　　　　　　　　　　　　　　　　　　　　　　　　　　□

积分有如下进一步的性质, 这些性质的证明只需先证明对非负简单函数成立, 然后用上述简单函数逼近的方法即可得到对一般可测函数成立.

下面假设出现的函数都是可测函数, 出现的集合都是可测集.

性质 9　可加性. 若不出现 $\infty - \infty$ 和 $(-\infty) - (-\infty)$ 的情形, 则有

$$\int (X + Y) \mathrm{d}\mu = \int X \mathrm{d}\mu + \int Y \mathrm{d}\mu. \tag{3.55}$$

性质 10   积分区域的可加性. 设 $\{A_n, n \geqslant 1\}$ 互不相交, $\int_{\bigcup\limits_{n=1}^{\infty} A_n} X\mathrm{d}\mu$ 存在, 则

$$\int_{\bigcup\limits_{n=1}^{\infty} A_n} X\mathrm{d}\mu = \sum_{n=1}^{\infty} \int_{A_n} X\mathrm{d}\mu.$$

性质 11   单调性. 若 $X \leqslant Y$, $\int X\mathrm{d}\mu$ 和 $\int Y\mathrm{d}\mu$ 存在, 则

$$\int X\mathrm{d}\mu \leqslant \int Y\mathrm{d}\mu.$$

性质 12   中值定理. 若 $a \leqslant X(\omega) \leqslant b$, $\omega \in \Omega$, $\mu(A) < \infty$, 则

$$a\mu(A) \leqslant \int_A X\mathrm{d}\mu \leqslant b\mu(A).$$

性质 13   独立随机变量乘积的数学期望. 设 X, Y 是概率空间 $(\Omega, \mathscr{F}, P)$ 上的独立随机变量, 数学期望存在有限, 则 XY 的数学期望存在有限, 并且

$$EXY = EXEY. \tag{3.56}$$

证明   这里只给出性质 9 和性质 13 的证明. 先证性质 9. 若 $X = \sum\limits_{i=1}^{m} a_i \mathbf{1}_{A_i}$, $Y = \sum\limits_{j=1}^{n} b_j \mathbf{1}_{B_j}$ 为非负简单函数, 则 $X + Y = \sum\limits_{i,j} (a_i + b_j)\mathbf{1}_{A_i B_j}$. 从而

$$\int (X + Y)\mathrm{d}P = \sum_{i,j}(a_i + b_j)P(A_i B_j) = \sum_i a_i \sum_j P(A_i B_j) + \sum_j b_j \sum_i P(A_i B_j)$$
$$= \sum_i a_i P(A_i) + \sum_j b_j P(B_j) = \int X\mathrm{d}P + \int Y\mathrm{d}P.$$

即 (3.55) 成立.

设 $X, Y \geqslant 0$, 令 $X^{(n)}, Y^{(n)}$ 分别为如 (3.54) 所定义的 X, Y 的离散化随机变量, 则

$$\int (X^{(n)} + Y^{(n)})\mathrm{d}P = \int X^{(n)}\mathrm{d}P + \int Y^{(n)}\mathrm{d}P.$$

注意到 $0 \leqslant X^{(n)} \nearrow X$, $0 \leqslant Y^{(n)} \nearrow Y$, $0 \leqslant X^{(n)} + Y^{(n)} \nearrow X + Y$. 由单调收敛定理, 得

$$\int (X + Y)\mathrm{d}P = \int X\mathrm{d}P + \int Y\mathrm{d}P.$$

即 (3.55) 对非负的 X, Y 成立.

现在对一般的 X, Y, 记 $Z = X + Y$, 则

$$Z^+ + X^- + Y^- = Z^- + X^+ + Y^+.$$

由已证的结论,

$$\int Z^+ \mathrm{d}P + \int X^- \mathrm{d}P + \int Y^- \mathrm{d}P = \int Z^- \mathrm{d}P + \int X^+ \mathrm{d}P + \int Y^+ \mathrm{d}P. \tag{3.57}$$

注意到

$$0 \leqslant Z^+ \leqslant X^+ + Y^+, \quad 0 \leqslant Z^- \leqslant X^- + Y^-.$$

我们还有

$$\int Z^+ \mathrm{d}P \leqslant \int (X^+ + Y^+)\mathrm{d}P = \int X^+ \mathrm{d}P + \int Y^+ \mathrm{d}P, \quad \int Z^- \mathrm{d}P \leqslant \int X^- \mathrm{d}P + \int Y^- \mathrm{d}P.$$

下面分几种情形分别证明.

情形 1 $\int X \mathrm{d}P$ 和 $\int Y \mathrm{d}P$ 均有限. 这时, $\int X^\pm \mathrm{d}P$, $\int Y^\pm \mathrm{d}P$, $\int Z^\pm \mathrm{d}P$ 均有限, 由 (3.57), 即得

$$\int Z \mathrm{d}P = \int Z^+ \mathrm{d}P - \int Z^- \mathrm{d}P = \int X^+ \mathrm{d}P + \int Y^+ \mathrm{d}P - \int X^- \mathrm{d}P - \int Y^- \mathrm{d}P$$
$$= \int X \mathrm{d}\mu + \int Y \mathrm{d}\mu.$$

情形 2 $\int X \mathrm{d}P$ 和 $\int Y \mathrm{d}P$ 中之一有限. 不妨设 $\int X^\pm \mathrm{d}P < \infty$, $\int Y^+ \mathrm{d}P < \infty$, $\int Y^- \mathrm{d}P = \infty$. 这时, $\int Z^+ \mathrm{d}P < \infty$. 由 (3.57) 得 $\int Z^- \mathrm{d}P = -\infty$. 从而

$$\int Z \mathrm{d}P = -\infty = \int Y \mathrm{d}P = \int X \mathrm{d}P + \int Y \mathrm{d}P.$$

情形 3 $\int X \mathrm{d}P = \int Y \mathrm{d}P = \infty$. 这时 $\int X^- \mathrm{d}P$ 和 $\int Y^- \mathrm{d}P$ 必有限, 从而 $\int Z^- \mathrm{d}P$ 有限. 由 (3.57) 即得

$$\int Z \mathrm{d}P = \int Z^+ \mathrm{d}P - \int Z^- \mathrm{d}P = \int X^+ \mathrm{d}P + \int Y^+ \mathrm{d}P - \int X^- \mathrm{d}P - \int Y^- \mathrm{d}P$$
$$= \infty = \int X \mathrm{d}P + \int Y \mathrm{d}P.$$

情形 4 $\int X \mathrm{d}P = \int Y \mathrm{d}P = -\infty$. 这时 $\int X^+ \mathrm{d}P$, $\int Y^+ \mathrm{d}P$, $\int Z^+ \mathrm{d}P$ 必有限. 与情形 3 类似,

$$\int Z \mathrm{d}P = -\infty = \int X \mathrm{d}P + \int Y \mathrm{d}P.$$

性质 9 证毕.

下证性质 13. 若 $X = \sum_{i=1}^{m} a_i \mathbf{1}_{A_i}$, $Y = \sum_{j=1}^{n} b_j \mathbf{1}_{B_j}$ 为非负简单函数, 其中 $a_i, b_j \geqslant 0$. 不妨设 $a_1, a_2, \cdots, a_m$ 互不相同, $b_1, b_2, \cdots, b_n$ 互不相同, 则 $XY = \sum_{i,j} a_i b_j \mathbf{1}_{A_i B_j}$ 也是简单非负可测函数. 由于 X 和 Y 相互独立, 事件 $A_i = \{X = a_i\}$ 和事件 $B_j = \{Y = b_j\}$

独立. 从而

$$\int XY\mathrm{d}P = \sum_{i,j} a_i b_j P(A_i B_j) = \sum_{i,j} a_i b_j P(A_i) P(B_j)$$

$$= \sum_i a_i P(A_i) \cdot \sum_j b_j P(B_j) = \int X\mathrm{d}P \cdot \int Y\mathrm{d}P.$$

(3.56) 成立.

设 X, Y 为非负随机变量, 令 $X^{(n)}, Y^{(n)}$ 分别为如 (3.54) 所定义的 X, Y 的离散化变量, 则

$$\int X^{(n)} Y^{(n)} \mathrm{d}P = \int X^{(n)} \mathrm{d}P \int Y^{(n)} \mathrm{d}P.$$

注意到 $0 \leqslant X^{(n)} \nearrow X, 0 \leqslant Y^{(n)} \nearrow Y, 0 \leqslant X^{(n)} Y^{(n)} \nearrow XY$. 由单调收敛定理, 得 (3.56).

最后设 X, Y 为可积随机变量. 这时 $EX^{\pm} = \int X^{\pm}\mathrm{d}P$ 和 $EY^{\pm} = \int Y^{\pm}\mathrm{d}P$ 均有限. 并且 $X^{\pm}$ 与 $Y^{\pm}$ 独立, 由已证的结论,

$$EX^+ Y^+ = EX^+ EY^+, \quad EX^- Y^- = EX^- EY^-,$$

$$EX^+ Y^- = EX^+ EY^-, \quad EX^- Y^+ = EX^- EY^+$$

均有限. 由性质 9, 得 $XY = X^+ Y^+ - X^- Y^+ - X^+ Y^- + X^- Y^-$ 的期望有限, 并且

$$EXY = E[(X^+ - X^-)(Y^+ - Y^-)] = E[X^+ Y^+ - X^- Y^+ - X^+ Y^- + X^- Y^-]$$

$$= E[X^+ Y^+] - E[X^- Y^+] - E[X^+ Y^-] + E[X^- Y^-]$$

$$= EX^+ EY^+ - EX^- EY^+ - EX^+ EY^- + EX^- EY^-$$

$$= (EX^+ - EX^-)(EY^+ - EY^-) = EX EY.$$

性质 13 证毕. $\square$

除了单调收敛定理, 还有下述积分收敛定理.

性质 14 控制收敛定理: 设 μ 为 $(\Omega, \mathscr{F})$ 上的测度, $X_n(\omega) \to X(\omega), |X_n(\omega)| \leqslant Y(\omega), \omega \in \Omega$, 并且 $\int Y\mathrm{d}\mu < \infty$, 则

$$\int X_n\mathrm{d}\mu \to \int X\mathrm{d}\mu. \tag{3.58}$$

性质 15 法图 (Fatou) 引理: 设 X_n 为测度空间 $(\Omega, \mathscr{F}, \mu)$ 上的非负可测函数, 则

$$\int \liminf_n X_n\mathrm{d}\mu \leqslant \liminf_n \int X_n\mathrm{d}\mu. \tag{3.59}$$

证明 先证 (3.58). 易知 $|X(\omega)| \leqslant Y(\omega)$. 令 $Y_n = \max_{m \geqslant n} |X_m - X|, Z_n = 2Y - Y_n$, 则 $0 \leqslant Z_n \nearrow 2Y$. 由单调收敛定理, 得

$$\int 2Y\mathrm{d}\mu - \int Y_n\mathrm{d}\mu = \int Z_n\mathrm{d}\mu \to \int 2Y\mathrm{d}\mu.$$

故

$$\left|\int X_n\mathrm{d}\mu - \int X\mathrm{d}\mu\right| \leqslant \int Y_n\mathrm{d}\mu \to 0.$$

下证 (3.59). 令 $Y_n = \inf\limits_{m\geqslant n} X_m$, $Y = \liminf\limits_{n} X_n$, 则 $Y_n \nearrow Y$. 由单调收敛定理, 得

$$\int Y\mathrm{d}\mu = \lim_n \int Y_n\mathrm{d}\mu \leqslant \liminf_n \int X_n\mathrm{d}\mu.$$

证毕. □

最后, 我们给出概率测度的积分、黎曼-斯蒂尔切斯 (R-S) 积分、勒贝格-斯蒂尔切斯 (L-S) 积分之间的关系.

定理 3.8 设 $(\Omega, \mathscr{F}, \mu)$ 为测度空间, $\boldsymbol{X} = (X_1, X_2, \cdots, X_d) : (\Omega, \mathscr{F}) \longmapsto (\mathbb{R}^d, \mathscr{B}^d)$ 为 d 维可测函数, $\mu_X(A) = \mu(\boldsymbol{X} \in A) : \mathscr{B}^d \longmapsto [0,1]$ 为 $\boldsymbol{X}$ 导出的测度, 则对任意的 d 维博雷尔可测函数 $f(x_1, x_2, \cdots, x_d)$, 有

$$\int f(\boldsymbol{X}(\omega))\mu(\mathrm{d}\omega) = \int \cdots \int f(x_1, x_2, \cdots, x_d)\mu_X(\mathrm{d}x_1, \mathrm{d}x_2, \cdots, \mathrm{d}x_d). \tag{3.60}$$

上式的含义是只要一边的积分存在, 则另一边的积分存在且两积分相等.

特别地, 若 $\mu = P$ 为概率测度, P_X 为 $\boldsymbol{X}$ 导出的概率测度, $F(x_1, x_2, \cdots, x_d)$ 为 $\boldsymbol{X}$ 的分布函数, 则

$$E[f(\boldsymbol{X})] = \int \cdots \int f(x_1, x_2, \cdots, x_d)P_X(\mathrm{d}x_1, \mathrm{d}x_2, \cdots, \mathrm{d}x_d)$$

$$= (\text{L-S}) \int \cdots \int f(x_1, x_2, \cdots, x_d)F(\mathrm{d}x_1, \mathrm{d}x_2, \cdots, \mathrm{d}x_d). \tag{3.61}$$

进一步地, 若 $|f(x_1, x_2, \cdots, x_d)|$ 在 $\mathbb{R}^d$ 上对 $F(x_1, x_2, \cdots, x_d)$ 黎曼-斯蒂尔切斯可积, 则 $f(x_1, x_2, \cdots, x_d)$ 在 $\mathbb{R}^d$ 上对 $F(x_1, x_2, \cdots, x_d)$ 勒贝格-斯蒂尔切斯可积, 并且

$$(\text{L-S}) \int \cdots \int f(x_1, x_2, \cdots, x_d)F(\mathrm{d}x_1, \mathrm{d}x_2, \cdots, \mathrm{d}x_d)$$

$$= (\text{R-S}) \int \cdots \int f(x_1, x_2, \cdots, x_d)F(\mathrm{d}x_1, \mathrm{d}x_2, \cdots, \mathrm{d}x_d). \tag{3.62}$$

特别地, 若 $f(x_1, x_2, \cdots, x_d)$ 为连续函数, $\int \cdots \int |f(x_1, x_2, \cdots, x_d)|F(\mathrm{d}x_1, \mathrm{d}x_2, \cdots, \mathrm{d}x_d) < \infty$, 则

$$E[f(\boldsymbol{X})] = (\text{R-S}) \int \cdots \int f(x_1, x_2, \cdots, x_d)F(\mathrm{d}x_1, \mathrm{d}x_2, \cdots, \mathrm{d}x_d).$$

证明 这里只证明 (3.60). 由勒贝格-斯蒂尔切斯积分的定义, (3.61) 是 (3.60) 的特例. (3.62) 的证明与实分析中黎曼积分与勒贝格积分之间的关系的证明类似, 这里从略.

若 $f = \mathbf{1}_A,\ A \in \mathscr{B}^d$, 则

$$\int f(\boldsymbol{X})\mathrm{d}\mu = \mu(\boldsymbol{X} \in A) = \mu_X(A) = \int f\mathrm{d}\mu_X.$$

(3.60) 成立.

若 $f = \displaystyle\sum_{i=1}^{m} a_i I_{A_i}$ 为 $(\mathbb{R}^d, \mathscr{B}^d)$ 上的简单可测函数, 则

$$\int f(\boldsymbol{X})\mathrm{d}\mu = \sum_{i=1}^{m} a_i \int \mathbf{1}_{A_i}(\boldsymbol{X})\mathrm{d}\mu = \sum_{i=1}^{m} a_i \int \mathbf{1}_{A_i}\mathrm{d}\mu_X = \int f\mathrm{d}\mu_X.$$

(3.60) 成立.

若 f 为非负的博雷尔可测函数, 则存在 $(\mathbb{R}^d, \mathscr{B}^d)$ 上一列非负的简单可测函数 f_n 使得 $0 \leqslant f_n(x_1, x_2, \cdots, x_d) \nearrow f(x_1, x_2, \cdots, x_d)$. 从而 $0 \leqslant f_n(\boldsymbol{X}(\omega)) \nearrow f(\boldsymbol{X}(\omega))$. 由单调收敛定理得

$$\int f(\boldsymbol{X})\mathrm{d}\mu = \lim_n \int f_n(\boldsymbol{X})\mathrm{d}\mu = \lim_n \int f_n\mathrm{d}\mu_X = \int f\mathrm{d}\mu_X.$$

最后对一般的博雷尔可测函数 f, 由已证的结论知: $\displaystyle\int f^{\pm}(\boldsymbol{X})\mathrm{d}\mu = \int f^{\pm}\mathrm{d}\mu_X$. 由定义 $\displaystyle\int f(\boldsymbol{X})\mathrm{d}\mu = \int f^+(\boldsymbol{X})\mathrm{d}\mu - \int f^-(\boldsymbol{X})\mathrm{d}\mu$, $\displaystyle\int f\mathrm{d}\mu_X = \int f^+\mathrm{d}\mu_X - \int f^-\mathrm{d}\mu_X$. (3.60) 得证. $\qquad\square$

3. 矩不等式

有关随机变量不同阶矩之间大小的比较, 我们给出下列常用的一些不等式.

(1) **赫尔德 (Hölder) 不等式.** 令 ξ 和 η 是两个随机变量, $1 < p < \infty$, $\dfrac{1}{p} + \dfrac{1}{q} = 1$, 那么

$$|E\xi\eta| \leqslant E|\xi\eta| \leqslant (E|\xi|^p)^{\frac{1}{p}}(E|\eta|^q)^{\frac{1}{q}}.$$

当 $p = 2$ 时, 即是柯西 – 施瓦茨不等式. 特别地, 令 $\eta = 1$ 得, $E|\xi| \leqslant (E|\xi|^p)^{\frac{1}{p}}$.

进而, 如果用 $|\xi|^r$ 取代 $|\xi|$ 并令 $1 < r < r'$, $p = \dfrac{r'}{r}$, 那么得

$$(E|\xi|^r)^{\frac{1}{r}} \leqslant (E|\xi|^{r'})^{\frac{1}{r'}}, \quad 1 < r < r' < \infty.$$

称此不等式为李雅普诺夫不等式.

(2) **闵可夫斯基 (Minkowski) 不等式.** 令 ξ 和 η 是两个随机变量, $1 < p < \infty$, 则

$$(E|\xi + \eta|^p)^{\frac{1}{p}} \leqslant (E|\xi|^p)^{\frac{1}{p}} + (E|\eta|^p)^{\frac{1}{p}}.$$

4. 假设 X 服从正态分布 $N(0,1)$, 那么 $Y = \mathrm{e}^X$ 服从对数正态分布, 具有密度函数

$$p(x) = \frac{1}{x\sqrt{2\pi}}\mathrm{e}^{-\frac{(\log x)^2}{2}}, \quad x > 0.$$

假设 $-1 \leqslant a \leqslant 1$, 定义

$$p_a(x) = [1 + a\sin(2\pi\log x)]p(x).$$

不难验证 $p_a(x)$ 是一个密度函数; Y 的任意阶矩有限; 并且对于 $k \geqslant 1$,

$$\int_{-\infty}^{\infty} x^k p_a(x)\mathrm{d}x = \int_{-\infty}^{\infty} x^k p(x)\mathrm{d}x.$$

这表明 $p_a(x)$ $(-1 \leqslant a \leqslant 1)$, 是一族彼此不同的密度函数, 但具有相同的任意阶矩.

反过来我们有下列定理.

定理 3.9　假设 ξ, η 是两个随机变量, 并且对 $k \geqslant 1$, 有相同的 k 阶矩 m_k. 如果下面三个条件之一成立:

(1) $\displaystyle\sum_{k=1}^{\infty} \frac{m_{2k} t^{2k}}{(2k)!} < \infty$ 对某 $t > 0$ 成立;

(2) $\displaystyle\sum_{k=1}^{\infty} m_{2k}^{-\frac{1}{2k}} = \infty$ (卡莱曼 (Carleman) 条件);

(3) $\displaystyle\limsup_{k\to\infty} \frac{|m_k|^{\frac{1}{k}}}{k} < \infty$,

那么 ξ, η 具有相同的分布函数.

5. 母函数与矩母函数

设 ξ 是取非负整数值 $0, 1, 2, \cdots$ 的离散型随机变量, $p_k = P(\xi = k)$. 令

$$g_\xi(s) = Es^\xi = \sum_{k=0}^{\infty} p_k s^k, \quad |s| \leqslant 1.$$

称 $g_\xi(s)$ 为 ξ 的母函数 (generating function) 或生成函数, 也叫作 $\{p_k\}$ 的母函数.

例如, 如果 ξ 服从泊松分布 $P(\lambda)$, 那么

$$g_\xi(s) = \sum_{k=0}^{\infty} s^k \frac{\lambda^k}{k!} \mathrm{e}^{-\lambda} = \mathrm{e}^{-\lambda(1-s)}.$$

母函数 $g_\xi(s)$ 与概率分布 $\{p_k\}$ 是一一对应的. 事实上, $p_0 = g_\xi(0)$, $p_k = \dfrac{g_\xi^{(k)}(0)}{k!}$, $k = 1, 2, \cdots$. 容易验证, 母函数有如下性质:

性质 1　设 ξ 的母函数为 $g_\xi(s)$, 则 $E\xi$ 存在当且仅当 $g_\xi'(1) < \infty$, 且有 $E\xi = g_\xi'(1)$; $\mathrm{Var}\,(\xi)$ 存在当且仅当 $g_\xi''(1) < \infty$, 且有

$$\mathrm{Var}\,(\xi) = g_\xi''(1) + g_\xi'(1) - (g_\xi'(1))^2.$$

性质 2　设 ξ, η 都是只取非负整数值的随机变量且相互独立, 母函数分别为 $g_\xi(s)$, $g_\eta(s)$, 则 $\xi + \eta$ 的母函数是 $g_\xi(s)g_\eta(s)$.

性质 3　设 ξ 的母函数为 $g_\xi(s)$, 则它的特征函数是 $g_\xi(\mathrm{e}^{\mathrm{i}t})$.

对一般的随机变量 ξ, 习惯上定义其矩母函数 (moment generating function) 为

$$M_\xi(t) = Ee^{t\xi},$$

其中 $t \in \mathbb{R}$ 使得所求数学期望存在.

矩母函数是研究随机变量和分布函数的重要工具, 但并不一定对所有的 t 都存在.

例 3.47 如果 ξ 服从正态分布 $N(\mu, \sigma^2)$, 那么对所有的 $t \in \mathbb{R}$,

$$M_\xi(t) = Ee^{t\xi} = e^{\mu t + \frac{1}{2}\sigma^2 t^2}. \tag{3.63}$$

例 3.48 如果 ξ 服从参数为 λ 的指数分布, 那么当 $t < \lambda$ 时,

$$M_\xi(t) = \frac{\lambda}{\lambda - t}; \tag{3.64}$$

当 $t \geqslant \lambda$ 时, $M_\xi(t)$ 不存在.

例 3.49 如果 ξ 服从柯西分布, 那么仅当 $t = 0$ 时, $M_\xi(t) = 1$; 对于其他所有 t, $M_\xi(t)$ 不存在.

一个随机变量的矩母函数并不总是对所有的 t 都存在, 而特征函数总是存在的, 两者具有类似的作用.

6. 对于一些不熟悉复变函数理论中围道积分的读者, 我们用矩母函数给出一个关于特征函数的计算方法. 假设 ξ 是一个随机变量, 并且存在 $t > 0$ 使得它的矩母函数 $M_\xi(s)$ 对所有的 $|s| \leqslant t$ 有限, 那么其特征函数 $f_\xi(t) = M_\xi(\mathrm{i}t)$. 也就是说, 我们可以通过求矩母函数 (实值随机变量的数学期望) 给出特征函数.

如果 ξ 服从正态分布 $N(\mu, \sigma^2)$, 那么由 (3.63) 有 $f_\xi(t) = e^{\mathrm{i}\mu t - \frac{\sigma^2 t^2}{2}}$. 如果 ξ 服从参数为 λ 的指数分布, 那么由 (3.64) 有 $f_\xi(t) = \frac{\lambda}{\lambda - \mathrm{i}t}$.

7. 条件期望的一般定义

在 3.1 节中, 条件期望 $E(\eta|\xi = x)$ 定义为在 $\xi = x$ 的条件下, η 条件分布 $F_{\eta|\xi}(y|x)$ 的数学期望. 当 (ξ, η) 是离散型或者连续型随机向量时, 条件分布

$$F_{\eta|\xi}(y|x) = \lim_{\Delta x \to 0} \frac{P(\eta \leqslant y, x < \xi \leqslant x + \Delta x)}{P(x < \xi \leqslant x + \Delta x)}$$

通常均有定义, 从而条件期望有严格的定义. 但是对一般的随机向量 (ξ, η), 条件分布的定义中, 极限不一定存在, 要定义条件期望只能借助测度论的理论.

若 (ξ, η) 为连续型随机变量, 按照 3.1 节中 (3.10) 的证明步骤可以证明: 对 $m(x) = E(\eta|\xi = x)$ 和任何博雷尔集 A 有

$$\int_{\xi \in A} m(\xi)\mathrm{d}P = \int_{\xi \in A} \eta\mathrm{d}P. \tag{3.65}$$

这里, 在一个事件上的积分 $\displaystyle\int_{\xi \in A} \eta\mathrm{d}P$ 表示期望 $E[\eta I_{(\xi \in A)}]$, 其中 $I_{(\xi \in A)}$ 表示事件 $\{\xi \in$

$A\}$ 的示性函数.

反过来, 若有一个 ξ 的函数 $m(\xi)$ 使得上式对任何博雷尔集 A 成立, 则必有 $P(m(\xi) \neq E(\eta|\xi)) = 0$. 事实上, 取 $A = \{x : m(x) \geqslant E(\eta|\xi = x)\}$, 则

$$\int (m(\xi) - E(\eta|\xi))^+ \mathrm{d}P = \int_{\xi \in A} m(\xi)\mathrm{d}P - \int_{\xi \in A} E(\eta|\xi)\mathrm{d}P$$
$$= \int_{\xi \in A} \eta\mathrm{d}P - \int_{\xi \in A} \eta\mathrm{d}P = 0.$$

同理,

$$\int (m(\xi) - E(\eta|\xi))^- \mathrm{d}P = 0.$$

所以

$$\int |m(\xi) - E(\eta|\xi)|\mathrm{d}P = 0,$$

从而 $P(m(\xi) \neq E(\eta|\xi)) = 0$.

由此可见, 若不计概率为 0 的事件上的差异, 条件期望 $E(\eta|\xi)$ 是唯一一个 ξ 的函数使得 (3.65) 对任何博雷尔集 A 均成立. 这一结论对一般随机向量也成立, 这里我们只给出结论, 其证明超出了本书的范围.

定义 3.13 设 $\eta, \xi_1, \cdots, \xi_d$ 为随机变量, $E|\eta| < \infty$. 记 $\boldsymbol{\xi} = (\xi_1, \xi_2, \cdots, \xi_d)'$, 则存在 d 维博雷尔函数 $m(\boldsymbol{x})$, 使得对任何 d 维博雷尔集 A 有

$$\int_{\boldsymbol{\xi} \in A} m(\boldsymbol{\xi})\mathrm{d}P = \int_{\boldsymbol{\xi} \in A} \eta\mathrm{d}P. \tag{3.66}$$

并且, 若不计概率为 0 的事件上的差异, 这样的函数 $m(\boldsymbol{\xi})$ 是唯一的. 我们称 $m(\boldsymbol{\xi})$ 为已知 $\boldsymbol{\xi}$ 的条件下, η 的条件期望, 或者称为 η 关于 $\boldsymbol{\xi}$ 的条件期望, 记作 $E(\eta|\boldsymbol{\xi})$. 而 $m(\boldsymbol{x})$ 为在条件 $\boldsymbol{\xi} = \boldsymbol{x}$ 下, η 的条件期望, 记作 $E(\eta|\boldsymbol{\xi} = \boldsymbol{x})$.

例 3.50 设 ξ 与 η 独立, $E|\eta| < \infty$. 证明 $E(\eta|\xi) = E\eta$.

证明 由定义, 只要证明

$$\int_{\xi \in A} E\eta\mathrm{d}P = \int_{\xi \in A} \eta\mathrm{d}P.$$

而由独立性易得

$$\int_{\xi \in A} \eta\mathrm{d}P = E[\eta I_{(\xi \in A)}] = E\eta P(\xi \in A) = \int_{\xi \in A} E\eta\mathrm{d}P. \qquad \square$$

例 3.51 设 $E|\eta| < \infty$, τ 为 ξ 的函数. 证明

$$E(\eta|\tau) = E[E(\eta|\xi)|\tau].$$

证明 设 $\tau = g(\xi)$. 由 $E(\eta|\tau)$ 的定义, 我们只要证明

$$\int_{\tau \in A} \eta \mathrm{d}P = \int_{\tau \in A} E(\eta|\xi) \mathrm{d}P.$$

由于 $\tau \in A$ 当且仅当 $\xi \in g^{-1}(A)$, 所以由 $E(\eta|\xi)$ 的定义知

$$\int_{\tau \in A} E(\eta|\xi) \mathrm{d}P = \int_{\xi \in g^{-1}(A)} E(\eta|\xi) \mathrm{d}P = \int_{\xi \in g^{-1}(A)} \eta \mathrm{d}P$$
$$= \int_{\tau \in A} \eta \mathrm{d}P.$$

结论得证. □

8. 鞅

鞅是概率论中的一个重要概念, 是研究许多随机现象的工具, 下面我们给出鞅的定义.

定义 3.14 设 $\{S_n, n \geqslant 1\}$ 为一列随机变量, 数学期望均存在. 若

$$E(S_n|S_1, S_2, \cdots, S_{n-1}) = S_{n-1}, \quad n \geqslant 2,$$

则称 $\{S_n, n \geqslant 1\}$ 为鞅. 若记 $S_0 = 0$, $X_n = S_n - S_{n-1}$, 则

$$E(X_n|X_1, X_2, \cdots, X_{n-1}) = 0, \quad n \geqslant 2.$$

具有上述性质的随机变量序列 $\{X_n, n \geqslant 1\}$ 称为鞅差序列.

由鞅的定义可知, 若 $\{S_n, n \geqslant 1\}$ 为鞅, 则对任何 $1 \leqslant k \leqslant n-1$, 有

$$E(S_n|S_1, S_2, \cdots, S_k) = E[E(S_n|S_1, S_2, \cdots, S_{n-1})|S_1, S_2, \cdots, S_k]$$
$$= E(S_{n-1}|S_1, S_2, \cdots, S_k) = \cdots = S_k.$$

上述第一个等号利用了例 3.51 的结论, 其中 $\tau = (S_1, S_2, \cdots, S_k)$ 是 $\xi = (S_1, S_2, \cdots, S_{n-1})$ 的函数.

例 3.52 设 $\{X_n, n \geqslant 1\}$ 为一列独立随机变量, 数学期望均为 0, 则 $\{X_n, n \geqslant 1\}$ 为鞅差序列.

事实上, 由独立性有

$$E(X_n|X_1, X_2, \cdots, X_{n-1}) = EX_n = 0.$$

例 3.53 设 $\{X_n(n \geqslant 1)\}$ 为一列独立同分布随机变量, 其共同分布为

$$P(X_n = 1) = p, \quad P(X_n = -1) = 1 - p, \quad n \geqslant 1,$$

其中 $0 < p < 1$. 记 $S_n = X_1 + X_2 + \cdots + X_n$, $Y_n = \left(\dfrac{1-p}{p}\right)^{S_n}$, 则 $\{Y_n, n \geqslant 1\}$ 为鞅.

证明 由于 $Y_n = Y_{n-1}\left(\dfrac{1-p}{p}\right)^{X_n}$, 所以

$$E(Y_n|Y_1, Y_2, \cdots, Y_{n-1}) = Y_{n-1} E\left(\left(\frac{1-p}{p}\right)^{X_n}\middle| Y_1, Y_2, \cdots, Y_{n-1}\right).$$

注意到 X_n 与 $Y_1, Y_2, \cdots, Y_{n-1}$ 独立, 我们得

$$E\left(\left(\frac{1-p}{p}\right)^{X_n}\middle|Y_1, Y_2, \cdots, Y_{n-1}\right) = E\left(\frac{1-p}{p}\right)^{X_n}$$

$$= \left(\frac{1-p}{p}\right)P(X_n = 1) + \left(\frac{1-p}{p}\right)^{-1}P(X_n = -1)$$

$$= \frac{1-p}{p}\cdot p + \frac{p}{1-p}\cdot(1-p) = 1.$$

所以 $E(Y_n|Y_1, Y_2, \cdots, Y_{n-1}) = Y_{n-1}$. 因此 $\{Y_n, n \geqslant 1\}$ 为鞅. □

例 3.54 (似然比)　设 $\{X_n, n \geqslant 1\}$ 为一列独立同分布随机变量, 其共同密度函数为 f 和 g 中的一个. 假设 f 与 g 有相同的支撑, 即 $\{x: f(x) > 0\} = \{x: g(x) > 0\}$. 在统计中, 为了通过观测到的 $X_1, X_2, \cdots, X_n$ 的取值来确定真实的密度函数, 构造似然比如下:

$$Y_n = \frac{\displaystyle\prod_{k=1}^{n} g(X_k)}{\displaystyle\prod_{k=1}^{n} f(X_k)}.$$

试证明: 当 f 为真实密度函数时, $\{Y_n, n \geqslant 1\}$ 为鞅.

证明　为了方便, 我们设 f 恒正, 则

$$E(Y_n|Y_1, Y_2, \cdots, Y_{n-1}) = E\left(Y_{n-1}\frac{g(X_n)}{f(X_n)}\middle|Y_1, Y_2, \cdots, Y_{n-1}\right)$$

$$= Y_{n-1}E\left(\frac{g(X_n)}{f(X_n)}\middle|Y_1, Y_2, \cdots, Y_{n-1}\right)$$

$$= Y_{n-1}E\frac{g(X_n)}{f(X_n)}$$

$$= Y_{n-1}\int_{-\infty}^{\infty}\frac{g(x)}{f(x)}f(x)\mathrm{d}x$$

$$= Y_{n-1}\int_{-\infty}^{\infty}g(x)\mathrm{d}x = Y_{n-1}.$$

结论得证. □

例 3.55 (波利亚 (Pólya) 罐子模型)　设一个罐子中有 a 个白球和 b 个黑球, 从中随机抽取一个球, 将其放回并加入 c 个与其颜色相同的球, 然后重复这一过程. 记 Y_n 为第 n 次抽取后罐子中黑球所占的比例. 证明: $\{Y_n, n \geqslant 1\}$ 为鞅.

证明　记 α 为 n 次抽取后黑球的个数, β 为球的总数, 则不论 α, β 的取值, 在已知 $Y_n = \dfrac{\alpha}{\beta}$ 时, 我们有

$$E\left(Y_{n+1}\middle|Y_n = \frac{\alpha}{\beta}\right) = \frac{\alpha+c}{\beta+c}\cdot\frac{\alpha}{\beta} + \frac{\alpha}{\beta+c}\cdot\left(1-\frac{\alpha}{\beta}\right) = \frac{\alpha}{\beta} = Y_n.$$

所以 $E(Y_{n+1}|Y_1, Y_2, \cdots, Y_n) = Y_n$, 即 $\{Y_n, n \geq 1\}$ 为鞅. $\qquad \square$

9. 分支过程

我们再来考察 1.4 节例 1.41 的模型. 设某生物群开始时 (第 0 代) 只有一个个体, 第 n 代的个体数记为 ξ_n. 设每个个体进行独立繁衍, 第 n 代中第 i 个个体的下一代个数记为 η_{ni}, 那么

$$\xi_{n+1} = \sum_{i=1}^{\xi_n} \eta_{ni}, \quad n \geq 0.$$

这里规定 $\sum_{i=1}^{0}(\cdot) = 0$. 假设各代的繁殖规律是一样的, 即 $\{\eta_{ni}(n \geq 0, i \geq 1)\}$ 是一族相互独立同分布随机变量, 取非负整数值. 令

$$p_k = P(\eta_{ni} = k), \quad k = 0, 1, \cdots.$$

上述随机序列 $\{\xi_n, n \geq 0\}$ 是英国学者高尔顿 (Galton) 和沃森 (Watson) 首次提出的, 故称作高尔顿–沃森 (G-W) 分支过程, 简称**分支过程**. 对这一随机序列, 人们关心的是: ξ_n 的概率分布是怎样的? 当 n 无限增大时, ξ_n 的变化趋势如何? 群体是否会灭绝 (即存在 n 使得 $\xi_n = 0$)?

(1) 期望与方差

首先, 考察 ξ_n 的期望与方差. 若 $m \stackrel{\text{def}}{=\!=} E\xi_1 = \sum_{k=1}^{\infty} kp_k$ 存在, 则 $E\xi_n = m^n$; 若 $\sigma^2 \stackrel{\text{def}}{=\!=} \text{Var}\, \xi_1$ 存在, 则

$$\text{Var}\, \xi_n = \begin{cases} n\sigma^2, & m = 1, \\ \dfrac{\sigma^2 m^{-n-1}(m^n - 1)}{m - 1}, & m \neq 1. \end{cases}$$

由此可见, 当 $m > 1$ 时, ξ_n 的数学期望按指数速度增长; 当 $m < 1$ 时, ξ_n 的数学期望按指数速度减少.

其次, 来证明上述结论. 取条件期望得

$$E(\xi_n|\xi_{n-1} = k) = E\left(\sum_{i=1}^{k} \eta_{n-1,i} \,\middle|\, \xi_{n-1} = k\right) = \sum_{i=1}^{k} E\eta_{n-1,i} = km,$$

即

$$E(\xi_n|\xi_{n-1}) = m\xi_{n-1}. \tag{3.67}$$

所以

$$E\xi_n = mE\xi_{n-1} = \cdots = m^n.$$

为求方差, 记

$$\xi_n = \sum_{i=1}^{\xi_{n-1}} (\eta_{n-1,i} - m) + m\xi_{n-1},$$

则

$$E(\xi_n^2 | \xi_{n-1} = k) = E\left[\sum_{i=1}^{k} (\eta_{n-1,i} - m)\right]^2 + (mk)^2 + 2mkE\left[\sum_{i=1}^{k} (\eta_{n-1,i} - m)\right]$$

$$= k\sigma^2 + m^2 k^2.$$

也就是说,

$$E\left(\xi_n^2 | \xi_{n-1}\right) = \sigma^2 \xi_{n-1} + m^2 \xi_{n-1}^2.$$

从而, 我们有

$$E\xi_n^2 = \sigma^2 E\xi_{n-1} + m^2 E\xi_{n-1}^2 = \sigma^2 m^{n-1} + m^2 E\xi_{n-1}^2,$$

$$E\left(\frac{\xi_n}{m^n}\right)^2 = E\left(\frac{\xi_{n-1}}{m^{n-1}}\right)^2 + \frac{\sigma^2}{m^{n+1}}.$$

因为 $E\left(\dfrac{\xi_n}{m^n}\right) = 1$, 所以

$$\mathrm{Var}\left(\frac{\xi_n}{m^n}\right) = \frac{\sigma^2}{m^{n+1}} + \mathrm{Var}\left(\frac{\xi_{n-1}}{m^{n-1}}\right)$$

$$= \frac{\sigma^2}{m^{n+1}} + \frac{\sigma^2}{m^n} + \cdots + \frac{\sigma^2}{m^{1+1}} + \mathrm{Var}\,\xi_0$$

$$= \begin{cases} n\sigma^2, & m = 1, \\ \dfrac{m^{-1} - m^{-n-1}}{m - 1}\sigma^2, & m \neq 1. \end{cases}$$

结论得证.

注 3.6 由 (3.67) 知 $\left\{\dfrac{\xi_n}{m^n}, n \geqslant 1\right\}$ 为鞅.

(2) 母函数

记 $g(s) = p_0 + \sum_{k=1}^{\infty} p_k s^k$ 为 η_{ni} 的母函数, $g_n(s) = Es^{\xi_n}$ 为 ξ_n 的母函数 $(n \geqslant 1)$. 显然, $g_1(s) = g(s)$. 进而, 有如下递推公式

$$g_n(s) = g(g_{n-1}(s)) = g_{n-1}(g(s)), \quad |s| \leqslant 1. \tag{3.68}$$

下面来证明 (3.68). 取条件期望得

$$E\left(s^{\xi_n} \,\middle|\, \xi_{n-1} = k\right) = E\left(\prod_{i=1}^{k} s^{\eta_{n-1,i}} \,\middle|\, \xi_{n-1} = k\right) = \prod_{i=1}^{k} E(s^{\eta_{n-1,i}}) = (g(s))^k,$$

即 $E\left(s^{\xi_n}|\xi_{n-1}\right) = (g(s))^{\xi_{n-1}}$. 故

$$g_n(s) = E\left[E(s^{\xi_n}|\xi_{n-1})\right] = E\left[(g(s))^{\xi_{n-1}}\right] = g_{n-1}(g(s)).$$

通过上式, 用数学归纳法可证, (3.68) 第一等式成立. 事实上, 当 $n = 2$ 时, 由于 $g_1 \equiv g$, 所以 $g_2(s) = g_1(g(s)) = g(g_1(s))$. 设结论对 $n - 1$ 成立, 则

$$g_n(s) = g_{n-1}(g(s)) = g[g_{n-2}(g(s))] = g[g_{n-1}(s)].$$

(3.68) 得证.

ξ_n 的期望与方差也可以通过 ξ_n 的母函数求得, 这里从略.

(3) 灭绝概率

灭绝概率为

$$q = P\left(\lim_{n\to 0}\xi_n = 0\right).$$

注意到 $\left\{\lim\limits_{n\to\infty}\xi_n = 0\right\} = \bigcup\limits_{n=1}^{\infty}\{\xi_n = 0\}$, $\{\xi_n = 0\} \subset \{\xi_{n+1} = 0\}$. 由概率的连续性知

$$q = \lim_{n\to\infty}P(\xi_n = 0) = \lim_{n\to\infty}g_n(0). \tag{3.69}$$

记 $q_n = P(\xi_n = 0) = g_n(0)$, 则 q_n 为单调非降序列. 由 (3.68) 知, $q_n = g(q_{n-1})$. 令 $n \to \infty$, 利用 $g(s)$ 的连续性得, 灭绝概率满足方程

$$q = g(q).$$

这与 1.4 节例 1.41 的结论一致. 若 $p_1 = 1$, 则 ξ_n 恒为 1, 故 $q = 0$. 当 $p_1 < 1$, 且 $m = E\xi_1 \leqslant 1$ 时, 1.4 节例 1.41 中已经证明上述方程有唯一的根 1, 故灭绝概率 $q = 1$.

现设 $m > 1$ (这时必有 $p_0 + p_1 < 1$), 这时灭绝概率必是方程 (3.69) 在 $[0, 1)$ 中的唯一根, 从而当 $p_0 > 0$ 时, $0 < q < 1$; 当 $p_0 = 0$ 时, $q = 0$.

事实上, 由于 $(g(s) - s)'' = g''(s) > 0$, $s \in (0, 1)$, 且 $g'(1) - 1 = m - 1 > 0$, $g'(0) - 0 = p_1 < 1$, 所以有且只有一点 $s_0 \in (0, 1)$ 使得 $g'(s_0) - 1 = 0$. 故函数 $g(s) - s$ 在 $[0, s_0]$ 上严格单调减少, 在 $[s_0, 1]$ 上严格单调增加, 从而它在这两个区间的每一个上至多有一个零点. 显然 $s = 1$ 是其在 $[s_0, 1]$ 上的零点, 从而是在此区间上的唯一零点, 并且 $g(s_0) - s_0 < g(1) - 1 = 0$. 又 $g(0) - 0 = p_0 \geqslant 0$, 所以在 $[0, s_0]$ 上 $g(s) - s$ 有且只有一个零点. 因此方程 (3.69) 在 $[0, 1)$ 中有唯一的根, 记为 π.

为证灭绝概率 q 就是方程的唯一根 π, 只需证明 $q_n \leqslant \pi$. 因为 $g(s)$ 是 $s \in [0, 1]$ 的单调不减函数, 所以 $q_1 = g(0) \leqslant g(\pi) = \pi$. 由数学归纳法得, $q_n = g(q_{n-1}) \leqslant g(\pi) = \pi$. 因此只能有 $q = \pi < 1$.

当 $p_0 = 0$ 时, $s = 0$ 是方程 $g(s) - s = 0$ 的解, 故 $q = 0$. 当 $p_0 > 0$ 时, $g(0) - 0 = p_0 \neq 0$, 所以 $0 < q < 1$.

(4) 母函数的极限

综合上述, 我们有如下结论.

定理 3.10　灭绝概率 q 是方程 $g(s) = s$ 在 $[0,1]$ 上最小的根.

(i) 当 $m < 1$ 时, $q = 1$;

(ii) 当 $m = 1$, $p_1 = 1$ 时, $q = 0$; 而当 $m = 1$, $p_1 < 1$ 时, $q = 1$;

(iii) 当 $m > 1$, $p_0 = 0$ 时, $q = 0$; 而当 $m > 1$, $p_0 > 0$ 时, $0 < q < 1$.

下面考察母函数 $g_n(s)$ 的极限. 当 $0 \leqslant s \leqslant q$ 时, 由单调性有 $g_1(s) = g(s) \leqslant g(q) = q$. 由数学归纳法得 $g_n(s) = g(g_{n-1}(s)) \leqslant q$. 另一方面, $g_n(s) \geqslant g_n(0) = q_n$. 因此

$$\lim_{n \to \infty} g_n(s) = q, \quad 0 \leqslant s \leqslant q.$$

若 $m \leqslant 1$, $p_1 < 1$, 则 $q = 1$, 上式即为

$$\lim_{n \to \infty} g_n(s) = q, \quad 0 \leqslant s < 1.$$

在 $m > 1$ 的情形, 由于 q 和 1 是方程 $g(s) = s$ 仅有的两个根, 并且在 1 的附近有 $g(s) < s$, 所以当 $q < s < 1$ 时, $q = g(q) \leqslant g(s) < s < 1$. 注意到 $g_n(s) = g(g_{n-1}(s))$, 由数学归纳法有

$$q \leqslant g_n(s) < g_{n-1}(s) < \cdots < 1, \quad q < s < 1.$$

即 $g_n(s)$ 是单调递减序列, 故

$$q \leqslant \lim_{n \to \infty} g_n(s) \overset{\text{def}}{=\!=} \alpha < 1.$$

另一方面, 因为 $g_n(s) = g(g_{n-1}(s))$, 所以 α 也必为 $g(s) = s$ 在 $[0,1)$ 内的根. 故 $\alpha = q$.

综合上述结论我们得到: 若 $p_1 < 1$, 则

$$\lim_{n \to \infty} g_n(s) = q, \quad 0 \leqslant s < 1.$$

注意到

$$g_n(s) = P(\xi_n = 0) + \sum_{k=1}^{\infty} P(\xi_n = k) s^k$$

为幂级数, 它的系数必满足

$$P(\xi_n = 0) \to q,$$
$$P(\xi_n = k) \to 0, \quad k = 1, 2, \cdots.$$

后者说明第 n 代存活 k $(1 \leqslant k \leqslant M, M$ 为任意正整数$)$ 个个体概率趋于 0.

习题三

1. 设随机变量 ξ 有下列分布, 求 $E\xi$.

(1) $P(\xi = k) = \dfrac{1}{5}$, $k = 1, 2, 3, 4, 5;$

(2) $P(\xi = k) = \dfrac{a^k}{(1+a)^{k+1}}$, $a > 0$ 为常数, $k = 0, 1, 2, \cdots.$

2. 袋中有 k 号球 k 只, $k = 1, 2, \cdots, n$. 现随机地从中摸出一球, 求所得号码的数学期望.

3. 某人有 n 把钥匙, 只有一把能打开家门. 他随意地使用这 n 把钥匙打开家门, 用 ξ 表示当门被打开时已被使用过的钥匙数. 在下列两种情形下, 求 $E\xi$.

(1) 每次试用过的钥匙不再放回;

(2) 每次试用过的钥匙与其他钥匙混在一起.

4. 设 ξ 为取非负整数值的随机变量, 数学期望存在. 证明:

$$EX = \sum_{n=1}^{\infty} P(X \geqslant n),$$

$$\mathrm{Var}(X) = 2 \sum_{n=1}^{\infty} nP(X \geqslant n) - EX(EX + 1).$$

5. 假设 X 为离散型随机变量, 取值于有界区间 $[1, 2]$. 试给出 $EXE\dfrac{1}{X}$ 的范围.

6. 假设 X 和 Y 为相互独立的离散型随机变量, EX 和 EY 存在. 证明: $EXY = EXEY$.

7. 某城市共有 N 辆汽车, 车牌号从 1 到 N. 若随机地记下 r 辆车的车牌号, 其最大号码为 ξ, 求 $E\xi$ (提示: 利用第 4 题, 先求 $P(\xi \geqslant k)$).

8. 假设 X 为连续型随机变量, 数学期望为 0. 证明: $E|X| = 2\displaystyle\int_0^{\infty}(1 - F(x))\mathrm{d}x.$

9. 设随机变量 ξ 分别具有下列密度函数, 求 $E\xi$.

(1)
$$p(x) = \begin{cases} \dfrac{2}{\pi}\cos^2 x, & -\dfrac{\pi}{2} \leqslant x \leqslant \dfrac{\pi}{2}, \\ 0, & \text{其他}; \end{cases}$$

(2)
$$p(x) = \begin{cases} x, & 0 \leqslant x < 1, \\ 2 - x, & 1 \leqslant x < 2, \\ 0, & \text{其他}; \end{cases}$$

(3)
$$p(x) = \frac{1}{2\lambda} e^{-\frac{|x-\mu|}{\lambda}}, \quad -\infty < x < \infty,$$

其中 $\lambda > 0$, μ 为常数.

10. 设 ξ 服从 $\left[-\dfrac{1}{2}, \dfrac{1}{2}\right]$ 上的均匀分布, 求 $\eta = \sin \pi \xi$ 的数学期望.

11. 设分子速度的分布密度由麦克斯韦分布律给出:
$$p(x) = \begin{cases} \dfrac{4x^2}{a^3 \pi} e^{-\frac{x^2}{a^2}}, & x \geqslant 0, \\ 0, & x < 0. \end{cases}$$

分子的质量为 m, 求分子的平均速度和平均动能.

12. 设 ξ_1, ξ_2 相互独立, 均服从 $N(a, \sigma^2)$. 求证:
$$E \max\{\xi_1, \xi_2\} = a + \frac{\sigma}{\sqrt{\pi}}.$$

13. 设事件 A 在第 i 次试验中出现的概率为 p_i, μ 是在 n 次独立试验中事件 A 出现的次数, 求 $E\mu$.

14. 袋中有 n 张卡片, 号码记为 $1, 2, \cdots, n$. 从中有放回地抽出 k 张卡片, 求所得号码之和 μ 的数学期望.

15. 流水作业线上生产的每个产品为不合格品的概率是 p, 当生产出 k 个不合格品时即检修一次. 求两次检修期间产品总数的数学期望.

16. 在长为 a 的线段上任取两点 M_1 和 M_2, 求线段长度 $M_1 M_2$ 的数学期望.

17. 口袋中有 N 个球, 其中白球数是随机变量, 只知其数学期望为 a. 试求从该袋中任摸一球得到白球的概率.

18. 假设 X 服从参数为 λ 的泊松分布, 求 $E(X \mid X$ 为奇数$)$.

19. 假设 ϕ 是一个凸函数, 证明: 当 $E|X|$ 和 $E|\phi(X)|$ 都有限时, $E\phi(X) \geqslant \phi(EX)$.

20. 假设 X 和 Y 为独立随机变量, 分别服从参数为 λ 和 μ 的泊松分布. 对任一非负整数 n, 求条件期望 $E(X|X+Y=n)$.

21. 已知 $(\xi, \eta) \sim N(0, 0, 1, 1, r)$, 求证:
$$E \max\{\xi, \eta\} = \sqrt{\frac{1-r}{\pi}}.$$

22. 求第 1 题中各随机变量的方差.

23. 求第 2 题随机变量的方差.

24. 求第 3 题钥匙数的方差.

25. 求第 9 题中各随机变量的方差.

26. 求第 10 题 η 的方差.

27. 求第 13 题的 Var (μ).

28. 求第 14 题的 Var (μ).

29. 某人写好 n 封信 $(n > 1)$, 又写好 n 只信封, 在黑暗中随机地把 n 封信放入 n 只信封, 求放对的信封数 ξ 的数学期望与方差.

30. 若对随机变量 ξ 有 $E|\xi|^r < \infty$ $(r > 0)$. 求证: 对任意 $\varepsilon > 0$ 有

$$P(|\xi| > \varepsilon) \leqslant \frac{E|\xi|^r}{\varepsilon^r}.$$

31. 设 ξ 只取值于 $[a, b]$, 求证: $\mathrm{Var}\,\xi \leqslant \dfrac{(b-a)^2}{4}$.

32. 设 $\xi_1, \xi_2, \cdots, \xi_n$ 相互独立, $\mathrm{Var}\,\xi_i = \sigma_i^2$. 试确定权重 $a_1, a_2, \cdots, a_n$ $\left(\text{它们满足}\right.$ $\left.\displaystyle\sum_{i=1}^{n} a_i = 1\right)$, 使得 $\displaystyle\sum_{i=1}^{n} a_i \xi_i$ 的方差最小.

33. 设 X 服从正态分布 $N(\mu, \sigma^2)$. 证明: 当 $t = \mu$ 时, $h(t) = E|X - t|^4$ 取到最小值.

34. 在汽车保险业务中, 汽车损坏索赔金额 B 依赖于损坏程度. 现假设 B 在区间 $0 \leqslant x < L$ 内为连续型随机变量, 具有密度函数

$$p(x) = \begin{cases} \lambda \mathrm{e}^{-\lambda x}, & 0 \leqslant x < L, \\ 0, & x < 0; \end{cases}$$

而在点 $x = L$ 处有一个跳跃 $\mathrm{e}^{-\lambda L}$, 即有 $P(B = L) = \mathrm{e}^{-\lambda L}$, 并且最大索赔金额 B 不超过 L. 另外, 汽车损坏的概率为 0.10. 汽车未损坏的概率为 0.90. 求保险公司理赔量 X 的数学期望和方差.

35. 一家财产保险公司承保 160 份建筑火险, 相应的最大赔款及保单数如表 3.2 所示. 假设每一建筑物发生火灾的概率都为 0.04, 各建筑物发生火灾的事件相互独立, 且第 k 类火险的索赔金额服从 $(0, L_k)$ 上的均匀分布. 记 S 为总赔付额, 求 S 的数学期望和方差.

表 3.2 数 据 表

类别 k	最大赔款 L_k	保单数 n_k
1	10 000	80
2	20 000	35
3	30 000	25
4	50 000	15
5	100 000	5

36. 假设某厂家每生产一吨商品成本为 b 元, 每卖出一吨产品获利 a 元, 其中 $a > b$. 假设产品销量 X 服从参数为 λ 的指数分布, 问: 生产多少产品才能获得最大的平均利润?

37. 求下列随机变量的数学期望和方差:

(1) ξ 服从自由度为 n 的 χ^2 分布;

(2) ξ 服从自由度为 n 的 t 分布;

(3) ξ 服从 $F(m,n)$ 分布.

38. 假设 $\{X_k, k \geqslant 1\}$ 为独立同分布随机变量序列, N 服从参数为 λ 的泊松分布, 且与 $\{X_k, k \geqslant 1\}$ 独立. 记

$$S_N = \sum_{k=1}^{N} X_k, \quad \phi(\alpha) = \ln E\left(\mathrm{e}^{\alpha S_N}\right), \quad g(\alpha) = E\left(\mathrm{e}^{\alpha X_1}\right).$$

求 $g(\alpha) - \dfrac{\phi(\alpha)}{\lambda}$ 的大小.

39. 在区间 $(0,2)$ 内随机取一数 X, 当观察到 $X = x$ 时, 在区间 $(0,x)$ 内随机取一数 Y. 求 X 与 Y 的协方差和相关系数.

40. 设二维随机向量 $\boldsymbol{\xi}$ 有分布密度如下, 求协方差阵.

(1)

$$p(x,y) = \begin{cases} 2 - x - y, & 0 < x < 1, 0 < y < 1, \\ 0, & \text{其他}; \end{cases}$$

(2)

$$p(x,y) = \begin{cases} 6xy^2, & 0 < x < 1, 0 < y < 1, \\ 0, & \text{其他}. \end{cases}$$

41. 设 ξ 和 η 为独立同分布的随机变量.

(1) 若 ξ 和 η 服从 $[-1,1]$ 上的均匀分布, 且

$$U = 2\xi + \eta, \quad V = \xi - 2\eta,$$

求 $U + V$ 与 $U^2 + V^2$ 各自的方差;

(2) 若 ξ 和 η 服从标准正态分布, 且

$$U = 2\xi + 3\eta, \quad V = 3\xi + 2\eta,$$

求 $U + V$ 与 $U^2 + V^2$ 的相关系数.

42. 设 $U = a\xi + b, V = c\eta + d, a, b, c, d$ 为常数, a 与 c 同号. 求证: U, V 的相关系数等于 ξ, η 的相关系数.

43. 设 ξ, η 相互独立, 且具有相同分布 $N(a, \sigma^2)$, 求 $p\xi + q\eta$ 与 $u\xi + v\eta$ 的相关系数.

44. 假设 X_1, X_2 为独立的标准正态变量, 记 $Y = \mathrm{e}^{X_1 - X_2}, Z = Y - \alpha X_1 - \beta X_2$. 求 α 与 β 使得 Z 与 X_1 和 X_2 都不相关.

45. 假设随机变量 X_1, X_2, X_3, X_4 独立同分布, 且期望为 0, 方差为 1. 令

$$X = X_1 + X_2 + X_3, \qquad Y = X_2 + X_3 + X_4,$$

求 X 与 Y 的相关系数.

46. 设随机变量 $\xi_1, \xi_2, \cdots, \xi_{m+n}$ $(n > m)$ 相互独立, 有相同分布, 且方差存在, 求 $S = \xi_1 + \xi_2 + \cdots + \xi_n$ 与 $T = \xi_{m+1} + \xi_{m+2} + \cdots + \xi_{m+n}$ 之间的相关系数.

47. 设随机变量 $\xi_1, \xi_2, \cdots, \xi_{2n}$ 的数学期望都为 0, 方差都为 1, 两两间的相关系数都为 ρ. 求 $\eta = \xi_1 + \xi_2 + \cdots + \xi_n$ 与 $\zeta = \xi_{n+1} + \xi_{n+2} + \cdots + \xi_{2n}$ 之间的相关系数.

48. 设随机变量 X, Y 的联合密度函数为

$$p(x, y) = C|x - y| \exp\left\{-\frac{1}{2}(x^2 + y^2)\right\}, \quad -\infty < x, y < \infty.$$

(1) 求常数 C;

(2) 令 $U = \dfrac{X - Y}{\sqrt{2}}, V = \dfrac{X + Y}{\sqrt{2}}$. 求 U 和 V 的密度函数, 并求 U 和 V 的相关系数;

(3) 求 X 和 Y 的相关系数.

49. 设 $\{X_k(k = 1, 2, \cdots, n + 1)\}$ 是一列独立随机变量, 具有下列概率分布:

$$P(X_k = 1) = \frac{1}{k}, \quad P(X_k = 0) = 1 - \frac{1}{k}, \quad k = 1, 2, \cdots, n + 1.$$

定义

$$S_n = X_1 X_2 + X_2 X_3 + \cdots + X_n X_{n+1},$$

求 X_k $(k = 1, 2, \cdots, n + 1)$ 与 S_n 的协方差.

50. 设 (X, Y) 服从二元正态分布 $N(\mu_1, \sigma_1^2, \mu_2, \sigma_2^2, r)$, 密度函数为

$$p(x, y) = \frac{1}{2\pi\sigma_1\sigma_2\sqrt{1 - r^2}} \exp\left\{-\frac{1}{2(1 - r^2)}\left[\frac{(x - \mu_1)^2}{\sigma_1^2} - 2r\frac{(x - \mu_1)(y - \mu_2)}{\sigma_1\sigma_2} + \frac{(y - \mu_2)^2}{\sigma_2^2}\right]\right\}.$$

求常数 a, b, 使得 $E|Y - aX - b|^4$ 达到最小.

51. 设 (ξ, η) 服从圆 $\{(x, y) : x^2 + y^2 \leqslant 1\}$ 上的均匀分布, 求证: ξ, η 不相关, 但它们不独立.

52. 设 $\xi \sim B(1, 0.4), \eta \sim B(2, 0.4)$. 已知 $P(\xi = 1, \eta = 2) = 0$, 且 ξ 和 η 不相关.

(1) 求 (ξ, η) 的联合分布列;

(2) 判断 ξ 和 η 是否相互独立, 并说明理由.

53. 设 ξ 的密度是偶函数, 且 $E\xi^2 < \infty$, 求证: $|\xi|$ 与 ξ 不相关, 但它们不独立.

54. 设 ξ, η 都是只取两个值的随机变量, 求证: 如果它们不相关, 那么它们独立.

55. 假设 X, Y 分别为正态分布随机变量, 已知它们不相关. 问: X, Y 是否相互独立? 举例说明.

56. 设 X 的分布列为

$$P(X = 0) = a, \quad P(X = 1) = 0.6 - a, \quad P(X = 2) = 0.4, \quad 0 < a < 0.6.$$

已知 Y 服从 $0-1$ 分布, 满足

$$P(X=0, Y=1) = P(X=2, Y=1) = 0.08, \quad P(X=1, Y=1) = b, \quad 0 \leqslant b \leqslant 0.6 - a.$$

若 X 与 Y 不相关且不独立, 求 a 的大小及 b 的取值范围.

57. 设 ξ, η 相互独立, 且方差存在, 求证:

$$\mathrm{Var}\,(\xi\eta) = \mathrm{Var}\,\xi \cdot \mathrm{Var}\,\eta + (E\xi)^2 \cdot \mathrm{Var}\,\eta + \mathrm{Var}\,\xi \cdot (E\eta)^2.$$

58. 设随机变量 $\xi_1, \xi_2, \cdots, \xi_n$ 中任意两个相关系数都是 ρ, 求证: $\rho \geqslant -\dfrac{1}{n-1}$.

59. 求下列分布的特征函数:

(1) $P(\xi = k) = pq^{k-1}, \ k = 1, 2, \cdots, q = 1 - p$;

(2) ξ 服从 $[-a, a]$ 上的均匀分布;

(3) ξ 服从参数为 λ 的指数分布;

(4) ξ 服从 Γ 分布 $\Gamma(r, \lambda)$ $\left(\text{提示: 对复数 } z = b + \mathrm{i}c, \ b > 0, \ \text{有} \int_0^\infty x^{r-1} \mathrm{e}^{-zx} \mathrm{d}x = \dfrac{\Gamma(r)}{z^r}\right)$;

(5) ξ 的概率密度函数为

$$p(x) = \begin{cases} \dfrac{2+x}{4}, & -2 \leqslant x < 0, \\[2mm] \dfrac{2-x}{4}, & 0 \leqslant x < 2, \\[2mm] 0, & \text{其他}; \end{cases}$$

(6) $\eta = a\xi + b$, 其中 ξ 服从 $[0, 1]$ 上的均匀分布;

(7) $\eta = \ln \xi$, 其中 ξ 服从 $[0, 1]$ 上的均匀分布.

60. 若分布函数 F 满足 $F(x) = 1 - F(-x - 0)$, 则称它是对称的. 求证: 分布函数对称的充要条件是它的特征函数是实的偶函数.

61. 设 $\varphi(t)$ 是特征函数, 求证: 下列函数也是特征函数.

(1) $[\varphi(t)]^n$, n 为正整数;

(2) $\varphi(t)\dfrac{\sin at}{at} \ (a > 0)$.

62. 证明: 下列函数是特征函数, 并找出相应的分布.

(1) $\cos^2 t$;

(2) $(1 + \mathrm{i}t)^{-1}$;

(3) $\left(\dfrac{\sin t}{t}\right)^2$;

(4) $(2\mathrm{e}^{-\mathrm{i}t} - 1)^{-1}$;

(5) $(1 + t^2)^{-1}$.

63. 试举出一个满足 $\varphi(-t) = \overline{\varphi(t)}$ 及 $|\varphi(t)| \leqslant \varphi(0) = 1$ 但 $\varphi(t)$ 不是特征函数的例子.

64. 令 $\alpha > 2$, $\varphi(t) = \mathrm{e}^{-t^\alpha}$, $t \in \mathbb{R}$, 证明: $\varphi(t)$ 不是特征函数.

65. $\varphi(t) = (1 - \mathrm{i}|t|)^{-1}$ 是特征函数吗? 为什么?

66. 证明:

$$\varphi(t) = \begin{cases} 1 - \dfrac{|t|}{a}, & |t| < a, \\ 0, & |t| \geqslant a \end{cases} \quad (a > 0)$$

是特征函数, 并求出对应的分布.

67. 证明同时满足下列各等式的连续函数 $\phi(t)$ 是特征函数:

(1) $\phi(t) = \phi(-t)$;

(2) $\phi(t + 2a) = \phi(t)$;

(3) $\phi(t) = \dfrac{a - t}{a}$ $(0 \leqslant t \leqslant a)$.

68. 设 ξ 为取整数值的随机变量, 分布列为 $P(\xi = k) = p_k$, $k = 0, \pm 1, \pm 2, \cdots$, 特征函数为 $\varphi(t)$. 求证:

$$p_k = \frac{1}{2\pi} \int_{-\pi}^{\pi} \mathrm{e}^{-\mathrm{i}kt} \varphi(t) \mathrm{d}t.$$

69. 假设随机变量 X 有特征函数 $\varphi(t)$, 试证:

$$\lim_{t \to 0} \frac{2 - \varphi(t) - \varphi(-t)}{t^2} = EX^2.$$

由此可得 $EX^2 < \infty$ 当且仅当 $\varphi(t)$ 是二次可微的.

70. 假设 $X_1, X_2, \cdots, X_n$ 是独立同分布的随机变量, 且都服从柯西分布, 定义 $\overline{X} = \dfrac{X_1 + X_2 + \cdots + X_n}{n}$. 证明: $\overline{X}$ 和 X_1 分布相同.

71. 设 $(\xi, \eta) \sim N(a, b, \sigma_1^2, \sigma_2^2, r)$, 求 $\zeta = \xi + \eta$ 的分布.

72. 假设 X_1, X_2, X_3, X_4 是相互独立的标准正态随机变量, 定义 $Y = a(X_1 - X_2)^2 + b(X_3 + X_4)^2$, 其中 a, b 为非零常数. 求 a, b, 使得 Y 服从 χ^2 分布.

73. 设 $\xi_1, \xi_2, \cdots, \xi_n$ 相互独立, 都服从 $N(a, \sigma^2)$.

(1) 求 $\boldsymbol{\xi} = (\xi_1, \xi_2, \cdots, \xi_n)'$ 的分布, 写出数学期望及协方差阵;

(2) 求 $\bar{\xi} = \displaystyle\sum_{i=1}^{n} \frac{\xi_i}{n}$ 的分布.

74. 证明: 设多元正态随机向量各分量相互独立, 同方差, 则经正交线性变换后的多元正态随机向量各分量也相互独立, 同方差.

75. 假设 (X, Y) 是二维正态随机变量, $EX = EY = 0$, $\mathrm{Var}\, X = \mathrm{Var}\, Y = 1$, X 与 Y 的协方差为 ρ. 试证: X^2 与 Y^2 独立的充要条件是 $\rho = 0$.

76. 设 $\boldsymbol{\xi} = (\xi_1, \xi_2, \xi_3)' \sim N(\boldsymbol{a}, \boldsymbol{B})$, 其中 $\boldsymbol{a} = (a_1, a_2, a_3)'$, $\boldsymbol{B} = (b_{ij})_{3 \times 3}$. 作变换

$$\begin{cases} \eta_1 = \dfrac{\xi_1}{2} - \xi_2 + \dfrac{\xi_3}{2}, \\ \eta_2 = -\dfrac{\xi_1}{2} - \dfrac{\xi_3}{2}, \end{cases}$$

求 $\boldsymbol{\eta} = (\eta_1, \eta_2)'$ 的分布.

77. 设 $\boldsymbol{\xi} = \begin{pmatrix} \boldsymbol{\xi}_1 \\ \boldsymbol{\xi}_2 \end{pmatrix} \sim N(\boldsymbol{a}, \boldsymbol{B})$ 为 $2n$ 维正态变量, $\boldsymbol{\xi}_1, \boldsymbol{\xi}_2$ 都是 n 维向量,

$$\boldsymbol{B} = \begin{pmatrix} \boldsymbol{B}_{11} & \boldsymbol{B}_{12} \\ \boldsymbol{B}_{21} & \boldsymbol{B}_{22} \end{pmatrix},$$

其中 $\boldsymbol{B}_{22} = \boldsymbol{B}_{11}$, $\boldsymbol{B}_{21} = \boldsymbol{B}_{12}$. 求证: $\boldsymbol{\xi}_1 + \boldsymbol{\xi}_2$ 与 $\boldsymbol{\xi}_1 - \boldsymbol{\xi}_2$ 相互独立.

78. 设 $\boldsymbol{\xi} = (\xi_1, \xi_2)' \sim N(\boldsymbol{0}, \boldsymbol{I})$, 这里 $\boldsymbol{I}$ 是二阶单位矩阵. 求给定 $\xi_1 + \xi_2 = x_1 + x_2$ 时 ξ_1 的条件分布 (提示: 先求 $\eta_1 = \xi_1 + \xi_2$ 与 $\eta_2 = \xi_1$ 的联合分布).

79. 设 $\boldsymbol{\xi} = (\xi_1, \xi_2)' \sim N(\boldsymbol{0}, \boldsymbol{B})$, 其中

$$\boldsymbol{B} = \begin{pmatrix} 4 & 2 \\ 2 & 1 \end{pmatrix}.$$

试找一个正交变换 $\boldsymbol{U}$ 及 d_1, d_2, 使 $\boldsymbol{\eta} = \boldsymbol{U}\boldsymbol{\xi} \sim N(\boldsymbol{a}_1, \boldsymbol{B}_1)$, 其中

$$\boldsymbol{B}_1 = \begin{pmatrix} d_1 & 0 \\ 0 & d_2 \end{pmatrix}.$$

80. 构造一个 n 维随机向量, 其联合分布不是正态分布, 但是各分量均服从一维正态分布.

81. 假设 $X_1, X_2, \cdots, X_n$ 为一列独立同分布的标准正态随机变量, 定义

$$Y_n = \max\{X_1, X_2, \cdots, X_n\}, \quad Z_n = \min\{X_1, X_2, \cdots, X_n\}.$$

证明:

$$EY_n = \sqrt{2\log n} + o(1), \quad EZ_n = -\sqrt{2\log n} + o(1).$$

思考题三

1. 某厂商生产方便面, 每包方便面销售价为 1 元. 现开展一种促销活动 —— 水浒集卡游戏, 共有 108 位水浒武将. 在每包方便面里随机放一张水浒武将卡, 顾客集齐所有 108 位武将卡可兑换 100 元现金, 那么凑齐所有 108 张武将卡, 平均需要花费多少钱购买方便面?

2. 赌徒和庄家进行赌博, 双方每局输赢的概率相等, 各为 $\frac{1}{2}$. 庄家和赌徒的区别在于: 庄家手中有无限多的筹码. 假设每次双方都押注一个筹码, 赌徒只要还有筹码, 就会继续赌下去. 那么赌徒最终输光全部 n 个筹码的概率是多少? 赌徒给自己定下一个规矩: 如果赢庄家 m 个筹码, 或者输光自己全部 n 个筹码就离开. 问: 平均意义下, 赌徒结束赌博前能进行多少局?

3. 假设 $(\Omega, \mathscr{F}, P)$ 是概率空间, 令 $X_1, X_2, \cdots, X_m$ 是 m 个随机变量, $X_i \in L_2(\Omega, \mathscr{F}, P)$. 如果除 $a_1, a_2, \cdots a_m$ 全为 0 外,

$$a_1 X_1 + a_2 X_2 + \cdots a_m X_m \neq 0,$$

那么称 $X_1, X_2, \cdots, X_m$ 是 m 个线性独立 (无关) 的向量.

回顾一下, $X_1, X_2, \cdots, X_m$ 是 m 个独立随机变量当且仅当

$$P(X_1 \leqslant x_1, X_2 \leqslant x_2, \cdots, X_m \leqslant x_m) = \prod_{i=1}^{n} P(X_i \leqslant x_i), \quad x_i \in \mathbb{R}, \quad i = 1, 2, \cdots, n.$$

问: $X_1, X_2, \cdots, X_m$ 是 m 个线性独立的向量是否等价于 $X_1, X_2, \cdots, X_m$ 是 m 个独立随机变量?

令

$$L(\Omega, \mathscr{F}, P) = \{X : EX = 0, EX < \infty\},$$

那么 $L(\Omega, \mathscr{F}, P)$ 是一个向量空间. 进而, 对任意 $X, Y \in L(\Omega, \mathscr{F}, P)$, 定义

$$\langle X, Y \rangle = EXY,$$

那么 $(L_2(\Omega, \mathscr{F}, P), \langle \cdot \rangle)$ 构成一个希尔伯特空间. 如果 $\langle X, Y \rangle = 0$, 那么称 X 和 Y 正交, 记作 $X \perp Y$.

问: X 和 Y 正交是否等价于 X 和 Y 线性独立 (向量空间意义下)? X 和 Y 正交是否等价于 X 和 Y 相互独立 (概率意义下)? 如果 (X, Y) 是正态随机向量呢?

4. 假设 $(\Omega, \mathscr{F}, P)$ 是概率空间, 令 X 和 Y 是两个随机变量, 并且数学期望和方差均存在且有限. 令

$$\rho = \rho(X, Y) = \frac{EXY - EXEY}{\sqrt{\operatorname{Var}(X)} \sqrt{\operatorname{Var} Y}},$$

则称 $\rho(X, Y)$ 为随机变量 X 和 Y 之间的相关系数. 事实上, 这是由统计学家皮尔逊 (Pearson) 设计的统计指标, 主要用于描述随机变量之间的线性相关程度.

假设 $(X_1, Y_1), (X_2, Y_2), \cdots, (X_n, X_n)$ 相互独立, 均服从 (X, Y) 的分布 (统计学中称 $(X_1, Y_1), (X_2, Y_2), \cdots, (X_n, X_n)$ 为来自总体 (X, Y) 的样本), 那么这两组样本之间的皮尔逊相关系数为

$$\rho_n = \frac{\sum_{i=1}^{n}(X_i - \overline{X})(Y_i - \overline{Y})}{\sqrt{\sum_{i=1}^{n}(X_i - \overline{X})}\sqrt{\sum_{i=1}^{n}(Y_i - \overline{Y})}}.$$

除此之外, 还有下列相关系数:

(1) 假设 $(X_1, Y_1), (X_2, Y_2), \cdots, (X_n, X_n)$ 为来自 (X, Y) 的样本, 进一步假设 X_i 互不相同, Y_i 互不相同. 将两组样本分别由小到大进行排列, 得到两个排列

$$\begin{pmatrix} 1 & 2 & \cdots & n \\ \sigma(1) & \sigma(2) & \cdots & \sigma(n) \end{pmatrix}, \quad \begin{pmatrix} 1 & 2 & \cdots & n \\ \pi(1) & \pi(2) & \cdots & \pi(n) \end{pmatrix}.$$

定义

$$r_n = \frac{\sum_{i=1}^{n}(\sigma(i) - \bar{\sigma})(\pi(i) - \bar{\pi})}{\sqrt{\sum_{i=1}^{n}(\sigma(i) - \bar{\sigma})}\sqrt{\sum_{i=1}^{n}(\pi(i) - \bar{\pi})}}$$

为斯皮尔曼 (Spearman) 秩相关系数.

令 $d_i = \sigma(i) - \pi(i)$, 那么

$$r_n = 1 - \frac{6}{n(n^2 - 1)}\sum_{i=1}^{n}d_i^2.$$

(2) 沿用 (1) 中一些记号和概念. 定义

$$\tau_n = \frac{1}{n(n-1)}\sum_{1 \leqslant i < j \leqslant n} \operatorname{sgn}(\sigma(i) - \sigma(j))\operatorname{sgn}(\pi(i) - \pi(j)),$$

为肯德尔 (Kendall) 秩相关系数.

试产生一组二元正态随机向量 $N(0, 0, 1, 1, 0.5)$ 的样本, 并计算上述三个相关系数. 寻找与样本斯皮尔曼秩相关系数、肯德尔秩相关系数相对应的反映随机变量 X 和 Y 之间关系的量.

5. 数学期望是概率论中最基本的概念之一. 假设 $(\Omega, \mathscr{F}, P)$ 是概率空间, 令 X 是离散型随机变量, 其分布列如下:

$$\begin{bmatrix} x_1 & x_2 & \cdots & x_N \\ p_1 & p_2 & \cdots & p_N \end{bmatrix}, \quad N < \infty.$$

那么 X 的数学期望定义为

$$EX = \sum_{i=1}^{N}x_i p_i,$$

并且称 $E(X - EX)^2$ 为 X 的方差. 可以类似地定义 EX^k 和 $E(X - EX)^k$, 其中 $k \geqslant 1$.
在有些教材中, 称 EX^k 为 k 阶原点矩, $E(X - EX)^k$ 为 k 阶中心矩. 回顾一下, 矩, 也
称力矩, 表示力对物体作用时所产生的转动效应的物理量. 力对某一点的矩定义为该点到
力的作用线所引垂线的长度 (即力臂) 乘力的大小, 其方向则垂直于垂线和力所构成的平
面, 用力矩的右手螺旋法则来确定. 你能给出数学期望和矩之间联系的一个合理解释吗?

习题三部分
习题参考答案

第四章

极 限 定 理

概率论早期发展的目的在于揭示由于大量随机因素产生影响而呈现的规律性. 伯努利首先认识到研究无穷随机试验序列的重要性, 并建立了概率论的第一个极限定理——大数定律, 清楚地刻画了事件的概率与它发生的频率之间的关系. 棣莫弗和拉普拉斯提出将观察的误差看作大量独立微小误差的累加, 证明了观察误差的分布一定渐近正态——中心极限定理. 随后, 出现了许多各种意义下的极限定理. 这些结果和研究方法对概率论与数理统计及其应用的许多领域有着重大影响. 本章将给出随机变量收敛性的各种定义、性质, 着重介绍上述大数定律和中心极限定理等有关内容.

4.1 弱大数定律与依概率收敛

4.1.1 弱大数定律

考虑随机试验 E 中的事件 A, 假设其发生的概率为 $p(0 < p < 1)$. 现在独立重复地做试验 n 次——n 重伯努利试验, 令

$$\xi_k = \begin{cases} 1, & A \text{ 在第 } k \text{ 次试验中出现,} \\ 0, & A \text{ 在第 } k \text{ 次试验中不出现,} \end{cases} \quad 1 \leqslant k \leqslant n,$$

则 $P(\xi_k = 1) = p, P(\xi_k = 0) = 1 - p$. $S_n = \sum\limits_{k=1}^{n} \xi_k$ 是进行 n 次试验后 A 发生的次数, 可能值是 $0, 1, 2, \cdots, n$, 由试验结果而定. 易知 $E\dfrac{S_n}{n} = p$. 在 1.1 节中曾指出: 当 $n \to \infty$ 时, 频率 $\dfrac{S_n}{n}$ "稳定到" (在某种意义下收敛于) 概率 p. 但是 $\dfrac{S_n}{n}$ 与 p 之间的差究竟有多大?

首先, 应该意识到不可能期望对任意给定的 $\varepsilon > 0$, 当 n 充分大时, $\left|\dfrac{S_n}{n} - p\right| \leqslant \varepsilon$ 对所有试验结果都成立. 事实上, 对 $0 < p < 1$,

$$P\left(\frac{S_n}{n} = 1\right) = P(\xi_1 = 1, \xi_2 = 1, \cdots, \xi_n = 1) = p^n,$$

$$P\left(\frac{S_n}{n} = 0\right) = P(\xi_1 = 0, \xi_2 = 0, \cdots, \xi_n = 0) = (1 - p)^n.$$

它们都不为零. 而在第一种情况下, 取 $\varepsilon < 1 - p$, 不论 n 多大, $\left|\dfrac{S_n}{n} - p\right| = 1 - p > \varepsilon$; 在第二种情况下, 取 $\varepsilon < p$, 则有 $\left|\dfrac{S_n}{n} - p\right| = p > \varepsilon$.

然而, 当 n 充分大后, 事件 $\left\{\dfrac{S_n}{n} = 1\right\}$ 和 $\left\{\dfrac{S_n}{n} = 0\right\}$ 发生的可能性都很小. 更一般

地, 当 n 充分大后, 出现 $\left\{\left|\dfrac{S_n}{n} - p\right| \geqslant \varepsilon\right\}$ 的可能性可以任意小. 这一事实最早由伯努利发现.

定理 4.1 (伯努利大数定律)　设 $\{\xi_n, n \geqslant 1\}$ 是一列独立同分布的随机变量, $P(\xi_n = 1) = p$, $P(\xi_n = 0) = 1 - p$, $0 < p < 1$. 记 $S_n = \displaystyle\sum_{k=1}^{n} \xi_k$, 则对任意 $\varepsilon > 0$, 当 $n \to \infty$ 时,

$$P\left(\left|\frac{S_n}{n} - p\right| \geqslant \varepsilon\right) \to 0.$$

证明　考察随机变量 $\dfrac{S_n}{n}$. 因

$$E\left(\frac{S_n}{n}\right) = \frac{nE\xi_1}{n} = p, \quad \mathrm{Var}\left(\frac{S_n}{n}\right) = \frac{n\mathrm{Var}\,(\xi_1)}{n^2} = \frac{p(1-p)}{n},$$

正态分布逼近模拟

利用 3.2 节的切比雪夫不等式, 得

$$P\left(\left|\frac{S_n}{n} - p)\right| \geqslant \varepsilon\right) \leqslant \frac{1}{\varepsilon^2}\mathrm{Var}\left(\frac{S_n}{n}\right) = \frac{p(1-p)}{\varepsilon^2 n} \to 0.$$

证毕. □

继伯努利之后, 人们一直试图对一般的随机变量序列建立类似的结果.

定义 4.1　设 $\{\xi_n, n \geqslant 1\}$ 是定义在概率空间 $(\Omega, \mathscr{F}, P)$ 上的随机变量序列, 如果存在常数列 $\{a_n, n \geqslant 1\}$ 和 $\{b_n, n \geqslant 1\}$, 使得对任意 $\varepsilon > 0$, 当 $n \to \infty$ 时,

$$P\left(\left|\frac{1}{a_n}\sum_{k=1}^{n}\xi_k - b_n\right| \geqslant \varepsilon\right) \to 0, \tag{4.1}$$

那么称 $\{\xi_n, n \geqslant 1\}$ 服从**弱大数定律** (weak law of large numbers), 简称 $\{\xi_n, n \geqslant 1\}$ 服从**大数定律**.

在伯努利大数定律的证明中, 关键是利用了切比雪夫不等式. 于是我们可以有更一般的结论.

定理 4.2 (切比雪夫大数定律)　设 $\{\xi_n, n \geqslant 1\}$ 是定义在概率空间 $(\Omega, \mathscr{F}, P)$ 上的随机变量序列, $E\xi_n = \mu_n$, $\mathrm{Var}\,\xi_n = \sigma_n^2$. 若 $\displaystyle\sum_{k=1}^{n}\frac{\sigma_k^2}{n^2} \to 0$, 则 $\{\xi_n, n \geqslant 1\}$ 服从弱大数定律, 即对任意 $\varepsilon > 0$, 当 $n \to \infty$ 时,

$$P\left(\left|\frac{1}{n}\sum_{k=1}^{n}\xi_k - \frac{1}{n}\sum_{k=1}^{n}\mu_k\right| \geqslant \varepsilon\right) \to 0.$$

证明　考察随机变量 $\displaystyle\sum_{k=1}^{n}\frac{\xi_k}{n}$. 因

$$E\left(\frac{1}{n}\sum_{k=1}^{n}\xi_k\right)=\frac{1}{n}\sum_{k=1}^{n}\mu_k,\quad \mathrm{Var}\left(\frac{1}{n}\sum_{k=1}^{n}\xi_k\right)=\frac{1}{n^2}\sum_{k=1}^{n}\sigma_k^2,$$

利用 3.2 节的切比雪夫不等式, 得

$$P\left(\left|\frac{1}{n}\sum_{k=1}^{n}(\xi_k-\mu_k)\right|\geqslant\varepsilon\right)\leqslant\frac{1}{\varepsilon^2}\mathrm{Var}\left(\frac{1}{n}\sum_{k=1}^{n}\xi_k\right)$$

$$=\frac{1}{\varepsilon^2 n^2}\sum_{k=1}^{n}\sigma_k^2\to 0.$$

证毕.   □

注 4.1   伯努利大数定律是切比雪夫大数定律的特例.

注 4.2   如果条件 "$\{\xi_n,n\geqslant 1\}$ 独立" 被 "$\{\xi_n,n\geqslant 1\}$ 两两不相关" 所代替, 那么定理 4.2 依然成立. 更一般地, 由该定理的证明容易看出: 如果取消条件 "$\{\xi_n,n\geqslant 1\}$ 独立", 但条件 "$\sum_{k=1}^{n}\dfrac{\sigma_k^2}{n^2}\to 0$" 改为 "$\dfrac{\mathrm{Var}\left(\sum_{k=1}^{n}\xi_k\right)}{n^2}\to 0$", 定理 4.2 的结论仍然成立, 称为 "马尔可夫大数定律".

若 $\{\xi_n,n\geqslant 1\}$ 不仅独立, 而且同分布, 则可以改进定理 4.2 如下:

定理 4.3 (辛钦大数定律)   设 $\{\xi_n,n\geqslant 1\}$ 是定义在概率空间 $(\Omega,\mathscr{F},P)$ 上的独立同分布随机变量序列, $E|\xi_1|<\infty$. 记 $\mu=E\xi_1$, $S_n=\sum_{k=1}^{n}\xi_k$. 则 $\{\xi_n,n\geqslant 1\}$ 服从弱大数定律, 即对任意 $\varepsilon>0$, 当 $n\to\infty$ 时,

$$P\left(\left|\frac{S_n}{n}-\mu\right|\geqslant\varepsilon\right)\to 0.$$

为证明辛钦大数定律, 由于方差不一定存在, 我们需要下列切比雪夫不等式 (3.2 节) 的推广.

定理 4.4 (马尔可夫不等式)   设 ξ 是定义在概率空间 $(\Omega,\mathscr{F},P)$ 上的随机变量, $f(x)$ 是 $[0,\infty)$ 上的非负单调不减函数, 则对任意 $x>0$,

$$P(|\xi|>x)\leqslant\frac{Ef(|\xi|)}{f(x)}.\tag{4.2}$$

证明   当 $Ef(|\xi|)=\infty$ 时, (4.2) 式显然成立. 设 $Ef(|\xi|)<\infty$, 记

$$\eta=\mathbf{1}_{\{|\xi|>x\}}=\begin{cases}1,&|\xi|>x,\\0,&\text{其他}.\end{cases}$$

因 $f(x)$ 单调不减, 故当 $|\xi|>x$ 时, $f(|\xi|)\geqslant f(x)$, 从而

$$\eta \leqslant \frac{f(|\xi|)}{f(x)}.$$

由期望的单调性, 得

$$P(|\xi| > x) = E\eta \leqslant E\left(\frac{f(|\xi|)}{f(x)}\right) = \frac{Ef(|\xi|)}{f(x)}. \qquad \square$$

定理 4.3 的证明 由于 ξ_i 的方差不一定存在, 需要利用截尾技巧. 选取一单调递增的正实数列 $\{c_n\}$ 满足 $c_n \to \infty, \frac{c_n}{n} \to 0$. 令

$$\eta_k = \begin{cases} \xi_k, & |\xi_k| \leqslant c_k, \\ 0, & |\xi_k| > c_k, \end{cases} \qquad \zeta_k = \xi_k - \eta_k = \begin{cases} 0, & |\xi_k| \leqslant c_k, \\ \xi_k, & |\xi_k| > c_k. \end{cases}$$

对 $\{\eta_n, n \geqslant 1\}$ 有

$$\frac{1}{n^2} \sum_{k=1}^{n} \text{Var}\,(\eta_k) \leqslant \frac{1}{n^2} \sum_{k=1}^{n} E\eta_k^2 \leqslant \frac{c_n}{n} \to 0.$$

Stein方法与中心极限定理

由切比雪夫大数定律, 得

$$P\left(\left|\frac{1}{n}\sum_{k=1}^{n}(\eta_k - E\eta_k)\right| \geqslant \varepsilon\right) \to 0. \tag{4.3}$$

记 $F(x)$ 为 ξ_1 的分布函数, 则当 $k \to \infty$ 时,

$$E|\zeta_k| = \int_{|x| > c_k} |x| \mathrm{d}F(x) \to 0.$$

从而, 当 $n \to \infty$ 时,

$$\frac{1}{n} \sum_{k=1}^{n} E|\zeta_k| \to 0.$$

由马尔可夫不等式得

$$P\left(\left|\frac{1}{n}\sum_{k=1}^{n}(\zeta_k - E\zeta_k)\right| \geqslant \varepsilon\right) \leqslant \frac{E\left|\sum\limits_{k=1}^{n}(\zeta_k - E\zeta_k)\right|}{\varepsilon n} \leqslant \frac{2\sum\limits_{k=1}^{n} E|\zeta_k|}{\varepsilon n} \to 0. \tag{4.4}$$

结合 (4.3) 和 (4.4), 得

$$P\left(\left|\frac{S_n}{n} - \mu\right| \geqslant 2\varepsilon\right) \leqslant P\left(\left|\frac{1}{n}\sum_{k=1}^{n}(\eta_k - E\eta_k)\right| \geqslant \varepsilon\right) + P\left(\left|\frac{1}{n}\sum_{k=1}^{n}(\zeta_k - E\zeta_k)\right| \geqslant \varepsilon\right) \to 0.$$

定理证毕. $\qquad \square$

例 4.1 设 ξ_k 有分布列 $\begin{bmatrix} k^s & -k^s \\ 0.5 & 0.5 \end{bmatrix}$, $s < \frac{1}{2}$ 为正常数, 且 $\{\xi_k, k \geqslant 1\}$ 相互独立. 试证: $\{\xi_k, k \geqslant 1\}$ 服从弱大数定律.

证明 已知 ξ_k 有分布列 $\begin{bmatrix} k^s & -k^s \\ 0.5 & 0.5 \end{bmatrix}$, 所以 $E\xi_k = 0$, $\mathrm{Var}\,\xi_k = k^{2s}$. 当 $s < \dfrac{1}{2}$ 时,

$$\frac{1}{n^2} \sum_{k=1}^{n} \mathrm{Var}\,\xi_k = \frac{1}{n^2} \sum_{k=1}^{n} k^{2s} \leqslant n^{2s-1} \to 0.$$

另外, $\{\xi_k, k \geqslant 1\}$ 是相互独立的, 所以它服从切比雪夫大数定律, 即对任意 $\varepsilon > 0$, 当 $n \to \infty$ 时,

$$P\left(\left| \frac{1}{n} \sum_{k=1}^{n} \xi_k \right| \geqslant \varepsilon \right) \to 0. \qquad \square$$

例 4.2 设 $\{\xi_k, k \geqslant 1\}$ 相互独立同分布, 密度函数为

$$p(x) = \begin{cases} \dfrac{2}{x^3}, & x \geqslant 1, \\ 0, & x < 1. \end{cases} \tag{4.5}$$

求证: $\{\xi_k, k \geqslant 1\}$ 服从弱大数定律.

证明 因为 $\{\xi_k, k \geqslant 1\}$ 独立同分布, $E\xi_k = \displaystyle\int_{-\infty}^{\infty} xp(x)\mathrm{d}x = 2$, 所以 $\{\xi_k, k \geqslant 1\}$ 服从辛钦大数定律. $\qquad \square$

4.1.2 依概率收敛

在大数定律中, 表达式

$$P\left(\left| \frac{1}{a_n} \sum_{k=1}^{n} \xi_k - b_n \right| \geqslant \varepsilon \right) \to 0 \ \text{对任意} \ \varepsilon > 0 \ \text{成立}$$

给出了随机变量序列的一种收敛性.

定义 4.2 设 ξ 和 $\{\xi_n, n \geqslant 1\}$, 是定义在同一概率空间 $(\Omega, \mathscr{F}, P)$ 上的随机变量. 若对任意 $\varepsilon > 0$,

$$\lim_{n \to \infty} P(|\xi_n - \xi| > \varepsilon) = 0 \tag{4.6}$$

或

$$\lim_{n \to \infty} P(|\xi_n - \xi| \leqslant \varepsilon) = 1,$$

则称 ξ_n **依概率收敛** (converges in probability) 于 ξ, 记作 $\xi_n \xrightarrow{P} \xi$.

定义 4.2 要求所有 ξ 和 ξ_n 的定义域相同. $\xi_n \xrightarrow{P} \xi$ 可直观地理解为: 除去极小的可能性, 只要 n 充分大, ξ_n 与 ξ 的取值就可以任意地接近.

依概率收敛有许多性质类似于微积分中数列极限的性质. 下面仅举两个例子以说明

这类性质的证明方法, 其他性质放在习题中留给读者自己证明.

例 4.3 设 ξ 和 $\xi_n (n \geqslant 1)$ 是定义在概率空间 $(\Omega, \mathscr{F}, P)$ 上的随机变量序列. 求证:

(1) 若 $\xi_n \overset{P}{\to} \xi$, $\xi_n \overset{P}{\to} \eta$, 则 $P(\xi = \eta) = 1$;

(2) 若 $\xi_n \overset{P}{\to} \xi$, f 是 $(-\infty, \infty)$ 上的连续函数, 则 $f(\xi_n) \overset{P}{\to} f(\xi)$.

证明 (1) 任意给定 $\varepsilon > 0$, 我们有

$$\{|\xi - \eta| > \varepsilon\} \subseteq \left\{|\xi_n - \xi| > \frac{\varepsilon}{2}\right\} \cup \left\{|\xi_n - \eta| > \frac{\varepsilon}{2}\right\},$$

从而

$$P(|\xi - \eta| \geqslant \varepsilon) \leqslant P\left(|\xi_n - \xi| \geqslant \frac{\varepsilon}{2}\right) + P\left(|\xi_n - \eta| \geqslant \frac{\varepsilon}{2}\right).$$

由 $\xi_n \overset{P}{\to} \xi$, $\xi_n \overset{P}{\to} \eta$, 并注意到上式左方与 n 无关, 得 $P(|\xi - \eta| \geqslant \varepsilon) = 0$. 进一步地,

$$
\begin{aligned}
P(|\xi - \eta| > 0) &= P\left(\bigcup_{n=1}^{\infty}\left\{|\xi - \eta| > \frac{1}{n}\right\}\right) \\
&\leqslant \sum_{n=1}^{\infty} P\left(|\xi - \eta| > \frac{1}{n}\right) = 0,
\end{aligned}
\tag{4.7}
$$

即 $P(\xi = \eta) = 1$.

(2) 任意给定 $\varepsilon' > 0$, 存在 $M > 0$, 使得

$$P(|\xi| > M) \leqslant P\left(|\xi| > \frac{M}{2}\right) \leqslant \frac{\varepsilon'}{4}.\tag{4.8}$$

由于 $\xi_n \overset{P}{\to} \xi$, 故存在 $N_1 \geqslant 1$, 当 $n \geqslant N_1$ 时, $P\left(|\xi_n - \xi| > \frac{M}{2}\right) \leqslant \frac{\varepsilon'}{4}$. 因此

$$
\begin{aligned}
P(|\xi_n| \geqslant M) &\leqslant P\left(|\xi_n - \xi| > \frac{M}{2}\right) + P\left(|\xi| > \frac{M}{2}\right) \\
&\leqslant \frac{\varepsilon'}{4} + \frac{\varepsilon'}{4} = \frac{\varepsilon'}{2}.
\end{aligned}
\tag{4.9}
$$

又因 $f(x)$ 在 $(-\infty, \infty)$ 上连续, 从而在 $[-M, M]$ 上一致连续. 对给定的 $\varepsilon > 0$, 存在 $\delta > 0$, 当 $|x - y| < \delta$ 时, $|f(x) - f(y)| < \varepsilon$. 这样

$$P(|f(\xi_n) - f(\xi)| > \varepsilon) \leqslant P(|\xi_n - \xi| > \delta) + P(|\xi_n| > M) + P(|\xi| > M).\tag{4.10}$$

对上面的 δ, 存在 $N_2 \geqslant 1$, 当 $n \geqslant N_2$ 时,

$$P(|\xi_n - \xi| > \delta) \leqslant \frac{\varepsilon'}{4}.\tag{4.11}$$

结合 (4.8)—(4.11), 当 $n \geqslant \max\{N_1, N_2\}$ 时,

$$P(|f(\xi_n) - f(\xi)| > \varepsilon) \leqslant \frac{\varepsilon'}{4} + \frac{\varepsilon'}{2} + \frac{\varepsilon'}{4} = \varepsilon',$$

从而 $f(\xi_n) \xrightarrow{P} f(\xi)$. □

上例中的结论可以推广到随机向量的情形. 设 $\boldsymbol{\xi}_n \xlongequal{\mathrm{def}} (\xi_{n1}, \xi_{n2}, \cdots, \xi_{nm})$ 和 $\boldsymbol{\xi} \xlongequal{\mathrm{def}} (\xi_1, \xi_2, \cdots, \xi_m)$ 是定义在概率空间 $(\Omega, \mathscr{F}, P)$ 上的随机向量. 若 $\boldsymbol{\xi}_n \xrightarrow{P} \boldsymbol{\xi}$, 即 $\|\boldsymbol{\xi}_n - \boldsymbol{\xi}\| \xrightarrow{P} 0$, f 是 $\mathbb{R}^m$ 上的连续函数, 则 $f(\boldsymbol{\xi}_n) \xrightarrow{P} f(\boldsymbol{\xi})$.

定理 4.5 $\xi_n \xrightarrow{P} \xi$ 当且仅当

$$E \frac{|\xi_n - \xi|}{1 + |\xi_n - \xi|} \to 0.$$

证明 充分性. 注意到 $f(x) = \dfrac{x}{1+x}$ 在 $[0, \infty)$ 上非负单调不减, 对任意 $\varepsilon > 0$, 由定理 4.4,

$$P(|\xi_n - \xi| > \varepsilon) \leqslant \frac{1+\varepsilon}{\varepsilon} E \frac{|\xi_n - \xi|}{1 + |\xi_n - \xi|} \to 0,$$

即 $\xi_n \xrightarrow{P} \xi$.

必要性. 设 $\xi_n - \xi$ 的分布函数是 $F_n(x)$. 对任意 $\varepsilon > 0$,

$$
\begin{aligned}
E \frac{|\xi_n - \xi|}{1 + |\xi_n - \xi|} &= \int_{-\infty}^{\infty} \frac{|x|}{1 + |x|} \mathrm{d}F_n(x) \\
&= \int_{|x| \leqslant \varepsilon} \frac{|x|}{1 + |x|} \mathrm{d}F_n(x) + \int_{|x| > \varepsilon} \frac{|x|}{1 + |x|} \mathrm{d}F_n(x) \\
&\leqslant \frac{\varepsilon}{1 + \varepsilon} + \int_{|x| \geqslant \varepsilon} \mathrm{d}F_n(x) \\
&= \frac{\varepsilon}{1 + \varepsilon} + P(|\xi_n - \xi| > \varepsilon).
\end{aligned}
\tag{4.12}
$$

由于 $\xi_n \xrightarrow{P} \xi$, 在 (4.12) 两边先令 $n \to \infty$, 再让 $\varepsilon \to 0$, 即得证

$$E \frac{|\xi_n - \xi|}{1 + |\xi_n - \xi|} \to 0.$$
□

记 $\mathfrak{R}$ 为 $(\Omega, \mathscr{F}, P)$ 上的随机变量全体, 令

$$\rho(\xi, \eta) = E \frac{|\xi - \eta|}{1 + |\xi - \eta|},$$

则 ρ 满足

(1) $\rho(\xi, \eta) = 0$ 当且仅当 $P(\xi = \eta) = 1$;

(2) $\rho(\xi, \eta) = \rho(\eta, \xi)$;

(3) $\rho(\xi, \tau) \leqslant \rho(\xi, \eta) + \rho(\eta, \tau)$,

即 $(\mathfrak{R}, \rho)$ 为距离空间. 定理 4.5 告诉我们: $\xi_n \xrightarrow{P} \xi$ 与 $\rho(\xi_n, \xi) \to 0$ 等价. 进一步地, 还可以证明这一距离空间是完备的, 即当 $n, m \to \infty$ 时 $\xi_m - \xi_n \xrightarrow{P} 0$ 的充要条件是存在随机变量 ξ 使得 $\xi_n \xrightarrow{P} \xi$. 参见习题 43.

例 4.4 设 $\{\xi_k, k \geqslant 1\}$ 独立同分布, $E\xi_k = \mu$, $\mathrm{Var}\,\xi_k = \sigma^2$. 对每个 $n \geqslant 1$, 令

$$\bar{\xi}_n = \frac{1}{n} \sum_{k=1}^{n} \xi_k, \qquad S_n^2 = \frac{1}{n} \sum_{k=1}^{n} (\xi_k - \bar{\xi}_n)^2.$$

求证: $S_n^2 \xrightarrow{P} \sigma^2$.

证明 注意到

$$\begin{aligned}
S_n^2 &= \frac{1}{n} \sum_{k=1}^{n} (\xi_k - \bar{\xi}_n)^2 \\
&= \frac{1}{n} \sum_{k=1}^{n} ((\xi_k - \mu) - (\bar{\xi}_n - \mu))^2 \\
&= \frac{1}{n} \sum_{k=1}^{n} (\xi_k - \mu)^2 - (\bar{\xi}_n - \mu)^2.
\end{aligned} \tag{4.13}$$

由辛钦大数定律知 $\bar{\xi}_n \xrightarrow{P} \mu$, 从而 $(\bar{\xi}_n - \mu)^2 \xrightarrow{P} 0$. 再因 $\{(\xi_k - \mu)^2, k \geqslant 1\}$ 独立同分布, $E(\xi_k - \mu)^2 = \operatorname{Var}\xi_k = \sigma^2$, 故 $\{(\xi_k - \mu)^2, k \geqslant 1\}$ 也服从辛钦大数定律, 即 $\sum_{k=1}^{n} \frac{(\xi_k - \mu)^2}{n} \xrightarrow{P} \sigma^2$. 由 (4.13) 式和依概率收敛的性质 (习题 8), $S_n^2 \xrightarrow{P} \sigma^2$. □

> **注 4.3** 在数理统计中, $\bar{\xi}_n$ 称为样本均值, S_n^2 称为样本方差. 辛钦大数定律表明样本均值依概率收敛于总体均值. 上述例子则表明样本方差依概率收敛于总体方差.

最后, 给出随机变量序列的另一种收敛性概念.

定义 4.3 设 ξ 和 $\xi_n(n \geqslant 1)$ 是定义在同一概率空间 $(\Omega, \mathscr{F}, P)$ 上的随机变量. 假设对某 $0 < r < \infty$, $E|\xi|^r < \infty$, $E|\xi_n|^r < \infty \ (n \geqslant 1)$, 若

$$E|\xi_n - \xi|^r \to 0, \tag{4.14}$$

则称 $\{\xi_n, n \geqslant 1\}$ r **阶平均收敛** (converges in the mean of order r) 于 ξ, 记作 $\xi_n \xrightarrow{L_r} \xi$.

假设存在 $0 < r < \infty$, $\xi_n \xrightarrow{L_r} \xi$. 令 $f(x) = |x|^r$, 并对 $\xi_n - \xi$ 应用马尔可夫不等式, 可推出 $\xi_n \xrightarrow{P} \xi$. 然而, 下面例子说明其逆不成立.

例 4.5 定义 $P(\xi_n = n) = \frac{1}{\log(n+3)}$, $P(\xi_n = 0) = 1 - \frac{1}{\log(n+3)}$, $n = 1, 2, \cdots$. 易知 $\xi_n \xrightarrow{P} 0$, 但对任何 $0 < r < \infty$,

$$E|\xi_n|^r = \frac{n^r}{\log(n+3)} \to \infty,$$

即 $\xi_n \xrightarrow{L_r} 0$ 不成立.

给定 $r > 0$, 令 $L_r(\Omega, \mathscr{F}, P) = \{\xi \in \mathfrak{R} : E|\xi|^r < \infty\}$, 并定义

$$\|\xi\|_r = (E|\xi|^r)^{\frac{1}{r}}, \quad \xi \in L_r.$$

则当 $r \geqslant 1$ 时, $\|\cdot\|_r$ 满足

    (1) $\|\xi\|_r = 0$ 当且仅当 $P(\xi = 0) = 1$;

    (2) $\|\lambda\xi\|_r = |\lambda|\|\xi\|_r$;

    (3) $\|\xi + \eta\|_r \leqslant \|\xi\|_r + \|\eta\|_r$.

即 $(L_r(\Omega, \mathscr{F}, P), \|\cdot\|_r)$ 为赋范空间. 进一步可以证明该赋范空间是完备的, 即当 $n, m \to \infty$ 时 $\xi_m - \xi_n \xrightarrow{L_r} 0$ 的充要条件是存在随机变量 ξ 使得 $E|\xi|^r < \infty, \xi_n \xrightarrow{L_r} \xi$. 参见习题 44.

4.2 中心极限定理与依分布收敛

4.2.1 中心极限定理

假设伯努利试验中每次成功的概率为 p $(0 < p < 1)$. 令 S_n 表示 n 重伯努利试验中成功的次数, 那么概率 $P(S_n = k) = b(k; n, p)$. 在实际问题中, 人们常常对成功次数介于两整数 α 和 $\beta(\alpha < \beta)$ 的概率感兴趣, 即要计算

$$P(\alpha < S_n \leqslant \beta) = \sum_{\alpha < k \leqslant \beta} b(k; n, p). \tag{4.15}$$

这一和式往往涉及很多项, 直接计算相当困难. 然而, 2.1 节中已经提到, 当 $n \to \infty$ 时可以用正态分布函数作为二项分布的渐近逼近.

定理 4.6 (棣莫弗–拉普拉斯定理) 设 $\Phi(x)$ 为标准正态分布的分布函数, 对 $-\infty < x < \infty$, 有

$$\lim_{n \to \infty} P\left(\frac{S_n - np}{\sqrt{npq}} \leqslant x\right) = \Phi(x), \tag{4.16}$$

其中 $q = 1 - p$.

注意到 $ES_n = np, \operatorname{Var} S_n = npq$. (4.16) 式左边是 S_n 标准化后的分布函数的极限, 因此这定理表示二项分布的标准化变量的分布函数收敛于标准正态分布函数. 简单地说, 二项分布渐近于正态分布.

历史上, 人们通过精确估计二项分布的值来证明该定理 (参见 2.7 节补充和注记 2). 但从现代分析概率论的观点看, 这个结果只是将要介绍的更一般的中心极限定理 (定理 4.7) 的特殊情形.

作为定理的直接应用: 当 n 很大, p 的大小适中时, (4.15) 式可用正态分布近似计算, 即

$$P(\alpha < S_n \leqslant \beta) = P\left(\frac{\alpha - np}{\sqrt{npq}} < \frac{S_n - np}{\sqrt{npq}} \leqslant \frac{\beta - np}{\sqrt{npq}}\right)$$

$$\approx \Phi\left(\frac{\beta - np}{\sqrt{npq}}\right) - \Phi\left(\frac{\alpha - np}{\sqrt{npq}}\right). \tag{4.17}$$

它的含义可用图 4.1 显示 (为了直观, 图中显示的是未标准化的随机变量): 作相邻小矩形, 各小矩形的底边中心为 k ($\alpha \leqslant k \leqslant \beta$), 底边长为 1, 高度为 $b(k; n, p)$, 这些小矩形面积之和即为 $P(\alpha \leqslant S_n \leqslant \beta)$. 再作 $N(np, npq)$ 的密度曲线, 在 $(\alpha, \beta]$ 之间曲线覆盖的面积为 (4.17) 式右边之值.

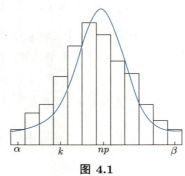

图 4.1

注 4.4 第二章讲过二项分布渐近于泊松分布的泊松定理, 它与定理 4.6 是没有矛盾的. 泊松定理要求 $\lim\limits_{n \to \infty} np_n = \lambda$ 是常数, 而在定理 4.6 中, p 是固定的. 实际应用中, 当 n 很大时, (1) 若 p 大小适中, 则用正态分布 $\Phi(x)$ 去逼近 (4.16) 左边的概率, 精度达到 $O(n^{-\frac{1}{2}})$; (2) 若 p 接近 0 (或 1), 且 np 较小 (或较大), 则二项分布的图形偏斜度太大, 用正态分布去逼近效果就不好. 此时用泊松分布去估计精度会更高.

注 4.5 实际计算中, 若 n 不是很大, 把 (4.17) 式右边修正为

$$\Phi\left(\frac{\beta + 0.5 - np}{\sqrt{npq}}\right) - \Phi\left(\frac{\alpha - 0.5 - np}{\sqrt{npq}}\right), \tag{4.18}$$

则一般可提高精度 (从上图看, 相当于计算密度曲线下 $(\alpha - 0.5, \beta + 0.5]$ 之间的面积).

例 4.6 抛掷一枚均匀硬币时需要抛掷多少次才能保证出现正面的频率在 0.4 与 0.6 之间的概率不小于 90%?

解 令 n 为抛掷次数, S_n 为出现正面的次数, $S_n \sim B\left(n, \dfrac{1}{2}\right)$. 题意要求 n, 使

$$P\left(0.4 < \frac{S_n}{n} \leqslant 0.6\right) \geqslant 0.9.$$

利用定理 4.6, 上式左边等于

$$P\left(\frac{0.4n-\dfrac{n}{2}}{\sqrt{\dfrac{n}{4}}} < \frac{S_n-\dfrac{n}{2}}{\sqrt{\dfrac{n}{4}}} \leqslant \frac{0.6n-\dfrac{n}{2}}{\sqrt{\dfrac{n}{4}}}\right) \approx \Phi(0.2\sqrt{n}) - \Phi(-0.2\sqrt{n})$$

$$= 2\Phi(0.2\sqrt{n}) - 1.$$

当 $n \geqslant 69$ 时, 上式 $\geqslant 0.9$.

如果用第三章的切比雪夫不等式, 因 $E\left(\dfrac{S_n}{n}\right) = \dfrac{1}{2}$, $\mathrm{Var}\left(\dfrac{S_n}{n}\right) = \dfrac{1}{4n}$, 取 $\varepsilon = 0.1$, 则 $P\left(0.4 < \dfrac{S_n}{n} < 0.6\right) = P\left(\left|\dfrac{S_n}{n} - \dfrac{1}{2}\right| < 0.1\right) > 1 - \dfrac{25}{n}$, 只有当 $n \geqslant 250$ 时才满足要求. 通过比较可以看出正态逼近比利用切比雪夫不等式要精确得多.

棣莫弗–拉普拉斯定理的意义远不限于这些数值计算. 该定理及其推广形式实际上是概率论早期研究的中心课题.

定义 4.4 设 $\{\xi_n(n \geqslant 1)\}$ 是一列随机变量. 若存在常数 $B_n > 0$ 与 A_n, 使得

$$P\left(\frac{1}{B_n}\sum_{k=1}^{n}\xi_k - A_n \leqslant x\right) \to \Phi(x), \quad 其中 \ -\infty < x < \infty,$$

则称 $\{\xi_n\}$ 服从**中心极限定理** (central limit theorem).

定理 4.7 (林德伯格–莱维 (Lindeberg-Lévy) 定理) 设 $\{\xi_n, n \geqslant 1\}$ 是一列独立同分布的随机变量. 记 $S_n = \sum_{k=1}^{n}\xi_k$, $E\xi_1 = \mu$, $\mathrm{Var}\,\xi_1 = \sigma^2$, 则中心极限定理成立, 即对 $-\infty < x < \infty$ 有

$$P\left(\frac{S_n - n\mu}{\sqrt{n}\sigma} \leqslant x\right) \to \Phi(x).$$

为证中心极限定理, 我们需要一个连接分布函数的收敛性与特征函数的收敛性之间关系的引理, 它是后面要介绍的逆极限定理 (定理 4.14) 的特例.

引理 4.1 设 $f_n(t)$ 和 $f(t)$ 分别是分布函数 $F_n(x)$ 和 $F(x)$ 的特征函数. 如果对每个 t, $f_n(t) \to f(t)$, 则对 F 的任一连续点 $x \in \mathbb{R}$, 有 $F_n(x) \to F(x)$.

证明 我们用特征函数法. 令 $f(t)$ 与 $f_n(t)$ 分别为 $\xi_1 - \mu$ 与 $\dfrac{S_n - n\mu}{\sqrt{n}\sigma}$ 的特征函数. 由于 $\xi_1, \xi_2, \cdots, \xi_n$ 独立同分布, 故 $f_n(t) = \left(f\left(\dfrac{t}{\sqrt{n}\sigma}\right)\right)^n$. 另外, 已知 $E\xi_1 = \mu$, $\mathrm{Var}\,\xi_1 = \sigma^2$, 所以特征函数有二阶连续导数, $f'(0) = \mathrm{i}E(\xi_1 - \mu) = 0$, $f''(0) = \mathrm{i}^2 E(\xi_1 - \mu)^2 = -\sigma^2$, 并且由泰勒展开式得

$$f(x) = f(0) + f'(0)x + \frac{1}{2}f''(0)x^2 + o(x^2), \quad x \to 0.$$

对给定的 $t \in \mathbb{R}$,

$$f\left(\frac{t}{\sqrt{n}\sigma}\right) = 1 - \frac{t^2}{2n} + o\left(\frac{1}{n}\right), \quad n \to \infty.$$

从而 $f_n(t) \to \mathrm{e}^{-\frac{t^2}{2}}$. 后者是标准正态分布的特征函数, 由引理 4.1 即得定理 4.7 的结论.

$\square$

注 4.6 如果不用特征函数, 我们可以采用施坦方法证明.

中心极限定理有着广泛的应用. 在实际工作中, 只要 n 足够大, 便可以把独立同分布随机变量和的标准化变量当作标准正态变量. 下面再看两个例子.

例 4.7 近似计算时, 原始数据 x_k 四舍五入到小数第 m 位. 这时舍入误差 ξ_k 可以看作在 $(-0.5 \cdot 10^{-m}, 0.5 \cdot 10^{-m}]$ 上均匀分布. 而据此得 n 个 x_k 的和 $\sum\limits_{k=1}^{n} x_k$, 按四舍五入所得的误差是多少呢?

习惯上人们总是以各 ξ_k 的误差上限的和来估计 $\sum\limits_{k=1}^{n} x_k$ 的误差限, 即 $0.5 \cdot n \cdot 10^{-m}$. 当 n 很大时, 这个数自然很大.

事实上, 误差并不可能这么大. 因为 $\{\xi_k, k \geqslant 1\}$ 独立同分布, $E\xi_k = 0$, $\mathrm{Var}\, \xi_k = \sigma^2 = \dfrac{10^{-2m}}{12}$, 由定理 4.7,

$$P\left(\left| \sum_{k=1}^{n} \xi_k \right| \leqslant x\sqrt{n}\sigma \right) \approx 2\Phi(x) - 1.$$

若取 $x = 3$, 上述概率为 0.997. 这样, 和的误差超过 $3\sigma\sqrt{n} = 0.5 \cdot \sqrt{3} \cdot \sqrt{n} \cdot 10^{-m}$ 的可能性仅为 0.003. 显然, 对较大的 n, 这一误差界限远小于习惯上的保守估计 $0.5 \cdot n \cdot 10^{-m}$.

例 4.8 正态随机数的产生有各种方法. 除 2.5 节介绍的以外, 下面这种方法也是常用的. 设 $\{\xi_k(k \geqslant 1)\}$ 独立同分布, 都服从 $[0, 1]$ 上的均匀分布, 则 $E\xi_k = 0.5$, $\sigma = \sqrt{\mathrm{Var}\, \xi_k} = \dfrac{1}{\sqrt{12}}$. 由中心极限定理, 当 n 很大时, $\eta \overset{\text{def}}{=\!=} \dfrac{\sqrt{12}\left(\sum\limits_{k=1}^{n} \xi_k - \dfrac{n}{2} \right)}{\sqrt{n}}$ 近似服从标准正态分布. 事实上, 取 $n = 12$ 就够了, 于是取区间 $[0, 1]$ 上 12 个均匀随机数, 则 $\eta = \sum\limits_{k=1}^{12} \xi_k - 6$ 近似为标准正态随机数.

定理 4.7 要求各 ξ_k 同分布. 这个要求有时太苛刻了. 更一般地, 林德伯格证明了在由独立随机变量 ξ_k 组成的和式 $\sum\limits_{k=1}^{n} \dfrac{\xi_k - E\xi_k}{\sqrt{\sum\limits_{k=1}^{n} \mathrm{Var}\, \xi_k}}$ 中, 只要各被加项 $\dfrac{\xi_k - E\xi_k}{\sqrt{\sum\limits_{k=1}^{n} (\mathrm{Var}\, \xi_k)}}$ 依概率"均匀地小", 中心极限定理仍然成立. 即

定理 4.8 (林德伯格 – 费勒 (Feller) 定理) 设 $\{\xi_k, k \geqslant 1\}$ 为独立随机变量序列, 则

$$\lim_{n \to \infty} \frac{1}{\sum\limits_{k=1}^{n} \mathrm{Var}\, \xi_k} \max_{1 \leqslant k \leqslant n} \mathrm{Var}\, \xi_k = 0 \quad (\text{费勒条件})$$

与

$$P\left(\frac{\sum\limits_{k=1}^{n}(\xi_k - E\xi_k)}{\sqrt{\sum\limits_{k=1}^{n}\operatorname{Var}\xi_k}} \leqslant x\right) \to \Phi(x), \quad -\infty < x < \infty$$

成立的充要条件是下列林德伯格条件成立: 对任意的 $\tau > 0$, 当 $n \to \infty$ 时,

$$\frac{1}{\sum\limits_{k=1}^{n}\operatorname{Var}\xi_k} \sum_{k=1}^{n} \int_{|x-E\xi_k|>\tau\sqrt{\sum\limits_{k=1}^{n}\operatorname{Var}\xi_k}} (x - E\xi_k)^2 \mathrm{d}F_k(x) \to 0.$$

特别地, 我们有

定理 4.9 (李雅普诺夫定理) 设 $\{\xi_k, k \geqslant 1\}$ 为独立随机变量序列, 若存在常数 $\delta > 0$, 使得当 $n \to \infty$ 时, 有

$$\frac{1}{\left(\sum\limits_{k=1}^{n}\operatorname{Var}\xi_k\right)^{1+\frac{\delta}{2}}} \sum_{k=1}^{n} E|\xi_k - E\xi_k|^{2+\delta} \to 0,$$

则中心极限定理成立.

这些定理解释了正态随机变量在自然界中普遍存在的原因.

例 4.9 设 $\{\xi_k, k \geqslant 1\}$ 是相互独立的随机变量序列, ξ_k 的分布列为 $\begin{bmatrix} -k & k \\ 0.5 & 0.5 \end{bmatrix}$. 易知 $E\xi_k = 0$, $\operatorname{Var}\xi_k = k^2$, $E|\xi_k|^3 = k^3$. 因此, 当 $n \to \infty$ 时,

$$\frac{\sum\limits_{k=1}^{n} E|\xi_k|^3}{\left(\sum\limits_{k=1}^{n}\operatorname{Var}\xi_k\right)^{\frac{3}{2}}} = \frac{\sum\limits_{k=1}^{n} k^3}{\left(\sum\limits_{k=1}^{n} k^2\right)^{\frac{3}{2}}} \to 0.$$

即李雅普诺夫条件满足, 所以 $\{\xi_k, k \geqslant 1\}$ 服从中心极限定理.

对数理统计学的许多分支, 如参数 (区间) 估计、假设检验、抽样调查等, 中心极限定理都有着重要作用. 事实上, 它也是保险精算等学科的理论基础.

假定某保险公司为某险种推出保险业务, 现有 n 个顾客投保, 第 i 份保单遭受风险后损失索赔量记为 X_i. 对该保险公司而言, 随机理赔量应该是所有保单索赔量之和, 记为 S_n. 即

$$S_n = \sum_{i=1}^{n} X_i.$$

弄清 S_n 的概率分布对保险公司进行保费定价至关重要. 在实际问题中, 通常假定所有保

单索赔相互独立. 这样, 当保单总数 n 充分大时, 我们并不需要计算 S_n 的精确分布 (一般情况下这是困难甚至不可能的). 此时, 可应用中心极限定理, 对 S_n 进行正态逼近. 即 $\dfrac{S_n - ES_n}{\sqrt{\operatorname{Var} S_n}}$ 渐近服从正态分布 $N(0,1)$, 并以此来估计一些保险参数.

例 4.10　某保险公司发行两种一年期的人身意外险, 保险索赔金分别为 1 万元与 2 万元. 索赔概率 q_k 及投保人数 n_k 如表 4.1 所示 (金额单位: 万元). 保险公司希望只有 0.05 的可能使索赔金额超过所收取的保费总额. 设该保险公司按期望值原理进行保费定价, 即保单 i 的保费 $\pi(X_i) = (1+\theta)EX_i$. 如何估计 θ?

表 4.1　数　据　表

类型 k	索赔的概率 q_k	索赔额 b_k	投保数 n_k
1	0.02	1	500
2	0.02	2	500
3	0.10	1	300
4	0.10	2	500

解　计算 $S = \displaystyle\sum_{i=1}^{1\,800} X_i$ 的均值与方差:

$$ES = \sum_{i=1}^{1\,800} EX_i = \sum_{k=1}^{4} n_k b_k q_k$$

$$= 500 \times 1 \times 0.02 + 500 \times 2 \times 0.02 + 300 \times 1 \times 0.10 + 500 \times 2 \times 0.10$$

$$= 160,$$

$$\operatorname{Var} S = \sum_{i=1}^{1\,800} \operatorname{Var} X_i = \sum_{k=1}^{4} n_k b_k^2 q_k (1 - q_k)$$

$$= 500 \times 1^2 \times 0.02 \times 0.98 + 500 \times 2^2 \times 0.02 \times 0.98 +$$

$$300 \times 1^2 \times 0.10 \times 0.90 + 500 \times 2^2 \times 0.10 \times 0.90$$

$$= 256.$$

由此得保费总额

$$\pi(S) = (1+\theta)ES = 160(1+\theta).$$

依题意, 我们有 $P(S \leqslant (1+\theta)ES) = 0.95$, 也即

$$P\left(\frac{S - ES}{\sqrt{\operatorname{Var} S}} \leqslant \frac{\theta ES}{\sqrt{\operatorname{Var} S}}\right) = P\left(\frac{S - ES}{\sqrt{\operatorname{Var} S}} \leqslant 10\theta\right) = 0.95.$$

将 $\dfrac{S - ES}{\sqrt{\operatorname{Var} S}}$ 近似看作标准正态随机变量, 查表可得 $10\theta = 1.645$, 故 $\theta = 0.164\,5$.

4.2.2 分布函数弱收敛

我们知道, 对于随机变量 ξ 来说, 它的分布函数 $F(x) = P(\xi \leqslant x)$ 刻画了它的全部概率性质. 因此, 对随机变量序列的研究可以转化为对相应的分布函数序列的研究. 中心极限定理表明: 在适当条件下, 独立随机变量之和的标准化变量 $\dfrac{S_n - ES_n}{\sqrt{\mathrm{Var}\,(S_n)}}$ 的分布函数收敛于标准正态变量的分布函数. 这种收敛性称为依分布收敛.

定义 4.5   设 F 是一分布函数, $\{F_n, n \geqslant 1\}$ 是一列分布函数. 若对 F 的每个连续点 $x \in \mathbb{R}$, 当 $n \to \infty$ 时, 都有 $F_n(x) \to F(x)$, 则称 F_n **弱收敛** (weakly converges) 于 F, 记作 $F_n \xrightarrow{w} F$.

设 ξ 是一随机变量, $\{\xi_n, n \geqslant 1\}$ 是一列随机变量, 如果 ξ_n 的分布函数弱收敛于 ξ 的分布函数, 那么称 ξ_n **依分布收敛** (converges in distribution) 于 ξ, 记作 $\xi_n \xrightarrow{d} \xi$.

注 4.7   分布函数列逐点收敛的极限函数未必是分布函数. 例如, 令

$$F_n(x) = \begin{cases} 0, & x < n, \\ 1, & x \geqslant n, \end{cases}$$

该分布函数列处处收敛于 0, 但其极限 $F(x) \equiv 0$ 不是分布函数. 这时, 我们不能说 F_n 弱收敛于 F.

注 4.8   定义 4.5 中的限制条件 "对 F 的每个连续点 x, $F_n(x) \to F(x)$" 是足够宽松的. 例如, 设

$$F_n(x) = \begin{cases} 0, & x < \dfrac{1}{n}, \\ 1, & x \geqslant \dfrac{1}{n}, \end{cases} \qquad F(x) = \begin{cases} 0, & x < 0, \\ 1, & x \geqslant 0. \end{cases}$$

除在 0 点以外 $(F_n(0) = 0 \nrightarrow F(0) = 1)$, $F_n(x)$ 逐点收敛于 $F(x)$, 而 0 点刚好是 $F(x)$ 的唯一不连续点, 因此按定义 4.5, $F_n \xrightarrow{w} F$.

注 4.9   由于分布函数 F 的不连续点最多可数个, $F_n \xrightarrow{w} F$ 意味着 F_n 在 $\mathbb{R}$ 的一个稠密子集上处处收敛于 F (集合 D 在 $\mathbb{R}$ 上稠密, 是指对任意 $x_0 \in \mathbb{R}$, 在 x_0 的任意小邻域内, 一定有 $x \in D$).

依概率收敛 $\xi_n \xrightarrow{P} \xi$ 指的是: 除去极小的可能性, 只要 n 充分大, ξ_n 与 ξ 的取值就可以任意地接近. 依分布收敛 $\xi_n \xrightarrow{d} \xi$ 指的是: 只要 n 充分大, ξ_n 与 ξ 的分布函数就可以任意地接近. 由此, $\xi_n \xrightarrow{d} \xi$ 并不能推导出 $\xi_n \xrightarrow{P} \xi$. 例如, 向区间 $[0,1]$ 上随机等可能投点, ω 表示落点的位置, 定义

$$\xi(\omega) = \begin{cases} 1, & \omega \in [0, 0.5], \\ 0, & \omega \in (0.5, 1], \end{cases} \qquad \eta(\omega) = \begin{cases} 0, & \omega \in [0, 0.5], \\ 1, & \omega \in (0.5, 1], \end{cases} \tag{4.19}$$

则 ξ 和 η 具有相同的分布函数

$$F(x) = \begin{cases} 0, & x < 0, \\ \dfrac{1}{2}, & 0 \leqslant x < 1, \\ 1, & x \geqslant 1. \end{cases} \tag{4.20}$$

如果定义 $\xi_n = \xi, \, n \geqslant 1$, 那么 $\xi_n \xrightarrow{d} \eta$, 但 $|\xi_n - \eta| \equiv 1$.

关于这两种收敛性之间的关系, 我们有下面的定理.

定理 4.10 设 ξ 和 $\xi_n (n \geqslant 1)$ 是定义在概率空间 $(\Omega, \mathscr{F}, P)$ 上的随机变量.

(1) 若 $\xi_n \xrightarrow{P} \xi$, 则 $\xi_n \xrightarrow{d} \xi$.

(2) 若 $\xi_n \xrightarrow{d} c$, 其中 c 为常数, 则 $\xi_n \xrightarrow{P} c$.

证明 (1) 设 F 和 F_n 分别是 ξ 和 ξ_n 的分布函数, x 表示 F 的连续点. 任意给定 $\varepsilon > 0$, 事件

$$\{\xi > x - \varepsilon\} = \{\xi > x - \varepsilon, \xi_n > x\} \cup \{\xi \leqslant x - \varepsilon, \xi_n > x\}$$
$$\subset \{\xi_n \leqslant x\} \cup \{\xi_n - \xi \geqslant \varepsilon\}.$$

因此

$$F(x - \varepsilon) \leqslant F_n(x) + P(\xi_n - \xi > \varepsilon).$$

令 $n \to \infty$, 由于 $\xi_n \xrightarrow{P} \xi$, 故

$$P(\xi_n - \xi > \varepsilon) \leqslant P(|\xi_n - \xi| > \varepsilon) \to 0.$$

从而

$$F(x - \varepsilon) \leqslant \liminf_{n \to \infty} F_n(x). \tag{4.21}$$

类似地,

$$(\xi_n \leqslant x) = (\xi_n \leqslant x, \xi \leqslant x + \varepsilon) \cup (\xi_n \leqslant x, \xi > x + \varepsilon)$$
$$\subset (\xi \leqslant x + \varepsilon) \cup (\xi - \xi_n > \varepsilon).$$

从而

$$F_n(x) \leqslant F(x + \varepsilon) + P(\xi - \xi_n > \varepsilon).$$

令 $n \to \infty$ 得

$$\limsup_{n \to \infty} F_n(x) \leqslant F(x + \varepsilon). \tag{4.22}$$

结合 (4.21) 和 (4.22) 两式, 对任意 $\varepsilon > 0$, 有

$$F(x - \varepsilon) \leqslant \liminf_{n \to \infty} F_n(x) \leqslant \limsup_{n \to \infty} F_n(x) \leqslant F(x + \varepsilon).$$

由于 F 在 x 点连续, 令 $\varepsilon \to 0$ 得

$$\lim_{n \to \infty} F_n(x) = F(x),$$

即 $\xi_n \xrightarrow{d} \xi$.

(2) 如果 $\xi_n \xrightarrow{d} c$, 那么

$$\lim_{n \to \infty} F_n(x) = \begin{cases} 0, & x < c, \\ 1, & x \geqslant c. \end{cases}$$

因此对任意 $\varepsilon > 0$, 有

$$\begin{aligned} P(|\xi_n - c| > \varepsilon) &= P(\xi_n > c + \varepsilon) + P(\xi_n < c - \varepsilon) \\ &= 1 - P(\xi_n \leqslant c + \varepsilon) + P(\xi_n < c - \varepsilon) \\ &= 1 - F_n(c + \varepsilon) + F_n(c - \varepsilon - 0) \\ &\to 0. \end{aligned}$$

定理证毕. $\qquad\qquad\qquad\qquad\qquad\qquad\qquad\qquad\qquad\qquad\qquad\qquad\qquad\qquad\qquad$ □

例 4.11 设 $\{\xi_n, n \geqslant 1\}$ 独立同分布, 都服从 $[0, a]$ 上的均匀分布, 令 $\eta_n = \max\{\xi_1, \xi_2, \cdots, \xi_n\}$. 求证: $\eta_n \xrightarrow{P} a$.

证明 由定理 4.10, 只需证明 η_n 的分布函数 $G_n(x) \xrightarrow{w} D(x - a)$, 其中 $D(x - a)$ 是在 a 点的退化分布函数.

从第二章知道: 若 ξ_k 的共同分布函数为 $F(x)$, 则 η_n 的分布函数 $G_n(x) = (F(x))^n$. 据题意, ξ_k 的分布函数

$$F(x) = \begin{cases} 0, & x < 0, \\ \dfrac{x}{a}, & 0 \leqslant x < a, \\ 1, & x \geqslant a. \end{cases}$$

故

$$G_n(x) = \begin{cases} 0, & x < 0, \\ \left(\dfrac{x}{a}\right)^n, & 0 \leqslant x < a, \\ 1, & x \geqslant a \end{cases}$$

$$\to D(x - a) = \begin{cases} 0, & x < a, \\ 1, & x \geqslant a. \end{cases} \qquad\qquad (4.23)$$

证毕. $\qquad\qquad\qquad\qquad\qquad\qquad\qquad\qquad\qquad\qquad\qquad\qquad\qquad\qquad\qquad\qquad\qquad$ □

下面我们给出两个黑利 (Helly) 定理, 它们对分布函数列弱收敛性的研究有着重要作用.

定理 4.11 (黑利第一定理)　设 $\{F_n, n \geqslant 1\}$ 是一列分布函数, 那么存在一个单调不减右连续的函数 F (不一定是分布函数), $0 \leqslant F(x) \leqslant 1$, $x \in \mathbb{R}$, 和一子列 $\{F_{n_k}, k \geqslant 1\}$, 使得对 F 的每个连续点 x, 当 $k \to \infty$ 时, $F_{n_k}(x) \to F(x)$.

证明　令 $r_1, r_2, \cdots$ 表示全体有理数. $0 \leqslant F_n(x) \leqslant 1$ 意味着 $\{F_n(r_1), n \geqslant 1\}$ 是有界数列, 因此可以找到一个收敛子列 $\{F_{1n}(r_1), n \geqslant 1\}$, 记 $G(r_1) = \lim\limits_{n \to \infty} F_{1n}(r_1)$.

接着考虑有界数列 $\{F_{1n}(r_2), n \geqslant 1\}$, 存在它的一个收敛子列 $\{F_{2n}(r_2), n \geqslant 1\}$, 记 $G(r_2) = \lim\limits_{n \to \infty} F_{2n}(r_2)$. 如此继续, 得到

$$\{F_{kn}(n \geqslant 1)\} \subset \{F_{k-1,n}(n \geqslant 1)\}, \ G(r_k) = \lim\limits_{n \to \infty} F_{kn}(r_k), \ k \geqslant 2.$$

现在考虑对角线序列 $\{F_{nn}\}$. 显然 $\lim\limits_{n \to \infty} F_{nn}(r_k) = G(r_k)$ 对所有正整数 k 都成立. 另外, 由于 F_n 单调不减, 如果 $r_i < r_j$, 那么有 $G(r_i) \leqslant G(r_j)$. 因此 $G(r)$ 是定义在有理数集上的有界不减函数. 定义

$$F(x) = \sup_{r_j \leqslant x} G(r_j), \quad x \in \mathbb{R}. \tag{4.24}$$

该函数在有理数上与 $G(x)$ 相等, 它显然也是有界不减的. 下面证明: 对 F 的每个连续点 x,

$$\lim_{n \to \infty} F_{nn}(x) = F(x). \tag{4.25}$$

任意给定 $\varepsilon > 0$ 和 F 的连续点 x, 选取 $h > 0$, 使得

$$F(x+h) - F(x-h) < \frac{\varepsilon}{2}.$$

根据有理数的稠密性, 存在有理数 r_i, r_j 满足

$$x - h < r_i < x < r_j < x + h,$$

从而

$$F(x-h) \leqslant F(r_i) \leqslant F(x) \leqslant F(r_j) \leqslant F(x+h). \tag{4.26}$$

另外, 存在 $N(\varepsilon)$ 使得当 $n \geqslant N(\varepsilon)$ 时,

$$|F_{nn}(r_i) - F(r_i)| < \frac{\varepsilon}{2}, \quad |F_{nn}(r_j) - F(r_j)| < \frac{\varepsilon}{2}. \tag{4.27}$$

进而, 由 F_n 和 F 的单调性, 当 $n \geqslant N(\varepsilon)$ 时,

$$F_{nn}(x) \leqslant F_{nn}(r_j) \leqslant F(r_j) + \frac{\varepsilon}{2} \leqslant F(x+h) + \frac{\varepsilon}{2} \leqslant F(x) + \varepsilon,$$

$$F_{nn}(x) \geqslant F_{nn}(r_i) \geqslant F(r_i) - \frac{\varepsilon}{2} \geqslant F(x-h) - \frac{\varepsilon}{2} \geqslant F(x) - \varepsilon.$$

综合上述得到

$$|F_{nn}(x) - F(x)| < \varepsilon, \tag{4.28}$$

(4.25) 式得证. 由定义 (4.24), F 是右连续的. 定理 4.11 证毕. □

定理 4.12 (黑利第二定理)   (1) 令 F 是分布函数, $\{F_n, n \geqslant 1\}$ 是一列分布函数, 假设 $F_n \xrightarrow{w} F$, 那么对 $\mathbb{R}$ 上的任意有界连续函数 $g(x)$, 当 $n \to \infty$ 时,

$$\int_{-\infty}^{\infty} g(x)\mathrm{d}F_n(x) \to \int_{-\infty}^{\infty} g(x)\mathrm{d}F(x). \tag{4.29}$$

(2) 设 $F, F_n(n \geqslant 1)$ 是单调不减右连续函数 (不一定是分布函数), 并且对 F 的任一连续点 x 有 $F_n(x) \to F(x)$. 若 $a < b$ 是 F 的连续点, $g(x)$ 是 $[a,b]$ 上的连续函数, 则

$$\int_a^b g(x)\mathrm{d}F_n(x) \to \int_a^b g(x)\mathrm{d}F(x).$$

证明   我们只证第一部分结论, 对于第二部分, 只要如下重新定义 F, F_n 和 g 即可. 令

$$F^*(x) = \begin{cases} 0, & x < a, \\ \dfrac{F(x) - F(a)}{F(b) - F(a)}, & a \leqslant x < b, \\ 1, & x \geqslant b; \end{cases}$$

$$F_n^*(x) = \begin{cases} 0, & x < a, \\ \dfrac{F_n(x) - F_n(a)}{F_n(b) - F_n(a)}, & a \leqslant x < b, \\ 1, & x \geqslant b; \end{cases}$$

$$g^*(x) = g(a), x < a; \quad g^*(x) = g(x), a \leqslant x < b; \quad g^*(x) = g(b), x \geqslant b.$$

我们往证 (4.29). 因 g 是有界函数, 必存在 $c > 0$, 使得 $|g(x)| < c$, $x \in \mathbb{R}$. 因为 F 的所有连续点构成 $\mathbb{R}$ 上的稠密集, 并且 $F(-\infty) = 0$, $F(\infty) = 1$, 故对任意给定的 $\varepsilon > 0$, 可以选取 $a > 0$, 使得 $\pm a$ 是 F 的连续点, 并且

$$F(-a) < \frac{\varepsilon}{12c}, \qquad 1 - F(a) < \frac{\varepsilon}{12c}. \tag{4.30}$$

由于 $F_n \xrightarrow{w} F$, 存在 $N_1(\varepsilon)$, 使得当 $n \geqslant N_1(\varepsilon)$ 时,

$$|F_n(-a) - F(-a)| < \frac{\varepsilon}{12c}, \quad |1 - F_n(a) - (1 - F(a))| < \frac{\varepsilon}{12c}. \tag{4.31}$$

这样, 我们有

$$\left| \int_{-\infty}^{-a} g(x)\mathrm{d}F_n(x) - \int_{-\infty}^{-a} g(x)\mathrm{d}F(x) + \int_{a}^{\infty} g(x)\mathrm{d}F_n(x) - \int_{a}^{\infty} g(x)\mathrm{d}F(x) \right|$$

$$\leqslant c[F_n(-a) + F(-a) + 1 - F_n(a) + 1 - F(a)]$$

$$\leqslant c[|F_n(-a) - F(-a)| + 2F(-a) + |1 - F_n(a) - (1 - F(a))| + 2(1 - F(a))]$$

$$< \frac{\varepsilon}{2}. \tag{4.32}$$

下面考虑 $\left| \int_{-a}^{a} g(x)\mathrm{d}F_n(x) - \int_{-a}^{a} g(x)\mathrm{d}F(x) \right|$. 由于 $g(x)$ 在闭区间 $[-a, a]$ 上一致连续, 可以选取 $-a = x_0 < x_1 < \cdots < x_m = a$, 使得所有 x_i 是 F 的连续点, 且 $\max\limits_{x_{i-1} < x \leqslant x_i} |g(x) - g(x_i)| < \frac{\varepsilon}{8}$. 于是

$$\left| \int_{-a}^{a} g(x)\mathrm{d}F_n(x) - \int_{-a}^{a} g(x)\mathrm{d}F(x) \right|$$

$$= \left| \sum_{i=1}^{m} \int_{x_{i-1}}^{x_i} g(x)\mathrm{d}F_n(x) - \sum_{i=1}^{m} \int_{x_{i-1}}^{x_i} g(x)\mathrm{d}F(x) \right|$$

$$\leqslant \sum_{i=1}^{m} \int_{x_{i-1}}^{x_i} |g(x) - g(x_i)|\mathrm{d}F_n(x) + \sum_{i=1}^{m} \int_{x_{i-1}}^{x_i} |g(x) - g(x_i)|\mathrm{d}F(x) +$$

$$\sum_{i=1}^{m} |g(x_i)| \left| \int_{x_{i-1}}^{x_i} dF_n(x) - \int_{x_{i-1}}^{x_i} \mathrm{d}F(x) \right|$$

$$\leqslant \frac{\varepsilon}{8} \sum_{i=1}^{m} [F_n(x_i) - F_n(x_{i-1}) + F(x_i) - F(x_{i-1})] + 2c \sum_{i=0}^{m} |F_n(x_i) - F(x_i)|$$

$$= \frac{\varepsilon}{8} [F_n(a) - F_n(-a) + F(a) - F(-a)] + 2c \sum_{i=0}^{m} |F_n(x_i) - F(x_i)|. \tag{4.33}$$

由于 $F_n(a) - F_n(-a) \leqslant 1$, $F(a) - F(-a) \leqslant 1$, 再选择 $N_2(\varepsilon)$ 使得当 $n \geqslant N_2(\varepsilon)$ 时,

$$|F_n(x_i) - F(x_i)| < \frac{\varepsilon}{8mc}, \quad i = 0, 1, \cdots, m. \tag{4.34}$$

故 (4.33) 不超过 $\frac{\varepsilon}{2}$. 因此, 当 $n \geqslant \max\{N_1(\varepsilon), N_2(\varepsilon)\}$ 时,

$$\left| \int_{-\infty}^{\infty} g(x)\mathrm{d}F_n(x) - \int_{-\infty}^{\infty} g(x)\mathrm{d}F(x) \right| < \varepsilon. \tag{4.35}$$

定理证毕. $\qquad \square$

定理 4.13 (莱维连续性定理 (Lévy continuity theorem))　　设 F 是一分布函数, $\{F_n, n \geqslant 1\}$ 是一列分布函数. 如果 $F_n \xrightarrow{w} F$, 那么相应的特征函数列 $\{f_n(t), n \geqslant 1\}$ 关于 t 在任何有限区间内一致收敛于 F 的特征函数 $f(t)$.

对任何 $b > 0$, 仅考虑 $|t| \leqslant b$. 令 $g_t(x) = \mathrm{e}^{\mathrm{i}tx}$, $x \in \mathbb{R}$. 注意到下列事实:

$$|g_t(x)| = 1, \quad \sup_{|t| \leqslant b} |g_t(x) - g_t(y)| \leqslant |b| \cdot |x - y|,$$

该定理的证明完全类似于定理 4.12, 不再重复.

由 3.3 节知道, 特征函数与分布函数相互唯一确定. 同样地, 莱维连续性定理的逆命题也成立.

定理 4.14 (逆极限定理) 设 $f_n(t)$ 是分布函数 $F_n(x)$ 的特征函数, 如果对每个 t, $f_n(t) \to f(t)$, 且 $f(t)$ 在 $t = 0$ 处连续, 那么 $f(t)$ 一定是某个分布函数 F 的特征函数, 且 $F_n \xrightarrow{w} F$.

本定理的证明比较繁复, 见本章的补充与注记 2. 它的作用是很大的, 使得特征函数成为研究某些极限定理的重要工具. 这里先举个例子来说明这个定理的应用.

例 4.12 用特征函数法证明二项分布的泊松逼近定理.

证明 设 ξ_n 服从二项分布 $B(n, p_n)$, 且 $\lim\limits_{n \to \infty} np_n = \lambda$. 它的特征函数为 $f_n(t) = (p_n e^{it} + q_n)^n$, 其中 $q_n = 1 - p_n$. 当 $n \to \infty$ 时, 它的极限为

$$\lim_{n \to \infty} f_n(t) = \lim_{n \to \infty} \left(1 + \frac{np_n(e^{it} - 1)}{n}\right)^n = e^{\lambda(e^{it} - 1)}.$$

这正是泊松分布的特征函数, 由逆极限定理, 二项分布 $B(n, p_n)$ 依分布收敛于泊松分布 $P(\lambda)$. □

例 4.13 (定理 4.3) 设 $\{\xi_n, n \geq 1\}$ 是定义在概率空间 $(\Omega, \mathscr{F}, P)$ 上的独立同分布随机变量序列, $E|\xi_1| < \infty$. 记 $\mu = E\xi_1$, $S_n = \sum\limits_{k=1}^{n} \xi_k$. 证明:

$$\frac{S_n}{n} \xrightarrow{P} \mu.$$

证明 令 $f(t)$ 和 $f_n(t)$ 分别为 ξ_1 与 $\frac{S_n}{n}$ 的特征函数. 因为 $\{\xi_n, n \geq 1\}$ 相互独立同分布, 所以 $f_n(t) = \left(f\left(\frac{t}{n}\right)\right)^n$. 另外, $E\xi_1 = \mu$, 所以由泰勒展开式知

$$f(t) = 1 + i\mu t + o(t), \quad t \to 0. \tag{4.36}$$

许宝騄和完全收敛性

对每个 $t \in \mathbb{R}$,

$$f\left(\frac{t}{n}\right) = 1 + i\frac{\mu t}{n} + o\left(\frac{1}{n}\right), \quad n \to \infty, \tag{4.37}$$

$$f_n(t) = \left(1 + i\frac{\mu t}{n} + o\left(\frac{1}{n}\right)\right)^n \to e^{i\mu t}, \quad n \to \infty.$$

由于 $e^{i\mu t}$ 正好是集中于单点 μ 的退化分布的特征函数, 运用逆极限定理即可知道 $\frac{S_n}{n} \xrightarrow{d} \mu$, 再根据定理 4.10 得 $\frac{S_n}{n} \xrightarrow{P} \mu$. 证毕. □

由定理 4.13 和 4.14, 我们得到关于依分布收敛的如下性质.

推论 4.1 设 ξ 为随机变量, $\{\xi_n, n \geq 1\}$ 为随机变量序列, 则下述命题等价.

(1) $\xi_n \xrightarrow{d} \xi$;

(2) 对任一有界连续函数 $g(x)$, 有 $Eg(\xi_n) \to Eg(\xi)$;

(3) 对任一有界一致连续函数 $g(x)$, 有 $Eg(\xi_n) \to Eg(\xi)$;

(4) 对任一有界连续并且任意阶导数也有界的函数 $g(x)$, 有 $Eg(\xi_n) \to Eg(\xi)$;

(5) 对任意实数 t, $f_n(t) \to f(t)$, 其中 $f(t)$, $f_n(t)$ 分别是 ξ, ξ_n 的特征函数.

上述每一条均可以用来证明依分布收敛性. 特征函数是最为常用的工具, 但它涉及复值函数. 有时, 我们也可以用随机变量的密度函数列或分布列的收敛性判断依分布收敛性.

推论 4.2 (1) 设 ξ_n, ξ 分别有密度函数 p_n, p. 如果对任意 x, $p_n(x) \to p(x)$, 那么 $\xi_n \xrightarrow{d} \xi$;

(2) 设 ξ_n 和 ξ 分别有分布列

$$p_n(x_j) = P(\xi_n = x_j), \quad p(x_j) = p(\xi = x_j), \quad j = 1, 2 \cdots.$$

若对任意 j 有 $p_n(x_j) \to p(x_j)$, 则 $\xi_n \xrightarrow{d} \xi$.

证明 我们只证 (1), 类似可证 (2). 注意到 $\int_{-\infty}^{\infty} (p_n(x) - p(x))\mathrm{d}x = 0$, 有

$$
\begin{aligned}
|F(x) - F_n(x)| &= \left| \int_{-\infty}^{x} (p(y) - p_n(y))\mathrm{d}y \right| \\
&\leqslant \int_{-\infty}^{\infty} |p(y) - p_n(y)|\mathrm{d}y \\
&= \int_{-\infty}^{\infty} \big[|p(y) - p_n(y)| + p(y) - p_n(y) \big]\mathrm{d}y \\
&= 2\int_{-\infty}^{\infty} (p(y) - p_n(y))^+ \mathrm{d}y.
\end{aligned}
$$

由于 $(p(y) - p_n(y))^+ \leqslant p(y)$, $(p(y) - p_n(y))^+ \to 0$, 由积分控制收敛定理得

$$\sup_{x} |F(x) - F_n(x)| \leqslant 2\int_{-\infty}^{\infty} (p(y) - p_n(y))^+ \mathrm{d}y \to 0.$$

结论得证. □

例如, 由定理 2.6 知, 因为自由度为 n 的 t 分布的密度函数

$$p_n(x) \to \frac{1}{\sqrt{2\pi}} \mathrm{e}^{-\frac{x^2}{2}}, \quad n \to \infty,$$

所以其分布函数 $F_n(x) \to \Phi(x)$.

4.2.3 性质

除连续性定理外, 分布函数弱收敛还有下列性质.

性质 4.1　设 $F, F_n(n \geqslant 1)$ 是一列分布函数. 如果 $F_n \xrightarrow{w} F$, F 是连续函数, 那么 $F_n(x)$ 在 $\mathbb{R}$ 上一致收敛于 $F(x)$.

证明留给读者.

性质 4.2　设 $\xi, \xi_n(n \geqslant 1)$ 是一列随机变量, $g(x)$ 是 $\mathbb{R}$ 上的连续函数. 如果 $\xi_n \xrightarrow{d} \xi$, 那么 $g(\xi_n) \xrightarrow{d} g(\xi)$.

证明　假设 ξ 和 ξ_n 的分布函数分别为 F 和 F_n. 如果 $\xi_n \xrightarrow{d} \xi$, 即 $F_n \xrightarrow{w} F$, 由定理 4.12, $g(\xi_n)$ 的特征函数 $\displaystyle\int_{-\infty}^{\infty} \mathrm{e}^{\mathrm{i}tg(x)} \mathrm{d}F_n(x)$ 收敛于 $\displaystyle\int_{-\infty}^{\infty} \mathrm{e}^{\mathrm{i}tg(x)} \mathrm{d}F(x)$, 该极限正是 $g(\xi)$ 的特征函数. 由定理 4.14, $g(\xi_n)$ 的分布函数弱收敛于 $g(\xi)$ 的分布函数, 即 $g(\xi_n) \xrightarrow{d} g(\xi)$. $\qquad\square$

性质 4.3　设 $\{a_n, n \geqslant 1\}$ 和 $\{b_n, n \geqslant 1\}$ 是两列常数, $F, F_n(n \geqslant 1)$ 是一列分布函数. 如果 $a_n \to a, b_n \to b, F_n \xrightarrow{w} F$, 那么 $F_n(a_n x + b_n) \to F(ax + b)$, 其中 x 使得 $ax + b$ 是 F 的连续点.

证明　设 x 使得 $ax + b$ 是 F 的连续点. 令 $\varepsilon > 0$ 使得 F 在 $ax + b \pm \varepsilon$ 处连续 (这是可能的, 因为 F 的连续点集在 $\mathbb{R}$ 上稠密). 显然, $a_n x + b_n \to ax + b$. 故对充分大的 n,

$$ax + b - \varepsilon \leqslant a_n x + b_n \leqslant ax + b + \varepsilon, \tag{4.38}$$

因此

$$F_n(ax + b - \varepsilon) \leqslant F_n(a_n x + b_n) \leqslant F_n(ax + b + \varepsilon).$$

由于 $F_n \xrightarrow{w} F$, 则

$$F(ax + b - \varepsilon) \leqslant \liminf_{n \to \infty} F_n(a_n x + b_n)$$
$$\leqslant \limsup_{n \to \infty} F_n(a_n x + b_n) \leqslant F(ax + b + \varepsilon).$$

令 $\varepsilon \to 0$, 由于 F 在 $ax + b$ 处连续, 即可完成证明. $\qquad\square$

推论 4.3　如果 $\xi_n \xrightarrow{d} \xi, a_n \to a, b_n \to b$, 则 $a_n \xi_n + b_n \xrightarrow{d} a\xi + b$.

证明　假设 $a > 0$. 由于 $a_n \to a$, 所以当 n 充分大以后, $a_n > 0$. 这样对任意实数 x,

$$P(a_n \xi_n + b_n \leqslant x) = F_n\left(\frac{x - b_n}{a_n}\right).$$

应用性质 4.3 可证结论成立. 当 $a < 0$ 时, 可类似证明. $\qquad\square$

当 $a = 0$ 时, 可以证明 $a_n \xi_n \xrightarrow{P} 0$, 这样, $a_n \xi_n + b_n \xrightarrow{P} b$. 结论成立.

性质 4.4 (Slutsky 引理)　若 $\xi_n \xrightarrow{d} \xi, \eta_n \xrightarrow{d} c$, 且 c 为常数, 则

$$\xi_n + \eta_n \xrightarrow{d} \xi + c, \tag{4.39}$$

$$\eta_n \xi_n \xrightarrow{d} c\xi. \tag{4.40}$$

证明　先证 (4.39). 由逆极限定理, 只需证明 $\xi_n + \eta_n$ 的特征函数收敛于 $\xi + c$ 的特

征函数. 由 $\xi_n \xrightarrow{d} \xi$ 得,

$$Ee^{it\xi_n} \to Ee^{it\xi}.$$

由 $\eta_n \xrightarrow{d} c$ 及 c 为常数, 得 $\eta_n \xrightarrow{P} c$. 从而, 对任意 $\varepsilon > 0$, 有

$$P(|\eta_n - c| > \varepsilon) \to 0.$$

因此,

$$\begin{aligned}
\left| Ee^{it(\xi_n+\eta_n)} - Ee^{it(\xi+c)} \right| &\leqslant \left| Ee^{it(\xi_n+\eta_n)} - Ee^{it(\xi_n+c)} \right| + \left| Ee^{it(\xi_n+c)} - Ee^{it(\xi+c)} \right| \\
&\leqslant E\left[\left| e^{it(\xi_n+c)} \right| \cdot \left| e^{it(\eta_n-c)} - 1 \right| \right] + \left| e^{itc} \left(Ee^{it\xi_n} - Ee^{it\xi} \right) \right| \\
&\leqslant E\left| e^{it(\eta_n-c)} - 1 \right| + \left| Ee^{it\xi_n} - Ee^{it\xi} \right| \\
&\leqslant |t|\varepsilon + 2P(|\eta_n - c| \geqslant \varepsilon) + \left| Ee^{it\xi_n} - Ee^{it\xi} \right| \to |t|\varepsilon.
\end{aligned}$$

由 $\varepsilon > 0$ 的任意性, 得

$$Ee^{it(\xi_n+\eta_n)} \to Ee^{it(\xi+c)}.$$

(4.39) 得证. 同理,

$$\begin{aligned}
\left| Ee^{it(\xi_n\eta_n)} - Ee^{it(\xi c)} \right| &\leqslant \left| Ee^{it(\xi_n\eta_n)} - Ee^{it(\xi_n c)} \right| + \left| Ee^{itc\xi_n} - Ee^{itc\xi} \right| \\
&\leqslant E\left[\left| e^{it\xi_n(\eta_n-c)} - 1 \right| \right] + \left| Ee^{itc\xi_n} - Ee^{itc\xi} \right| \\
&\leqslant 2P(|\xi_n| > M) + M|t|\varepsilon + 2P(|\eta_n - c| > \varepsilon) + \left| Ee^{itc\xi_n} - Ee^{itc\xi} \right|.
\end{aligned}$$

取 $\pm M$ 为 ξ 的分布函数的连续点, 令 $n \to \infty$, 上式的极限为

$$2P(|\xi| > M) + M|t|\varepsilon.$$

由 $\varepsilon > 0$ 和 $M > 0$ 的任意性, 得

$$Ee^{it(\xi_n\eta_n)} \to Ee^{it(\xi c)}.$$

(4.40) 得证. □

例 4.14 (δ 方法) 设 $a_n(\xi_n - c) \xrightarrow{d} \xi$, 其中 $a_n > 0$, $a_n \to \infty$. 设 $f(x)$ 为连续函数并在 c 处可微, 证明

$$a_n \left(f(\xi_n) - f(c) \right) \xrightarrow{d} f'(c)\xi.$$

证明 令

$$g(x) = \begin{cases} \dfrac{f(x) - f(c)}{x - c} - f'(c), & x \neq c, \\ 0, & x = c, \end{cases}$$

则 $g(x)$ 为连续函数, 且

$$a_n \left(f(\xi_n) - f(c) \right) = f'(c) \cdot a_n(\xi_n - c) + g(\xi_n) \cdot a_n(\xi_n - c).$$

由 $a_n(\xi_n - c) \xrightarrow{d} \xi$ 和 Slutsky 引理, 得

$$\xi_n = \frac{1}{a_n}a_n(\xi_n - c) + c \xrightarrow{d} c.$$

利用性质 4.1 得, $g(\xi_n) \xrightarrow{d} g(c) = 0$. 再次利用 Slutsky 引理, 得

$$g(\xi_n) \cdot a_n(\xi_n - c) \xrightarrow{d} 0 \cdot \xi = 0.$$

因此

$$a_n\big(f(\xi_n) - f(c)\big) \xrightarrow{d} f'(c)\xi. \qquad\qquad \square$$

以上依分收敛的定义、定理和性质均可推广到随机向量 (多元分布) 的情形. 例如, 我们有如下定义和定理.

定义 4.6 设 $\{F, F_n(n \geqslant 1)\}$ 为 d 元分布函数, 记

$$C_F = \{\boldsymbol{x} = (x_1, x_2, \cdots, x_d) : F_j(x_j) = F_j(x_j + 0), j = 1, 2, \cdots, d\}.$$

若对所有 $\boldsymbol{x} \in C_F$ 成立:

$$F_n(\boldsymbol{x}) \to F(\boldsymbol{x}),$$

则称 F_n 弱收敛于 F, 记作 $F_n \xrightarrow{w} F$.

若随机向量 $\boldsymbol{X}_n$ 的分布函数弱收敛于随机向量 $\boldsymbol{X}$ 的分布函数, 则称 $\boldsymbol{X}_n$ 依分布收敛于 $\boldsymbol{X}$, 记作 $\boldsymbol{X}_n \xrightarrow{d} \boldsymbol{X}$.

定理 4.15 设 $\{\boldsymbol{\xi}, \boldsymbol{\xi}_n, n \geqslant 1\}$ 为 d 维随机向量序列, 则下述命题等价.

(1) $\boldsymbol{\xi}_n \xrightarrow{d} \boldsymbol{\xi}$;

(2) 对任一 d 元有界连续函数 $g(\boldsymbol{x})$, 有 $Eg(\boldsymbol{\xi}_n) \to Eg(\boldsymbol{\xi})$;

(3) 对任一 d 元有界一致连续函数 $g(\boldsymbol{x})$, 有 $Eg(\boldsymbol{\xi}_n) \to Eg(\boldsymbol{\xi})$;

(4) 对任一 d 元有界连续并且任意阶偏导数也有界的函数 $g(\boldsymbol{x})$, 有 $Eg(\xi_n) \to Eg(\xi)$;

(5) 对任意 d 维实向量 $\boldsymbol{t}$, $f_n(\boldsymbol{t}) \to f(\boldsymbol{t})$, 其中 $f(\boldsymbol{t})$, $f_n(\boldsymbol{t})$ 分别是 $\boldsymbol{\xi}, \boldsymbol{\xi}_n$ 的特征函数.

例 4.15 设 $\{\boldsymbol{\xi}_n = (\xi_{n1}, \xi_{n2}, \cdots, \xi_{nd}), n \geqslant 1\}$ 为一列独立同分布的 d 维随机向量, 期望为 $\boldsymbol{\mu}$, 协方差矩阵为 $\boldsymbol{\Sigma}$, $\boldsymbol{S}_n = \sum_{k=1}^n \boldsymbol{\xi}_k$. 证明

$$\frac{\boldsymbol{S}_n - n\boldsymbol{\mu}}{\sqrt{n}} \xrightarrow{d} N(\boldsymbol{0}, \boldsymbol{\Sigma}).$$

证明 设 $\boldsymbol{\eta} = (\eta_1, \eta_2, \cdots, \eta_d) \sim N(\boldsymbol{0}, \boldsymbol{\Sigma})$, 记 $\boldsymbol{\eta}_n = \dfrac{\boldsymbol{S}_n - n\boldsymbol{\mu}}{\sqrt{n}}$. 由定理 4.15, 只要证明

$$Ee^{i\boldsymbol{t}\boldsymbol{\eta}_n'} \to Ee^{i\boldsymbol{t}\boldsymbol{\eta}'}, \quad \boldsymbol{t} = (t_1, t_2, \cdots, t_d) \in \mathbb{R}^d.$$

注意到, $Ee^{i\boldsymbol{t}\boldsymbol{\eta}_n'}$ 和 $Ee^{i\boldsymbol{t}\boldsymbol{\eta}'}$ 分别是一维随机变量 $\boldsymbol{t}\boldsymbol{\eta}_n'$ 和 $\boldsymbol{t}\boldsymbol{\eta}'$ 的特征函数在 1 处的值, 我们

只要证明

$$t\boldsymbol{\eta}_n' \xrightarrow{d} t\boldsymbol{\eta}'.$$

易知 $t\boldsymbol{\eta}' \sim N(0, \sigma^2)$, 其中 $\sigma^2 = t\boldsymbol{\Sigma}t'$. 记 $X_k = t(\boldsymbol{\xi}_k - \boldsymbol{\mu})'$, 则 $\{X_n, n \geqslant 1\}$ 为独立同分布的一维随机变量序列, $EX_1 = 0$, $\mathrm{Var}(X_1) = t\boldsymbol{\Sigma}t' = \sigma^2$. 由林德伯格–莱维中心极限定理 (定理 4.7) 得

$$t\boldsymbol{\eta}_n' = \frac{1}{\sqrt{n}} \sum_{k=1}^n X_k \xrightarrow{d} t\boldsymbol{\eta}'.$$

证毕. □

4.3 以概率 1 收敛与强大数定律

4.3.1 以概率 1 收敛

我们知道, 随机变量实际上是定义在概率空间上取值为实数的函数. 因此, 类似于数学分析中讨论函数序列逐点收敛性, 我们可以研究随机变量序列在每个样本点处取值的收敛性. 然而, 由于随机性, 不可能要求随机变量序列在所有样本点处都存在极限. 下面研究以概率 1 收敛的问题.

定义 4.7 设 ξ 和 $\{\xi_n, n \geqslant 1\}$ 是定义在概率空间 $(\Omega, \mathscr{F}, P)$ 上的随机变量.

(1) 如果存在 $\Omega_0 \in \mathscr{F}$, 使得 $P(\Omega_0) = 1$, 且对任意 $\omega \in \Omega_0$, 有 $\xi_n(\omega) \to \xi(\omega)$, 那么称 ξ_n **以概率 1 收敛** (converges with probability one) 或**几乎必然收敛** (converges almost surely) 于 ξ, 记作 $\xi_n \to \xi$ a.s..

(2) 如果存在 $\Omega_0 \in \mathscr{F}$, 使得 $P(\Omega_0) = 1$, 且对任意 $\omega \in \Omega_0$, 数列 $\{\xi_n(\omega), n \geqslant 1\}$ 是柯西基本列, 即 $\xi_n(\omega) - \xi_m(\omega) \to 0 (n > m \to \infty)$, 那么称 ξ_n **以概率 1 是柯西基本列**.

> **注 4.10** 以概率 1 收敛意味着最多除去一个零概率事件外, ξ_n 逐点收敛于 ξ. 根据柯西基本列一定存在极限的原则, ξ_n 以概率 1 收敛当且仅当 ξ_n 以概率 1 是柯西基本列.

下面给出以概率 1 收敛的判别准则.

定理 4.16 设 ξ 和 $\{\xi_n, n \geqslant 1\}$ 是定义在概率空间 $(\Omega, \mathscr{F}, P)$ 上的随机变量.

(1) $\xi_n \to \xi$ a.s. 当且仅当对任意 $\varepsilon > 0$,

$$\lim_{n \to \infty} P\left(\sup_{k \geqslant n} |\xi_k - \xi| > \varepsilon\right) = 0,$$

或者等价地

$$\lim_{n \to \infty} P\left(\bigcup_{k \geqslant n} \{|\xi_k - \xi| > \varepsilon\} \right) = 0.$$

(2) $\{\xi_n, n \geqslant 1\}$ 以概率 1 是柯西基本列当且仅当对任意 $\varepsilon > 0$,

$$\lim_{n \to \infty} P\left(\sup_{k \geqslant 0} |\xi_{k+n} - \xi_k| > \varepsilon \right) = 0,$$

或者等价地

$$\lim_{n \to \infty} P\left(\bigcup_{k \geqslant 0} \{|\xi_{k+n} - \xi_k| > \varepsilon\} \right) = 0.$$

证明 (1) 对任意 $\varepsilon > 0$, 令 $A_n^\varepsilon = \{|\xi_n - \xi| > \varepsilon\}$, $A^\varepsilon = \bigcap_{n=1}^{\infty} \bigcup_{k \geqslant n} A_k^\varepsilon$, 那么

$$\{\xi_n \nrightarrow \xi\} = \bigcup_{m=1}^{\infty} A^{\frac{1}{m}}.$$

由连续性定理 (1.3 节),

$$P(A^\varepsilon) = P\left(\bigcap_{n=1}^{\infty} \bigcup_{k \geqslant n} A_k^\varepsilon \right) = \lim_{n \to \infty} P\left(\bigcup_{k \geqslant n} A_k^\varepsilon \right).$$

于是下列关系式成立:

$$0 = P(\{\xi_n \nrightarrow \xi\}) \Longleftrightarrow P\left(\bigcup_{m=1}^{\infty} A^{\frac{1}{m}} \right) = 0$$

$$\Longleftrightarrow P\left(A^{\frac{1}{m}} \right) = 0, \ \text{对任意 } m \geqslant 1$$

$$\Longleftrightarrow P\left(\bigcup_{k \geqslant n} A_k^{\frac{1}{m}} \right) \to 0, \ \text{对任意 } m \geqslant 1$$

$$\Longleftrightarrow P\left(\bigcup_{k \geqslant n} \left\{ |\xi_k - \xi| > \frac{1}{m} \right\} \right) \to 0, \ \text{对任意 } m \geqslant 1$$

$$\Longleftrightarrow P\left(\bigcup_{k \geqslant n} \{|\xi_k - \xi| > \varepsilon\} \right) \to 0, \ \text{对任意 } \varepsilon \geqslant 0.$$

(2) 对任意 $\varepsilon > 0$, 令 $B_{n,k}^\varepsilon = \{|\xi_{k+n} - \xi_k| > \varepsilon\}$, $B^\varepsilon = \bigcap_{m=1}^{\infty} \bigcup_{n \geqslant m} \bigcup_{k \geqslant 1} B_{n,k}^\varepsilon$, 那么事件

$$\{\xi_n \ \text{不是柯西基本列}\} = \bigcup_{\varepsilon > 0} B^\varepsilon.$$

以下类似于 (1) 即可证明. □

推论 4.4 如果对任意 $\varepsilon > 0$,

$$\sum_{n=1}^{\infty} P(|\xi_n - \xi| > \varepsilon) < \infty, \tag{4.41}$$

那么

$$\xi_n \to \xi \quad \text{a.s..}$$

证明 注意到

$$P\left(\bigcup_{k \geqslant n} \{|\xi_k - \xi| \geqslant \varepsilon\}\right) \leqslant \sum_{k=n}^{\infty} P(|\xi_k - \xi| > \varepsilon) \to 0$$

即可. □

注 4.11 定理 4.16 表明 $\xi_n \to \xi$ a.s. 可推出 $\xi_n \xrightarrow{P} \xi$. 但是, 存在反例表明 $\xi_n \xrightarrow{P} \xi$ 并不能推导出 $\xi_n \to \xi$ a.s. (见补充和注记 4.)

注 4.12 推论 4.4 是证明 a.s. 收敛的重要工具, (4.41) 形式的收敛被许宝騄–罗宾斯 (Robbins) 称为完全收敛 (complete convergence).

4.3.2 强大数定律

与以概率 1 收敛密切相关的是强大数定律.

定义 4.8 设 $\{\xi_n, n \geqslant 1\}$ 是定义在概率空间 $(\Omega, \mathscr{F}, P)$ 上的随机变量序列, 如果存在常数列 $\{a_n, n \geqslant 1\}$ 和 $\{b_n, n \geqslant 1\}$, 使得

$$\frac{1}{a_n}\sum_{k=1}^{n} \xi_k - b_n \to 0 \quad \text{a.s.,}$$

那么称 $\{\xi_n, n \geqslant 1\}$ **服从强大数定律** (strong law of large numbers).

由于以概率 1 收敛性强于依概率收敛性, 故强大数定律也比弱大数定律更深入一步.

我们在 4.2 节知道, 伯努利通过对二项分布的精确估计得到伯努利弱大数定律, 即伯努利随机试验中事件发生的频率依概率收敛于该事件的概率. 直到 1905 年博雷尔才证明了下面更强的结果.

定理 4.17 (博雷尔强大数定律) 设 $\{\xi_n, n \geqslant 1\}$ 是定义在概率空间 $(\Omega, \mathscr{F}, P)$ 上的独立同分布随机变量序列, $P(\xi_n = 1) = p, P(\xi_n = 0) = 1-p, 0 < p < 1$. 记 $S_n = \sum_{k=1}^{n} \xi_k$, 则

$$\frac{S_n}{n} \to p \quad \text{a.s..} \tag{4.42}$$

证明   根据推论 4.4, 我们只要证明: 对任意 $\varepsilon > 0$,

$$\sum_{n=1}^{\infty} P\left(\left|\frac{S_n}{n} - p\right| > \varepsilon\right) < \infty.$$

由马尔可夫不等式得,

$$P\left(\left|\frac{S_n}{n} - p\right| > \varepsilon\right) \leqslant \frac{1}{\varepsilon^4} E\left(\frac{S_n}{n} - p\right)^4$$

$$\leqslant \frac{1}{n^3 \varepsilon^4}\left[p(1-p)(p^3 + (1-p)^3) + (n-1)p^2(1-p)^2\right]. \tag{4.43}$$

由于 p 和 ε 是给定的常数, 因此上式右边 $= O(n^{-2})$, 从而相应级数收敛, (4.42) 式得证.

$\square$

定理 4.17 进一步解释了 "频率稳定到概率" 这句话的含义.

柯尔莫哥洛夫于 1930 年将上述结果从二项分布推广到一般随机变量.

定理 4.18 (柯尔莫哥洛夫强大数定律)   设 $\{\xi_n, n \geqslant 1\}$ 是定义在概率空间 $(\Omega, \mathscr{F},$ $P)$ 上的独立同分布随机变量序列, $E|\xi_1| < \infty$, $\mu = E\xi_1$. 记 $S_n = \sum_{k=1}^{n} \xi_k$, 则

$$\frac{S_n}{n} \to \mu \qquad \text{a.s..} \tag{4.44}$$

事实上, 定理 4.18 的逆命题也成立: 如果存在常数 μ, 使得 (4.44) 式成立, 那么 ξ_1 的数学期望存在且等于 μ.

这个定理的证明见补充与注记 9.

柯尔莫哥洛夫也证明了独立但不必同分布的随机变量的强大数定律.

定理 4.19   设 $\{\xi_n\}$ 是定义在概率空间 $(\Omega, \mathscr{F}, P)$ 上的独立随机变量序列, $\mu_k = E\xi_k$. 记 $S_n = \sum_{k=1}^{n} \xi_k$. 如果

$$\sum_{n=1}^{\infty} \frac{\text{Var}(\xi_n)}{n^2} < \infty,$$

那么

$$\frac{S_n - ES_n}{n} \to 0 \qquad \text{a.s..} \tag{4.45}$$

这个定理的证明见补充与注记 10.

例 4.16 (蒙特卡罗方法)   令 $f(x)$ 是定义在 $[0,1]$ 上的连续函数, 取值于 $[0,1]$. 令 $\xi_1, \eta_1, \xi_2, \eta_2, \cdots$ 是一列服从 $[0,1]$ 上的均匀分布的独立随机变量. 定义

$$\rho_n = \begin{cases} 1, & f(\xi_n) \geqslant \eta_n, \\ 0, & f(\xi_n) < \eta_n, \end{cases}$$

则 $\{\rho_n, n \geqslant 1\}$ 相互独立同分布, 而且

$$E\rho_1 = P(f(\xi_1) \geqslant \eta_1) = \iint\limits_{y \leqslant f(x)} \mathrm{d}x\mathrm{d}y$$

$$= \int_0^1 \int_0^{f(x)} \mathrm{d}y\mathrm{d}x = \int_0^1 f(x)\mathrm{d}x.$$

由定理 4.18,

$$\frac{1}{n}\sum_{k=1}^n \rho_k \to \int_0^1 f(x)\mathrm{d}x \qquad \text{a.s..} \tag{4.46}$$

因此, 我们可以通过模拟来计算积分值 $\int_0^1 f(x)\mathrm{d}x$. 方法是在 xOy 平面上的正方形 $\{0 \leqslant x \leqslant 1, 0 \leqslant y \leqslant 1\}$ 上随机投点, 统计落在区域 $\{0 \leqslant x \leqslant 1, 0 \leqslant y \leqslant f(x)\}$ 上的频率, 即 (4.46) 式的左边. 当投点次数充分多时, 此频率可充分接近所求的积分.

至此, 我们已经介绍了概率论中一些经典的极限定理.

4.4　补充与注记

1. 在 18 和 19 世纪, 极限定理一直是概率论研究的中心课题. 伯努利大数定律是第一个从数学上被严格证明的概率论定律, 它由伯努利在其 1713 年出版的名著《猜测术》中详细给出. 大数定律这个名称则是泊松于 1837 年给出的. 中心极限定理这个名词于 1920 年由波利亚给出, 用于统称随机变量序列部分和的分布渐近于正态分布的一类定理. 它是概率论中最为重要的一类定理, 并有着广泛的实际背景. 最初的中心极限定理是讨论 n 重伯努利试验的, 1716 年, 棣莫弗对 $p = \dfrac{1}{2}$ 情形作了讨论, 随后拉普拉斯将其推广到 $0 < p < 1$ 的情形. 从 19 世纪中叶到 20 世纪初期, 一批著名的俄国数学家对概率论的发展作出了重要贡献. 他们运用严格的、强有力的数学分析工具, 如傅里叶变换等, 将伯努利大数定律、棣莫弗 – 拉普拉斯中心极限定理推广到一般随机变量和的情形.

2. **逆极限定理的证明**. 为证明定理 4.14, 我们需要一个特征函数的性质.

引理 4.2　设 $f(t)$ 为分布函数 $F(x)$ 的特征函数, 则对任意 $\lambda > 0$, 有

$$\int_{|x| > 2\lambda} \mathrm{d}F(x) \leqslant 2\lambda \int_0^{\frac{1}{\lambda}} [1 - \mathrm{Re}(f(t))]\mathrm{d}t. \tag{4.47}$$

证明　由特征函数的定义 $f(t) = \int_{-\infty}^{\infty} \mathrm{e}^{\mathrm{i}tx}\mathrm{d}F(x)$ 有

$$\lambda \int_0^{\frac{1}{\lambda}} [1 - \mathrm{Re}(f(t))]\mathrm{d}t = \lambda \int_0^{\frac{1}{\lambda}} \int_{-\infty}^{\infty} (1 - \cos tx)\mathrm{d}F(x)\mathrm{d}t$$

$$= \int_{-\infty}^{\infty} \lambda \int_0^{\frac{1}{\lambda}} (1 - \cos tx) \mathrm{d}t \mathrm{d}F(x)$$

$$= \int_{-\infty}^{\infty} \left[1 - \frac{\sin\left(\dfrac{x}{\lambda}\right)}{\dfrac{x}{\lambda}} \right] \mathrm{d}F(x)$$

$$\geqslant \int_{\left|\frac{x}{\lambda}\right|>2} \left[1 - \frac{\sin\left(\dfrac{x}{\lambda}\right)}{\dfrac{x}{\lambda}} \right] \mathrm{d}F(x)$$

$$\geqslant \frac{1}{2} \int_{|x|>2\lambda} \mathrm{d}F(x). \tag{4.48}$$

下面证明逆极限定理. 对 $\{F_n, n \geqslant 1\}$ 的任一子列 $\{F_{n'}\}$, 由黑利第一定理, 存在一个子子列 $\{F_{n''}\} \subset \{F_{n'}\}$ 和一个单调不减的右连续函数 $F(x)$, 使得对 F 的任意连续点 x

$$F_{n''}(x) \to F(x). \tag{4.49}$$

下面只需证明 F 是分布函数. 如果 F 是分布函数, 则上式说明 $F_{n''} \xrightarrow{w} F$, 从而由连续性定理, $f_{n''}(t) \to f_F(t)$, 其中 $f_F(t)$ 为 F 的特征函数. 由已知条件 $f_{n'}(t) \to f(t)$, 必有 $f_F(t) = f(t)$, 故 $f(t)$ 为特征函数, 它唯一确定了极限分布函数 F. 这样, $\{F_n\}$ 的任一子列 $\{F_{n'}\}$, 都有弱收敛的子列, 并且它们的极限均是由 $f(t)$ 确定的同一个分布函数 F, 因此 $F_n \xrightarrow{w} F$.

由 (4.49) 知, $0 \leqslant F(x) \leqslant 1$. 为证 $F(x)$ 是分布函数, 只需证明 $\lim\limits_{a \to \infty} (F(a) - F(-a)) = 1$. 由 (4.49), 当 $\pm a$ 是 $F(x)$ 的连续点时,

$$\int_{|x| \leqslant a} \mathrm{d}F_{n''}(x) \to F(a) - F(-a), \quad n'' \to \infty.$$

因此, 只需证明 $\lim\limits_{a \to \infty} \lim\limits_{n'' \to \infty} \int_{|x|>a} \mathrm{d}F_{n''}(x) = 0$. 这也只要证明

$$\lim_{\lambda \to \infty} \limsup_{n \to \infty} \int_{|x|>\lambda} \mathrm{d}F_n(x) = 0. \tag{4.50}$$

当上式成立时, 我们称 $\{F_n, n \geqslant 1\}$ **一致胎紧** (uniformly tight). 现在由 (4.48), $f(0) = 1$ 及 $f(t)$ 在 $t = 0$ 处的连续性, 得

$$\lim_{\lambda \to \infty} \limsup_{n \to \infty} \int_{|x|>2\lambda} \mathrm{d}F_n(x) \leqslant \lim_{\lambda \to \infty} \limsup_{n \to \infty} 2\lambda \int_0^{1/\lambda} [1 - \mathrm{Re}(f_n(t))] \mathrm{d}t$$

$$= \lim_{\lambda \to \infty} 2\lambda \int_0^{\frac{1}{\lambda}} [1 - \mathrm{Re}(f(t))] \mathrm{d}t$$

$$\leqslant 2 \lim_{\lambda \to \infty} \sup_{0 \leqslant t \leqslant \frac{1}{\lambda}} [1 - \mathrm{Re}(f(t))] = 0. \tag{4.51}$$

定理证毕. $\qquad\qquad\qquad\qquad\qquad\qquad\qquad\qquad\qquad\qquad\qquad\qquad\quad \square$

3. 特征函数的泰勒渐近展开

作为第三章结果的一个推论, 如果分布函数 $F(x)$ 的 r 阶矩有限, 那么它的特征函数 $f(t)$ 是 r 次连续可导函数. 这样我们可以在 $t=0$ 处对 $f(t)$ 进行泰勒展开.

定理 4.20　假设随机变量 ξ 的 r 阶矩有限, 记这些矩分别为 $\alpha_1,\alpha_2,\cdots,\alpha_r$. 那么它的特征函数 $f(t)$ 在 $t=0$ 处有如下形式的泰勒展开:

$$f(t)=\begin{cases}1+\sum_{k=1}^{r}\alpha_k\frac{(\mathrm{i}t)^k}{k!}+o(|t|)^r,&r\geqslant 1,\\[2mm]1+\sum_{k=1}^{r-1}\alpha_k\frac{(\mathrm{i}t)^k}{k!}+\beta_r\theta_r\frac{|t|^r}{r!},&r>1,\end{cases}$$

其中 $\beta_r=E|\xi|^r,\ |\theta_r|\leqslant 1$.

4. 依概率收敛不能推出以概率 1 收敛

例 4.17　令 $\Omega=[0,1]$, $\mathscr{F}$ 为 $[0,1]$ 上所有博雷尔集构成的 σ-代数, P 为 $[0,1]$ 上的勒贝格测度 (长度). 定义

$$\eta_n^i=\begin{cases}1,&\omega\in\left[\frac{i-1}{n},\frac{i}{n}\right],\\[2mm]0,&\omega\notin\left[\frac{i-1}{n},\frac{i}{n}\right],\end{cases}\quad i=1,2,\cdots,n;\ n=1,2,\cdots. \tag{4.52}$$

考虑随机变量序列 $\{\eta_1^1,\eta_2^1,\eta_2^2,\eta_3^1,\eta_3^2,\eta_3^3,\cdots\}$, 并重新记成 $\{\xi_n,n\geqslant 1\}$. 首先注意到, 对任意 $\varepsilon>0$,

$$\max_{1\leqslant i\leqslant n}P(|\eta_n^i|>\varepsilon)\leqslant\frac{1}{n}\to 0,$$

即 $\xi_n\xrightarrow{P}0$. 另一方面, 对任意 $\omega\in\Omega$, $\xi_n(\omega)(n=1,2,\cdots)$ 中有无穷多个 1, 也有无穷多个 0, 因此 $\xi_n(\omega)$ 不存在极限.

5. 矩方法与矩母函数方法

设 $F,F_n(n\geqslant 1)$ 为一列分布函数, $F_n\xrightarrow{w}F$. 一般地, 即使 F_n 和 F 的 k 阶矩存在, 也不一定成立

$$m_{n,k}\xlongequal{\mathrm{def}}\int_{-\infty}^{\infty}x^k\mathrm{d}F_n(x)\to\int_{-\infty}^{\infty}x^k\mathrm{d}F(x). \tag{4.53}$$

但是, 如果已知 $m_{n,k}$ 收敛到某 α, 再加上下述条件

$$\lim_{\lambda\to\infty}\limsup_{n\to\infty}\int_{|x|>\lambda}|x|^k\mathrm{d}F_n(x)=0 \tag{4.54}$$

(这时称为 x^k 关于 F_n 一致可积), 则有 (4.53) 成立. 事实上, 取 $a<0<b$ 为 F 的连续点, 则由黑利第二定理,

$$\int_a^b x^k \mathrm{d}F_n(x) \to \int_a^b x^k \mathrm{d}F(x). \tag{4.55}$$

所以

$$\limsup_{n\to\infty} \left| \int_{-\infty}^{\infty} x^k \mathrm{d}F_n(x) - \int_a^b x^k \mathrm{d}F_n(x) \right| \leqslant \limsup_{n\to\infty} \int_{|x|>\min\{|a|,|b|\}} |x|^k \mathrm{d}F_n(x). \tag{4.56}$$

再令 $\min\{|a|,|b|\} \to \infty$ 就有 $\int_{-\infty}^{\infty} x^k \mathrm{d}F(x) = \alpha$, 并且 (4.53) 成立.

反过来, 即使 (4.53) 式对任意 $k \geqslant 1$ 成立, 也不能保证 $F_n \xrightarrow{w} F$. 但是, 如果 (4.53) 式右边的各阶矩能唯一地确定分布函数 F (例如, 满足 3.5 节补充与注记 3 中定理的条件), 那么 $F_n \xrightarrow{w} F$. 这就是矩方法.

定理 4.21 (Fréchet-Shohat 定理) 假设对每一个 $k = 1, 2, \cdots,$ 当 $n \to \infty$ 时,
$$m_{n,k} \xlongequal{\text{def}} \int_{-\infty}^{\infty} x^k \mathrm{d}F_n(x) \to m_k.$$ 如果存在唯一的分布函数 F 使得

$$\int_{-\infty}^{\infty} x^k \mathrm{d}F(x) = m_k, \qquad k = 1, 2, \cdots,$$

那么 $F_n \xrightarrow{w} F$.

证明 首先, 由切比雪夫不等式有

$$\int_{|x|>\lambda} \mathrm{d}F_n(x) \leqslant \frac{m_{n,2}}{\lambda^2}, \quad \int_{|x|>\lambda} |x|^k \mathrm{d}F_n(x) \leqslant \frac{m_{n,2k}}{\lambda^k}.$$

因此 (4.50) 和 (4.54) 成立, 即 $\{F_n, n \geqslant 1\}$ 一致胎紧, 并且对任意的 k, x^k 关于 $\{F_n, n \geqslant 1\}$ 一致可积.

由黑利第一定理, 对 $\{F_n, n \geqslant 1\}$ 的任意子列 $\{F_{n'}\}$, 必存在一个子子列 $\{F_{n''}\} \subset \{F_{n'}\}$ 和一个单调不减的右连续函数 $H(x)$ 使得 $F_{n''}(x) \to H(x)$ 对 H 的任意连续点 x 成立.

由 $\{F_n, n \geqslant 1\}$ 的一致胎紧性得 H 必为分布函数, 从而 $F_{n''} \xrightarrow{w} H$. 另一方面, 因 x^k 关于 $\{F_{n''}\}$ 是一致可积的, 所以

$$\int_{-\infty}^{\infty} x^k \mathrm{d}F_{n''}(x) \to \int_{-\infty}^{\infty} x^k \mathrm{d}H(x).$$

因此

$$\int_{-\infty}^{\infty} x^k \mathrm{d}H(x) = m_k. \tag{4.57}$$

而由已知条件, m_k 唯一确定分布函数 F, 所以 $H \equiv F$. 定理得证. $\qquad\square$

在 3.5 节补充与注记 4 中提到, 随机变量 ξ 的矩母函数分别为 $M_\xi(t) = Ee^{t\xi}$ 也是研究随机变量的分布函数的重要工具. 事实上, 矩母函数与特征函数有许多类似的性

质. 例如, 矩母函数唯一确定分布函数. 确切地说, 如果 $M_\xi(t) = M_\eta(t)$ 对 t 在某个区间 $(-t_0, t_0)$ 内成立, 则 ξ 与 η 同分布. 另外, 如果 ξ 与 η 独立, 则 $M_{\xi+\eta}(t) = M_\xi(t)M_\eta(t)$.

定理 4.22 设 ξ_n, ξ 的矩母函数 $M_{\xi_n}(t) = Ee^{t\xi_n}$, $M_\xi(t) = Ee^{t\xi}$ 存在, 并且在某区间 $(-t_0, t_0)$ 内,

$$M_{\xi_n}(t) \to M_\xi(t), \tag{4.58}$$

则 $\xi_n \xrightarrow{d} \xi$.

证明 注意到, M_ξ 唯一确定分布函数 F, 与定理 4.21 的证明类似, 只要证明 $\{e^{|t\xi_n|}, n \geqslant 1\}$ 一致可积. 事实上

$$
\begin{aligned}
\int_{|\xi_n|>\lambda} e^{|t\xi_n|}\mathrm{d}P &\leqslant e^{-|t|\varepsilon\lambda} Ee^{(1+\varepsilon)|t\xi_n|} \\
&\leqslant e^{-|t|\varepsilon\lambda}[Ee^{-(1+\varepsilon)|t|\xi_n} + Ee^{(1+\varepsilon)|t|\xi_n}] \\
&= e^{-|t|\varepsilon\lambda}[M_{\xi_n}(-(1+\varepsilon)|t|) + M_{\xi_n}((1+\varepsilon)|t|)].
\end{aligned}
\tag{4.59}
$$

$\square$

矩方法和矩母函数方法均可以用来证明中心极限定理. 遗憾的是, 有些随机变量的矩母函数或高阶矩不存在. 特征函数之所以重要, 不仅由于其具有许多良好的性质, 而且由于任何随机变量都具有特征函数. 特征函数 (矩母函数) 实际上是分布函数的傅里叶变换 (拉普拉斯变换), 其最大的特点是把分布函数的卷积运算变成特征函数 (矩母函数) 的普通乘积运算, 这为处理独立随机变量和带来很大的方便. 但是, 当随机变量不独立时, 计算矩比计算特征函数和矩母函数相对容易. 所以矩方法现在仍然是研究依分布收敛的重要方法.

6. 林德伯格 – 费勒中心极限定理的证明

这里只证 4.1 节定理 4.8 的充分性部分: 设 $\xi_1, \xi_2, \cdots$ 为相互独立的随机变量, 它们的期望和方差都存在, 如果林德伯格条件

$$\frac{1}{B_n^2} \sum_{k=1}^n \int_{|x-E\xi_k|>\varepsilon B_n} (x - E\xi_k)^2 \mathrm{d}F_k(x) \to 0, \quad 对任意的 \ \varepsilon > 0 \tag{4.60}$$

满足, 则费勒条件

$$\frac{1}{B_n^2} \max_{1 \leqslant k \leqslant n} \sigma_k^2 \to 0 \tag{4.61}$$

满足, 并且对一切 x,

$$P\left(\frac{S_n - ES_n}{B_n} \leqslant x\right) \to \Phi(x). \tag{4.62}$$

这里, $\sigma_k^2 = \operatorname{Var} \xi_k$, $S_n = \sum_{k=1}^n \xi_k$, $B_n^2 = \operatorname{Var} S_n = \sum_{k=1}^n \sigma_k^2$.

不妨设 $E\xi_k = 0$. 首先, 任意给定 $\varepsilon > 0$, $1 \leqslant k \leqslant n$,

$$\frac{\sigma_k^2}{B_n^2} \leqslant \varepsilon^2 + \frac{1}{B_n^2} \int_{|x|>\varepsilon B_n} x^2 \mathrm{d}F_k(x) \leqslant \varepsilon^2 + \frac{1}{B_n^2} \sum_{k=1}^n \int_{|x|>\varepsilon B_n} x^2 \mathrm{d}F_k(x).$$

这样,

$$\max_{1 \leqslant k \leqslant n} \frac{\sigma_k^2}{B_n^2} \leqslant \varepsilon^2 + \frac{1}{B_n^2} \sum_{k=1}^n \int_{|x|>\varepsilon B_n} x^2 \mathrm{d}F_k(x).$$

由林德伯格条件知, 对任意 $\varepsilon > 0$,

$$\lim_{n \to \infty} \max_{1 \leqslant k \leqslant n} \frac{\sigma_k^2}{B_n^2} \leqslant \varepsilon^2.$$

令 $\varepsilon \to 0$ 可得费勒条件满足.

　　下面证明中心极限定理成立. 我们采用**替换技巧** (replacement strategy). 定义 $\psi(t)$ 使得在 $(-\infty, 0]$ 上 $\psi(t) = 1$, 在 $[1, \infty)$ 上 $\psi(t) = 0$, 而在 $[0, 1]$ 上

$$\psi(t) = \alpha^{-1} \int_t^1 \exp\left\{-\frac{1}{s(1-s)}\right\} \mathrm{d}s,$$

其中 $\alpha = \int_0^1 \exp\left\{-\frac{1}{s(1-s)}\right\} \mathrm{d}s$.

　　于是 $0 \leqslant \psi(t) \leqslant 1$, ψ 有任意阶连续导数. 设 $\eta \sim N(0,1)$. 给定 x, 对任意 $\varepsilon > 0$, 令 $g_\varepsilon(t) = \psi\left(t - \dfrac{x}{\varepsilon}\right)$, 得

$$P\left(\frac{S_n}{B_n} \leqslant x\right) - \Phi(x) \leqslant Eg_\varepsilon\left(\frac{S_n}{B_n}\right) - Eg_\varepsilon(\eta) + \int_x^{x+\varepsilon} g_\varepsilon(y) \mathrm{d}\Phi(y)$$

$$= Eg_\varepsilon\left(\frac{S_n}{B_n}\right) - Eg_\varepsilon(\eta) + \frac{\varepsilon}{\sqrt{2\pi}}. \tag{4.63}$$

同理, 令 $g_\varepsilon(t) = \psi\left(t - \dfrac{x-\varepsilon}{\varepsilon}\right)$, 得

$$P\left(\frac{S_n}{B_n} \leqslant x\right) - \Phi(x) \geqslant Eg_\varepsilon\left(\frac{S_n}{B_n}\right) - Eg_\varepsilon(\eta) - \frac{\varepsilon}{\sqrt{2\pi}}.$$

因此, 只需证明: 对任一有界连续并且任意阶导数有界的函数 $g(x)$, 有

$$Eg\left(\frac{S_n}{B_n}\right) \to Eg(\eta). \tag{4.64}$$

若 ξ_k 服从正态分布, 则上式显然成立. 我们逐步将 S_n 中的 ξ_k 用正态随机变量 η_k 代替. 记

$$h(t) = \sup_x \left| g(x+t) - g(x) - g'(x)t - \frac{1}{2}g''(x)t^2 \right|.$$

由于 $g(t)$ 的一到三阶导数均有界, 故存在常数 $K > 0$, 使得

$$h(t) \leqslant K \min\{t^2, |t|^3\},$$

并且

$$\left| g(x+t_1) - g(x+t_2) - \left[g'(x)(t_1-t_2) - \frac{1}{2}g''(x)(t_1^2-t_2^2) \right] \right| \leqslant h(t_1) + h(t_2). \quad (4.65)$$

设 $\{\eta_k, k \geqslant 1\}$ 为一列相互独立的正态随机变量, $\eta_k \sim N(0, \sigma_k^2)$, 且与 $\{\xi_k, k \geqslant 1\}$ 独立. 记

$$\zeta_{nk} = \sum_{1 \leqslant i < k} \xi_i + \sum_{k < i \leqslant n} \eta_i, \quad 1 \leqslant k \leqslant n,$$

则 $\zeta_{nn} + \xi_n = S_n$, $\zeta_{n1} + \eta_1$ 与 $B_n\eta$ 同分布, 因此

$$\left| Eg\left(\frac{S_n}{B_n}\right) - Eg(\eta) \right| \leqslant \sum_{k=1}^{n} \left| Eg\left(\frac{\zeta_{nk}+\xi_k}{B_n}\right) - Eg\left(\frac{\zeta_{nk}+\eta_k}{B_n}\right) \right|.$$

由于对每个 k, $\zeta_{nk}, \xi_k, \eta_k$ 相互独立, 因此

$$E\left\{ g'\left(\frac{\zeta_{nk}}{B_n}\right)(\xi_k-\eta_k) \right\} = E\left\{ g'\left(\frac{\zeta_{nk}}{B_n}\right) \right\}(E\xi_k - E\eta_k) = 0,$$

$$E\left\{ g''\left(\frac{\zeta_{nk}}{B_n}\right)(\xi_k^2-\eta_k^2) \right\} = E\left\{ g''\left(\frac{\zeta_{nk}}{B_n}\right) \right\}(E\xi_k^2 - E\eta_k^2) = 0.$$

利用 (4.65) 得

$$\left| Eg\left(\frac{S_n}{B_n}\right) - Eg(\eta) \right| \leqslant \sum_{k=1}^{n} \left\{ Eh\left(\frac{\xi_k}{B_n}\right) + Eh\left(\frac{\eta_k}{B_n}\right) \right\}.$$

往下只需证明

$$\sum_{k=1}^{n} Eh\left(\frac{\eta_k}{B_n}\right) \to 0, \quad (4.66)$$

$$\sum_{k=1}^{n} Eh\left(\frac{\xi_k}{B_n}\right) \to 0. \quad (4.67)$$

利用 $h(t) \leqslant K|t|^3$ 和 (4.61) 得

$$(4.66) \text{ 式左边} \leqslant K\frac{1}{B_n^3}\sum_{k=1}^{n} E|\eta_k|^3 = K\frac{1}{B_n^3}\sum_{k=1}^{n} \sigma_k^3 E|\eta|^3$$

$$\leqslant KE|\eta|^3 \frac{1}{B_n} \max_{1 \leqslant k \leqslant n} \sigma_k \to 0. \quad (4.68)$$

另外, 任意给定 $\varepsilon > 0$, 分别在 $\{|\xi_k| \leqslant \varepsilon B_n\}$ 和 $\{|\xi_k| > \varepsilon B_n\}$ 上计算期望积分, 并利用 $h(t) \leqslant K|t|^3$ 和 $h(t) \leqslant Kt^2$ 得

$$(4.67) \text{ 式左边} \leqslant K\varepsilon \sum_{k=1}^{n} \frac{E\xi_k^2}{B_n^2} + K\frac{1}{B_n^2}\sum_{k=1}^{n} \int_{|x|>\varepsilon B_n} x^2 \mathrm{d}F_k(x)$$

$$= K\varepsilon + K\frac{1}{B_n^2}\sum_{k=1}^{n} \int_{|x|>\varepsilon B_n} x^2 \mathrm{d}F_k(x). \quad (4.69)$$

由林德伯格条件, 并令 $\varepsilon \to 0$ 得, (4.67) 成立. (4.64) 得证.

7. 中心极限定理的发展历史

极限理论在概率论的发展历史中占据了极为重要的位置. 一个初等的问题是, 重复投掷一枚硬币 10 000 次, 你会得到什么结果呢? 如果硬币是均匀的, 你能得出正面出现的频率大约是 $\frac{1}{2}$ 吗? 看起来是一个简单的问题, 但是要在理论上证明它并不容易. 数学上首先证明这个结论的是伯努利, 这就是伯努利大数定律. 哪怕是最笨的人, 不通过别人的教导也能理解频率大约是 $\frac{1}{2}$, 但他花了超过 20 年的时间才给出十分严格的数学证明.

为了进一步计算有关 n 重伯努利实验中成功次数的概率, 即二项分布, 可以说数学家们费尽了心思. 因为这里涉及阶乘 $n!$ 的计算. 当 n 比较大时, 计算它的值在当时那个没有计算机的时代是不可想象的. 棣莫弗于 1773 年证明了阶乘数的逼近公式 $n! \approx cn^{n+\frac{1}{2}}e^{-n}$. 后来这一公式被称为斯特林公式, 因为常数 $c = \sqrt{2\pi}$ 是苏格兰数学家斯特林得到的. 棣莫弗和法国数学家拉普拉斯在 1730—1800 年先后就参数 p 的一些特殊情形和一般情形证明了有关二项分布的中心极限定理. 这就是我们所说的棣莫弗–拉普拉斯中心极限定理.

而一般随机变量的中心极限定理是俄国数学家切比雪夫首次提出的. 他于 1865 年首次提出随机变量的一般概念, 于 1887 年首次叙述并证明了一般随机变量的 "中心极限定理".

切比雪夫中心极限定理   设 $\xi_1, \xi_2, \cdots$ 是相互独立的随机变量, 满足

$$|\xi_k| \leqslant C, \quad k = 1, 2, \cdots,$$

这里 C 是一个常数, 则 (4.62) 式成立.

应该指出, 这一定理不完全正确. 当 $B_n \to \infty$ 时结论是成立的; 当 $B_n \nrightarrow \infty$ 时结论不真. 实际上, 切比雪夫本人只证明了 $\dfrac{S_n - ES_n}{B_n}$ 的各阶原点矩的极限是 $N(0,1)$ 的相应原点矩, 并没有证明其分布函数确实以 $N(0,1)$ 的分布函数为极限. 但是不管怎样, 切比雪夫是提出一般随机变量的中心极限定理的第一人, 他的证明方法是第 5 点中介绍的矩方法的原型. 切比雪夫证明的不完善之处首先被他的学生马尔可夫注意到. 马尔可夫于 1898 年证明了下述定理.

马尔可夫中心极限定理   设 $\xi_1, \xi_2, \cdots$ 是相互独立的随机变量, 它们的数学期望和方差都存在, 并且对一切 $r \geqslant 3$ 皆有

$$\frac{1}{B_n^r} \sum_{k=1}^{n} E|\xi_k|^r \to 0, \tag{4.70}$$

则 (4.62) 式成立.

在马尔可夫定理中, ξ_n 的任意阶矩都要求存在. 不久, 切比雪夫的另一个学生李雅普诺夫在 1901 年把马尔可夫定理的条件大大减弱, 证明了只要 (4.70) 式对某个 $r > 2$ 成

立, 就有 (4.62) 式成立. 这就是我们所说的李雅普诺夫中心极限定理 (4.1 节定理 4.9). 李雅普诺夫的证明方法是开创性的, 他首次利用了特征函数. 从此以后, 特征函数成为研究极限定理的强有力工具.

芬兰数学家林德伯格在 1920 年发表了他的首篇关于中心极限定理的论文, 也证明了李雅普诺夫中心极限定理. 当时他并不知道李雅普诺夫已经证明了这一结果. 尽管林德伯格的发现晚于李雅普诺夫, 重要的是, 后来 (1922) 林德伯格用他的方法证明了更一般的定理, 即 (4.62) 式. 林德伯格的思想就是上面第 6 点所述的替换技巧, 这一方法也成为了普遍的工具. 需要指出的是林德伯格条件是相当一般的, 从而林德伯格中心极限定理揭示了正态随机变量在自然界中普遍存在. 容易验证, 如果李雅普诺夫中心极限定理中的条件 (4.70) 满足, 则林德伯格条件 (4.60) 满足. 美籍克罗地亚裔数学家费勒在 1935 年证明了: 如果费勒条件 (4.61) 满足, 那么林德伯格条件 (4.60) 是中心极限定理 (4.62) 成立的必要条件.

8. 收敛速度的上界

假设 $\{\xi_n\}$ 是一列独立同分布随机变量, 期望为 a, 方差为 σ^2. 根据林德伯格 – 莱维中心极限定理, 对任何 x, 当 $n \to \infty$ 时

$$P\left(\frac{S_n - na}{\sqrt{n}\sigma} \leqslant x\right) - \Phi(x) \to 0.$$

既然分布函数 $\Phi(x)$ 单调不减且处处连续, 因此上述收敛性一致成立. 即当 $n \to \infty$ 时,

$$\sup_{-\infty < x < \infty} \left| P\left(\frac{S_n - na}{\sqrt{n}\sigma} \leqslant x\right) - \Phi(x) \right| \to 0.$$

一个自然的问题是上式右边趋向于 0 的速度是多少? 这不仅仅是数列极限的深入, 而且在各类统计问题, 特别是检验和估计问题中具有重要意义. 在这方面, 我们有下列经典结果. 如果 $E|\xi_1|^3 < \infty$, 那么

$$\sup_{-\infty < x < \infty} \left| P\left(\frac{S_n - na}{\sqrt{n}\sigma} \leqslant x\right) - \Phi(x) \right| \leqslant \frac{A}{\sqrt{n}},$$

其中 A 为常数. 而且, 在三阶矩有界的情况下, 上述速度的阶不能再改进了. 这就是著名的贝里 – 埃森 (Berry-Esseen) 不等式. 常数 A 究竟等于多少? 埃森证明了 $A \geqslant \dfrac{\sqrt{10} + 3}{6\sqrt{2\pi}} > 0.4097$, 现在知道 $A < 0.4748$.

9. 定理 4.18 的证明

引理 4.3 (博雷尔 – 坎泰利 (Borel-Cantelli) 引理)　　(1) 假设 $\{A_n, n \geqslant 1\}$ 是一列事件, 如果 $\displaystyle\sum_{n=1}^{\infty} P(A_n) < \infty$, 那么

$$\lim_{n \to \infty} P\left(\bigcup_{k=n}^{\infty} A_k\right) = 0.$$

(2) 假设 $\{A_n, n \geqslant 1\}$ 是一列独立事件, 如果 $\sum\limits_{n=1}^{\infty} P(A_n) = \infty$, 那么

$$\lim_{n \to \infty} P\left(\bigcup_{k=n}^{\infty} A_k\right) = 1.$$

证明 (1) 根据概率的次可加性, 我们有

$$P\left(\bigcup_{k=n}^{\infty} A_k\right) \leqslant \sum_{k=n}^{\infty} P(A_n).$$

另外, $\sum\limits_{n=1}^{\infty} P(A_n) < \infty$ 意味着 $\sum\limits_{k=n}^{\infty} P(A_n) \to 0$. 所以

$$\lim_{n \to \infty} P\left(\bigcup_{k=n}^{\infty} A_k\right) = 0.$$

(2) 给定任意的整数 $1 \leqslant n \leqslant N$. 由于 A_n 相互独立, 所以

$$P\left(\bigcup_{k=n}^{N} A_k\right) = 1 - P\left(\bigcap_{k=n}^{N} \overline{A}_k\right)$$

$$= 1 - \prod_{k=n}^{N} P(\overline{A}_k)$$

$$= 1 - \prod_{k=n}^{N} (1 - P(A_k)).$$

利用初等不等式 $1 - x \leqslant \mathrm{e}^{-x}$, 可得

$$\prod_{k=n}^{N} (1 - P(A_k)) \leqslant \mathrm{e}^{-\sum\limits_{k=n}^{N} P(A_k)}.$$

由条件 $\sum\limits_{n=1}^{\infty} P(A_n) = \infty$ 可知, 对任意固定的 n,

$$\lim_{N \to \infty} \sum_{k=n}^{N} P(A_k) = \infty.$$

从而 $\lim\limits_{N \to \infty} \prod\limits_{k=n}^{N} (1 - P(A_k)) = 0$. 因此

$$\lim_{n \to \infty} P\left(\bigcup_{k=n}^{\infty} A_k\right) = \lim_{n \to \infty} \lim_{N \to \infty} \left(1 - \prod_{k=n}^{N} (1 - P(A_k))\right) = 1.$$

博雷尔–坎泰利引理证毕. $\qquad\qquad\qquad\qquad\qquad\qquad\qquad\qquad\qquad\qquad\quad\square$

引理 4.4　令 ξ 是一个随机变量, 那么下面三种叙述等价.

(1) $E|\xi| < \infty$;

(2) $\displaystyle\sum_{n=0}^{\infty} P(|\xi| > n) < \infty$;

(3) $\displaystyle\sum_{n=0}^{\infty} nP(n-1 < |\xi| \leqslant n) < \infty$.

证明　首先容易看出 (2) 和 (3) 等价. 事实上,

$$\sum_{n=0}^{\infty} P(|\xi| \geqslant n) = \sum_{n=0}^{\infty} \sum_{k=n}^{\infty} P(k < |\xi| \leqslant k+1)$$
$$= \sum_{k=0}^{\infty} \sum_{n=0}^{k} P(k < |\xi| \leqslant k+1)$$
$$= \sum_{k=0}^{\infty} (k+1) P(k < |\xi| \leqslant k+1). \tag{4.71}$$

下面证明 (1) 和 (3) 等价. 我们有

$$E|\xi| = \sum_{n=1}^{\infty} E|\xi| 1_{(n-1 < |\xi| \leqslant n)}$$
$$\leqslant \sum_{n=1}^{\infty} nE 1_{(n-1 < |\xi| \leqslant n)}$$
$$= \sum_{n=1}^{\infty} nP(n-1 < |\xi| \leqslant n). \tag{4.72}$$

因此, (3) 推出 (1). 反过来,

$$E|\xi| \geqslant \sum_{n=1}^{\infty} (n-1) E 1_{(n-1 < |\xi| \leqslant n)}$$
$$= \sum_{n=1}^{\infty} nP(n-1 < |\xi| \leqslant n) - 1. \tag{4.73}$$

故 (1) 可推出 (3). □

定理 4.18 的证明　先证明 (4.44) 式成立. 对任意实数 x, 记 $x^+ = \max\{x, 0\}$, $x^- = \max\{-x, 0\}$, 那么 $x = x^+ - x^-$. 将该等式运用到每个 ξ_k 上, 得 $\xi_k = \xi_k^+ - \xi_k^-$. 注意到 $S_n = \sum_{k=1}^{n} \xi_k^+ - \sum_{k=1}^{n} \xi_k^-$, 并且 $\mu = E\xi_k^+ - E\xi_k^-$, 因此只要证明

$$\frac{1}{n} \sum_{k=1}^{n} \xi_k^+ \to E\xi_1^+, \frac{1}{n} \sum_{k=1}^{n} \xi_k^- \to E\xi_1^- \text{ a.s..}$$

以下不妨假设 $\xi_k \geqslant 0$. 此时, S_n 关于 n 单调不减. 对任意 $\theta > 1$, 定义 $k_m = [\theta^m]$, $m \geqslant 0$, 其中 $[x]$ 表示不超过 x 的最大整数. 当 $k_m \leqslant n < k_{m+1}$ 时, 有

$$\frac{S_{k_m}}{k_{m+1}} \leqslant \frac{S_n}{n} \leqslant \frac{S_{k_{m+1}}}{k_m}.$$

当 $m \to \infty$ 时, $k_m \to \infty$ 并且 $\frac{k_{m+1}}{k_m} \to \theta$. 如果

$$\frac{S_{k_m}}{k_m} \to \mu \text{ a.s.,} \tag{4.74}$$

那么有

$$\frac{\mu}{\theta} \leqslant \liminf_{n \to \infty} \frac{S_n}{n} \leqslant \limsup_{n \to \infty} \frac{S_n}{n} \leqslant \mu\theta \text{ a.s..} \tag{4.75}$$

因为 θ 是任意的, 令 $\theta \to 1$ 即得定理 4.18 的 (4.44) 式.

为证 (4.74) 式, 对 $m \geqslant 1$ 和 $1 \leqslant k \leqslant k_m$, 定义

$$\overline{\xi}_{k,m} = \begin{cases} \xi_k, & \xi_k \leqslant k_m, \\ 0, & \xi_k > k_m, \end{cases}$$

并记 $\overline{S}_{k_m} = \sum\limits_{k=1}^{k_m} \overline{\xi}_{k,m}$. $\overline{\xi}_{k,m}$ 通常称作 ξ_k 的截尾随机变量, 它具有任意阶矩. 现在可以分解 S_{k_m} 得

$$\frac{S_{k_m}}{k_m} = \frac{\overline{S}_{k_m} - E\overline{S}_{k_m}}{k_m} + \frac{S_{k_m} - \overline{S}_{k_m}}{k_m} + \frac{E\overline{S}_{k_m}}{k_m}. \tag{4.76}$$

我们将证明 (4.76) 式右边前两项都趋向于 0(a.s.), 第三项趋于 μ.

首先, 容易看出

$$\frac{E\overline{S}_{k_m}}{k_m} = E\overline{\xi}_{1,m} \to \mu. \tag{4.77}$$

其次, 除非存在 $1 \leqslant k \leqslant k_m$ 使得 $\xi_k > k_m$, 否则 $S_{k_m} = \overline{S}_{k_m}$. 这样对任意 $\varepsilon > 0$,

$$P\left(\left|\frac{S_{k_m} - \overline{S}_{k_m}}{k_m}\right| > \varepsilon\right) \leqslant P\left(\bigcup_{k=1}^{k_m} (\xi_k > k_m)\right)$$

$$\leqslant \sum_{k=1}^{k_m} P(\xi_k > k_m)$$

$$= k_m P(\xi_1 > k_m).$$

进而,

$$\sum_{m=0}^{\infty} k_m P(\xi_1 > k_m) = \sum_{m=0}^{\infty} k_m \sum_{l=m}^{\infty} P(k_l < \xi_1 \leqslant k_{l+1})$$

$$= \sum_{l=0}^{\infty} \sum_{m=0}^{l} k_m P(k_l < \xi_1 \leqslant k_{l+1}).$$

由 $k_l = [\theta^l]$ 的定义易知, $\sum\limits_{m=0}^{l} k_m \leqslant Ck_l$, 其中 $C > 0$ 为常数. 这样

$$\sum_{m=0}^{\infty} k_m P(\xi_1 > k_m) \leqslant C \sum_{l=0}^{\infty} k_l P(k_l < \xi_1 \leqslant k_{l+1})$$
$$\leqslant CE\xi_1 < \infty,$$

因此

$$\sum_{m=0}^{\infty} P\left(\left|\frac{S_{k_m} - \overline{S}_{k_m}}{k_m}\right| > \varepsilon\right) < \infty.$$

由博雷尔–坎泰利引理和定理 4.16 得

$$\frac{S_{k_m} - \overline{S}_{k_m}}{k_m} \to 0 \quad \text{a.s..} \tag{4.78}$$

最后, 对任意 $\varepsilon > 0$, 由切比雪夫不等式得

$$P\left(\left|\frac{\overline{S}_{k_m} - E\overline{S}_{k_m}}{k_m}\right| > \varepsilon\right) \leqslant \frac{\operatorname{Var}(\overline{\xi}_{1m})}{k_m \varepsilon^2} \leqslant \frac{E(\overline{\xi}_{1m})^2}{k_m \varepsilon^2}.$$

根据 $\overline{\xi}_{1m}$ 的定义得

$$E(\overline{\xi}_{1m})^2 \leqslant \sum_{l=0}^{m} k_{l+1}^2 P(k_l < \xi_1 \leqslant k_{l+1}).$$

利用交换求和次序, 并根据 k_l 的性质, 我们有

$$\sum_{m=0}^{\infty} \frac{E(\overline{\xi}_{1m})^2}{k_m} \leqslant \sum_{m=0}^{\infty} \frac{1}{k_m} \sum_{l=0}^{m} k_{l+1}^2 P(k_l < \xi_1 \leqslant k_{l+1})$$
$$= \sum_{l=0}^{\infty} \left(\sum_{m=l}^{\infty} \frac{1}{k_m}\right) k_{l+1}^2 P(k_l < \xi_1 \leqslant k_{l+1})$$
$$\leqslant C \sum_{l=0}^{\infty} k_l P(k_l < \xi_1 \leqslant k_{l+1})$$
$$\leqslant CE\xi_1 < \infty.$$

这样, 我们有

$$\sum_{m=0}^{\infty} P\left(\left|\frac{\overline{S}_{k_m} - E\overline{S}_{k_m}}{k_m}\right| > \varepsilon\right) < \infty.$$

因此再次由博雷尔–坎泰利引理和定理 4.16 得

$$\frac{\overline{S}_{k_m} - E\overline{S}_{k_m}}{k_m} \to 0 \quad \text{a.s..} \tag{4.79}$$

结合 (4.76)—(4.79), 得证 (4.74) 式, 因此 (4.44) 式成立. □

下面证明逆命题也成立. 关键在于证明 $E|\xi_1| < \infty$. 由于 (4.44) 式成立, 那么

$$\frac{\xi_n}{n} = \frac{S_n - S_{n-1}}{n} = \frac{S_n}{n} - \frac{S_{n-1}}{n-1} \cdot \frac{n-1}{n} \to 0 \quad \text{a.s..}$$

根据定理 4.16(1) 知道

$$\lim_{n\to\infty} P\left(\bigcup_{k=n}^{\infty} \left\{ \frac{|\xi_k|}{k} > 1 \right\} \right) = 0.$$

由于 $\{\xi_n\}(n \geqslant 1)$ 相互独立, 所以事件 $\left\{ \frac{|\xi_n|}{n} > 1 \right\} (n \geqslant 1)$ 相互独立. 由博雷尔–坎泰利引理得

$$\sum_{n=1}^{\infty} P\left(\frac{|\xi_n|}{n} > 1 \right) < \infty.$$

再由同分布性质得

$$\sum_{n=1}^{\infty} P(|\xi_1| > n) < \infty.$$

这样由引理可知 $E|\xi_1| < \infty$.

下面来说明 $E\xi_1 = \mu$. 事实上, 由 (4.44) 得

$$\frac{S_n}{n} \to E\xi_1 \quad \text{a.s..}$$

再根据极限的唯一性有 $\mu = E\xi_1$.

10. 定理 4.19 的证明

引理 4.5 (柯尔莫哥洛夫不等式)　设 $X_1, X_2, \cdots, X_n$ 为期望为 0、方差有限的独立随机变量, $S_k = \sum_{i=1}^{k} X_i (1 \leqslant k \leqslant n)$, 则

$$P\left(\max_{1\leqslant k\leqslant n} S_k > x \right) \leqslant \frac{1}{x^2} \sum_{k=1}^{n} \mathrm{Var}\,(\xi_k), \quad x > 0.$$

证明　令 $S_0 = 0$, $A_k = \left\{ \max_{i \leqslant k-1} S_i \leqslant x, S_k > x \right\}$, $k = 1, 2, \cdots, n$, 则

$$\mathrm{Var}\,(S_n) = ES_n^2 = E\left(\sum_{k=1}^{n} S_n^2 I_{A_k} \right)$$

$$= \sum_{k=1}^{n} \left\{ E\left[\left((S_n - S_k)^2 + S_k^2 \right) I_{A_k} \right] + 2E\left[(S_n - S_k)S_k I_{A_k} \right] \right\}.$$

注意到在事件 A_k 上, $(S_n - S_k)^2 + S_k^2 \geqslant S_k^2 > x^2$. 从而, $E\big[((S_n - S_k)^2 + S_k^2)I_{A_k}\big] \geqslant x^2 P(A_k)$.

另一方面, 由于 $S_n - S_k$ 和 $S_k I_{A_k}$ 独立, 我们可得

$$E\big[(S_n - S_k)S_k I_{A_k}\big] = E(S_n - S_k) \cdot E(S_k I_{A_k}) = 0.$$

因此,

$$\operatorname{Var}(S_n) \geqslant x^2 \sum_{k=1}^{n} P(A_k) = x^2 P\left\{\max_{1 \leqslant k \leqslant n}\{S_k > x\}\right\}.$$

引理得证. □

定理 4.19 的证明　不妨设 $E\xi_i = 0$. 令 $n_k = 2^k$. 对任意的 $\varepsilon > 0$, 由柯尔莫哥洛夫不等式得

$$P\left(\max_{n_{k-1} \leqslant n \leqslant n_k}\left\{\left|\frac{S_n}{n}\right| > \varepsilon\right\}\right) \leqslant P\left(\max_{n_{k-1} \leqslant n \leqslant n_k}\{|S_n| > \varepsilon n_{k-1}\}\right)$$

$$\leqslant \frac{1}{\varepsilon^2 n_{k-1}^2} \operatorname{Var}(S_{n_k})$$

$$\leqslant \frac{4}{\varepsilon^2 2^{2k}} \sum_{i=1}^{2^k} \operatorname{Var}(\xi_i).$$

因此,

$$\sum_{k=1}^{\infty} P\left(\max_{n_{k-1} \leqslant n \leqslant n_k}\left\{\left|\frac{S_n}{n}\right| > \varepsilon\right\}\right) \leqslant \frac{4}{\varepsilon^2} \sum_{k=1}^{\infty} 2^{-2k} \sum_{i=1}^{2^k} \operatorname{Var}(\xi_i)$$

$$\leqslant \frac{4}{\varepsilon^2} \sum_{i=1}^{\infty} \operatorname{Var}(\xi_i) \sum_{k:2^k \geqslant i} 2^{-2k}$$

$$\leqslant \frac{1}{\varepsilon^2} \sum_{i=1}^{\infty} \operatorname{Var}(\xi_i) i^{-2} < \infty.$$

利用推论 4.4, 得

$$\max_{n_{k-1} \leqslant n \leqslant n_k}\left|\frac{S_n}{n}\right| \to 0 \qquad \text{a.s.},$$

(4.45) 得证. □

11. 模拟中心极限定理

例 4.18　设 $X_1, X_2, \cdots, X_n$ 是独立同分布随机变量, 且 $X_i \sim U(0, 1)$.

具体步骤:

(1) 产生 n 个 $U(0, 1)$ 的随机数 $x_1, x_2, \cdots, x_n$ (参见 2.7 节补充与注记 10);

(2) 计算 $S_n = \sum_{i=1}^{n} x_i$, 并作标准化 $z_n = (S_n - n/2)/\sqrt{n/12}$;

(3) 重复 (1), (2) N 次, 得到 N 个 z_n 值, 记为 $z_n^1, z_n^2, \cdots, z_n^N$;

(4) 对 N 个观测值 $z_n^1, z_n^2, \cdots, z_n^N$ 作频数直方图, 并绘制标准正态分布 $N(0,1)$ 的拟合曲线.

上述步骤在 MATLAB 软件中的实现:

(1) 打开 MATLAB 软件的程序编辑窗, 写入程序

```
N=1000;
n=10;
k=15;
X=rand(N, n);
Sn=sum(X, 2);
Zn=(Sn-n*0.5)/(sqrt(n*1/12));
X0=max(abs(Zn))*((-1.1):(0.01):1.1);
Ppdf=normpdf(X0, 0.1);
d=(max(Zn)-min(Zn))/k;
figure(1);
hist(Zn, k);
hold on;
plot(X0, Ppdf*N*d, 'r-');
hold off;
```

注: 程序中的 k 代表作直方图时的区间数目.

(2) 将上述程序保存在 MATLAB 系统中的 work 文件夹里, 并取名为 $b1$;

(3) 在命令窗中运行该程序, 输出图形 (见图 4.2).

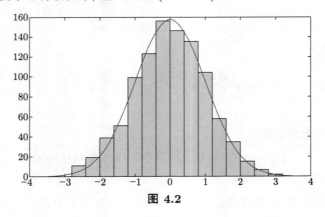

图 4.2

类似地, 对不同 n, N 和 k 值, 有如下输出.

$n = 5, N = 1\,000, k = 15$ (见图 4.3).

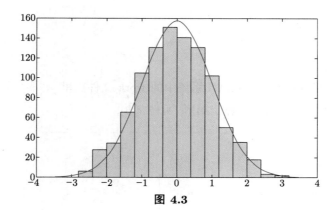

图 4.3

$n = 25, N = 1\,000, k = 20$ (见图 4.4).

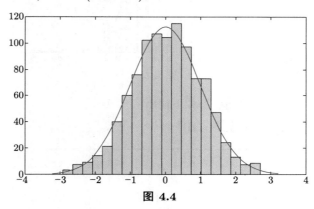

图 4.4

例 4.19 设 $X_1, X_2, \cdots, X_n$ 是独立同分布的随机变量, 且 $X_i \sim \exp(1)$.
(1) 在 MATLAB 的程序编辑窗中写入程序

```
N=1000;
n=3;
k=15;
lambda=1;
X=exprnd(lambda, N, n);
Sn=sum(X, 2);
Zn=(Sn-n*lamda)/(sqrt(n*lambda));
X0=max(abs(Zn))*((-1.1):(0.01):1.1);
Ppdf=normpdf(X0, 0, 1);
d=(max(Zn)-min(Zn))/k;
figure(1);
hist(Zn, k);
hold on;
```

```
plot(X0, Ppdf*N*d, 'r-');
hold off;
```

(2) 将上述程序保存在 MATLAB 系统中的 work 文件夹里, 并取名为 $b2$;

(3) 在命令窗中运行该程序, 输出图形 (见图 4.5).

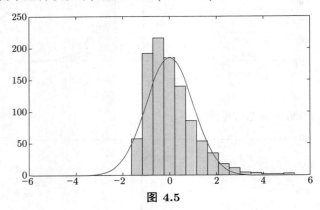

图 4.5

类似地, 对不同 n, N 和 k 值, 有如下输出.

$n = 8, N = 1\,000, k = 20$ (见图 4.6).

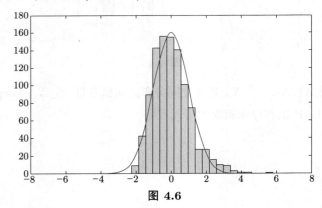

图 4.6

$n = 15, N = 1\,000, k = 20$ (见图 4.7).

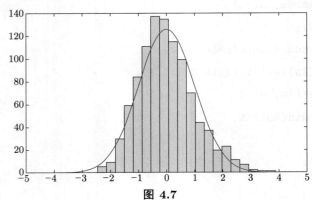

图 4.7

习题四

1. 求证: 下列各独立随机变量序列 $\{\xi_k, k \geqslant 1\}$ 服从大数定律.

(1) $P(\xi_k = \sqrt{\ln k}) = P(\xi_k = -\sqrt{\ln k}) = \dfrac{1}{2}$;

(2) $P(\xi_k = 2^k) = P(\xi_k = -2^k) = 2^{-(2k+1)}, P(\xi_k = 0) = 1 - 2^{-2k}$;

(3) $P\left(\xi_k = \dfrac{2^n}{n^2}\right) = \dfrac{1}{2^n}, n = 1, 2, \cdots$;

(4) $P(\xi_k = n) = \dfrac{c}{n^2 \ln^2 n}, n = 2, 3, \cdots, c$ 为常数.

2. 设 $\{\xi_k, k \geqslant 1\}$ 服从同一分布, $\operatorname{Var} \xi_k < \infty, \xi_k$ 与 ξ_{k+1} 相关, 但当 $|k - l| \geqslant 2$ 时, ξ_k 与 ξ_l 独立. 求证: $\{\xi_k, k \geqslant 1\}$ 服从大数定律.

3. (伯恩斯坦 (Bernstein) 定理) 设 $\{\xi_k, k \geqslant 1\}$ 的方差有界: $\operatorname{Var} \xi_k \leqslant c(k = 1, 2, \cdots)$, 且当 $|i - j| \to \infty$ 时, $\operatorname{Cov}(\xi_i, \xi_j) \to 0$, 则 $\{\xi_k, k \geqslant 1\}$ 服从大数定律. 试证明之.

4. 在伯努利试验中, 事件 A 出现的概率为 p. 令

$$\xi_k = \begin{cases} 1, & \text{在第 } k \text{ 次和第 } k+1 \text{ 试验中 } A \text{ 出现}, \\ 0, & \text{其他}. \end{cases}$$

求证: $\{\xi_k, k \geqslant 1\}$ 服从大数定律.

5. 设 $\{\xi_k, k \geqslant 1\}$ 是一列相互独立的随机变量, 且 $\xi_k \sim \exp(k)$. 记

$$S_n = \sum_{k=1}^{n} k^2 \xi_k.$$

证明:

$$\frac{S_n}{n(n+1)} \xrightarrow{P} \frac{1}{2}, \quad n \to \infty.$$

6. 设 ξ_n 服从柯西分布, 其密度为

$$p_n(x) = \frac{n}{\pi(1 + n^2 x^2)}, \quad -\infty < x < \infty.$$

求证: $\xi_n \xrightarrow{P} 0$.

7. 设 $\{\xi_n, n \geqslant 1\}$ 独立同分布, 密度为

$$p(x) = \begin{cases} \mathrm{e}^{-(x-a)}, & x \geqslant a, \\ 0, & x < a. \end{cases}$$

令 $\eta_n = \min\{\xi_1, \xi_2, \cdots, \xi_n\}$. 求证: $\eta_n \xrightarrow{P} a$.

8. 求证:

(1) 若 $\xi_n \xrightarrow{P} \xi, \eta_n \xrightarrow{P} \eta$, 则 $\xi_n \pm \eta_n \xrightarrow{P} \xi \pm \eta$;

(2) 若 $\xi_n \xrightarrow{P} \xi, \eta_n \xrightarrow{P} \eta$, 则 $\xi_n \eta_n \xrightarrow{P} \xi\eta$;

(3) 若 $\xi_n \xrightarrow{P} \xi, \eta_n \xrightarrow{P} c, c$ 为常数, η_n 与 c 都不为 0, 则 $\dfrac{\xi_n}{\eta_n} \xrightarrow{P} \dfrac{\xi}{c}$;

9. 设 $\{\xi_k, k \geqslant 1\}$ 独立同分布, 都服从 $[0,1]$ 上的均匀分布, 令 $\eta_n = \left(\prod\limits_{k=1}^{n} \xi_k\right)^{\frac{1}{n}}$. 求证: $\eta_n \xrightarrow{P} c$ (常数), 并求出 c.

10. 设 $\{\xi_k, k \geqslant 1\}$ 独立同分布, $E\xi_k = a, \operatorname{Var} \xi_k < \infty$. 求证:

$$\frac{2}{n(n+1)} \sum_{k=1}^{n} k\xi_k \xrightarrow{P} a.$$

11. 设 $\{\xi_n, n \geqslant 1\}$ 为一列独立随机变量 (不一定同分布), 具有相同的期望和方差: $E\xi_n = \mu, \operatorname{Var}(\xi_n) = \sigma^2 < \infty$. 记

$$T_n = \sum_{1 \leqslant i < j \leqslant n} \xi_i \xi_j.$$

(1) 求 T_n 和的期望和方差;

(2) 证明:

$$\frac{T_n}{n^2} \xrightarrow{P} c,$$

并求常数 c.

12. 假设箱子里有 n 个编号不同的球, 每次有放回地取一球, 并记录其编号. ξ_k 表示 "首次记录到 k 个不同编号时的取球次数", $k \geqslant 1$. 约定 $\xi_0 = 0$, 并令 $X_k = \xi_k - \xi_{k-1}, k \geqslant 1$.

(1) 确定 X_k 的概率分布;

(2) 找到一个函数 $f(n)$ 使得 $\dfrac{\xi_n}{f(n)} \xrightarrow{P} 1$ (需阐述理由).

13. 设 $\{\xi_k, k \geqslant 1\}$ 为独立同分布随机变量序列, $\operatorname{Var} \xi_k < \infty$, $\sum\limits_{n=1}^{\infty} a_n$ 为绝对收敛级数. 令 $\eta_n = \sum\limits_{k=1}^{n} \xi_k$. 则 $\{a_n \eta_n, n \geqslant 1\}$ 服从大数定律.

14. 设 $\{\xi_k, k \geqslant 1\}$ 为独立同分布随机变量序列, 数学期望为 0, 方差为 1, $\{a_n, n \geqslant 1\}$ 为常数列, $a_n \to \infty$. 求证:

$$\frac{1}{\sqrt{n}a_n} \sum_{k=1}^{n} \xi_k \xrightarrow{P} 0.$$

15. 设 $\{\xi_k, k \geqslant 1\}$ 和 $\{\eta_k, k \geqslant 1\}$ 相互独立, 且各自独立同分布, 均服从 $N(0,1)$ 分布. 设 $\{a_n, n \geqslant 1\}$ 为常数列, 求证:

$$\frac{1}{n} \left(\sum_{k=1}^{n} a_k \xi_k + \sum_{k=1}^{n} \eta_k\right) \xrightarrow{P} 0$$

的充要条件是

$$\frac{1}{n^2} \sum_{k=1}^{n} a_k^2 \to 0.$$

16. 某计算机系统有 120 个终端.

(1) 每个终端有 5% 时间在使用. 若各终端使用与否是相互独立的, 求有 10 个或更多终端在使用的概率;

(2) 若每个终端有 20% 时间在使用, 求解上述问题.

17. 现有一大批种子, 其中良种占 $\frac{1}{6}$. 在其中任取 6 000 粒, 问: 在这些种子中良种所占的比例与 $\frac{1}{6}$ 之差小于 1% 的概率是多少?

18. 某车间有 200 台车床, 工作时每台车床 60% 时间在开动, 每台开动时耗电 1 kW·h. 问: 应供给这个车间多少电力才能有 0.999 的把握保证正常生产?

19. 一个复杂系统由 n 个相互独立的元件组成, 在系统运行期间每个元件损坏的概率为 0.1. 又知, 要求至少有 80% 的元件工作才能使整个系统正常运行. 问: n 至少为多大时, 才能保证系统的可靠性至少为 0.95?

20. 航空公司为了增加利润, 通常会采用机票超售策略, 即出售的机票数超过飞机的座位数. 假设某飞机有 200 个座位, 购买机票的旅客有 10% 的可能性选择最终不登机, 各旅客的行动是相互独立的. 问: 航空公司最多可出售多少张机票才能至少有 95% 的把握保证选择登机的旅客都有座位?

21. 假设 $\{X_k, k \geq 1\}$ 是一列独立同分布的随机变量, 服从数学期望为 1 的指数分布. 记 $S_n = \sum_{k=1}^{n} X_k$. 如果希望下式成立:

$$P\left(\left| \frac{S_n}{n} - 1 \right| > 0.1 \right) \leq 0.05,$$

n 应至少为多大?

(1) 应用切比雪夫不等式作为概率大小的上界;

(2) 应用中心极限定理计算概率大小的近似值.

22. 一家保险公司里有 10 000 个同类型的人参加某种事故保险, 每人每年付 12 元保险费, 在一年中一个人发生此种事故的概率为 0.006, 发生事故时该人可向保险公司领得 1 000 元. 问:

(1) 对该项保险, 保险公司亏本的概率是多大?

(2) 对该项保险, 保险公司一年的利润不少于 60 000 元的概率有多大?

23. 一家火灾保险公司承保 160 幢房屋, 最高保险金额有所不同, 数值如表 4.2 所示. 假设

● 每幢房屋每年一次理赔的概率 0.04, 大于一次理赔的概率为 0;

- 各幢房屋是否发生火灾相互独立;
- 如果理赔发生, 理赔量服从 0 到最高保险金额间的均匀分布.

记 N 为一年中理赔次数, S 为理赔总量.

表 4.2 数 据 表

最大保险金额 (万元)	投保房屋数
10	80
20	35
30	25
50	15
100	5

(1) 计算 N 的期望值和方差;

(2) 计算 S 的期望值和方差;

(3) 确定相对保证附加系数 θ, 即 $\theta = \dfrac{每份保单保费收入 - 平均理赔量}{平均理赔量}$, 以确保保险公司的保费收入大于理赔总量的概率等于 0.99.

24. 某保险公司开办 5 种人寿险, 每种险别 (一旦受保人死亡) 的赔偿额 b_k 及投保人数 n_k 如表 4.3 所示.

表 4.3 数 据 表

类别 k	赔偿额 b_k (万元)	投保人数 n_k
1	1	8 000
2	2	3 500
3	3	2 500
4	5	1 500
5	10	500

设每位受保人死亡是相互独立的, 其概率皆为 0.02. 保险公司为安全起见, 对每位受保人寻求再保险. 其机制如下: 确定一个自留额, 设为 2 万元; 若某人的索赔在 2 万元以下, 则都由该保险公司偿付; 若赔偿金超过 2 万元, 则超过部分由再保险公司偿付; 再保险率为投保金额的 2.5%. 该保险公司 (相对于再保险公司而言, 也称为分出公司) 希望它的全部费用 (即实际索赔总额 S 加再保险费) 不超过 825 万元, 求实际费用突破此限额的概率.

25. 设 $\{\xi_n, n \geqslant 1\}$ 独立同分布, 其分布分别为 (1) $(-a, a)$ 上的均匀分布; (2) 泊松分布. 记 $\eta_n = \displaystyle\sum_{k=1}^{n} \frac{\xi_k - E\xi_k}{\sqrt{\displaystyle\sum_{k=1}^{n} \operatorname{Var} \xi_k}}$. 计算 η_n 的特征函数, 并求 $n \to \infty$ 时的极限. 从而验证林德伯格 – 莱维定理在这种情况成立.

26. 用棣莫弗 – 拉普拉斯定理证明: 在伯努利试验中, 若 $0 < p < 1$, 则不管 A 是多大的常数, 总有

$$P(|S_n - np| < A) \to 0, \qquad n \to \infty.$$

27. 求证: 当 $n \to \infty$ 时,

$$\mathrm{e}^{-n} \sum_{k=0}^{n} \frac{n^k}{k!} \to \frac{1}{2}.$$

28. 设 $\{\xi_n, n \geqslant 1\}$, $\{\eta_n, n \geqslant 1\}$ 是两个独立同分布的随机变量序列, 并且它们之间相互独立. $E\xi_n = 0$, $\mathrm{Var}\,\xi_n = 1$, $P(\eta_n = \pm 1) = \frac{1}{2}$. 求证: $S_n = \sum_{k=1}^{n} \frac{\xi_k \eta_k}{\sqrt{n}}$ 的分布函数收敛于 $N(0,1)$ 分布函数.

29. 设 $\{\xi_n, n \geqslant 1\}$ 为独立随机变量序列, 都服从 $(0, \pi)$ 上的均匀分布. 记 $\eta_n = A_n \cos \xi_n$, 其中 $A_n > 0$ 且

$$\frac{\displaystyle\sum_{k=1}^{n} A_k^3}{\left(\displaystyle\sum_{k=1}^{n} A_k^2\right)^{\frac{3}{2}}} \to 0.$$

证明: $\{\eta_n, n \geqslant 1\}$ 服从中心极限定理.

30. 求证: 泊松分布的标准化变量当参数 $\lambda \to \infty$ 时趋近标准正态分布.

31. 下列分布函数列是否弱收敛于分布函数?

(1) 当 $x < -\frac{1}{n}$ 时, $F_n(x) = 0$; 当 $x \geqslant -\frac{1}{n}$ 时, $F_n(x) = 1$;

(2) $F_n(x) = \begin{cases} 0, & x < -n, \\ \dfrac{x+n}{2n}, & -n \leqslant x < n, \\ 1, & x \geqslant n. \end{cases}$

32. 设 ξ_n 的分布列为 $P(\xi_n = 0) = 1 - \frac{1}{n}$, $P(\xi_n = n) = \frac{1}{n}$, $n = 1, 2, \cdots$. 求证: 相应的分布函数列收敛于分布函数, 但 $E\xi_n$ 不收敛于相应极限分布的期望.

33. 设 $\{\xi_n (n \geqslant 1)\}$ 为独立同分布随机变量序列, 其分布列为

$$\begin{bmatrix} -1 & 1 \\ 0.5 & 0.5 \end{bmatrix},$$

令 $\eta_n = \sum_{k=1}^{n} \frac{\xi_k}{2^k}$. 求证: η_n 的分布收敛于 $(-1, 1)$ 上的均匀分布.

34. 设 $\{\xi_k, k \geqslant 1\}$ 独立同分布, 都服从 $N(0,1)$ 分布, $\eta_n = \dfrac{n\xi_{n+1}}{\displaystyle\sum_{k=1}^{n} \xi_k^2}$. 求证: η_n 依分布收敛于标准正态随机变量.

35. 设 $\{\xi_k, k \geqslant 1\}$ 独立同分布, 都服从 $N(0,1)$ 分布. 求证:

$$\eta_n = \frac{\xi_1 + \xi_2 + \cdots + \xi_n}{\sqrt{\xi_1^2 + \xi_2^2 + \cdots + \xi_n^2}}$$

渐近标准正态分布.

36. 设 $\{\xi_k, k \geqslant 1\}$ 独立同分布, 都服从 $(-1, 1)$ 上的均匀分布. 求证:

(1) $\{\xi_k^2, k \geqslant 1\}$ 服从大数定律;

(2) $U_n = \sum\limits_{k=1}^{n} \dfrac{\xi_k}{\sqrt{\sum\limits_{k=1}^{n} \xi_k^2}}$ 的分布函数收敛于标准正态分布.

37. 设 $\{\xi_k, k \geqslant 1\}$ 为相互独立的随机变量序列, 服从中心极限定理, 则它服从大数定律的充要条件是 $\mathrm{Var}\left(\sum\limits_{k=1}^{n} \xi_k\right) = o(n^2)$.

38. 设 $\xi_n \xrightarrow{d} \xi$, $\eta_n \xrightarrow{P} c$, c 为常数, 证明: $(\xi_n, \eta_n) \xrightarrow{d} (\xi, c)$.

39. 设 ξ 和 η 独立同分布, 方差为 1. 假设 $\dfrac{\xi + \eta}{\sqrt{2}}$ 与 ξ 同分布. 证明: $\xi \sim N(0, 1)$.

40. 设 ξ 和 η 独立同分布, 且向量 $\left(\dfrac{\xi + \eta}{\sqrt{2}}, \dfrac{\xi - \eta}{\sqrt{2}}\right)$ 与 (ξ, η) 同分布. 证明: ξ 服从正态分布.

41. 设 $\{\boldsymbol{\xi}_n = (\xi_{n1}, \xi_{n2}, \cdots, \xi_{nd}), n \geqslant 1\}$ 为一列独立同分布的 d 维随机向量, 期望为 $\boldsymbol{\mu}$, 协方差矩阵为 $\boldsymbol{\Sigma}$. 记

$$\widehat{\boldsymbol{\mu}}_n = \frac{1}{n} \sum_{k=1}^{n} \boldsymbol{\xi}_k, \quad \widehat{\boldsymbol{\Sigma}}_n = \frac{1}{n} \sum_{k=1}^{n} (\boldsymbol{\xi}_k - \overline{\boldsymbol{\xi}}_n)^{\mathrm{T}} (\boldsymbol{\xi}_k - \overline{\boldsymbol{\xi}}_n).$$

证明:

$$n \left(\widehat{\boldsymbol{\mu}}_n - \boldsymbol{\mu}\right) \widehat{\boldsymbol{\Sigma}}_n^{-1} \left(\widehat{\boldsymbol{\mu}}_n - \boldsymbol{\mu}\right)^{\mathrm{T}} \xrightarrow{d} \chi_d^2.$$

42. 设 $\Omega = (0, 1]$, $\mathscr{F}$ 为其中博雷尔集全体构成的 σ-域. 对任一事件 $A = \{\omega \in (a, b) \subset \Omega\}$, 定义 $P(A) = b - a$, $\xi(\omega) \equiv 0$,

$$\xi_n(\omega) = \begin{cases} n^{\frac{1}{r}}, & 0 < \omega \leqslant \dfrac{1}{n}, \\ 0, & \dfrac{1}{n} < \omega \leqslant 1. \end{cases}$$

求证: $\xi_n \xrightarrow{P} \xi$, 但 $\xi_n \xrightarrow{L_r} \xi$ 不成立.

43. 设 $\{\xi_n, n \geqslant 1\}$ 为一列独立随机变量. 假设

$$\xi_n - \xi_m \xrightarrow{P} 0, \quad n, m \to \infty.$$

证明: 存在随机变量 ξ 使得

$$\xi_n \xrightarrow{P} \xi, \quad n \to \infty.$$

(提示: 先找一子列 n_k 使得 $\displaystyle\sum_{k=1}^{\infty}|\xi_{n_k}-\xi_{n_{k-1}}|<\infty$ a.s.. 从而, $\xi_{n_k}\to\xi$ a.s.).

44. 设 $\{\xi_n,n\geqslant 1\}$ 为一列独立随机变量, 且 $E|\xi_n|^r<\infty$, $n=1,2,\cdots$, 其中 $r>0$. 假设

$$\xi_n-\xi_m\xrightarrow{L_r}0,\quad n,m\to\infty.$$

证明: 存在 ξ 使得 $E|\xi|^r<\infty$, 且

$$\xi_n\xrightarrow{L_r}\xi,\quad n\to\infty.$$

45. 假设 $\{\xi_n,n\geqslant 1\}$ 为一列独立指数分布随机变量, $E\xi_1=\dfrac{1}{\lambda}$; N_n 服从泊松分布 $P(n)$, 并且与 $\{\xi_n,n\geqslant 1\}$ 相互独立.

$$\eta_n=\frac{1}{n}\sum_{i=1}^{N_n}\xi_i,$$

其中 $\displaystyle\sum_{i=1}^{0}\xi_i=0.$

(1) 求 η_n 的特征函数;

(2) 证明: 存在常数 a 和 b 使得当 $n\to\infty$ 时,

$$\sqrt{n}\,(\eta_n-a)\xrightarrow{d}N\,(0,b),$$

并求 a 和 b 的值.

46. 假设 $\{\xi_n,n\geqslant 1\}$ 为一列独立同分布随机变量, $E\xi_1=\mu>0$; $N=N_p$ 服从参数为 p 的几何分布, 并和 $\{\xi_n,n\geqslant 1\}$ 相互独立. 记

$$Y_p=\sum_{i=1}^{N_p}\xi_i.$$

(1) 证明: Y_p 为随机变量;

(2) 证明: 当 $p\to 0$ 时, pY_p 依分布收敛, 并求其极限分布.

思考题四

1. 在统计数据时, 为了消除极端值的影响, 有时会去掉最大值和最小值再求平均. 现设 $\{\xi_n,n\geqslant 1\}$ 为一列独立同分布随机变量, 期望为 μ, 方差为 $\sigma^2<\infty$. 记 $\xi_{(1)}\leqslant\xi_{(2)}\leqslant\cdots\leqslant\xi_{(n)}$ 为 $\xi_1,\xi_2,\cdots,\xi_n$ 的次序统计量. 考虑去掉最小的 r 个值和最大的 r 个值后的平均:

$$\bar{\xi}_n^{(r)} = \frac{1}{n-2r} \sum_{k=r+1}^{n-r} \xi_{(k)}.$$

(1) 是否成立

$$\bar{\xi}_n^{(r)} \xrightarrow{P} \mu?$$

(2) 是否成立

$$\sqrt{n}\left(\bar{\xi}_n^{(r)} - \mu\right) \xrightarrow{d} N(0, \sigma^2)?$$

(3) 如果 $r = r_n \to \infty$ 且 $\dfrac{r_n}{n} \to 0$ 呢?

(4) 如果只保留 $\xi_{(1)} \leqslant \xi_{(2)} \leqslant \cdots \leqslant \xi_{(n)}$ 的中间有限项, 计算

$$\bar{\xi}_n^{(r)} = \frac{1}{2r+1} \sum_{k=-r}^{r} \xi_{\left(\left[\frac{n}{2}\right]+k\right)},$$

结论又如何?

2. 假设 $\{X_k, k \geqslant 1\}$ 是一列独立随机变量, $EX_k = 0$, $EX_k^2 = \sigma_k^2 < \infty$. 对任意 $n \geqslant 1$, 令

$$S_n = \sum_{k=1}^{n} X_k, \quad B_n = \sum_{k=1}^{n} \sigma_k^2.$$

进而, 假设当 $n \to \infty$, $B_n \to \infty$. 记

(A) 费勒条件

$$\frac{1}{B_n} \max_{1 \leqslant k \leqslant n} \sigma_k^2 \to 0.$$

(B) 中心极限定理

$$\frac{S_n}{\sqrt{B_n}} \xrightarrow{d} N(0, 1).$$

(C) 林德伯格条件: 对任意 $\varepsilon > 0$

$$\frac{1}{B_n} \sum_{k=1}^{n} EX_k^2 \mathbf{1}_{(|X_k| > \varepsilon \sqrt{B_n})} \to 0.$$

1920 年, 林德伯格在条件 (C) 下证明了 (B), 这是一个里程碑性的工作, 证实了中心极限定理的普适性. 更令人惊讶的是, 费勒于 1930 年进一步证明了在条件 (A) 下, (C) 是 (B) 成立的必要条件. 这样, 我们得到林德伯格 – 费勒中心极限定理. 后来, 文献中有许多关于林德伯格条件 (C) 的讨论.

(1) 可否给出一个随机变量序列 $\{X_k, k \geqslant 1\}$, (A) 满足, 但是 (C) 不满足?

(2) 李雅普诺夫条件: 假设 $E|X_k|^3 < \infty$,

$$\frac{1}{B_n^{\frac{3}{2}}} \sum_{k=1}^{n} E|X_k|^3 \to 0.$$

不难验证, 李雅普诺夫条件可以推出 (C). 可否给出一个随机变量序列 $\{X_k, k \geqslant 1\}$, (C) 满足, 但是李雅普诺夫条件不满足?

(3) 上述林德伯格 – 费勒中心极限定理中, 一个基本假设是 $B_n \to \infty$. 如果 $\sup\limits_{n \geqslant 1} B_n < \infty$, 上述结论成立吗?

3. 设 X 和 Y 是相互独立的非退化随机变量, α 为实数. 假设 $X + Y$ 与 αX 同分布.

(1) 问: $|\alpha| > 1$?

(2) 问: X 是正态随机变量当且仅当 Y 是正态随机变量?

(3) 假设 $P(Y = 1) = P(Y = -1) = \dfrac{1}{2}$, $|\alpha| = 2$, 问: X 服从 $U[-1, 1]$ (均匀分布)?

(4) 假设 X 服从 $U[-1, 1]$, 问: Y 应该服从什么分布?

4. 牛顿 (Newton) 是一位伟大的科学家, 对自然科学的许多领域都有着巨大贡献. 但是, 当我们介绍概率论学科发展历史, 特别是早期发展历史时, 很少提到牛顿的 "概率" 思想及其贡献. 这是后人对历史的疏忽, 还是牛顿确实对 "概率" 不够重视? 你的个人观点如何?

习题四部分
习题参考答案

附录 A　常用分布表

分布名称	概率分布或密度函数 $p(x)$	数学期望	方差	特征函数
退化分布 $D(x-c)$	$p_c = 1$　(c 为常数)	c	0	e^{ict}
伯努利分布 (两点分布)	$p_k = \begin{cases} q, & k=0 \\ p, & k=1, \end{cases}$　$0 < p < 1, q = 1-p$	p	pq	$p\mathrm{e}^{it} + q$
二项分布 $B(n,p)$	$b(k;n,p) = \binom{n}{k} p^k q^{n-k},$　$k=0,1,\cdots,n,$ $0 < p < 1, q = 1-p$	np	npq	$(p\mathrm{e}^{it} + q)^n$
泊松分布 $P(\lambda)$	$p(k;\lambda) = \dfrac{\lambda^k}{k!}\mathrm{e}^{-\lambda},$　$k=0,1,2,\cdots,\lambda > 0$	λ	λ	$\mathrm{e}^{\lambda(\mathrm{e}^{it}-1)}$
几何分布	$g(k;p) = q^{k-1}p,$　$k=1,2,\cdots,$ $0 < p < 1, q = 1-p$	$\dfrac{1}{p}$	$\dfrac{q}{p^2}$	$\dfrac{p\mathrm{e}^{it}}{1 - q\mathrm{e}^{it}}$

续表

分布名称	概率分布或密度函数 $p(x)$	数学期望	方差	特征函数
超几何分布	$p_k = \dfrac{\dbinom{M}{k}\dbinom{N-M}{n-k}}{\dbinom{N}{n}}, \quad M \leq N, n \leq N-M,$ M, N, n 为正整数，$k = 0, 1, 2, \cdots, \min\{M, n\}$	$\dfrac{nM}{N}$	$\dfrac{nM}{N}\left(1 - \dfrac{M}{N}\right) \cdot \dfrac{N-n}{N-1}$	
帕斯卡分布	$p_k = \dbinom{k-1}{r-1} p^r q^{k-r}, \quad k = r, r+1, \cdots,$ $0 < p < 1, q = 1-p, r$ 为正整数	$\dfrac{r}{q}$	$\dfrac{rq}{p^2}$	$\left(\dfrac{pe^{it}}{1 - qe^{it}}\right)^r$
负二项分布	$p_k = \dbinom{k+r-1}{k} p^r q^k, \quad k = 0, 1, 2, \cdots,$ $0 < p < 1, q = 1-p, r > 0$	$\dfrac{rq}{p}$	$\dfrac{rq}{p^2}$	$\left(\dfrac{p}{1 - qe^{it}}\right)^r$
正态分布 $N(a, \sigma^2)$	$p(x) = \dfrac{1}{\sqrt{2\pi}\sigma} e^{-\frac{(x-a)^2}{2\sigma^2}}, \quad -\infty < x < \infty,$ $a \in \mathbb{R}, \sigma > 0$ 为常数	a	σ^2	$e^{iat - \frac{1}{2}\sigma^2 t^2}$
均匀分布 $U(a,b)$	$p(x) = \begin{cases} \dfrac{1}{b-a}, & a \leq x \leq b, \\ 0, & 其他, \end{cases} \quad a < b,$ 常数	$\dfrac{a+b}{2}$	$\dfrac{(b-a)^2}{12}$	$\dfrac{e^{itb} - e^{ita}}{it(b-a)}$
指数分布	$p(x) = \begin{cases} \lambda e^{-\lambda x}, & x \geq 0, \\ 0, & x < 0, \end{cases} \quad \lambda > 0,$ 常数	$\dfrac{1}{\lambda}$	$\dfrac{1}{\lambda^2}$	$\left(1 - \dfrac{it}{\lambda}\right)^{-1}$
χ^2 分布	$p(x) = \begin{cases} \dfrac{1}{2^{\frac{n}{2}}\Gamma\left(\frac{n}{2}\right)} x^{\frac{n}{2}-1} e^{-\frac{x}{2}}, & x \geq 0, \\ 0, & x < 0, \end{cases}$ n 为正整数	n	$2n$	$(1 - 2it)^{-\frac{n}{2}}$

续表

分布名称	概率分布或密度函数 $p(x)$	数学期望	方差	特征函数
Γ 分布 $\Gamma(\lambda, r)$	$p(x)=\begin{cases}\dfrac{\lambda^r}{\Gamma(r)}x^{r-1}\mathrm{e}^{-\lambda x}, & x\geqslant 0,\\ 0, & x<0,\end{cases}$ $r>0,\lambda>0$ 为常数	$\dfrac{r}{\lambda}$	$\dfrac{r}{\lambda^2}$	$\left(1-\dfrac{\mathrm{i}t}{\lambda}\right)^{-r}$
柯西分布	$p(x)=\dfrac{1}{\pi}\cdot\dfrac{\lambda}{\lambda^2+(x-\mu)^2},$ $-\infty<x<\infty,\lambda>0,\mu$ 为常数	不存在	不存在	$\mathrm{e}^{\mathrm{i}\mu t-\lambda|t|}$
t 分布	$p(x)=\dfrac{\Gamma\left(\dfrac{n+1}{2}\right)}{\sqrt{n\pi}\,\Gamma\left(\dfrac{n}{2}\right)}\cdot\left(1+\dfrac{x^2}{n}\right)^{-(n+1)/2},$ $-\infty<x<\infty,n$ 为正整数	$0\ (n>1)$	$\dfrac{n}{n-2}\ (n>2)$	
F 分布	$p(x)=\begin{cases}\dfrac{\Gamma\left(\dfrac{k_1+k_2}{2}\right)}{\Gamma\left(\dfrac{k_1}{2}\right)\Gamma\left(\dfrac{k_2}{2}\right)}k_1^{\frac{k_1}{2}}k_2^{\frac{k_2}{2}}\cdot\dfrac{x^{\frac{k_1}{2}-1}}{(k_2+k_1x)^{\frac{k_1+k_2}{2}}}, & x\geqslant 0,\\ 0, & x<0,\end{cases}$ k_1,k_2 为正整数	$\dfrac{k_2}{k_2-2}$ $(k_2>2)$	$\dfrac{2k_2^2(k_1+k_2-2)}{k_1(k_2-2)^2(k_2-4)}$ $(k_2>4)$	
β 分布	$p(x)=\begin{cases}\dfrac{\Gamma(p+q)}{\Gamma(p)\Gamma(q)}x^{p-1}(1-x)^{q-1}, & 0<x<1,\\ 0, & x\leqslant 0\ \text{或}\ x\geqslant 1,\end{cases}$ $p,q>0$	$\dfrac{p}{p+q}$	$\dfrac{pq}{(p+q)^2(p+q+1)}$	$\displaystyle\sum_{j=0}^{\infty}\dfrac{\Gamma(p+q)}{\Gamma(p)}\cdot\dfrac{\Gamma(p+j)(\mathrm{i}t)^j}{\Gamma(p+q+j)\Gamma(j+1)}$

续表

分布名称	概率分布或密度函数 $p(x)$	数学期望	方差	特征函数
对数正态分布	$p(x) = \begin{cases} \dfrac{1}{\sigma x\sqrt{2\pi}}\mathrm{e}^{-\frac{(\ln x-\alpha)^2}{2\sigma^2}}, & x > 0, \\ 0, & x \leqslant 0, \end{cases}$ $\alpha, \sigma > 0$ 为常数	$\mathrm{e}^{\alpha+\frac{\sigma^2}{2}}$	$\mathrm{e}^{2\alpha+\sigma^2}(\mathrm{e}^{\sigma^2}-1)$	
韦布尔分布	$p(x) = \begin{cases} \alpha\lambda x^{\alpha-1}\mathrm{e}^{-\lambda x^{\alpha}}, & x > 0, \\ 0, & x \leqslant 0, \end{cases}$ $\lambda > 0, \alpha > 0$ 为常数	$\Gamma\left(\dfrac{1}{\alpha}+1\right)\cdot\lambda^{-\frac{1}{\alpha}}$	$\lambda^{-\frac{2}{\alpha}}\left[\Gamma\left(\dfrac{2}{\alpha}+1\right)-\left(\Gamma\left(\dfrac{1}{\alpha}+1\right)\right)^2\right]$	
拉普拉斯分布	$p(x) = \dfrac{1}{2\lambda}\mathrm{e}^{-\frac{|x-\mu|}{\lambda}}$, $\lambda > 0, \mu$ 为常数	μ	$2\lambda^2$	$\dfrac{\mathrm{e}^{\mathrm{i}\mu t}}{1+\lambda^2 t^2}$

附录 B 泊松分布的数值表

$$P(\xi = r) = \frac{\lambda^r}{r!}\mathrm{e}^{-\lambda}$$

λ	r							
	0.2	0.4	0.6	0.8	1.0	1.5	2.0	2.5
0	0.818 731	0.670 320	0.548 812	0.449 329	0.367 879	0.223 130	0.135 335	0.082 085
1	0.163 746	0.268 128	0.329 287	0.359 463	0.367 879	0.334 695	0.270 671	0.205 212
2	0.016 375	0.053 626	0.098 786	0.143 785	0.183 840	0.251 021	0.270 671	0.256 516
3	0.001 092	0.007 150	0.019 757	0.038 343	0.061 313	0.125 510	0.180 447	0.213 763
4	0.000 055	0.000 715	0.002 964	0.007 669	0.015 328	0.047 067	0.090 224	0.133 602
5	0.000 002	0.000 057	0.000 356	0.001 227	0.003 066	0.014 120	0.036 089	0.066 801
6	–	0.000 004	0.000 036	0.000 164	0.000 511	0.003 530	0.012 030	0.027 834
7	–	–	0.000 003	0.000 019	0.000 073	0.000 756	0.003 437	0.009 941
8	–	–	–	0.000 002	0.000 009	0.000 142	0.000 859	0.003 106
9	–	–	–	–	0.000 001	0.000 024	0.000 191	0.000 863
10	–	–	–	–	–	0.000 004	0.000 038	0.000 216
11	–	–	–	–	–	–	0.000 007	0.000 049
12	–	–	–	–	–	–	0.000 001	0.000 010
13	–	–	–	–	–	–	–	0.000 002
14	–	–	–	–	–	–	–	–
15	–	–	–	–	–	–	–	–
16	–	–	–	–	–	–	–	–
17	–	–	–	–	–	–	–	–
18	–	–	–	–	–	–	–	–
19	–	–	–	–	–	–	–	–
20	–	–	–	–	–	–	–	–
21	–	–	–	–	–	–	–	–
22	–	–	–	–	–	–	–	–

λ	r							
	3.0	3.5	4.0	5.0	6.0	7.0	8.0	9.0
0	0.049 787	0.030 197	0.018 316	0.006 738	0.002 479	0.000 912	0.000 335	0.000 123
1	0.149 361	0.150 091	0.073 263	0.033 690	0.014 873	0.006 383	0.002 684	0.001 111
2	0.224 042	0.184 959	0.146 525	0.084 224	0.044 618	0.022 341	0.010 735	0.004 998
3	0.224 042	0.215 785	0.195 367	0.140 374	0.089 235	0.052 129	0.028 626	0.014 994
4	0.168 031	0.188 812	0.195 367	0.175 467	0.133 853	0.091 226	0.057 252	0.033 737
5	0.100 819	0.132 169	0.156 293	0.175 467	0.160 623	0.127 717	0.091 604	0.060 727
6	0.504 090	0.077 098	0.104 196	0.146 223	0.160 623	0.149 003	0.122 138	0.091 090
7	0.021 604	0.038 549	0.059 540	0.104 445	0.137 677	0.149 003	0.139 587	0.117 116
8	0.008 102	0.016 865	0.029 770	0.065 278	0.103 258	0.130 377	0.139 587	0.131 756
9	0.002 701	0.006 559	0.013 231	0.036 266	0.068 838	0.101 405	0.124 077	0.131 756
10	0.000 810	0.002 296	0.005 292	0.018 133	0.041 303	0.070 983	0.099 262	0.118 580
11	0.000 221	0.000 730	0.001 925	0.008 242	0.022 529	0.045 171	0.072 190	0.097 020
12	0.000 055	0.000 213	0.000 642	0.003 434	0.011 264	0.026 350	0.048 127	0.072 765
13	0.000 013	0.000 057	0.000 197	0.001 321	0.005 199	0.014 188	0.029 616	0.050 376
14	0.000 003	0.000 014	0.000 056	0.000 472	0.002 288	0.007 094	0.016 924	0.032 384
15	0.000 001	0.000 003	0.000 015	0.000 157	0.000 891	0.003 311	0.009 026	0.019 431
16	–	0.000 001	0.000 004	0.000 049	0.000 334	0.001 448	0.004 513	0.010 930
17	–	–	0.000 001	0.000 014	0.000 118	0.000 596	0.002 124	0.005 786
18	–	–	–	0.000 004	0.000 039	0.000 232	0.000 944	0.002 893
19	–	–	–	0.000 001	0.000 012	0.000 085	0.000 397	0.001 370
20	–	–	–	–	0.000 004	0.000 030	0.000 159	0.000 617
21	–	–	–	–	0.000 001	0.000 010	0.000 061	0.000 264
22	–	–	–	–	–	0.000 003	0.000 022	0.000 108

附录 C 标准正态分布函数的数值表

$$\Phi(x) = \frac{1}{\sqrt{2\pi}} \int_{-\infty}^{x} \mathrm{e}^{-\frac{t^2}{2}} \mathrm{d}t$$

x	0.00	0.02	0.04	0.06	0.08
0.0	0.500 0	0.508 0	0.516 0	0.523 9	0.531 9
0.1	0.539 8	0.547 8	0.555 7	0.563 6	0.571 4
0.2	0.579 3	0.587 1	0.594 8	0.602 6	0.610 3
0.3	0.617 9	0.625 5	0.633 1	0.640 6	0.648 0
0.4	0.655 4	0.662 8	0.670 0	0.677 2	0.684 4
0.5	0.691 5	0.698 5	0.705 4	0.712 3	0.719 0
0.6	0.725 7	0.732 4	0.738 9	0.745 4	0.751 7
0.7	0.758 0	0.764 2	0.770 3	0.776 4	0.782 3
0.8	0.788 1	0.793 9	0.799 5	0.805 1	0.810 6
0.9	0.815 9	0.821 2	0.826 4	0.831 5	0.836 5
1.0	0.841 3	0.846 1	0.850 8	0.855 4	0.859 9
1.1	0.864 3	0.868 6	0.872 9	0.877 0	0.881 0
1.2	0.884 9	0.888 8	0.892 5	0.896 2	0.899 7
1.3	0.903 20	0.906 58	0.909 88	0.918 09	0.916 21
1.4	0.919 24	0.922 20	0.925 07	0.927 85	0.930 56
1.5	0.933 19	0.935 74	0.938 22	0.940 62	0.942 95
1.6	0.945 20	0.947 38	0.949 50	0.951 54	0.953 52
1.7	0.955 43	0.957 28	0.959 07	0.960 80	0.962 46
1.8	0.964 07	0.965 62	0.967 12	0.968 56	0.969 95
1.9	0.971 23	0.972 57	0.973 81	0.975 00	0.976 15
2.0	0.977 25	0.978 31	0.979 32	0.980 30	0.981 24
2.1	0.982 14	0.983 00	0.983 82	0.984 61	0.985 37

续表

x	0.00	0.02	0.04	0.06	0.08
2.2	0.986 10	0.986 79	0.987 45	0.988 09	0.988 70
2.3	0.989 28	0.989 88	0.990 36	0.990 86	0.991 34
2.4	0.991 80	0.992 24	0.992 66	0.993 05	0.993 43
2.5	0.993 79	0.994 13	0.994 46	0.994 77	0.995 06
2.6	0.995 43	0.995 60	0.995 86	0.996 09	0.996 32
2.7	0.996 53	0.996 74	0.996 93	0.997 11	0.997 28
2.8	0.997 45	0.997 60	0.997 74	0.997 88	0.998 01
2.9	0.998 13	0.998 25	0.998 36	0.968 46	0.998 56
3.0	0.998 65	0.998 74	0.998 82	0.998 89	0.998 97
3.5	0.999 77				
4.0	0.999 97				

参考文献

[1] 陈家鼎. 概率与统计. 北京: 北京大学出版社, 2007.

[2] 陈希孺. 概率论与数理统计. 北京: 科学出版社, 1996.

[3] 何书元. 概率论. 北京: 北京大学出版社, 2008.

[4] 李贤平. 概率论基础. 北京: 高等教育出版社, 1997.

[5] 林正炎, 白志东. 概率不等式. 北京: 科学出版社, 2016.

[6] 林正炎, 陆传荣, 苏中根. 概率极限理论基础. 3 版. 北京: 高等教育出版社, 2023.

[7] 茆诗松, 程依明, 濮晓龙. 概率论与数理统计教程. 3 版. 北京: 高等教育出版社, 2019.

[8] 缪柏其, 胡太忠. 概率论教程. 合肥: 中国科技大学出版社, 2009.

[9] 苏淳. 概率论. 北京: 科学出版社, 2004.

[10] 苏中根. 随机过程. 北京: 高等教育出版社, 2024.

[11] 王梓坤. 概率论及其应用. 北京: 北京师范大学出版社, 2009.

[12] Y. S. Chow, H. Taylor. Probability: Independence, Interchangability, Martingales. 2nd edition. New York, Springer-Verlag, 1988.

[13] K. L. Chung. Elementary Probability Theory with Stochastic Processes. Undergratuate Text in Mathematics, 3rd edition. New York, Springer-Verlag, 1979.

[14] R. Durrett. Elementary Probability for Applications. Cambridge, Cambridge University Press, 2009.

[15] R. Durrett. Probability: Theory and Examples. Cambridge, Cambridge University Press, 2019.

[16] W. Feller. An Introduction to Probability Theory and its Applications. 3rd edition. New York, John Wiley and Sons, Inc., 1968.

[17] B. V. Gnedenko. The Theory of Probability. Moscow, Mir Publishers, 1976.

[18] G. R. Grimmett, D. R. Stirzaker. Probability and Random Processes. 3rd edition. Oxford, Oxford University Press, 2001.

[19] D. Khoshnevisan. Probability. Graduate Studies in Mathematics 80, American Mathematical Society, Providence, RI, 2007.

[20] S. M. Ross. A First Course in Probability. 8th edition. Pearson Education, Inc., 2010.

[21] A. N. Shiryayev. Probability. Graduate Texts in Mathematics, New York, Springer-Verlag, 1984.

[22] S. R. S. Varadhan. Probability Theory. Courant Lecture Notes Mathematics 7 New York University, Courant Institute of Mathematical Sciences, New York, American Mathematical Society, Providence, RI, 2001.

索 引

郑重声明

高等教育出版社依法对本书享有专有出版权。任何未经许可的复制、销售行为均违反《中华人民共和国著作权法》，其行为人将承担相应的民事责任和行政责任；构成犯罪的，将被依法追究刑事责任。为了维护市场秩序，保护读者的合法权益，避免读者误用盗版书造成不良后果，我社将配合行政执法部门和司法机关对违法犯罪的单位和个人进行严厉打击。社会各界人士如发现上述侵权行为，希望及时举报，我社将奖励举报有功人员。

反盗版举报电话　　（010）58581999　58582371

反盗版举报邮箱　　dd@hep.com.cn

通信地址　　北京市西城区德外大街4号
　　　　　　高等教育出版社知识产权与法律事务部

邮政编码　　100120

读者意见反馈

为收集对教材的意见建议，进一步完善教材编写并做好服务工作，读者可将对本教材的意见建议通过如下渠道反馈至我社。

咨询电话　　400-810-0598

反馈邮箱　　hepsci@pub.hep.cn

通信地址　　北京市朝阳区惠新东街4号富盛大厦1座
　　　　　　高等教育出版社理科事业部

邮政编码　　100029

图书在版编目（CIP）数据

概率论和随机过程 . 上册 / 林正炎，苏中根，张立

新编著 . -- 北京：高等教育出版社，2024.8. -- ISBN
978-7-04-063029-9

Ⅰ . O21

中国国家版本馆 CIP 数据核字第 20243808PS 号

Gailülun he Suiji Guocheng

策划编辑	胡 颖	出版发行	高等教育出版社	
责任编辑	宋玉文	社 址	北京市西城区德外大街 4 号	
封面设计	王凌波 王 洋	邮政编码	100120	
版式设计	徐艳妮	购书热线	010-58581118	
责任绘图	杨伟露	咨询电话	400-810-0598	
责任校对	高 歌	网 址	http://www.hep.edu.cn	
责任印制	赵义民		http://www.hep.com.cn	
		网上订购	http://www.hepmall.com.cn	
			http://www.hepmall.com	
			http://www.hepmall.cn	

印 刷	北京盛通印刷股份有限公司
开 本	787mm×1092mm 1/16
印 张	18
字 数	360 千字
版 次	2024 年 8 月第 1 版
印 次	2024 年 8 月第 1 次印刷
定 价	49.00 元

本书如有缺页、倒页、脱页等质量问题，
请到所购图书销售部门联系调换

版权所有 侵权必究

物 料 号 63029-00

数学"101 计划"已出版教材目录